# Grundkurs Datenbankentwicklung

Stephan Kleuker

# Grundkurs Datenbankentwicklung

Von der Anforderungsanalyse zur komplexen Datenbankanfrage

5. Auflage

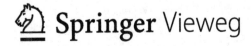 Springer Vieweg

Stephan Kleuker
Fakultät Ingenieurwissenschaften und
Informatik
Hochschule Osnabrück
Osnabrück, Deutschland

ISBN 978-3-658-43022-1      ISBN 978-3-658-43023-8   (eBook)
https://doi.org/10.1007/978-3-658-43023-8

Die Deutsche Nationalbibliothek verzeichnet diese Publikation in der Deutschen Nationalbibliografie; detaillierte bibliografische Daten sind im Internet über http://dnb.d-nb.de abrufbar.

Planung/Lektorat: Leonardo Milla
Springer Vieweg ist ein Imprint der eingetragenen Gesellschaft Springer Fachmedien Wiesbaden GmbH und ist ein Teil von Springer Nature.
Die Anschrift der Gesellschaft ist: Abraham-Lincoln-Str. 46, 65189 Wiesbaden, Germany

Das Papier dieses Produkts ist recyclebar.

*Aus Gründen der besseren Lesbarkeit verwenden wir in diesem Buch überwiegend das generische Maskulinum. Dies impliziert immer beide Formen, schließt also die weibliche Form mit ein.*

# Vorwort der ersten Auflage

Bücher mit dem Schwerpunkt auf der Entwicklung von relationalen Datenbanken werden bereits seit den 80iger Jahren des letzten Jahrhunderts geschrieben. Es stellt sich so die berechtigte Frage nach dem Sinn eines weiteren Buches. Schaut man auf die Bücher, die seit dieser Zeit geschrieben wurden, so fällt auf, dass Bücher zum Thema Datenbanken immer dicker und komplexer werden. Dies liegt daran, dass das Thema von Informatikern immer genauer verstanden wird und immer neue Einsatzmöglichkeiten für Datenbanken gefunden werden. Wichtige Themen sind dabei beispielsweise die Anbindung von Datenbanken an objektorientierte Programmiersprachen und die Verbindung zwischen Datenbanken und XML.

Man kann feststellen, dass sich dabei relationale Datenbanken als Fundament der Entwicklungen herausgestellt haben. Immer wieder gab es Prognosen, in denen die Ablösung relationaler Datenbanken durch neuere Systeme beschrieben wurden. Die Realität hat gezeigt, dass diese neuen Systeme ihre Berechtigung auf dem Markt haben, allerdings nur mehr oder minder große Nischen im Datenbankmarkt besetzen, wie es auch von C.J. Date, vielleicht dem renommiertesten Forscher zum Thema Datenbanken, in dem Artikel „Great News, The Relational Model Is Very Much Alive!" [Dat00] beschrieben wird. Dies ist der eine Grund, warum dieses Grundlagenbuch entstanden ist.

Der zweite, pragmatischere Grund für dieses Buch ist in der Situation in der Lehre an deutschsprachigen Hochschulen zu sehen. Der Bachelor-Abschluss wird als Standardabschluss eingeführt. Er ist der zeitlich erste berufsqualifizierende, akademische Abschluss, der nach drei bis vier Jahren erreicht werden soll. In jedem Studiengang, der Informatik zum Inhalt hat, wird typischerweise das Thema Datenbanken in einer Kernveranstaltung behandelt. Für eine solche Veranstaltung wird ein Buch benötigt, das sich an den Fähigkeiten von Bachelor-Studierenden orientiert und eine grundlegende Einführung in die Datenbank-Thematik liefert. Diese Lücke schließt dieses Buch.

In meiner Lehrpraxis als Fachhochschul-Professor hat sich gezeigt, dass es sinnvoll ist, das Thema Datenbanken früh im Studium zu behandeln, da kaum Informatik-Vorwissen benötigt wird. Aus diesem Grund baut dieses Buch auf dem Konzept des „Lernens an erklärten Beispielen" auf, das durch Übungsaufgaben unterstützt wird. Aus der Sicht von Studierenden ist es ebenfalls sinnvoll, früh eine Einführung in Datenbanken zu bekommen, da sich das Thema sehr gut für Betriebspraktika oder den Gelderwerb mit Softwareentwicklung nebenbei eignet.

Da es sich um einen Grundkurs handelt, ist dieser – abhängig vom Studienplan – um Praktika oder fortgeschrittene Veranstaltungen zu ergänzen. Die Möglichkeiten, dabei weitere Lehrbücher einzusetzen, ist sehr groß, exemplarisch seien folgende Werke genannt: [Dat04, KE15, HS18] zusammen mit [SH19].

Der Aufbau des Buches ist an den typischen Phasen einer Datenbankentwicklung orientiert. Dabei werden zwei Aspekte, die aus Sicht der Praxis besonders für den Erfolg einer Datenbankentwicklung wichtig sind, intensiver betrachtet. Dies sind zum einen die Anforderungsanalyse, zum anderen die Erstellung von SQL-Anfragen. Der erste Aspekt betrifft die Erhebung der Anforderungen, die durch die Datenbank erfüllt werden sollen. Genauestens muss an der Schnittstelle zwischen dem Kunden und den Entwicklern geklärt werden, welche Informationen in der Datenbank wie verarbeitet werden sollen. In den nächsten Schritten wird in diesem Buch beschrieben, wie man aus den dokumentierten Anforderungen zu Tabellen kommen kann, die das Herz jeder relationalen Datenbank bilden. Dabei gibt es einige durch Normalisierungsregeln formalisierbare Anforderungen, die die Nutzbarkeit der Tabellen wesentlich erhöhen. Ein großer Teil des Buches ist der Datenbanksprache SQL gewidmet, die den Standard zur Definition von Tabellen, Formulierung von Anfragen und Verwaltung des Zugriffs auf Tabellen darstellt. Der zweite für die Praxis wichtige Aspekt, der in diesem Buch betont wird, behandelt die Erstellung von SQL-Anfragen, die systematisch an vielen Beispielen schrittweise eingeführt wird. Das Buch wird mit Betrachtungen über Transaktionen, mit denen der gleichzeitige Zugriff mehrerer Nutzer geregelt wird, und zu Rechte-Systemen, mit denen festgelegt wird, wer was in der Datenbank darf, abgerundet. In einem abschließenden Ausblick wird aufgezeigt, in welchen Themenbereichen Vertiefungen zum Thema Datenbanken möglich sind.

In diesem Buch sind ein Kapitel, einige Unterkapitel und Absätze mit [*] gekennzeichnet. Diese Passagen können bei einer ersten Bearbeitung oder in Lehrveranstaltungen bei Studierenden, für die Informatik kein Kernfach ist, ausgelassen werden. Das Buch bleibt ohne diese Stellen uneingeschränkt lesbar. Die Erfahrung hat allerdings gezeigt, dass die eher theoretischen Überlegungen auch für Studierende ohne Schwerpunkt Informatik sehr hilfreich sein können, da Hintergründe erläutert werden, die das Denkmodell zum Thema Datenbanken abrunden.

Bei der Auswahl der Beispiele in diesem Buch wurde ein Kompromiss getroffen. Für einführende Erklärungen werden Tabellen eingesetzt, deren Daten mit einem Blick zu erfassen sind und sich so für die folgenden Beispiele im Auge festsetzen. Durchgehend durch die Kapitel, in denen nicht nur grundsätzliche Aussagen über Datenbank-Managementsysteme gemacht werden, dient dann ein relativ komplexes Beispiel als Anschauungsmaterial. Trotzdem sollte der Leser darauf gefasst sein, dass die Realität neue Herausforderungen bietet. Einige dieser Forderungen liegen aber nicht nur an der Komplexität, sondern auch daran, dass sich zu unerfahrene Personen an die Entwicklung dieser Systeme getraut haben. Nach der Lektüre des Buches sollten Sie in der Lage sein, solche Problemstellen zu identifizieren.

Jedes Kapitel schließt mit zwei Arten von Aufgaben ab. Im ersten Aufgabenteil werden Wiederholungsfragen gestellt, die man nach intensiver Lektüre des vorangegangenen Kapitels beantworten können sollte. Die Lösungen zu diesen Aufgaben kann man selbst im Buch nachschlagen. Der zweite Aufgabenteil umfasst Übungsaufgaben, in denen man gezielt das angelesene Wissen anwenden soll. Diese Übungsaufgaben sind in verschiedenen Lehrveranstaltungen erfolgreich eingesetzt worden. Im letzten Kapitel gibt es Lösungsvorschläge zu diesen Aufgaben.

Die Bilder und SQL-Skripten dieses Buches sowie weitere Information können von der Web-Seite https://link.springer.com/ oder http://home.edvsz.hs-osnabrueck.de/skl euker/DBBuch.html herunter geladen und unter Berücksichtigung des Copyrights genutzt werden.

Zum Abschluss wünsche ich Ihnen viel Spaß beim Lesen. Konstruktive Kritik wird immer angenommen. Bedenken Sie, dass das Lesen nur ein Teil des Lernens ist. Ähnlich wie in diesem Buch kleine Beispiele eingestreut sind, um einzelne Details zu klären, sollten Sie sich mit einem realen Datenbank-Managementsystem hinsetzen und meine, aber vor allem selbst konstruierte Beispiele durchspielen. Sie runden das Verständnis des Themas wesentlich ab.

Wiesbaden
Januar 2006

Stephan Kleuker

## Literatur

[Dat00] C.J. Date, Great News, The Relational Model Is Very Much Alive, http://www.dbdebunk. com, August 2000
[Dat04] C.J. Date, An Introduction to Database Systems, 8. Ausgabe, Addison Wesley, USA, 2004
[KE15] A. Kemper, A. Eickler, Datenbanksysteme, 10. Auflage, De Gruyter Oldenbourg, München, 2015
[HS18] A. Heuer, G. Saake, Datenbanken: Konzepte und Sprachen, 6. Auflage, MITP, Bonn, 2018
[SH19] G. Saake, A. Heuer, Datenbanken: Implementierungstechniken, 4. Auflage, MITP, Bonn, 2019

# Danksagung

Ein Buch kann nicht von einer Person alleine verwirklicht werden. Zu einer gelungenen Entstehung tragen viele Personen in unterschiedlichen Rollen bei, denen ich hier danken möchte.

Mein erster Dank geht an Ehefrau Frau Dr. Cheryl Kleuker, die nicht nur die erste Kontrolle der Inhalte und Texte vorgenommen hat, sondern mir erlaubte, einen Teil der ohnehin zu geringen Zeit für die Familie in dieses Buchprojekt zu stecken.

Besonderer Dank gilt meinen Kollegen Prof. Dr.-Ing. Johannes Brauer und Uwe Neuhaus von der Fachhochschule NORDAKADEMIE in Elmshorn, die sich Vorversionen dieses Buches kritisch durchgelesen haben und viele interessante Anregungen lieferten. Viele Studierende, die Veranstaltungen zum Thema Datenbanken bei mir gehört haben, trugen durch ihre Fragen und Probleme wesentlich zu der Herangehensweise an die Themen des Buches bei.

Abschließend sei Dr. Reinald Klockenbusch und den weiteren Mitarbeitern des Verlags Vieweg für die konstruktive Mitarbeit gedankt, die dieses Buchprojekt erst ermöglichten.

Stephan Kleuker

# Ergänzung zur 2. bis 5. jeweils aktualisierten und überarbeiteten Auflage

Zunächst möchte ich den Lesern und Studierenden danken, die mit Hinweisen auf kleine Fehler und Ungenauigkeiten zur weiteren Erhöhung der Qualität dieses Buches beigetragen haben. Mit diesen Erweiterungen möchte ich den Wunsch von Lehrenden und Studierenden erfüllen, dass dieses Buch ein vollständiges Bachelor-Modul abdecken soll. Die erste Erweiterung des Buches beinhaltet eine Einführung in Stored Procedures, Trigger und JDBC. Die dritte Auflage ergänzt das Buch um zentrale Ideen zum Testen von Datenbanksystemen und die vierte Auflage macht einen Ausflug in die Nutzung einer NoSQL-Datenbank. In der fünften Auflage ist eine Einführung in JPA enthalten. Bei der Erstellung einer Lehrveranstaltung wird dabei der Fokus auf ein oder zwei der vorher genannten Themen liegen, um die Veranstaltung nicht zu überfrachten.

Interessant ist, dass der grundlegende Inhalt des Buches seit der ersten Auflage relevant geblieben ist, obwohl sich das Thema Datenbanken in der Bedeutung und Komplexität weiterentwickelt hat. Unabhängig davon, ob Datenbanken in der Cloud, Microservices, Docker Images oder virtuellen Maschinen genutzt werden, bleiben die hier im Buch vorgestellten Fundamente weiterhin elementar wichtig, um zu hochwertiger Software zu kommen.

Die Lösungen zu den Aufgaben sind auf http://kleuker.iui.hs-osnabrueck.de/DBBuch. html zum Download bereitgestellt.

Abschließend sei den Mitarbeitern des Verlags Springer Vieweg für die konstruktive Zusammenarbeit gedankt, die die langfristige Weiterführung dieses Buchprojekts erst ermöglichten.

Osnabrück
September 2023

# Inhaltsverzeichnis[1]

---

[1] Mit [*] markierte Kapitel, Unterkapitel und Absätze können beim ersten Lesen weggelassen werden. Sie können aber am Beginn des Lernprozesses zum detaillierteren Verständnis beitragen.

# Warum Datenbanken? 1

**Zusammenfassung**

Bevor Sie anfangen, ein längeres Buch zu einem fachlichen Thema zu lesen, sollten Sie sicher sein, dass es sinnvoll ist, sich mit diesem Thema zu beschäftigen. In
diesem Kapitel wird kurz beschrieben, warum es zur Entwicklung des Themas Datenbanksysteme als eigenständigem Bereich in der Informatik kam. Im nächsten Schritt
wird dann allgemein die Funktionalität erläutert, die man von einem solchen System
erwarten kann. Die in die Erläuterungen einfließenden Beispiele werden im Buch in
den einzelnen Kapiteln wieder aufgenommen und dort weiter im Detail betrachtet.

## 1.1   Kreatives Datenchaos

Jeder, der schon einmal nach einiger Zeit mehrere Informationen zusammenstellen musste,
kennt das Problem, dass die richtigen Informationen gefunden werden müssen. Soll z. B.
eine gebrauchte Spielekonsole verkauft werden, sollte das Zubehör vollständig sein und
die Gebrauchsanleitung beiliegen. Der Kaufbeleg zur Dokumentation des früheren Preises
könnte auch von Nutzen sein.

Ähnliche Probleme haben auch Betriebe, die Informationen über ihr Geschäft verwalten wollen. Ein Versandhandel erhält Bestellungen von Kunden, die in einigen Fällen nicht
sofort vollständig erledigt werden können. Die Nachlieferungen müssen geregelt werden.
Klassisch gibt es dazu einen Stapel mit Zetteln, auf denen nicht erledigte Aufträge notiert
sind. Es wird dann nach und nach versucht, diese Aufträge zu erfüllen. Erhält der Versandhandel eine eingehende Lieferung, muss er prüfen, ob es noch offene Aufträge für

**Ergänzende Information** Die elektronische Version dieses Kapitels enthält Zusatzmaterial, auf
das über folgenden Link zugegriffen werden kann https://doi.org/10.1007/978-3-658-43023-8_1.

diesen Artikel gibt. Ist das der Fall, sollten die Kunden den Artikel erhalten, die am läng-sten warten mussten. Um diese Arbeit effizient ausführen zu können, kann der Stapel mit den nicht bearbeiteten Aufträgen nach den fehlenden Artikeln aufgeteilt werden. Was passiert aber, wenn mehrere Artikel nicht lieferbar sind?

Diese Zettelwirtschaft lässt sich beliebig kompliziert gestalten. Es ist einfach, die Zettel nach einem Kriterium, z. B. dem Namen des Kunden, zu sortieren. Schwierig wird es, wenn man gleichzeitig wissen will, welche Artikel wie oft in den letzten Monaten verkauft wurden. Eine Möglichkeit ist die Erstellung von Kopien der Aufträge, die in einem Aktenordner für die jeweiligen Artikel gesammelt werden. Die zweite Möglichkeit ist das manuelle Übertragen von Bestellinformationen in ein zusätzliches Dokument. Beide Ansätze werden problematisch, wenn sie häufiger angewandt werden. Viele Informatio-nen müssen verdoppelt werden, was fehleranfällig ist, wenn das Kopieren oder Übertragen vergessen wird und sehr schwer änderbar ist, wenn z. B. ein Kunde einen Artikel zurück schickt.

## 1.2    Anforderungen an eine Datenbank

Um die Verwaltung von Daten zu vereinfachen, wird dieser Prozess schrittweise immer mehr durch Software unterstützt. Dies fing an mit einfachen Dateien, in denen die Daten gespeichert wurden, was zu ähnlichen Problemen wie bei der im vorherigen Unterkapitel skizzierten Zettelwirtschaft führte. Aktuelle Systeme lösen die Problematik durch eine sinnvolle Strukturierung der Daten. Dabei ist der Datenbank-Entwickler für die Erstellung dieser Struktur zuständig, die von einer Datenbank-Software verwaltet wird.

Man spricht von der Verwaltung von Daten und typischerweise nicht Informationen. Ein Datum ist ein einfacher Wert, wie die Zahl 42. Erst wenn die Bedeutung, also die Semantik eines Datums bekannt ist, wird daraus eine Information. Ein Nutzer der Daten-bank erhält z. B. die Information, dass von einem Artikel noch 42 Stück im Lager vorhanden sind. Die Datenbank verwaltet dazu das Datum 42 und ein Datum mit dem Text „Bestand", das dem Datum 42 zugeordnet werden kann.

**Zentrale Anforderungen an eine Datenbank**
Forderung 1: Persistenz
Werden Daten in die Datenbank eingetragen, sollen sie gespeichert bleiben, auch wenn die Software, die die Daten eingetragen hat, beendet wurde. Die Daten können von einer anderen Software wieder bearbeitet werden.

In der typischen Programmierung sind Daten flüchtig, d. h. sie werden erzeugt und weiter bearbeitet, aber nach der Beendigung der Programmausführung kann man nicht mehr auf sie zugreifen. Durch das direkte Speichern von Daten auf einem

Speichermedium oder einer Datenbank werden die Daten später wieder verwendbar, also persistent.

Forderung 2: Anlegen von Datenschemata
Grundsätzlich können identische Daten verschiedene Bedeutungen haben. Ein Datum 42 kann für eine Artikelanzahl oder eine Hausnummer stehen. Aus diesem Grund muss man festhalten können, in welchem Zusammenhang ein Datum genutzt wird.

In diesem Buch werden als Schema Tabellen genutzt. Die Daten werden in die einzelnen Zellen der Tabellen eingetragen, dabei gehören Daten in einer Zeile zusammen. Jede der Spalten enthält eine Beschreibung, welche Daten sie enthält. Ein einfaches Beispiel für ein Datenschema für Artikel, in dem noch keine Daten eingetragen sind, befindet sich in Abb. **1.1**.

| Artikel | | |
|---|---|---|
| Artikelnummer | Bezeichnung | Anzahl |
| | | |

**Abb. 1.1**  Tabelle als Datenschema für Artikel

Forderung 3: Einfügen, Ändern und Löschen von Daten.
Der Nutzer muss die Möglichkeit haben, Daten in die Datenschemata einzutragen, diese später zu ändern und, wenn gewünscht, auch wieder zu löschen.

Abb. 1.2 zeigt das vorher angelegte Datenschema, das beispielhaft mit Daten gefüllt wurde. Man spricht bei den einzelnen Zeilen dabei von Datensätzen. Jeder der drei eingetragenen Datensätze besteht aus drei einzelnen Daten.

| Artikel | | |
|---|---|---|
| Artikelnummer | Bezeichnung | Anzahl |
| 12345 | Schnuller | 42 |
| 12346 | Latzhose | 25 |
| 12347 | Teddy | 6 |

**Abb. 1.2**  Gefülltes Datenschema

Forderung 4: Lesen von Daten.
Wichtigste Aufgabe bei der Nutzung einer Datenbank ist die Schaffung einer Möglichkeit, Daten aus der Datenbank wieder abzurufen. Es muss z. B. festgestellt werden können, ob es einen Eintrag in der Datenbank zur Artikelnummer 12.347 gibt und welche zusätzlichen Daten zu diesem Artikel existieren.

Ein Softwaresystem, das alle genannten Grundforderungen erfüllt, wird Datenbank, abgekürzt DB, genannt. Diese Grundforderungen werden im folgenden Unterkapitel um Forderungen ergänzt, deren Erfüllung die Arbeit mit Datenbanken wesentlich erleichtert.

## 1.3 Anforderungen an ein Datenbank-Managementsystem

Mit etwas Programmiererfahrung ist es nicht schwierig, ein System zu schreiben, das die Forderungen an eine Datenbank aus dem vorherigen Unterkapitel erfüllt. Allerdings ist solch ein System nur sehr eingeschränkt nutzbar, da keine Zusammenhänge zwischen den Datenschemata berücksichtigt werden und es unklar ist, was passiert, wenn mehrere Personen gleichzeitig auf Daten zugreifen. Aus diesem Grund wird die eigentliche Datenbank in ein Datenbank-Managementsystem, kurz DBMS, eingebettet, das dem Nutzer neben der Funktionalität der Datenbank weitere Funktionalität bietet, wie in Abb. 1.3 skizziert.

Im Folgenden werden anhand von Beispielen die typischen Anforderungen an ein DBMS vorgestellt.

Eine Datenbank besteht typischerweise aus vielen Datenbankschemata. Zwischen den eingetragenen Informationen können Abhängigkeiten bestehen.

In Abb. 1.4 sind in der Tabelle Artikel einige Beispielartikel eingetragen. Die Tabelle Artikeleinkauf enthält die Informationen, von welcher Firma die Artikel bezogen werden. Es besteht eine Verknüpfung zwischen den Tabellen, da sich eine Artikelnummer in der zweiten Tabelle auf die Artikelnummer in der ersten Tabelle bezieht. Man kann so zu dem Namen eines Artikels die liefernde Firma ermitteln. Wichtig ist, dass diese Verknüpfung nicht zufällig aufgelöst werden kann. Wenn sich die Artikelnummer in der Tabelle Artikel ändern soll, so muss sich diese Nummer auch in der Tabelle Artikeleinkauf ändern.

Ein zweites Problem wird in Abb. 1.4 deutlich. Ändert sich der Name eines Zulieferers z. B. dadurch, dass die Firma aufgekauft wird, muss diese Änderung in allen betroffenen Zeilen durchgeführt werden. Dieses Problem ist allerdings alleine durch das Datenbankmanagement-System schwer zu lösen, da die hier genutzte Tabellenstruktur nicht optimal ist. Besser ist die in Abb. 1.5 gezeigte Struktur, bei der an einer zentralen Stelle der Firmenname geändert werden kann. Wichtig ist aber generell, dass die redundanzfreie Datenhaltung, d. h. es gibt nur eine Quelle jeden Datums, unterstützt wird. Wird

**Abb. 1.3** Kapselung der
Datenbank im DBMS

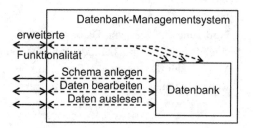

**Abb. 1.4**  Verknüpfte Daten

Artikel

| Artikelnummer | Bezeichnung | Anzahl |
|---|---|---|
| 12345 | Schnuller | 42 |
| 12346 | Latzhose | 25 |
| 12347 | Teddy | 6 |

Artikeleinkauf

| Artikelnummer | Firma |
|---|---|
| 12345 | Babys Unlimited |
| 12346 | Cool Clothes AG |
| 12347 | Babys Unlimited |

die korrekte Veränderung von Verknüpfungsinformationen garantiert, wird dies mit dem Begriff Integrität beschrieben.

**Forderung 5: Integrität und redundanzfreie Datenhaltung**

Das Datenbank-Managementsystem unterstützt die Möglichkeit, dass ein Datum, das an verschiedenen Stellen benutzt wird, nur an einer Stelle definiert ist. Es wird sichergestellt, dass Änderungen dieses Datums dann alle Nutzungsstellen im System betreffen.

Datenbanken werden häufig von vielen verschiedenen Nutzern, Menschen wie Software-Systemen, zur gleichen Zeit genutzt. Datenbanken gehören damit zu den Anwendungen, bei denen der Zugriff verschiedener Nutzer synchronisiert werden muss. Eine besondere Problematik entsteht, wenn der Zugriff auf dieselbe Information fast gleichzeitig stattfindet.

Abb. 1.6 zeigt ein Beispiel, bei der zwei Nutzer fast gleichzeitig eine Bestellung bearbeiten, in der der gleiche Artikel bestellt wird. Dabei soll die Artikelanzahl bei

Artikel

| Artikelnummer | Bezeichnung | Anzahl |
|---|---|---|
| 12345 | Schnuller | 42 |
| 12346 | Latzhose | 25 |
| 12347 | Teddy | 6 |

Artikeleinkauf

| Artikelnummer | FirmaNr |
|---|---|
| 12345 | 1 |
| 12346 | 2 |
| 12347 | 1 |

Firma

| FirmaNr | Firma |
|---|---|
| 1 | Babys Unlimited |
| 2 | Cool Clothes AG |

**Abb. 1.5**  Verbesserte Tabellenstruktur

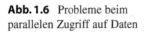

**Abb. 1.6** Probleme beim
parallelen Zugriff auf Daten

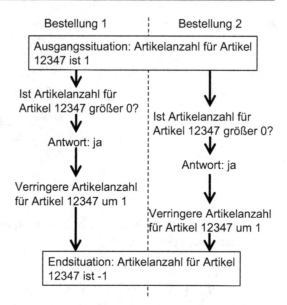

einer Bestellung automatisch um Eins reduziert werden. Damit sichergestellt ist, dass ein Artikel vorhanden ist, wird vorher überprüft, ob von diesem Artikel noch mindestens einer im Lager ist. Bei der parallelen Bearbeitung kann das in Abb. 1.6 beschriebene Problem auftreten. Beide Nutzer erhalten die Information, dass noch ein Artikel vorhanden ist. Nach der Ausführung der Bestellung ist die Artikelanzahl −1, da zwei Artikel versandt werden sollen. Der Sinn der Eingangsprüfung war aber, dass die Anzahl niemals negativ werden kann.

Ein Datenbank-Managementsystem sorgt dafür, dass die dargestellten Aktionen nicht ineinander vermischt auftreten können. Die Umsetzung kann sehr unterschiedlich sein und ist auch durch die folgende Forderung nicht vorgegeben. Eine mögliche Reaktion wäre, die Antwort auf die Frage bei der Bestellung 2 solange zu verzögern, bis alle Aktionen der Bestellung 1 abgelaufen sind. Eine alternative Reaktion des Datenbank-Managementsystems ist, dass die gewünschte Aktion nicht durchgeführt werden kann, da die Daten woanders genutzt werden.

---

**Forderung 6: Koordination der parallelen Nutzung**
Das Datenbank-Managementsystem muss dafür Sorge tragen, dass die Integrität der Datenbank durch die parallele Nutzung nicht verloren gehen kann. Jeder Nutzer muss bei der Durchführung seiner Aktionen den Eindruck haben, alleine die Datenbank zu nutzen.

Nach den bisherigen Forderungen kann jeder Nutzer jede Datenbankfunktionalität nutzen und auf jedes Datum zugreifen. Dies ist bei größeren Systemen nicht der Fall. Der Aufbau einer Datenbank, d. h. das Anlegen der Datenschemata, soll nur Personen ermöglicht werden, die die Auswirkungen auf das Gesamtsystem kennen. Dies ist insbesondere auch bei Löschaktivitäten zu beachten. Weiterhin kann es sein, dass einige Nutzer nicht alle Informationen eines Datenschemas einsehen können sollen. Wird z. B. eine Datenbank zur Projektverwaltung entwickelt, müssen einige grundlegende Daten aller Mitarbeiter, wie Namen und Personalnummern, für die Datenbankentwicklung zugreifbar sein. Werden diese Informationen zu Mitarbeitern in einer Tabelle verwaltet, in der auch das Gehalt eingetragen ist, soll die vollständige Information wahrscheinlich den Datenbankentwicklern nicht zugänglich sein.

**Forderung 7: Rechteverwaltung**

Das Datenbank-Managementsystem ermöglicht es, die Rechte an der Erstellung und Löschung von Datenschemata sowie die Erstellung, Löschung und Veränderung von Daten für einzelne Nutzer individuell zu definieren. Das System stellt die Einhaltung der mit den Rechten verbundenen Einschränkungen sicher.

Weder Computer noch Software können so erstellt werden, dass sie absolut ausfallsicher sind, also nur der Nutzer bestimmen kann, wann ein Programm beendet und der Computer ausgeschaltet werden kann. Gerade bei Datenbanken kann dies zu extrem problematischen Situationen führen. Falls im Versandhaus die eingehenden Bestellungen eines Tages verloren gehen, bedeutet dies neben einem Umsatzverlust einen finanziell ebenfalls schwergewichtigen Image-Verlust, da das Unternehmen bei den betroffenen Kunden als unzuverlässig angesehen wird. Datenbank-Managementsysteme ermöglichen es, Sicherungen des aktuellen Datenbestandes herzustellen und diese möglichst schnell wieder einzuspielen.

**Forderung 8: Datensicherung**

Das Datenbank-Managementsystem ermöglicht es, Sicherungen des aktuellen Datenbestandes herzustellen und diese wieder in das System einzuspielen.

Die letzte Forderung wird in der Realität oft dadurch erweitert, dass auch Aktionen, die seit der letzten Sicherung abgeschlossen wurden, wieder eingespielt werden können sollen.

Wenn man lange mit einem Datenbank-Managementsystem arbeitet, kann es leicht passieren, dass man die genaue Struktur eines Datenschemas oder einer Integritätsregel vergisst. Das Datenbank-Managementsystem soll diese Informationen Nutzern zur Verfügung stellen können. Als Fachbegriff werden hier häufig Katalog und Data Dictionary genutzt.

**Forderung 9: Katalog**

Das Datenbank-Managementsystem ermöglicht es, bestimmten Nutzern, Informationen über die gesamte Struktur des Systems zu erhalten. Dazu gehören die vorhandenen Datenschemata, Integritätsbedingungen und Nutzerrechte.

Ein Softwaresystem, das alle genannten Forderungen erfüllt und den Zugriff auf die Datenbank-Funktionalität ermöglicht, wird Datenbank-Managementsystem, genannt.

In diesem Buch wird der Begriff Datenbank meist für ein Datenbank-Managementsystem genutzt. Das ist in der Praxis üblich, da für externe Nutzer des Datenbank-Managementsystems die Trennung von der eigentlichen Datenbank irrelevant ist. Diese Trennung ist wichtig für Personen, die sich mit der Entwicklung der Software von Datenbanken und Datenbank-Managementsystemen beschäftigen. Die Fragestellung, wie man eine Datenbank als Software realisiert, wird nicht in diesem Buch verfolgt. Die explizite Nutzung des Begriffs Datenbank-Managementsystem findet nur an Stellen statt, an denen darauf hingewiesen werden soll, dass es Unterschiede bei der Behandlung bestimmter Themen bei verschiedenen Anbietern von Datenbank-Managementsystemen gibt.

## 1.4 Ebenen eines Datenbank-Managementsystems

Am Ende des vorherigen Unterkapitels wurde bereits angedeutet, dass unterschiedliche Personenkreise an verschiedenen Aspekten einer Datenbank interessiert sind. Diese Interessen kann man bei der Betrachtung von Datenbanken eindeutig trennen, man spricht von Ebenen der Datenbank. Eine Übersicht der Ebenen ist in Abb. 1.7 dargestellt und wird im Folgenden genauer erklärt.

**Abb. 1.7** Ebenen eines DBMS

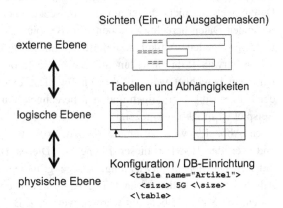

Die Funktionsvielfalt und viele Qualitätsaspekte hängen von der Implementierung der Datenbank ab. Dabei muss eine Software geschrieben werden, die alle aufgestellten Forderungen möglichst effizient erfüllt. Man kann sich vorstellen, dass eine Optimierung in Richtung der Erfüllung aller Anforderungen kaum möglich ist. Eine Datenbank, bei der man sehr schnell Daten einfügen kann, kann nicht gleichzeitig extrem schnell beim Auslesen der Daten sein, da in benutzten Datenstrukturen entweder das schnelle Einfügen, damit aber ein langsameres Finden, oder ein schnelles Finden, damit aber ein langsameres Einfügen unterstützen. Kompromisse mit guten Reaktionszeiten für beide Aufgaben sind möglich.

Die Realisierung und Wartung einer Datenbank findet auf der physischen Ebene statt. Hier werden u. a. die effiziente Speicherung und das schnelle Auffinden von Daten geregelt und weitere wichtige Grundlagen für die Performance des Systems gelegt.

Damit ein Datenbank-Managementsystem für unterschiedliche Nutzungen effizient eingesetzt werden kann, sind viele Einstellungen, die stark die Schnelligkeit aber auch z. B. die Sicherheit im Absturzfall beeinflussen, von außen veränderbar. Personen, die sich auf dieser Ebene auskennen und die Verantwortung für diese Teile des Systems übernehmen, werden Datenbank-Administratoren genannt.

Zentral für die fachliche Qualität einer Datenbank ist die Auswahl sinnvoller Tabellen und Verknüpfungen der Tabellen untereinander. Der Prozess, mit dem für den Endnutzer ein sinnvolles System, basierend auf Tabellen, entwickelt wird, ist in den folgenden Kapiteln beschrieben. Die Tabellen sind also das Herzstück der eigentlichen Datenbank. Durch die Einhaltung der Forderungen aus dem vorherigen Unterkapitel wird bei einer sinnvollen Tabellenstruktur die effiziente Nutzbarkeit garantiert. Die Informationen über die Tabellen und ihre Verknüpfungen werden als logische Ebene bezeichnet.

Nutzer einer Datenbank sind typischerweise nicht an der Art der Realisierung der Datenbank interessiert. Sie wollen ein effizientes und funktionierendes System. Nutzer dürfen häufig nicht alle Daten ändern und erhalten so ihre eigene Sicht Sicht, englisch View, auf das System. Neben ausgeblendeten Daten ist es auch möglich, dass der Nutzer Daten sieht, die nicht direkt auf der logischen Ebene vorhanden sind, sondern aus vorliegenden Daten berechnet werden. Ein Beispiel ist die Information zu jeder Firma, wie viele verschiedene Artikel sie liefert. Die Information wird nicht direkt auf der logischen Ebene verwaltet, da sie redundant wäre. Die Information kann aus den anderen Informationen berechnet werden. Typisch für diese externe Ebene sind Masken, bei denen der Nutzer Eingaben tätigen und sich berechnete Ausgaben ansehen kann. Ein einfaches Beispiel ist in Abb. 1.8 gezeigt.

In Abb. 1.9 wird zusammengefasst, wer der jeweilige Hauptnutzer einer Ebene und wer der Ersteller dieser Ebene ist. Dieses Buch beschäftigt sich hauptsächlich mit der Datenbank-Entwicklung. Einige grundlegende Informationen zur Datenbank-Administration werden ergänzt. Die Algorithmen und Ideen, die zur Entwicklung einer Datenbank-Software benötigt werden, werden z. B. in [SH19] dargestellt.

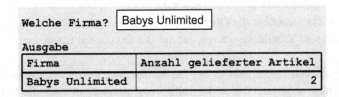

| Welche Firma? | Babys Unlimited |

Ausgabe

| Firma | Anzahl gelieferter Artikel |
|---|---|
| Babys Unlimited | 2 |

**Abb. 1.8**   Einfache Maske zur Datenabfrage

**Abb. 1.9**   Nutzer und
Entwickler der Ebenen

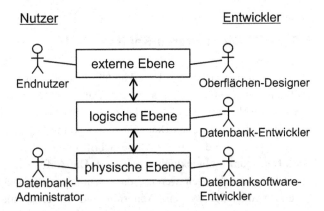

Durch die Trennung in Ebenen kann man nicht nur verschiedene Interessens- und Aufgabenbereiche charakterisieren, es ist auch möglich, die Entwicklung zu strukturieren. Komplexe Softwaresysteme werden in mehreren Schichten entwickelt. Die Grundidee ist, dass jede Schicht eine Hauptaufgabe übernimmt und dass ihre Entwicklung möglichst unabhängig von den anderen Schichten erfolgen kann. Dabei ist eine Schicht dazu verpflichtet, die Forderungen einer darüber liegenden Schicht zu erfüllen, und kann dabei die Funktionalität der darunter liegenden Schicht nutzen.

Diese Idee kann wie folgt auf die Datenbankentwicklung übertragen werden. In der externen Sicht geht es zentral um die Entwicklung der Oberflächen. Wichtig ist es, möglichst einfach nutzbare Oberflächen zu entwickeln, die die vom Nutzer mit der Software durchgeführten Arbeiten optimal unterstützt. Hier spielt das Themengebiet Usability, also die Gestaltung der Mensch-Maschine-Schnittstelle, siehe z. B. [SP05, RC02], eine zentrale Rolle. Diese Aufgabe kann von Oberflächen-Designern übernommen werden. Zu beachten ist, dass nicht nur Menschen direkt mit der Datenbank arbeiten müssen, sondern dass es hier alternativ oder zusätzlich um die Gestaltung funktionaler Schnittstellen zu anderen Systemen geht.

Alle Nutzer der Datenbank zusammen definieren, welche Aufgaben sie mit dem System erfüllen wollen. Hieraus ergeben sich die Anforderungen der logischen Ebene, in der die Strukturen der Datenbank entwickelt werden. Es muss geklärt werden, welche

Daten benötigt werden und wie diese Daten verknüpft sind. Der Entwickler auf der logischen Ebene braucht nicht über die Oberflächengestaltung nachzudenken. Das Resultat der logischen Ebene sind Tabellenstrukturen, die auf der physischen Ebene umgesetzt werden müssen.

Auf der physischen Ebene geht es um die Realisierung der gewünschten Tabellen im Datenbank-Managementsystem. Bei der Umsetzung muss nicht über die Sinnhaftigkeit des Modells nachgedacht werden, da diese Arbeit von der vorherigen Ebene abgenommen wurde. Es muss aber sichergestellt sein, dass die angelegten Tabellen die aufkommenden Datenmengen effizient verarbeiten können.

## 1.5    [*] Die weiteren Kapitel

Nachdem in den bisherigen Unterkapiteln beschrieben wurde, warum Datenbanken sinnvoll sind und welche Aufgaben ein Datenbank-Managementsystem übernimmt, soll hier als Ausblick für Neugierige kurz dargestellt werden, welchen Beitrag die einzelnen Kapitel zur systematischen Datenbankentwicklung liefern.

Im Kap. 2 wird der erste zentrale Schritt beschrieben, der maßgeblich für den Erfolg eines Datenbank-Entwicklungsprojekts ist. Die Anforderungen der Nutzer müssen soweit im Detail durchdrungen werden, dass deutlich wird, welche Daten zur Erstellung der Datenbank benötigt werden. Weiterhin sind die Zusammenhänge zwischen den Daten relevant. Der Ersteller des Datenbankmodells muss dazu die Arbeitsweise des Nutzers und den späteren Einsatz des entwickelten Systems genau verstehen.

Das Ergebnis des Kap. 2 ist eine Formalisierung der notwenigen Daten in einem Entity-Relationship-Modell. Im Kap. 3 wird gezeigt, wie man systematisch aus solchen Diagrammen Tabellenstrukturen ableiten kann.

Bereits in diesem Kapitel wurde in Abb. 1.4 angedeutet, dass es gelungene und schlechte Tabellenstrukturen gibt. Durch die im Kap. 4 beschriebenen Normalformen werden Indikatoren definiert, an denen man gelungene Tabellenstrukturen erkennen kann. Es wird weiterhin gezeigt, wie man Tabellenstrukturen durch Umformungen verbessern kann.

Das Kap. 5 zur Relationenalgebra ist vollständig mit einem [*] gekennzeichnet, da es den Einstieg in theoretische Überlegungen über Datenbanken ermöglicht. Forschungen zum Thema Datenbanken setzen typischerweise nicht auf konkreten Datenbanken, sondern auf abstrakteren formalen Modellen auf. Interessanterweise hat die Lehrpraxis gezeigt, dass dieses Kapitel auch von Wirtschaftsingenieuren gut angenommen wird, da es die Möglichkeiten zur Nutzung von Datenbank-Anfragen sehr systematisch aufzeigt. Da die hier verwendete Notation keine Gemeinsamkeit mit irgendwelchen Programmiersprachen hat, kann so die Angst einiger Informatik-unerfahrener Studierender vor Programmiersprachen abgefangen werden.

Im Kap. 6 wird beschrieben, wie man Tabellen und ihre Beziehungen untereinander in SQL festhalten kann. Weiterhin wird gezeigt, wie man Daten in die Tabellen füllt und sie ändert sowie löscht.

Die Formulierung von SQL-Anfragen bildet einen zweiten Schwerpunkt dieses Buches, dem die drei Kap. 7, 8, und 9 gewidmet sind. SQL ist eine standardisierte Anfragesprache, mit der man vorher in der Datenbank abgespeicherte Daten systematisch für Auswertungen aufbereiten kann. Dies geht von einfachen Anfragen, bei denen nur die direkt eingetragenen Daten wieder sichtbar werden sollen, bis zu sehr mächtigen Auswertungen, in denen verschiedene Daten aus unterschiedlichen Tabellen zu neuen Erkenntnissen verknüpft werden.

SQL-Anfragen können logisch strukturiert entwickelt werden. Dieser schrittweisen Entwicklungsmöglichkeit folgt dieses Buch. Es zeigt, dass man mit etwas analytischem Geschick zu SQL-Anfragen kommen kann, die die Einsatzmöglichkeit der Datenbank wesentlich erhöhen. Wichtig ist dabei, dass kein Verständnis von Programmiersprachen wie C, C++, C#, COBOL oder Java notwendig ist.

Das Verständnis der Möglichkeiten von SQL-Anfragen hat auch eine zentrale, praxisrelevante Seite. Fast kein Software-Entwicklungsprojekt kommt ohne die Einbindung einer Datenbank aus. Dabei müssen häufig Zusammenhänge zwischen Daten in der Datenbank berechnet werden. Hat man keine fähigen SQL-Anfragenschreiber, folgen diese häufig dem Ansatz, die Tabellen mit den notwendigen Informationen aus der Datenbank heraus zu lesen und die Zusammenhänge in der Programmiersprache mit einem eigenen Verfahren zu berechnen. Dieser Ansatz ist fehlerträchtig und verlangsamt Programme. Mit etwas SQL-Wissen würden die Zusammenhänge in einer Anfrage in der Datenbank berechnet und dann die Ergebnisse aus der Datenbank in die Programmiersprache eingelesen. Dieser Ansatz ist schneller und weniger fehleranfällig, da die Berechnung der Zusammenhänge einem Experten, nämlich der Datenbank überlassen wird.

Zum Verständnis von Datenbanken ist es wichtig zu erkennen, dass Datenbanken häufig von verschiedenen Nutzern zur gleichen Zeit genutzt werden können. Die Frage, was passiert, wenn mehrere Nutzer Tabellen gleichzeitig bearbeiten wollen, wird durch Transaktionen im Datenbank-Managementsystem geregelt. Die Probleme, die bei der gleichzeitigen Nutzung von Tabellen auftreten können und welche Lösungsansätze es zu ihrer Vermeidung gibt, werden im Kap. 10 behandelt.

Wenn mehrere Nutzer die gleiche Datenbank nutzen, muss immer geregelt sein, wer was machen darf. Dahinter steht das im Kap. 11 behandelte Rechtesystem.

Neben der reinen Datenhaltung und der Überwachung einiger Regeln, kann man die Funktionalität einer Datenbank wesentlich erweitern, indem man weitere Funktionalität in der Datenbank ablegt. Hierzu bieten alle großen Datenbanksysteme die Möglichkeit, Programme zu ergänzen, die in der Datenbank laufen. Weiterhin kann man die Überwachung von Regeln für die Daten durch Trigger ausweiten.

Datenbanken sind fast immer in Software eingebunden, die in bestimmten Programmiersprachen geschrieben sind, die dann die Möglichkeit haben müssen, mit der

Datenbank zusammen zu arbeiten. Eine sehr praktische Möglichkeit wird als Beispiel für die Programmiersprache Java mit JDBC in Kap. 13 beschrieben.

Jede Software muss vor ihrer Auslieferung getestet werden. Diese Tests kann man durch Testframeworks systematisch entwickeln und so automatisieren, dass sie „nebenbei", z. B. nachts, ablaufen können. Das Kap. 14 erklärt die zentralen Ideen und zeigt einen Ansatz mit den Frameworks JUnit und DBUnit.

Die Nutzung von Datenbanken in objektorientierten Programmen geschieht immer mit sehr ähnlichen Ansätzen. Diese Ansätze können zu einem effizient verwendbaren Framework zusammengefasst werden. Das am weitesten verbreitete Framework in Java dazu ist JPA, das im Kap. 15 vorgestellt wird.

Neben den relationalen Datenbanken gibt es abhängig von Randbedingungen alternative Ansätze, Daten und ihre Verknüpfungen zu verwalten. Diese Ansätze werden im Themenbereich NoSQL zusammengefasst. Kap. 16 stellt mit MongoDB einen wichtigen Vertreter vor.

## 1.6    Aufgaben

### Wiederholungsfragen

Versuchen Sie zur Wiederholung folgende Fragen aus dem Kopf, d. h. ohne nochmaliges Blättern und Lesen zu beantworten.

1. Nennen Sie typische Probleme, die bei einer Datenverwaltung ohne Software-Unterstützung auftreten können.
2. Nennen Sie die vier Forderungen, die eine Software erfüllen muss, damit es sich um eine Datenbank handelt. Veranschaulichen Sie die Forderungen durch Beispiele.
3. Nennen Sie die fünf zusätzlichen Forderungen, die eine Software erfüllen muss, damit es sich um ein Datenbank-Managementsystem handelt. Veranschaulichen Sie die Forderungen durch Beispiele.
4. Beschreiben Sie die drei Ebenen, die man bei einer Datenbank unterscheiden kann. Nennen Sie, wer sich mit der Erstellung der Ebenen beschäftigt und wer diese Ebenen nutzt.

### Übungsaufgaben

1. In einem kleinen Unternehmen findet die Datenverwaltung ohne Software statt. Das Unternehmen wickelt Bestellungen ab, die mehrere Artikel umfassen können und in schriftlicher Form vorliegen. Um schnell reagieren zu können, werden auch nicht vollständige Bestellungen versandt und dem Kunden mitgeteilt, dass die weiteren Artikel nicht lieferbar sind. Der Kunde müsste bei Bedarf diese Artikel wieder neu

bestellen. Zur Analyse der Abläufe möchte man eine Übersicht haben, wie viele Bestellungen ein Kunde gemacht hat und wie hoch seine bisherige Bestellsumme war. Weiterhin soll bekannt sein, wie häufig ein Artikel bestellt wurde und wie häufig dieser Artikel nicht vorrätig war, obwohl eine Bestellung vorlag. Beschreiben Sie den Arbeitsablauf mit seinen möglichen Alternativen, so dass alle Informationen erfasst werden können.

2. Die Probleme, die auftreten können, wenn alle Daten ausschließlich in Textdateien verwaltet werden, sind im Kapitel skizziert worden. Überlegen Sie sich konkrete Probleme, die auftreten könnten, wenn ein Versandhaus alle Daten in Dateien verwalten würde. Überlegen Sie zusätzlich, was für eine Software dabei hilfreich wäre, wenn Sie keine Datenbank kaufen oder entwickeln dürften.

3. Sinn des vorgestellten Ebenenmodells ist es, dass bei verschiedenen Nutzungen und Änderungen der Datenbank möglichst wenig Ebenen betroffen sind. Geben Sie für die im Folgenden genannten Operationen an, auf welchen Ebenen Änderungen durchzuführen sind, also der Oberflächen-Designer, der Datenbank-Entwickler oder der Datenbank-Administrator aktiv werden müssen. Es ist möglich zu notieren, dass eine oder mehrere Ebenen hauptsächlich oder/und etwas betroffen sind. Gehen Sie von einer laufenden Datenbank aus.

   a) In einer Eingabemaske soll ein Feld mit einer weiteren Auswahlmöglichkeit eingefügt werden. Die Information über die Auswahlmöglichkeiten ist bereits in den Tabellen vorhanden.

   b) Das gesamte Datenbank-Managementsystem soll ausgetauscht werden.

   c) Es sollen zusätzliche Informationen, wie das bisher nicht vorhandene Geburtsdatum eines Mitarbeiters, in einer neuen Tabelle aufgenommen werden.

   d) Es wird eine neue Abhängigkeit zwischen den Daten entdeckt, die zusätzlich aufgenommen wird.

   e) Es wird festgestellt, dass neben der Ausgabe einzelner Daten auch immer die Summe dieser Daten angezeigt werden soll.

   f) Es sollen neue Daten in die Datenbank eingetragen werden.

   g) Zwei existierende Datenbanken mit identischer Tabellenstruktur, aber unterschiedlichen Inhalten, sollen zu einer Datenbank zusammengefasst werden.

   h) Es sollen Daten in der Datenbank gelöscht werden.

   i) Der Speicherplatz für eine Tabelle soll vergrößert werden.

   j) Es soll eine neue Festplatte eingebaut werden, auf der Teile der Datenbank laufen sollen.

4. [*] Überlegen Sie sich, wie Sie eine einfache Datenbank in einer von Ihnen ausgewählten Programmiersprache realisieren würden. Gehen Sie vereinfachend davon aus, dass nur Tabellen mit drei Spalten angelegt werden. Es reicht aus, die Signaturen, d. h. die Kopfzeilen der Funktionen oder Methoden anzugeben.

   Überlegen Sie im nächsten Schritt, welche der Forderungen an ein Datenbank-Managementsystem Sie umsetzen können.

## Literatur

[RC02]  M.B. Rosson, J.M. Carrol, Usability Engineering, Morgan Kaufmann, USA, 2002

[SH19]  G. Saake, A. Heuer, Datenbanken: Implementierungstechniken, 4. Auflage, MITP, Bonn, 2019

[SP05]  B. Shneiderman, C. Plaisant, Designing The User Interface, 4. Auflage, Addison-Wesley, USA, 2005

# Anforderungsanalyse für Datenbanken

**2**

**Zusammenfassung**

Die Formulierung präziser Anforderungen ist entscheidend für den Erfolg eines Datenbank-Projektes. In diesem Kapitel lernen Sie, wie die Anforderungsanalyse als Teil eines Software-Entwicklungsprojekts sinnvoll durchgeführt und wie die Ergebnisse kompakt in einem Modell erfasst werden können.

Maßgeblich für den Erfolg von Software-Projekten ist, dass das resultierende Produkt vom Kunden bzw. späteren Nutzern akzeptiert wird. Dies beinhaltet neben der funktionalen Korrektheit, d. h. die Software stürzt nicht ab und hat auch sonst keine Fehler, die Nutzbarkeit der Software. Die Nutzbarkeit hängt dabei nicht nur von der Oberfläche sondern hauptsächlich davon ab, ob die Software die Arbeit, für die sie entwickelt wurde, erleichtert. Müssen für Eingaben sehr viele Eingabemasken verwandt werden, die nicht leicht zu finden sind und in denen man Standardwerte immer wieder erneut von Hand eintragen muss, ist eine Software wenig nützlich. Können z. B. einige Detailinformationen zu eingekauften Artikeln in einem Versandhaus nicht eingetragen werden, ist der Nutzen der Software stark reduziert.

Um solche Probleme zu vermeiden, müssen Entwickler in Software-Projekten frühzeitig mit dem Kunden und den späteren Nutzern reden, um zu erfahren, was sie sich vorstellen. Dazu muss ein gewisses Verständnis der Arbeitsabläufe des Kunden, genauer dessen

**Ergänzende Information** Die elektronische Version dieses Kapitels enthält Zusatzmaterial, auf das über folgenden Link zugegriffen werden kann https://doi.org/10.1007/978-3-658-43023-8_2.

Geschäftsprozesse [Gad20], erworben werden, die mit der zu entwickelnden Software im Zusammenhang stehen.

Datenbanken werden typischerweise als Teile solcher Software-Projekte erstellt. Zentral für die Nutzbarkeit der Datenbank ist die Beantwortung der Frage, welche Daten mit welchen Zusammenhängen in der Datenbank verwaltet werden sollen. Diese Informationen sind ein Teilergebnis der Analyse der durch die Software zu unterstützenden Prozesse.

Da der Erfolg von Datenbanken eng mit dem Gesamterfolg von Software-Projekten verknüpft ist, wird im folgenden Unterkapitel zunächst der Software-Entwicklungsprozess genauer betrachtet. Diese Betrachtung wird dann für die Anforderungsanalyse verfeinert. Die detaillierte Anforderungsanalyse für Datenbanken und die daraus entstehenden Entity-Relationship-Modelle, sowie einige spezielle Betrachtungen zu Entity-Relationship-Modellen folgen im Anschluss. Vor der Beschreibung der Fallstudie, die in den folgenden Kapiteln weiter betrachtet wird, wird in einem mit [*] gekennzeichneten Unterkapitel kurz auf den Zusammenhang zwischen Entity-Relationship-Modellen und objektorientierten Modellen eingegangen.

## 2.1    Überblick über den Software-Entwicklungsprozess

In einer sehr abstrakten Sichtweise kann man den Software-Entwicklungsprozess in mehrere Phasen einteilen, in denen die Arbeit typischerweise von Personen in verschiedenen Rollen übernommen wird. Dabei ist es nicht unüblich, dass eine Person mehrere dieser Rollen übernehmen kann. Die nachfolgenden Betrachtungen sind deutlich detaillierter in [Kle18] ausformuliert.

In Abb. 2.1 ist ein einfacher klassischer Software-Entwicklungsprozess skizziert. Es beginnt mit der Anforderungsanalyse, in der ein Analytiker versucht, mit dem Kunden die Aufgaben des zu erstellenden Systems zu präzisieren. Dieser Schritt ist maßgeblich für die Qualität des Projektergebnisses, da alle folgenden Arbeitsschritte von der Anforderungsanalyse abhängen. Neben den funktionalen Aufgaben sind weitere Randbedingungen zu klären, wie die Hardware, auf der das zu entwickelnde System laufen soll und mit welcher anderen Software des Kunden das neue System zusammen arbeiten muss.

**Abb. 2.1** Einfacher
Software-Entwicklungsprozess

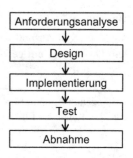

Typischerweise findet im nächsten Schritt nicht direkt eine Implementierung statt. Stattdessen wird das zu entwickelnde System zunächst vom Designer im Systemdesign geplant. Die Planungen beinhalten z. B. die Aufteilung der zu erstellenden Software in kleinere Teilsysteme, die von fast unabhängig arbeitenden Implementierenden realisiert werden sollen. Weiterhin ist zu entscheiden, welche Mittel überhaupt eingesetzt werden, um eine Erfüllung der technischen Anforderungen zu ermöglichen.

In der Implementierungsphase findet die Programmierung statt. Dabei werden meist schrittweise kleine Teilprogramme zu einem großen Programm integriert. Die Entwickler führen dabei für die von ihnen erstellten Programmteile kleine Tests aus.

In der eigentlichen Testphase wird mit verschiedenen Testfällen geprüft, ob das entwickelte System wirklich die Kundenanforderungen erfüllt. Dabei wird geprüft, ob typische Arbeitsabläufe möglich sind und ob auch Grenzsituationen und Fehleingaben korrekt behandelt werden.

Danach wird das System dem Kunden vorgeführt, der es selber testet und nach einem erfolgreichen Test die Abnahme durchführt. Es folgt dann die Garantiephase, in der die Entwicklung gefundene Fehler beheben muss.

Der beschriebene Entwicklungsprozess wird Wasserfallmodell genannt. In der Realität ist es meist nicht möglich, die Phasen konsequent nacheinander abzuarbeiten. Grundsätzlich muss es bei gefundenen Problemen möglich sein, in frühere Phasen zurück zu springen.

Ein wesentliches Problem komplexer Systeme ist, dass man am Anfang nicht hundertprozentig weiß, was das letztendliche System können soll. Es ist schwierig, Anforderungen so präzise zu formulieren, dass genau das Ergebnis heraus kommt, das der Ersteller der Anforderungen wirklich wünscht. Weiterhin ist es typisch, dass sich im Laufe eines längeren Projekts Anforderungen des Kunden ändern, da sich Randbedingungen im Unternehmen verändern oder weitere Wünsche erst später entdeckt werden.

Das Ziel eines Software-Entwicklungsprojekts ist es, den Kunden im ausgehandelten Finanzrahmen zufrieden zu stellen. Aus diesem Grund ist es wichtig, auf sich ändernde Anforderungen im Laufe der Entwicklung reagieren zu können. Es gibt verschiedene Entwicklungsmethoden, die diese Herausforderung angehen.

Ein Lösungsansatz mit der inkrementellen Entwicklung ist in Abb. 2.2 skizziert. Dabei wird die Entwicklung in mehrere Phasen zerlegt, wobei jede der Phasen die Schritte des Wasserfallmodells durchläuft. Teilaufgaben des zu entwickelnden Systems, die noch unklar sind, werden in späteren Inkrementen realisiert. In Folgeinkrementen ist es auch möglich, auf sich ändernde Nutzeranforderungen oder veränderte technische Randbedingungen zu reagieren. Ein Folgeinkrement kann meist schon vor dem endgültigen Abschluss des vorherigen Inkrements begonnen werden.

In [Bal00] findet man einen Überblick über verschiedene Software-Entwicklungsprozesse. Diese Ansätze unterscheiden sich u. a. in dem Aufwand, der in die Dokumentation der gesamten Entwicklung gesteckt wird. Für kleinere Projekte kann man in einem gut zusammenarbeitenden Team mit sehr wenig Dokumentation

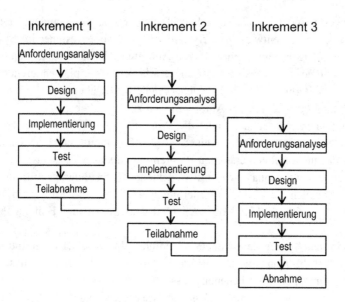

**Abb. 2.2**  Ablauf einer inkrementellen Entwicklung

auskommen [Bec00]. In größeren Projekten muss geplant werden, wer was wann macht und wo die Ergebnisse dokumentiert sind. Beispielhaft seien für einen solchen Ansatz der Rational Unified Process [Kru04] und das Vorgehensmodell des Bundes, das V-Modell XT [@VM], genannt.

Der inkrementelle Ansatz ist ebenfalls Fundament des Scrum-Ansatzes [McK16], der sich durch eine alternative Rollenausprägung auszeichnet. Fachlich getrieben wird das Team durch einen Repräsentanten des Kunden, der die fachlichen Forderungen aufstellt und, gegebenenfalls in Zusammenarbeit mit dem echten Kunden, Teilergebnisse abnimmt. Große Aufgaben werden heruntergebrochen in kleinere Teilaufgaben, die in sogenannten Sprints von 2 bis 3 Wochen zugeordnet werden, in denen sich das Team vollständig den gewählten Aufgaben widmet. Die Mitglieder des Entwicklungsteams suchen sich die Aufgaben selbst aus, die sie umsetzen wollen. Täglich wird in einem sogenannten Scrum-Meeting kurz besprochen, was gemacht wurde, welche Probleme erkannt wurden und welche nächsten Arbeiten anstehen. Die gesamte Gruppe wird vom Scrum Master koordiniert, der insbesondere für die Kommunikation im Team und nach außen zuständig ist, sowie bei der Lösung nichtfachlicher Probleme hilft. Oftmals gibt es eine Person im Scrum-Team mit Datenbank-Wissen, die sich maßgeblich um Aufgaben im Datenbank-Umfeld kümmert. Es ist sinnvoll, dass es mindestens eine zweite Person im Scrum-Team gibt, die ebenfalls fähig ist, verschiedene Aufgaben im Themenbereich Datenbanken zu bearbeiten, unter anderem um Verzögerungen beim Ausfall der ersten Person zu reduzieren und für das gegenseitige Feedback zu Lösungen.

Generell haben inkrementelle Ansätze den Vorteil, dass schnell auf Fehler oder Ände-rungswünsche reagiert werden kann. Bei bereits im Einsatz befindlichen Datenbanken ist allerdings zu beachten, dass grobe Änderungen der Struktur sehr aufwändig umzusetzen sind und deshalb vermieden werden sollten. Reine Ergänzungen sind üblicherweise deut-lich einfacher umsetzbar. Bei der Entwicklung einer neuen Datenbank ist es deshalb ein Ziel, in möglichst frühen Inkrementen ein stabiles Basismodell herzuleiten.

## 2.2 Anforderungsanalyse für Software

Wir haben gesehen, dass die Anforderungsanalyse maßgeblich für den Projekterfolg ist. Dies soll im Folgenden weiter konkretisiert werden.

In einem Versandhaus soll eine Software zur Abwicklung von Bestellungen entwickelt werden. In der ersten Beschreibung steht folgender Satz „Das System soll die Abwick-lung von Bestellungen nach dem üblichen Ablauf unterstützen.". Dieser Satz ist nur eine sehr generelle Beschreibung von dem, was der Kunde wirklich möchte. Würde die Ent-wicklung des Designs und die Implementierung von dieser Anforderung ausgehen, hätten die Bearbeiter sehr große Freiheitsgrade. Sie könnten „wilde" Annahmen machen, was ein „üblicher Ablauf" ist. Da man aber ein System entwickeln möchte, das die Kun-denwünsche erfüllt, muss in der Anforderungsanalyse nachgefragt werden, was der Satz bedeutet.

Eine solche Nachfrage muss nicht sofort zu einem zufrieden stellenden Ergebnis füh-ren. Der Hauptgrund ist meist, dass die Person auf der Kundenseite, die die Frage beantwortet, ihre Arbeit sehr genau kennt und dabei kleine Details vergisst, die aber derjenige, der die Anforderungen aufnimmt, nicht kennen muss. Dieses implizite Wis-sen des Kunden muss sichtbar gemacht werden. Findet zunächst eine Konzentration auf eingehende Bestellungen statt, so kann eine genauere Anforderung wie folgt lauten:

„Schriftlich eingehende Bestellungen werden zunächst formal überprüft und sollen dann in das zu entwickelnde System per Hand eingetragen werden."

Diese Anforderung ist schon wesentlich präziser und zeigt, dass Bestellungen elek-tronisch erfasst werden sollen. Trotzdem muss erneut z. B. nachgefragt werden, was „formal überprüfen" bedeutet. Ein Laie hat zwar sicherlich eine Vorstellung dieser Über-prüfung, trotzdem ist nicht seine Sicht, sondern die Sichtweise des Kunden gefragt. Es ist sinnvoll, diesen Prozess der Verfeinerung von Anforderungen solange fortzuführen, bis der Kunde glaubt, dass das beauftragte Software-Entwicklungsunternehmen, der Auf-tragnehmer, die Aufgabe verstanden hat. Der Auftragnehmer selbst muss sich wiederum sicher sein, die relevanten Entwicklungsinformationen zu haben. Hilfreich ist es dabei, eine Notation zu verwenden, die Kunde und Auftragnehmer verstehen. Hierzu gibt es verschiedene Notationen, um Abläufe zu visualisieren.

Die Entwicklung dieser Abläufe erfolgt meist inkrementell. Es wird zunächst der typi-sche Ablauf beschrieben. In Abb. 2.3 ist der Prozess für eine erfolgreiche Erfassung

**Abb. 2.3** Typischer Ablauf
der Bestellerfassung

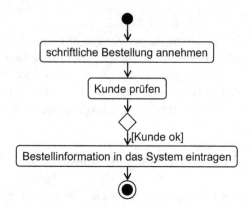

einer Bestellung beispielhaft dargestellt. In den abgerundeten Rechtecken stehen einzelne Prozessschritte. Falls das Ergebnis eines solchen Schritts eine Entscheidung ist,
folgt eine Raute. An den ausgehenden Kanten einer solchen Raute steht das Ergebnis der
Entscheidung.

Dieser typische Ablauf wird dann durch alternative Abläufe ergänzt, die beschreiben, was in Ausnahmefällen passieren kann. Diese Ausnahmen werden wieder Schritt für
Schritt in das Prozessmodell übernommen. Das Ergebnis einer solchen Prozessaufnahme
ist in Abb. 2.4 beschrieben.

Da Prozessbilder eine große Aussagekraft haben, allerdings häufig Details noch zu
präzisieren sind, die ein Diagramm unnötig komplex machen würden, können Anforderungen auch als Text aufgenommen werden. In dem einführenden Beispiel wurde deutlich,
dass eine möglichst präzise Wortwahl gefunden werden muss. So schön sich Fließtexte
lesen lassen, so schlecht sind sie als Ausgangspunkt einer Software-Entwicklung geeignet.
Während man beim Schreiben einer Geschichte möglichst die Wiederholung von Worten
vermeiden sollte, kann diese gerade bei der Formulierung von Anforderungen hilfreich
sein.

Wege zur systematischen Erfassung von Prozessen sind in [Gad03, OWS03] beschrieben. Generell sollte man bei der Dokumentation für jeden Prozess folgende Fragen
beantworten:

- Welche Aufgabe soll der Prozess erfüllen?
- Welche Voraussetzungen müssen erfüllt sein, damit der Prozess ablaufen kann?
- Welche Ergebnisse soll der Prozess produzieren?
- Wie sieht der typische Ablauf des Prozesses aus?
- Welche alternativen Abläufe gibt es neben dem typischen Ablauf?
- Wer ist für die Durchführung des Prozesses verantwortlich und wer arbeitet wie mit?
- Welche Mittel (Arbeitsmittel, andere Software) werden zur Durchführung des Prozes-
  ses benötigt?
- Welche anderen Prozesse werden zur erfolgreichen Abarbeitung benötigt?

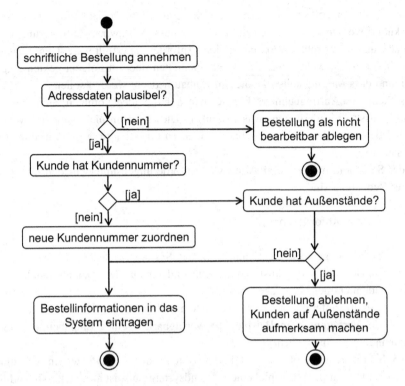

**Abb. 2.4**  Detaillierte Bestellerfassung

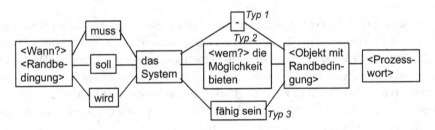

**Abb. 2.5**  Schablone zur Anforderungserstellung nach [Rup21]

In [Rup21] wird ein Ansatz beschrieben, mit dem Anforderungen in natürlicher Sprache geschrieben werden, wobei alle Sätze einer Schablone beim Aufbau folgen müssen.
Abb. 2.5 zeigt die Schablone.

Die verschiedenen Möglichkeiten in der Textschablone haben folgende Bedeutung:
Durch die Wahl von „muss", „soll" und „wird" wird die rechtliche Verbindlichkeit einer
Anforderung geregelt. Dabei spielen „muss"-Anforderungen die zentrale Rolle, da sie
rechtlich verbindlich sind. Mit „soll"-Anforderungen wird beschrieben, dass es aus Sicht

des Fordernden sinnvoll erscheint, diese Anforderung zu berücksichtigen, es aber durchaus diskutiert werden kann, ob sie erfüllt werden muss. Mit „wird"-Anforderungen deutet der Kunde an, dass es schön wäre, wenn diese Anforderung erfüllt wäre. Damit kann z. B. beschrieben werden, welche weiteren Funktionalitäten noch in Folgeprojekten eingebaut werden und dass Möglichkeiten zu diesem Einbau bedacht werden sollen.

Aus Sicht des Auftragnehmers könnte man auf die Idee kommen, sich ausschließlich auf „muss"-Anforderungen zu beschränken. Dies ist dann nicht sinnvoll, wenn man einen Kunden zufrieden stellen möchte, da man an einer langfristigen Zusammenarbeit interessiert ist.

In der Schablone werden drei Arten von Anforderungen unterschieden. Diese Arten mit ihrer Bedeutung sind:

▶ **Drei Arten von Anforderungen**

Typ 1: Selbständige Systemaktivität, d. h. das System führt den Prozess selbständig durch. Ein Beispiel ist das Auslesen der Kundendaten aus dem Datenbestand, nachdem eine Kundennummer eingegeben wurde.

Typ 2: Benutzerinteraktion, d. h. das System stellt dem Nutzer die Prozessfunktionalität zur Verfügung. Ein Beispiel die Verfügbarkeit eines Eingabefeldes, um die Kundennummer einzugeben.

Typ 3: Schnittstellenanforderung, d. h. das System führt einen Prozess in Abhängigkeit von einem Dritten (zum Beispiel einem Fremdsystem) aus, ist an sich passiv und wartet auf ein externes Ereignis. Ein Beispiel ist die Fähigkeit des Systems, die Anfrage nach den Bestellungen des letzten Jahres von einer anderen Software anzunehmen.

Anforderungen vom Typ 1 beschreiben die zentrale Funktionalität, die typischerweise von Anforderungen des Typs 2 oder 3 angestoßen werden. Beim Typ 2 wird z. B. die Möglichkeit geboten, Daten einzugeben und eine Funktionalität aufzurufen. Die eigentliche Ausführung dieser Funktionalität, die die Ergebnisanzeige einschließen kann, wird mit einer Typ 1-Anforderung formuliert. Dieser Zusammenhang ist in Abb. 2.6 skizziert.

Für das Beispiel der Bestellannahme kann man für den Anfang folgende strukturierte Anforderungen formulieren.

▶ **Strukturierte Anforderungen als Beispiel**

Anf001: Im angezeigten Bestellformular muss das System dem Nutzer die Möglichkeit bieten, eine Adressinformation einzugeben. (Typ 2).

Anf002: Nach der Eingabe einer Adressinformation muss das System die Adresse auf Gültigkeit prüfen können. (Typ 1).

Anf003: Nach der Prüfung einer Adresse auf Gültigkeit muss das System dem Nutzer das Prüfergebnis anzeigen. (Typ 1).

**Abb. 2.6** Zusammenhang
zwischen Anforderungstypen

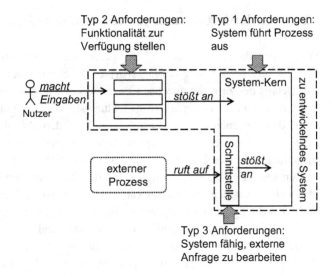

Anf004: Nachdem die Prüfung einer Adresse auf Gültigkeit gescheitert ist, muss das
System in der Lage sein, die Information in einer Log-Datei zu vermerken. (Typ 1).

Selbst bei den detaillierten Anforderungen fällt auf, dass Fragen bleiben können. Sinnvoll ist es deshalb, ein Glossar anzulegen, in dem Begriffe wie „Adressinformation" und
„Gültigkeit einer Adresse" definiert werden.

Die Anforderungen wurden nummeriert. Diese Information kann genutzt werden,
um zu verfolgen, ob und wo eine Anforderung erfüllt wurde. Insgesamt kann man so
ein systematisches, typischerweise werkzeugunterstütztes Anforderungstracing aufsetzen,
bei dem man genau erkennen kann, welche Anforderung wie realisiert wurde und wo
weiterhin der Einfluss von Veränderungen sichtbar werden kann.

Die Frage, wie detailliert eine Anforderungsanalyse gemacht werden soll, hängt stark
von der Größe des Projekts, der Komplexität der zu lösenden Aufgabe und der Gefahr
ab, dass durch eine Fehlfunktion Menschenleben oder die Existenz von Unternehmen
gefährdet sind.

## 2.3    Anforderungsanalyse für Datenbanken

Das Finden der Anforderungen, die speziell die Datenbank-Entwicklung betreffen, ist eine Teilaufgabe der Anforderungsanalyse. Dabei muss der Datenbank-Entwickler nicht alle Details der zu unterstützenden Prozesse kennen, obwohl dies die Arbeit erleichtern kann. Aus Sicht der Datenbank-Entwicklung stellt sich zentral die Frage nach den Daten, die in den einzelnen Arbeitsschritten benutzt werden. Aus diesem Grund müssen die im vorherigen Unterkapitel entwickelten Anforderungen weiter verfeinert werden. Für eine Bestellung stellt sich z. B. die Frage, aus welchen Daten diese besteht.

Generell ist es die erste Aufgabe bei der Datenbank-Entwicklung, ein Modell einer Miniwelt zu erstellen, das zur Aufgabenstellung passt. Es handelt sich um eine Miniwelt, in der nur die Daten beachtet werden, die für die zu entwickelnde Software relevant sind. Von einem Kunden interessiert z. B. sein Name und seine Anschrift, für ein Versandunternehmen sind aber seine Nasenlänge und die Form des Bauchnabels uninteressant. Die letztgenannten Eigenschaften der realen Welt werden in der zu erstellenden Miniwelt nicht berücksichtigt. Der Inhalt dieser Miniwelt wird in einem Modell zusammengefasst. Das Modell soll dann die weitere Entwicklung der Datenbank erleichtern.

Für den Modellierer stellt sich die Frage nach den Objekten der realen Welt, die für die Aufgabenstellung relevant sind, und ihre Beziehungen zueinander. Genauer stellt sich die Frage nach den Entitäten, die eine Rolle spielen.

►Entität: Eine Entität ist ein individuelles, eindeutig identifizierbares Objekt, das durch Eigenschaften charakterisiert werden kann.
Konkretes Beispiel für eine Entität ist eine Bestellung, die vom Kunden Meier am 14.12.23 gemacht wurde. Diese Bestellung hat z. B. die Eigenschaft, dass sie an einem Datum aufgegeben wurde. Die Bestellung wird dadurch eindeutig, dass sie eine eindeutige Bestellnummer bei der Annahme der Bestellung erhält.

Für jede Eigenschaft kann man einen Namen dieser Eigenschaft, wie „Datum" und „Bestellnummer" festhalten. Zu jedem der Eigenschaften kann man einen Datentypen angeben, der die Werte charakterisiert, die diese Eigenschaft bei einer Entität annehmen kann. Beispiele für solche Datentypen sind: ganze Zahl, Fließkommazahl, Text, Datum. Solche Eigenschaften werden bei Datenbanken „Attribute" genannt.

►Attribut: Ein Attribut besteht aus einem Namen und einem Datentypen. Attribute werden zur Modellierung von Eigenschaften genutzt.
Für den Modellierer sind nicht die individuellen Bestellungen interessant, sondern die Information an sich, dass Bestellungen in die Datenbank aufgenommen werden sollen. Man spricht hierbei vom Entitätstypen.

**Abb. 2.7** Bestellung
modelliert als Entitätstyp

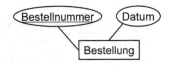

►Entitätstyp: Ein Entitätstyp ist eine Schablone mit einem eindeutigen Namen. Sie dient zur Zusammenfassung von Entitäten. In der Schablone werden alle Attribute zusammengefasst, von denen die Entitäten konkrete Ausprägungen haben.

Generell hat sich in der Software-Entwicklung gezeigt, dass graphische Aufbereitungen komplexerer Sachverhalte, das Verständnis wesentlich erhöhen können. In der Datenbankentwicklung haben sich dabei sogenannte Entity-Relationship-Modelle als sinnvolle Darstellung von Zusammenhängen zwischen Daten herausgestellt.

Entitätstypen werden in Entity-Relationship-Modellen in einem Rechteck dargestellt. Die zugehörigen Attribute stehen in Ovalen, die mit dem Rechteck verbunden sind. Typischerweise markiert man das Attribut oder die Kombination von Attributen, mit dessen Wert oder deren Werten man eine zum Entitätstyp gehörende Entität eindeutig identifizieren kann, durch Unterstreichung Abb. 2.7 zeigt eine Entity-Relationship-Modell-Darstellung einer Bestellung. Die Aussage des Bildes ist, dass Bestellungen durch die Bestellnummer eindeutig werden und dass es zu jeder Bestellung ein Bestelldatum geben kann.

Eine Bestellung hat als weitere typische Eigenschaft den Kunden, von dem sie aufgegeben wurde. Dieser Kunde soll auch in der Datenbank aufgenommen werden. Jeder Kunde wird dabei durch seine Kundennummer eindeutig, er hat einen Namen und eine Adresse. Diese Attribute könnte man für den Entitätstypen Bestellung ergänzen. Bei genauerer Überlegung kann man aber feststellen, dass ein Kunde durchaus mehrere Bestellungen durchführen kann. Dann hätte jede Bestellungs-Entität die identischen Eigenschaftswerte für den Kunden. Dies ist kritisch, da man bei der Datenbank-Entwicklung den zentralen Wunsch hat, dass es nur eine Quelle für eine Information gibt, was im vorherigen Kapitel als Problem mit redundanten Daten beschrieben wurde. Aus diesem Grund ist es sinnvoll, Kunde als eigenständigen Entitätstypen aufzunehmen. Man beachte, dass hier die Namen der Entitätstypen immer in der Einzahl stehen. Diese Konvention wird meist bei der Erstellung von Entity-Relationship-Modellen eingehalten, ist aber kein Zwang.

Wird jetzt „Kunde" als Entitätstyp modelliert, muss die Beziehung zur Bestellung in das Modell aufgenommen werden. Diese Beziehung wird benannt und im Modell als Raute dargestellt. Die Raute wird mit den betroffenen Entitätstypen verbunden. Weitere Details zu diesen Beziehungen, in Englisch „relations", werden im folgenden Unterkapitel diskutiert. Das ergänzte Entity-Relationship-Modell, auch ERM genannt, für die Bestellverwaltung ist in Abb. 2.8 dargestellt.

Jede Bestellung kann mehrere Artikel umfassen. Bestimmte Artikel gehören zu einer Bestellung. Diese Artikel eignen sich aber nicht als Attribute einer Bestellung, da

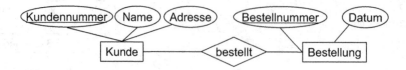

**Abb. 2.8**  Modell der Beziehung zwischen Kunde und Bestellung

eine Bestellung nicht nur einen, sondern mehrere Artikel umfassen kann. Aus diesem Grund wird ein Entitätstyp Artikel eingeführt, da grundsätzlich jedes Attribut nur einen Wert annehmen soll. Artikel sind durch ihre Artikelnummer eindeutig und haben einen Namen. Dabei wird auf eine Unterscheidung, welcher individuelle Artikel geliefert wird, verzichtet. Es gibt z. B. nur den Artikel „Teddy" mit der Artikelnummer 12347. Eine Unterscheidung dieser Teddys, z. B. über eine Produktnummer, findet nicht statt. Dabei deutet der Begriff „Produktnummer" bereits an, dass eine Aufnahme in das Entity-Relationship-Modell nicht schwierig ist.

In einer Bestellung muss nicht jeder Artikel nur einmal bestellt werden. Was passiert, wenn in einer Bestellung gleich 42 Teddys geordert werden? Das Datum 42, genauer die Eigenschaft „Artikelmenge", muss in das Modell aufgenommen werden. Dieses Attribut Artikelmenge kann nicht bei der Bestellung stehen. Dies bedeutete, dass jeder Artikel 42-mal bestellt würde. Verallgemeinert könnte der Kunde dann von jedem Artikel pro Bestellung nur eine fest anzugebende Anzahl bestellen, was in der realen Welt kaum zutrifft. Würde die Artikelmenge als Attribut beim Artikel aufgenommen, bedeutete dies, dass jede Bestellung eine feste Anzahl dieses Artikels beinhaltet. Wenn jemand also Teddys bestellt, müsste er im Beispiel immer 42 Teddys bestellen. Dies entspricht nicht der Realität. Am Rande sei vermerkt, dass ein Attribut Artikelmenge für Artikel durchaus sinnvoll sein kann, dann aber mit einer ganz anderen Bedeutung. Die Artikelmenge könnte dann die Anzahl der im Lager befindlichen Artikel beschreiben.

Eine Lösung für die bestellte Artikelmenge ist, dieses Datum als Eigenschaft der Beziehung, auch Attribut der Beziehung genannt, aufzunehmen. Diese Information ist in das Entity-Relationship-Modell in Abb. 2.9 eingeflossen. Die Eigenschaft bezieht sich dabei auf eine konkrete Bestellung und einen konkreten Artikel. Macht ein Kunde eine zweite Bestellung, kann die Artikelmenge damit unterschiedlich sein, da die Bestellung eine andere Bestellnummer hat.

In der Abbildung gibt es bereits zwei Attribute mit dem Namen „Namen". Dies ist generell kein Problem, obwohl man identische Namen nach Möglichkeit vermeiden sollte. Generell gehört zu einem Entity-Relationship-Modell eine kurze Dokumentation, in der die einzelnen Elemente, also Entitätstypen, Beziehungen und Attribute anschaulich beschrieben werden. In dem bisher entwickelten Modell ist dies vielleicht nicht notwendig, trotzdem ist es bei größeren Modellen sinnvoll, insbesondere dann, wenn eine andere Person als der Modellierer mit dem entstandenen Modell weiter arbeiten soll.

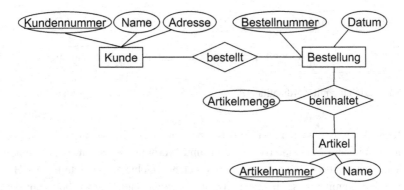

**Abb. 2.9** Beziehung mit Attribut

Das kleine Beispiel hat gezeigt, dass das Finden der richtigen Entitätstypen, Beziehungen und Attribute keine triviale Aufgabe ist. Ein guter Ansatz ist es, vorhandene Dokumentationen, wie z. B. Anforderungen, Schritt für Schritt durchzuarbeiten und die gelesenen Informationen in das Modell zu übertragen. Eine sehr allgemeine Regel, mit der man zumindest einen ersten Ansatz findet, lautet:

1. Analysiere alle Nomen im Text, sie könnten Entitätstypen oder aber Attribute sein.
2. Analysiere alle Verben im Text, sie können auf Beziehungen zwischen Entitätstypen hinweisen.
3. Analysiere alle Adjektive im Text, sie können auf Attribute hinweisen.

Da man in der deutschen Sprache sehr komplexe Schachtelsätze formulieren kann, sind die genannten Schritte nur ein sehr allgemeines Kochrezept. Bei dem Ansatz wird aber deutlich, dass man seine Informationsquellen schrittweise abarbeiten muss. Findet man z. B. Nomen, die nicht weiter charakterisiert werden, ist das ein Indiz, dass hier eine Klärung mit dem Kunden notwendig ist.

Häufiger steht man vor der Frage, ob es sich um ein Attribut oder um einen Entitätstypen handelt. Diese Frage ist nicht immer eindeutig zu beantworten. Beispiele, wie man zu klaren Antworten kommt, sind im vorherigen Text genannt. Werden gleiche Attributswerte häufiger für verschiedene Entitäten genutzt, ist dies ein starker Indikator für die Umformung des Attributes in einen Entitätstypen. Dies wäre z. B. der Fall, wenn man zu jedem Artikel noch eine Artikelgruppe, wie „Spielwaren" oder „Bekleidung" vermerken würde. Kann ein Attribut für eine Entität gleichzeitig mehrere Werte aufnehmen, so muss das Attribut in einen Entitätstypen umgewandelt werden. Durch die resultierende Beziehung zu dem neu entstehenden Entitätstypen wird deutlich, dass mehrere Werte angenommen werden können.

Häufiger stellt sich auch die Frage, ob es sich um ein Attribut oder mehrere Attribute handelt. Ist eine Adresse ein Attribut oder handelt es sich bei Straße, Hausnummer, Postleitzahl und Ort um vier Attribute? Die Antwort auf solche Fragen hängt vom Zweck

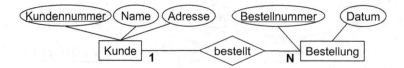

**Abb. 2.10**  Beziehung mit Kardinalitäten

der Datenbank ab, der wieder mit dem Kunden zu klären ist. Benutzt der Kunde z. B. die Adresse nur zum Versenden von Waren und Werbung, so ist eine Aufteilung unnötig. Möchte der Kunde aber analysieren, aus welchen Gebieten des Landes der Hauptteil seiner Kunden kommt, muss die Postleitzahl ein eigenständiges Attribut sein, denn aus technischer Sicht ist es sehr aufwändig, aus einer zusammengesetzten Adresse den Postleitzahlanteil zu berechnen. Noch weiterführende Informationen über die Erstellung von Entity-Relationship-Modellen findet man in [Jar16].

## 2.4    Entity-Relationship-Modell

Im vorherigen Unterkapitel wurden alle zentralen Elemente eines Entity-Relationship-Modells eingeführt. Man kann diese Modelle um weitere Informationen ergänzen, die die spätere Entwicklung der Datenbank wesentlich erleichtern. Die hier benutzte Notation lehnt sich an [Che76] an, der die ersten Arbeiten zu diesem Thema veröffentlicht hat. Es gibt verschiedenen Varianten von Entity-Relationship-Modellen, die sich aber nicht wesentlich in ihrer Ausdruckskraft unterscheiden. Da es für diese Modelle leider keine weltweit akzeptierte Norm gibt, kann es leicht passieren, dass man in der Praxis erst die genutzte Notation verstehen muss. Ist dies erledigt, lassen sich Entity-Relationship-Modelle sehr einfach lesen.

Im vorherigen Unterkapitel wurde bereits erwähnt, dass ein Kunde mehrere Bestellungen machen kann und dass zu jeder Bestellung ein Kunde gehört. Diese so genannten Kardinalitäten werden in das Modell aufgenommen.

Abb. 2.10 zeigt den Zusammenhang zwischen Bestellung und Kunde mit Kardinalitäten. Um die Modelle nicht unnötig zu verkomplizieren, kann man vier verschiedene Kardinalitäten zur Modellierung nutzen. Sie reichen aus, da sie alle relevanten Informationen zur Datenbank-Erstellung beinhalten. Die Kardinalitäten sind:

| 1 | eine Beziehung zu genau einer Entität |
|----|----|
| C | eine Beziehung zu einer oder keiner Entität |
| N | eine Beziehung zu einer oder mehreren Entitäten |
| NC | eine Beziehung zu keiner, einer oder mehreren Entitäten |

**Abb. 2.11** Allgemeines
Entity-Relationship-Modell

In Abb. 2.11 ist eine allgemeine Beziehung zwischen zwei Entitätstypen A und B beschrieben, dabei können X und Y für eine der vier genannten Kardinalitäten stehen. Die Abbildung beinhaltet folgende Aussagen:

- Jede Entität des Entitätstyps A steht in rel-Beziehung mit X Entitäten des Entitätstyps B.
- Jede Entität des Entitätstyps B steht in rel-Beziehung mit Y Entitäten des Entitätstyps A.

Für das konkrete Beispiel in Abb. 2.10 heißt dies: Jeder Kunde macht eine oder mehrere Bestellungen. Jede Bestellung wurde von genau einem Kunden bestellt. Aus der Modellierung folgt unmittelbar, dass man Personen als Kunden erst aufnimmt, wenn sie eine Bestellung gemacht haben. Dies ist wieder mit dem Auftraggeber der Datenbank zu klären. Soll ein Kunde auch ohne Bestellung aufgenommen werden können, so müsste die Kardinalität NC genutzt werden.

In Abb. 2.12 ist die Beziehung zwischen Bestellung und Artikel um Kardinalitäten ergänzt worden. Die Aussagen sind: Jede Bestellung beinhaltet mindestens einen Artikel, kann aber mehrere Artikel beinhalten. Jeder Artikel kann in beliebig vielen Bestellungen vorkommen. Hier wurde statt NC die Kardinalität MC genommen, um zu verdeutlichen, dass die hinter N stehende konkrete Zahl nicht identisch mit der hinter M stehenden konkreten Zahl sein muss. Durch das MC wird weiterhin deutlich, dass Artikel in der Datenbank sein können, die noch nicht bestellt wurden. Dies ist z. B. für Artikel üblich, die neu in das Sortiment aufgenommen werden.

Insgesamt kann man zehn verschiedene Arten von Kardinalitäten-Paaren unterscheiden, wenn man z. B. N zu 1, kurz N:1 und 1:N als eine Verknüpfungsmöglichkeit ansieht. Abb. 2.13 enthält Beispiele für die möglichen Paare. Dabei ist es wichtig, eventuelle Randbedingungen zu kennen, die man in der Realität hinterfragen muss.

Die Beispiele machen bereits deutlich, dass sich ändernde Randbedingungen dazu führen, dass das Modell und damit die gesamte Datenbank geändert werden muss. Der klassische Ansatz von Ehemann und Ehefrau trifft z. B. nicht die Realität, dass zwei beliebige Personen heiraten können. Ebenfalls ist der Eintrag mehrerer Mütter für ein Kind möglich, wobei bereits der Begriff „Mutter" für ein klassisches Rollenbild steht. Tauchen dann die gewählten Namen der Entitätstypen z. B. in Anschreiben auf, kann eine veraltete Modellierung schnell zu einer Diskriminierung führen.

Wird z. B. eine historische Datenbank über Mormonen im 19. Jahrhundert anlegt, so ist zu berücksichtigen, dass ein Ehemann mehrere Ehefrauen haben kann.

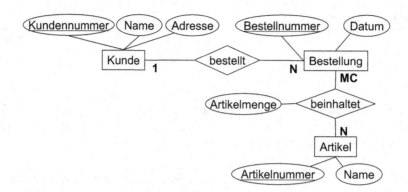

**Abb. 2.12** Bestellabwicklung mit Kardinalitäten

Mit dem Entity-Relationship-Modell soll eine Miniwelt der Realität angelegt werden, die die Realität korrekt abbilden muss. Dies macht nicht nur die Wahl der Entitäten, sondern auch der Attribute schwierig. Möchte man die Namen von Menschen möglichst präzise modellieren, sodass die Datenbank zur Generierung von Briefen genutzt werden kann, muss man viele Fälle berücksichtigen. Diese Fälle umfassen verschiedene Möglichkeiten zur optionalen Angabe des Geschlechts, die Verwaltung aristokratischer und akademischer Titel, mehrerer Vor- und Nachnamen und die Möglichkeit, dass Menschen insgesamt nur einen Namen haben sowie dass in vielen Gegenden der Welt der Familienname immer vor dem Vornamen genannt wird.

Bei der Entwicklung einer Datenbank ist es wichtig, dass jede relevante Information genau einmal in der Datenbank vorkommt. Damit ist es auch bei der Modellierung zu vermeiden, dass eine Information zweimal dargestellt wird.

Ein Indikator für schlechte Modellierungen sind Zyklen im Entity-Relationship-Modell. Ein Zyklus besteht anschaulich, wenn man ausgehend von einem Entitätstyp die Verbindungslinien so entlang laufen kann, dass man bei dem Ausgangsentitätstypen wieder ankommt. Abb. 2.14 zeigt ein Beispiel. Man kann von Kunde starten und einmal durch das Diagramm zurück zum Kunden laufen. In diesem Fall zeigt der Zyklus ein Problem an, da die Beziehung „kauft" keine neue Information enthält. Dadurch, dass Kunden Bestellungen machen und Bestellungen Artikel beinhalten, ist die Information, dass Kunden Artikel kaufen, bereits vorhanden.

Generell sind Zyklen kritisch zu analysieren. Es ist sinnvoll, für ein Modell schriftlich festzuhalten, warum ein Zyklus kein Problem ist. Abb. 2.15 zeigt eine leichte Abänderung des Problemfalls. Hier ist der enthaltene Zyklus unproblematisch, da durch die Beziehung „bevorzugt" eine andere Information festgehalten wird. Diese Information könnte z. B. aus einer Kundenbefragung stammen, bei der Kunden auch Artikel nennen können, die zurzeit für sie nicht bezahlbar sind.

Die zentrale Grundregel, dass jede Information in einem Entity-Relationship-Modell nur einmal dargestellt wird, ist auch bei der Auswahl der Attribute zu beachten. In

| A | B | Y | X | rel |
|---|---|---|---|---|
| Ehemann | Ehefrau | 1 | 1 | verheiratet |
| Jeder Ehemann ist mit genau einer Frau verheiratet. Jede Ehefrau ist mit genau einem Mann verheiratet. | | | | |
| Mann | Ehefrau | 1 | C | verheiratet |
| Jeder Mann ist nicht verheiratet oder hat eine Ehefrau. Jede Ehefrau ist mit genau einem Mann verheiratet. | | | | |
| Mutter | Kind | 1 | N | geboren |
| Jede Mutter hat mindestens ein oder mehrere Kinder geboren. Jedes Kind wurde von genau einer Mutter geboren. | | | | |
| Frau | Kind | 1 | NC | geboren |
| Jede Frau hat ein oder kein Kind oder mehrere Kinder geboren. Jedes Kind wurde von genau einer Frau geboren. | | | | |
| Mitarbeiter | Firmen-Handy | C | C | besitzen |
| In einer Firma kann jeder Mitarbeiter ein Firmen-Handy haben, muss es aber nicht. Jedes Firmen-Handy ist entweder einem oder keinem Mitarbeiter zugeordnet. Handys ohne Zuordnung können z. B. bei Bedarf verliehen werden. | | | | |
| Mentor | Künstler | C | N | unterstützt |
| Jeder Mentor unterstützt einen oder mehrere Künstler. Jeder Künstler kann einen oder keinen Mentor haben. | | | | |
| See | Fluss | C | NC | münden |
| In jeden See können kein oder ein Fluss oder mehrere Flüsse münden. Jeder Fluss kann in genau einen See münden, muss es aber nicht. | | | | |
| Student | Vorlesung | M | N | teilnehmen |
| Jeder Student nimmt an mindestens einer Vorlesung oder aber mehreren Vorlesungen teil. An jeder Vorlesung nimmt mindestens ein Student oder nehmen mehrere Studenten teil. | | | | |
| Artikel | Bestellung | M | NC | vorkommen |
| Jeder Artikel kann in keinen, einer oder mehreren Bestellungen vorkommen. Jede Bestellung beinhaltet einen oder mehrere Artikel. | | | | |
| Artikel | Lager | MC | NC | lagern |
| Ein Artikel kann in keinem oder einem Lager oder mehreren Lagern gelagert sein. In jedem Lager können kein, ein oder mehrere Artikel lagern. Es wird berücksichtigt, dass Artikel ausverkauft sein können und dass Lagergebäude saniert werden müssen (deshalb immer das C). | | | | |

**Abb. 2.13**  Mögliche Paare von Kardinalitäten

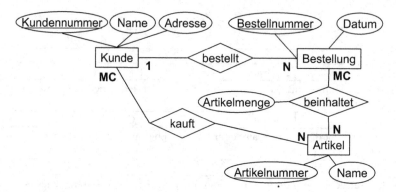

**Abb. 2.14** Modell mit überflüssigem Zyklus

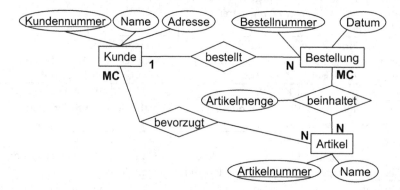

**Abb. 2.15** Modell mit sinnvollem Zyklus

Abb. 2.16 ist der Zusammenhang zwischen Bestellung und Artikel um Preisinforma-tionen ergänzt worden. Jeder Artikel hat einen Einzelpreis. In dem Modell ist bei der Bestellung als Attribut der Gesamtpreis aufgenommen worden. Dies ist kritisch zu hin-terfragen. Wenn sich der Gesamtpreis aus der Menge der gekauften Artikel und der Einzelpreise berechnet, darf der Gesamtpreis als abgeleitetes Attribut nicht vorkommen. In diesem Fall muss das Attribut gelöscht werden. Die Information, dass der Kunde der Datenbank über den Gesamtpreis informiert werden will, wird in der Dokumentation zum Entity-Relationship-Modell mit der Berechnungsformel festgehalten.

Es kann aber auch gute Gründe geben, den Gesamtpreis als Attribut stehen zu lassen. Ein Grund wäre, dass der Kunde für seine Bestellung individuell einen Rabatt heraus-handeln kann. Der Gesamtpreis ist damit eine Eigenschaft der Bestellung. Wenn es für jeden Kunden einen festen, aber vom Kunden abhängigen Rabatt gibt, wäre dies eine Eigenschaft des Kunden. Der Rabatt würde ein Attribut des Kunden sein, das Attribut

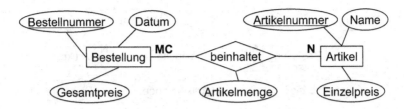

**Abb. 2.16** Zusammenhang zwischen Einzel- und Gesamtpreis

Gesamtpreis müsste gelöscht werden, da dieser aus den Artikelpreisen, der Menge des jeweiligen Artikels und dem Rabatt berechnet werden kann.

Trotzdem könnte ein weiterer Grund für das Attribut Gesamtpreis sprechen. Die Einzelpreise der Artikel ändern sich typischerweise mit der Zeit. Diese Änderungen werden beim jeweiligen Artikel vermerkt. Würde es kein Attribut Gesamtpreis geben, würde bei Berechnungen immer von den aktuellen Artikelpreisen ausgegangen. Dies entspricht aber nicht unbedingt dem Gesamtpreis zum Bestelldatum.

Um diese Diskussion abzuschließen, muss man auf das Attribut Gesamtpreis wieder verzichten, wenn man sich alle Artikelpreise mit ihren Gültigkeitszeiträumen merkt. Diese Liste von Preisen führt zu einem neuen Entitätstypen Preis, der als Attribute den aktuellen Wert sowie den Start- und Endtermin enthält. Falls der Übergang der Preise zeitlich immer nahtlos ist, reicht die Information, bis wann ein Preis gültig ist.

Aus Abb. 2.14 kann man erahnen, dass es eine Verwandtschaft zwischen M:N-Beziehungen und 1:N-Beziehungen geben kann. Grundsätzlich gilt, dass es möglich ist, jede M:N-Beziehung durch einen neuen Entitätstypen und zwei 1:N-Beziehungen zu ersetzen. Ähnliches gilt auch für Beziehungen, die eine NC-Kardinalität beinhalten.

In Abb. 2.17(a) sieht man die MC:N-Beziehung zwischen Bestellung und Artikel. In Abb. 2.17(b) befindet sich ein anderes Entity-Relationship-Modell, das nur 1:N- bzw. 1:NC-Beziehungen enthält. Durch den neuen Entitätstypen Bestellposten kann man festhalten, dass jede Bestellung mehrere Bestellposten enthält, jeder dieser Posten aber zu genau einer Bestellung gehört. Jeder Bestellposten beinhaltet Informationen zu genau einem Artikel, jeder Artikel kann aber in beliebig vielen Bestellposten vorkommen.

Für den Modellierer ist die Frage, ob eher M:N- oder mehr 1:N-Beziehungen genutzt werden, nicht sehr wichtig. Bei der späteren Nutzung der Entity-Relationship-Modelle ist der Unterschied in den resultierenden Tabellen sehr gering. Grundsätzlich steht bei der Modellierung die Lesbarkeit für den Modellierer und demjenigen, der das Modell beim Kunden abnimmt, im Vordergrund.

Eigentlich nichts Besonderes, aber für Anfänger in der Modellierung irritierend ist, dass auch Entitätstypen mit sich selber in Beziehung stehen können. Ein Beispiel ist in Abb. 2.18 dargestellt, bei dem Länder an Länder grenzen können. Jedes Land kann beliebig viele Nachbarn haben und kann auch Nachbar von beliebig vielen Ländern sein. Das Kürzel dient zur eindeutigen Identifizierung des Landes, z. B. ein „D" für Deutschland.

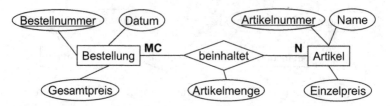

(a) Beispiel für eine MC:N-Beziehung

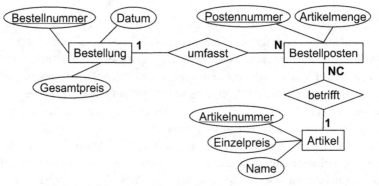

(b) Beispiel für eine aufgeteilte MC:N-Beziehung

**Abb. 2.17**  Aufteilung einer Beziehung

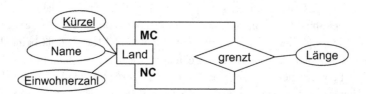

**Abb. 2.18**  Beispiel für rekursive Beziehung

**Abb. 2.19**
Nicht-symmetrische rekursive
Beziehung

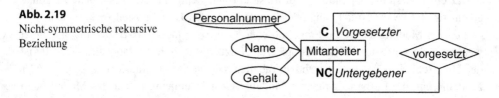

Eigenschaften dieser Grenze werden an der Beziehung als Attribut festgehalten. Wenn eine Beziehung sich auf nur einen Entitätstypen bezieht, spricht man von einer rekursiven Beziehung.

Bei der Grenzbeziehung ist es nicht wichtig, in welcher Reihenfolge sie gelesen wird. Wenn ein Land A an ein Land B grenzt, dann grenzt auch B an A. Diese Symmetrie muss nicht bei allen rekursiven Beziehungen vorliegen. In Abb. 2.19 wird modelliert, dass ein Mitarbeiter Vorgesetzter eines Mitarbeiters oder mehrerer anderer Mitarbeiter sein kann. Jeder Mitarbeiter kann maximal einen Vorgesetzten haben. Das „maximal" bezieht sich darauf, dass der oberste Chef keinen Vorgesetzten hat. Die Beziehung ist nicht symmetrisch, da, wenn A Vorgesetzter von B ist, B typischerweise nicht Vorgesetzter von A ist. Um dies in der Beziehung zu verdeutlichen, wird in der Nähe der Kardinalität ein Rollenname festgehalten. Das Diagramm kann damit wie folgt gelesen werden: Jeder Mitarbeiter hat einen oder keinen Mitarbeiter als Vorgesetzten. Jeder Mitarbeiter hat keinen, einen oder mehrere Mitarbeiter als Untergebenen.

Es ist durchaus nicht ungewöhnlich, dass es zwischen zwei Entitätstypen verschiedene Beziehungen geben kann. In Abb. 2.20 ist festgehalten, dass es Mitarbeiter gibt, die ein Flugzeug fliegen können und Mitarbeiter, die ein Flugzeug warten können. Die Attribute sind nur beispielhaft angegeben. Es ist Zufall, dass die Kardinalitäten der Beziehungen übereinstimmen.

Bisher wurden Beziehungen zwischen zwei Entitätstypen betrachtet. Dies ist die in der Praxis verbreitetste Beziehungsart, die grundsätzlich das Ziel einer Modellierung sein sollte. In seltenen Fällen kann es sein, dass man drei oder mehr Entitätstypen in einer Beziehung beachten muss.

Dies soll durch ein plastisches Beispiel verdeutlicht werden, in dem dargestellt ist, was passiert, wenn Professoren nach überstandenen Semestern durch die Stadt ziehen. Sie gehen von Kneipe zu Kneipe und trinken dort Bier. Da Professoren eigen sind, trinken sie in Abhängigkeit von der Kneipe verschiedene Biersorten. Dies wird anschaulich in der folgenden Tabelle beschrieben, das zugehörige Entity-Relationship-Modell ist in Abb. 2.21 dargestellt.

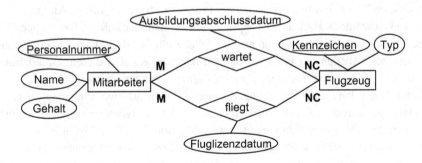

**Abb. 2.20** Mehrere Beziehungen zwischen zwei Entitätstypen

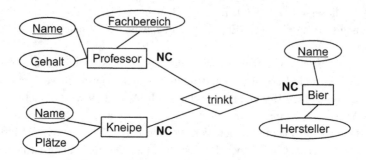

**Abb. 2.21**  Beispiel für Beziehung zwischen drei Entitätstypen

Es stellt sich die Frage, ob es nicht eine Modellierung mit nur zweistelligen Beziehungen gibt, wie sie in Abb. 2.22 beschrieben ist. Dies ist nicht möglich. Dazu betrachten wir die Tabellen, mit denen der Zusammenhang dann auch beschrieben werden könnte.

| Professor | Biersorte |
|-----------|-----------|
| Meier | Vareler Alt |
| Müller | Horster Pils |
| Meier | Horster Pils |
| Müller | Vareler Alt |

| Biersorte | Kneipe |
|-----------|--------|
| Vareler Alt | Rote Bucht |
| Horster Pils | Gelber Fink |
| Horster Pils | Rote Bucht |
| Vareler Alt | Gelber Fink |

| Professor | Kneipe |
|-----------|--------|
| Meier | Rote Bucht |
| Müller | Gelber Fink |
| Meier | Gelber Fink |
| Müller | Rote Bucht |

Aus diesen Tabellen folgt aber auch, dass Professor Meier ein Vareler Alt in der Roten Bucht trinken würde, was nach der Ursprungstabelle nicht der Fall ist. Es gibt auch keine andere Möglichkeit, die Information aus der Tabelle mit den drei Spalten in einer Tabelle oder mehreren Tabellen mit nur zwei Spalten darzustellen. Aus diesem Grund kann es Beziehungen geben, an denen mehr als zwei Entitätstypen beteiligt sind.

Grundsätzlich kann man Beziehungen zwischen mehr als zwei Entitätstypen vermeiden. Dazu muss man aber zusätzlich einen neuen Entitätstypen einführen. Das für die biertrinkenden Professoren resultierende Entity-Relationship-Modell ist in Abb. 2.23 dargestellt. Bei einer konkreten Modellierung muss die Frage, ob nur Beziehungen zwischen zwei Entitätstypen gewünscht sind, durch den Modellierer, typischerweise im Gespräch

| Professor | Biersorte | Kneipe |
|-----------|-----------|------------|
| Meier | Vareler Alt | Rote Bucht |
| Müller | Horster Pils | Gelber Fink |
| Meier | Horster Pils | Rote Bucht |
| Müller | Vareler Alt | Gelber Fink |

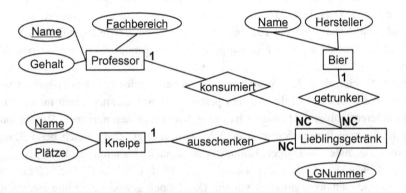

**Abb. 2.22** Versuch der Auflösung einer komplexen Beziehung

**Abb. 2.23** Aufgelöste Beziehung zu drei Entitätstypen

mit dem Kunden, geklärt werden. Wichtig ist, dass diese Entscheidung keine Auswirkung auf die weitere Entwicklung hat.

## 2.5 [*] Abschlussbemerkungen zu Entity-Relationship-Modellen

Die bisher gegebenen Informationen über Entity-Relationship-Modelle reichen aus, um Modelle selbst für große Projekte zu entwickeln. In diesem Unterkapitel wird gezeigt, dass es beim Lesen existierender Entity-Relationship-Modelle zu Problemen kommen kann, da unterschiedliche Notationen genutzt werden. Weiterhin gibt es Erweiterungsmöglichkeiten, die auch auf die bisher genutzte Darstellung von Entity-Relationship-Modellen angewandt werden können und in gewissen Situationen die Modellierung erleichtern. Abschließend wird der Zusammenhang zwischen Entity-Relationship-Modellen und Klassendiagrammen, die in der objektorientierten Software-Entwicklung genutzt werden, beschrieben.

In Abb. 2.24 sind verschiedene Notationen dargestellt, mit denen immer der gleiche Sachverhalt beschrieben werden soll. Bis auf die Bachman-Notation, in der man nur erkennt, ob höchstens eine Entität oder mehr Entitäten an der Beziehung beteiligt sind, kann man die verschiedenen Notationen ineinander überführen. Bei der numerischen Notation fällt auf, dass die Positionen der Kardinalitäten vertauscht wurden. Da es keine international anerkannte Norm für Entity-Relationship-Modelle gibt, sind noch viele andere Varianten von Notationen vertreten. Möchte man ein unbekanntes Entity-Relationship-Modell lesen, muss man zwei Entitätstypen identifizieren, deren Beziehung man kennt und die eine der Formen 1:N, C:N, 1:NC oder C:NC hat. Aus der für diesen Sachverhalt verwendeten Notation kann man dann schließen, wie die Notation generell aufgebaut ist.

Neben den bisher vorgestellten graphischen Elementen kann man weitere Symbole in Entity-Relationship-Modelle einbauen, um weitere Zusammenhänge zu beschreiben. Hierbei ist kritisch anzumerken, dass mit steigender Symbolzahl die Lesbarkeit sehr schnell sinkt und man deshalb weitere Fakten lieber in der zum Modell gehörenden Beschreibung festhält. Trotzdem sollen hier einige Erweiterungsmöglichkeiten kurz beschrieben werden.

Abb. 2.25 zeigt, dass der Gesamtpreis aus anderen Informationen abgeleitet werden kann. Aus diesem Grund ist das Attribut gestrichelt eingezeichnet, damit man sieht, dass der Modellierer darüber nachgedacht hat, es sich aber um kein normales Attribut handelt.

Durch die doppelten Linien in Abb. 2.26 wird gezeigt, dass es sich beim Raum um einen vom Gebäude abhängigen Entitätstypen handelt. Dadurch wird festgelegt, dass, wenn ein Gebäude aus der Datenbank gelöscht wird, damit auch alle Räume, die zu diesem Gebäude gehören, gelöscht werden. Die doppelt gezeichnete Linie zwischen dem Entitätstypen und der Relation wird oft nur einfach gezeichnet. Eine Existenzabhängigkeit von mehreren Entitätstypen macht keinen Sinn.

Häufiger kann man für zwei Entitätstypen gemeinsame Attribute finden. Diese müssen in der bisher vorgestellten Modellierung dann auch doppelt aufgenommen werden. Gibt es in einem Unternehmen Piloten und Mechaniker als Mitarbeiter, haben diese gemeinsamen Eigenschaften, wie eine Mitarbeiternummer, einen Namen, eine Adresse und ein Gehalt. Weiterhin haben sie Eigenschaften, die sie unterscheiden, wie das Datum der nächsten Flugtauglichkeitsprüfung beim Piloten und das Datum der Gesellenprüfung beim Mechaniker. Statt die gemeinsamen Attribute doppelt aufzuführen, wird in Abb. 2.27 ein Entitätstyp als Obertyp eingeführt, in dem die gemeinsamen Eigenschaften vereinigt sind. Durch das neue „is-a" Symbol wird verdeutlicht, dass es sich bei Piloten und Mechanikern um Spezialisierungen eines Mitarbeiters handelt, die neben ihren eigenen Attributen auch die Attribute des Mitarbeiters haben.

**Abb. 2.24** Notationen für
Entity-Relationship-Modelle

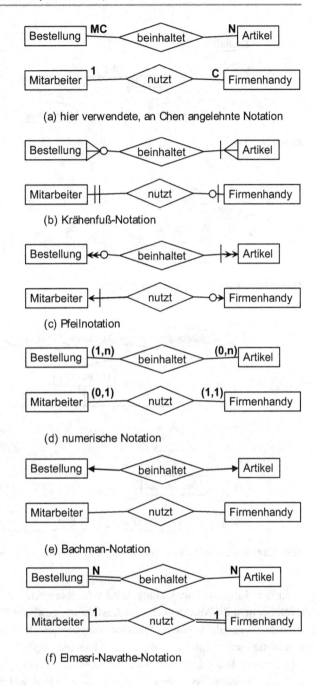

(a) hier verwendete, an Chen angelehnte Notation

(b) Krähenfuß-Notation

(c) Pfeilnotation

(d) numerische Notation

(e) Bachman-Notation

(f) Elmasri-Navathe-Notation

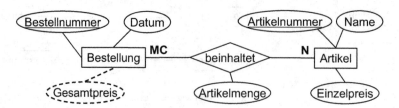

**Abb. 2.25** Darstellung abhängiger Attribute

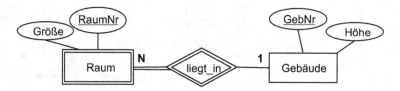

**Abb. 2.26** Existenzabhängige Entitätstypen

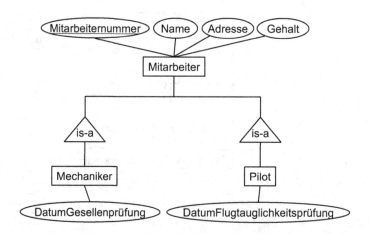

**Abb. 2.27** Zusammenfassung gemeinsamer Entitätstypen-Eigenschaften

In der Software-Entwicklung wird typischerweise ein objektorientierter Ansatz verfolgt, bei dem die Möglichkeit, die Ausführung gewisser Aufgaben an bestimmte Objekte zu delegieren, als wichtige Strukturierungsmöglichkeit im Vordergrund steht. Bei der objektorientierten Entwicklung ist der Klassen- und der Objektbegriff im Mittelpunkt. Objekte sind Individuen mit charakterisierenden Eigenschaften, die bestimmte Aufgaben erfüllen können. Klassen sind Schemata, die angeben, welche gemeinsamen Eigenschaften Objekte haben, die von dieser Klasse erzeugt werden. Aus dieser recht vagen Formulierung kann man bereits ableiten, dass der Begriff „Klasse" mit dem Begriff „Entitätstyp"

**Abb. 2.28** Beispielklasse in
UML-Notation

| Bestellung |
| --- |
| eingangsdatum:Datum<br>ausgangsdatum:Datum<br>bezahlt: Boolean |
| artikelHinzufuegen(a: Artikel):void<br>artikelLoeschen(a:Artikel):void<br>berechneGesamtsumme():Float |

und der Begriff „Objekt" mit dem Begriff „Entität" verwandt ist. Deshalb kann man einige wesentliche Erfahrungen aus der Erstellung von Entity-Relationship-Modellen auf die objektorientierte Modellierung übertragen.

Zur objektorientierten Modellierung werden Klassendiagramme genutzt. Diese Diagramme sind in der Unified Modeling Language (UML, siehe z. B. [Oes12, Kle18]) der Object Management Group (OMG, www.omg.org) normiert. Die Normierung ermöglicht es, dass sich Modellierer schnell in die Modelle anderer Modellierer einarbeiten können.

Bei der Darstellung von Klassen in Klassendiagrammen werden die Eigenschaften, Instanzvariablen genannt, und die Aufgaben, Methoden genannt, aufgeführt, die Objekte dieser Klasse haben bzw. ausführen können. In Abb. 2.28 ist ein einfaches Klassendiagramm mit nur einer Klasse für eine Bestellung angegeben. Neben den von der Entity-Relationship-Modellierung bekannten Attributen bzw. Instanzvariablen ist angegeben, welche Aufgaben Objekte dieser Klasse übernehmen können. Es ist möglich, den Objekten mitzuteilen, dass sie weitere Artikel aufnehmen und Artikel wieder löschen können. Weiterhin ist ein Objekt in der Lage, den Gesamtpreis einer Bestellung zu berechnen.

Bei der Darstellung der Klassen kann man auswählen, ob Instanzvariablen und Attribute dargestellt werden sollen. Lässt man diese Information weg, entspricht das Bild der Darstellung eines Entitätstypen. Weiterhin werden Linien zwischen Klassen gezeichnet, um Beziehungen, in der UML Assoziationen genannt, darzustellen. In Abb. 2.29 ist ein Beispiel dargestellt. Man kann das Wissen aus der Entity-Relationship-Modellierung zum Lesen des Diagramms nutzen. Jede Firma hat beliebig viele Angestellte als Mitarbeiter. Jeder Arbeiter kann bei keiner oder einer Firma, seinem Arbeitgeber, arbeiten. Die Rollennamen „Arbeitgeber" und „Angestellter" können weggelassen werden.

Dieser sehr kurze Einblick zeigt einen Zusammenhang zwischen den Ansätzen auf. Es soll aber nicht verschwiegen werden, dass zur objektorientierten Modellierung weiteres Wissen gehört. Es gibt viele Klassen, wie Steuerungsklassen, die man bei der Entity-Relationship-Modellierung nicht benötigt, die aber zentraler Bestandteil von Klassenmodellen sind. Einen guten Einblick in die objektorientierte Modellierung mit der UML erhält man in [Oes04].

**Abb. 2.29** Klassendiagramm
mit Assoziation

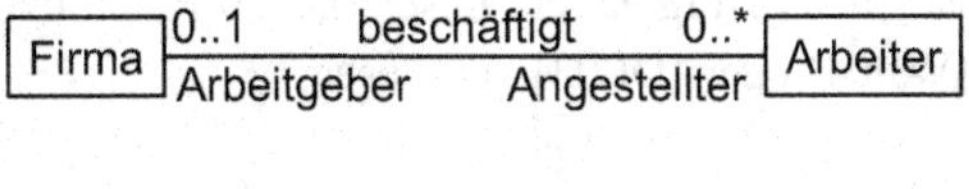

| Firma | 0..1<br>Arbeitgeber | beschäftigt | 0..*<br>Angestellter | Arbeiter |
| --- | --- | --- | --- | --- |

**Abb. 2.30** Formblatt zum
Management von Risiken

| Projekt: Entwicklung eines Web-Shops für XY |
| --- |
| Risiken mit letztem Bearbeitungsdatum:<br>R1: Die Anforderungen für das Modul X sind unklar beschrieben (22.01.06)<br>R2: Der Ansprechpartner beim Kunden wechselt häufig (22.01.06)<br>R3: Das Verfahren, wie der Kunde das Produkt abnimmt, ist unklar (20.12.05)<br>R4: Das Projektteam hat keine Erfahrungen mit dem neuen Werkzeug W zur Code-Generierung (20.12.05) |
| Ergriffene Maßnahmen (Sachstand):<br>M1: Projektvertrag einem Rechtsanwalt zur Prüfung übergeben (Ergebnis bis 19.01.06 erwartet)<br>M2: Schulung und Coachingfür W vereinbart (ab 5.2.2006) |

## 2.6  Fallstudie

In diesem Buch wird eine realistische, allerdings etwas vereinfachte Fallstudie genutzt, um ein durchgehendes Beispiel zur Entwicklung einer Datenbank zu zeigen. Dabei ist folgendes Ausgangsszenario beim Auftraggeber für die Datenbank gegeben:

Das Unternehmen wickelt Software-Entwicklungsprojekte ab, dabei treten in den Projekten immer wieder Probleme auf. Damit diese Probleme systematisch analysiert werden können, wird ein Risikomanagement-Prozess in der Firma eingeführt. Die Idee ist, bereits in der Planung über potenzielle Probleme, die Risiken, nachzudenken und gegebenenfalls frühzeitig Maßnahmen zu ergreifen, damit die Probleme nicht eintreten. Die Analyse, welche Risiken das Projekt hat, wird im Projektverlauf wiederholt, um immer frühzeitig Maßnahmen ergreifen zu können.

Im ersten Schritt wurde eine Textschablone zur Erfassung und Bearbeitung der Risiken genutzt, eine Variante des Formblattes ist in Abb. 2.30 dargestellt. Ausgehend von diesem Formblatt führen die Datenbankentwickler die Diskussion der Anforderungen mit dem Kunden, der die Risikomanagementdatenbank wünscht. Das Ergebnis der Gespräche ist, dass die Daten und ihre Zusammenhänge verwaltet und der Prozess mit der Datenbank weiter verfeinert werden sollen. Man soll z. B. für abgeschlossene Projekte sehen, welche Risiken vermutet wurden, ob diese zu Problemen führten und welche Maßnahmen welchen Erfolg hatten. Leser, die am Risikomanagement direkt interessiert sind, seien auf [Wal04] oder [DL03] verwiesen.

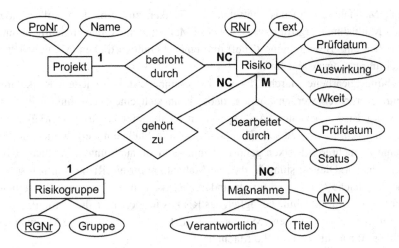

**Abb. 2.31** Entity-Relationship-Modell für Risikomanagementdatenbank

Aus den Diskussionen wird das in Abb. 2.31 dargestellte Entity-Relationship-Modell entwickelt. Wichtig ist, dass die zugehörigen Randbedingungen in schriftlicher Form als Dokumentation festgehalten werden. In der Dokumentation stehen folgende Informationen:

Entität Projekt: Die Entität steht für laufende wie auch für abgeschlossene Projekte. Jedes Projekt hat in der Firma eine eindeutige Projektnummer (ProNr) und einen Projektnamen (Name), der nicht eindeutig sein muss.

Entität Risiko: Jedes Risiko soll eindeutig (RNr) nummeriert sein. Jedes Risiko hat eine Beschreibung (Text) des Risikos, zusätzlich wird festgehalten, wann geprüft werden soll (Prüfdatum), ob sich das Risiko und seine Randbedingungen verändert haben. Weiterhin wird zum Risiko geschätzt, wie hoch der maximale finanzielle Schaden ist (Auswirkung), wenn der Risikofall eintritt, und eine Wahrscheinlichkeit (Wkeit) in Prozent, wie wahrscheinlich ein Eintreffen des Risikos ist. Falls ein Projekt abgeschlossen ist, wird die Wahrscheinlichkeit immer auf 100 gesetzt und in der Auswirkung der real aufgetretene Schaden festgehalten.

Beziehung „bedroht durch": Jedes Risiko gehört zu genau einem Projekt, wobei jedes Projekt beliebig viele Risiken haben kann.

Entität Risikogruppe: Um Risiken systematischer analysieren zu können, sollen die Risiken in Gruppen eingeteilt werden. Es soll so möglich sein, die Hauptrisikogebiete des Unternehmens zu bestimmen, um in dem betroffenen Gebiet über generelle Verbesserungen in der Firma nachzudenken. Jede Gruppe wird durch eine Nummer (RGNr) identifiziert und hat einen eindeutigen Namen (Gruppe).

Beziehung „gehört zu": Jedes Risiko soll genau einer Gruppe zugeordnet werden, wobei beliebig viele Risiken zu einer Gruppe gehören können.

Entität Maßnahme: Um das Eintreten von Risiken zu verhindern, sollen möglichst frühzeitig Maßnahmen ergriffen werden. Diese Maßnahmen werden eindeutig nummeriert (MNr), haben eine Beschreibung (Titel) und einen Verantwortlichen (Verantwortlich) für die Durchführung der Maßnahme.

Beziehung „bearbeitet durch": Es wurde vereinbart, dass zu jedem Risiko mehrere Maßnahmen ergriffen werden können, dabei kann sich eine Maßnahme aber auch auf mehr als ein Risiko beziehen. Abhängig vom Risiko gibt es für jede Maßnahme ein Datum, wann geprüft werden soll (Prüfdatum), ob die Maßnahme erfolgreich ist. Da eine Maßnahme zu mehreren Risiken gehören kann, kann sie auch unterschiedliche Überprüfungsdaten haben. Dies ist sinnvoll, da eine Maßnahme für ein Risiko sinnvoll sein kann, während die gleiche Maßnahme für ein anderes Risiko keinen Erfolg hat. Zusätzlich wird noch der Status der Maßnahme bezüglich des Risikos festgehalten, dieser Status kann z. B. „offen" für nicht abgeschlossene Maßnahmen, „Erfolg" für erfolgreiche Maßnahmen und „Fehlschlag" für nicht erfolgreiche Maßnahmen sein.

Neben der hier vorgestellten Datenanalyse werden mit der Anforderungsanalyse die Prozesse festgehalten, die mit dem zu entwickelnden System unterstützt werden sollen. Diese Prozesse sind wichtig für den Aufbau der Eingabemasken und der Festlegung, wann der Nutzer zu welcher Maske wechseln kann.

Ein Ergebnis der Anforderungsanalyse sind die Informationen, die die späteren Nutzer aus dem System gewinnen wollen. Datenbankentwickler können dann kritisch prüfen, ob die gewünschten Aufgaben mit dem entwickelten Datenmodell gelöst werden können. Die folgende Liste zeigt einen Ausschnitt der Aufgaben, die vom System erfüllt werden sollen.

### Untersuchung individueller Daten

- Gib zu jedem Projekt die Projektrisiken aus.
- Gib zu jedem Projekt die getroffenen Risikomaßnahmen aus.
- Gib für jedes Projekt die betroffenen Risikogruppen aus.
- Gib zu jeder Risikogruppe die getroffenen Maßnahmen aus.

### Statistische Auswertungen

- Gib zu jedem Projekt die Anzahl der zugehörigen Risiken und die durchschnittliche Wahrscheinlichkeit des Eintreffens aus.
- Gib zu jedem Projekt die Summe der erwarteten Zusatzkosten, berechnet aus dem maximalen Zusatzaufwand und der Eintrittswahrscheinlichkeit, aus.
- Gib zu jeder Maßnahme den frühesten Zeitpunkt zur Überprüfung an.
- Gib zu jeder Maßnahme an, zur Bearbeitung von wie viel Risiken sie eingesetzt werden soll.
- Gib die Risikogruppen aus, denen mindestens zwei Risiken zugeordnet wurden.

- Gib zu jedem Risiko die Anzahl der getroffenen Maßnahmen aus.

**Plausibilitätsprüfung**

- Gib zu jedem Projekt die Risikogruppen aus, für die es kein zugeordnetes Risiko im Projekt gibt.
- Gib die Risiken aus, für die keine Maßnahmen ergriffen wurden.

Mit einem erfahrenen Auge, das ein Entwickler z. B. nach der Lektüre dieses Buches hat, kann er feststellen, dass die Aufgaben höchstwahrscheinlich mit der aus dem Entity-Relationship-Modell zu entwickelnden Datenbank gelöst werden können.

## 2.7 Aufgaben

**Wiederholungsfragen**

Versuchen Sie zur Wiederholung folgende Aufgaben aus dem Kopf, d. h. ohne nochmaliges Blättern und Lesen zu beantworten.

1. Beschreiben Sie die verschiedenen Phasen der Software-Entwicklung.
2. Was versteht man unter „inkrementeller Entwicklung", wo liegen die Vorzüge dieses Ansatzes?
3. Welche typischen Probleme können auftreten, wenn Sie mit einem Kunden die Anforderungen an die zu erstellende Software aufnehmen wollen?
4. Was versteht man unter schrittweiser Verfeinerung von Anforderungen?
5. Welchen Zusammenhang gibt es zwischen Anforderungsanalyse und Geschäftsprozessen?
6. Beschreiben Sie den Ansatz, Anforderungen mit einer Anforderungsschablone zu erstellen.
7. Erklären Sie anschaulich die Begriffe Entität, Attribut und Entitätstyp.
8. Welche Möglichkeiten kennen Sie, bei der Modellierung Attribute und Entitätstypen zu unterscheiden?
9. Was versteht man unter einer Beziehung? Was bedeutet es, wenn Beziehungen Attribute haben?
10. Wie würden Sie bei der Erstellung eines Entity-Relationship-Modells vorgehen?
11. Wann ist es sinnvoll, statt eines Attributs Adresse mehrere Attribute, wie Straße, Hausnummer, Postleitzahl und Stadt aufzunehmen?

12. Wozu werden Kardinalitäten in Entity-Relationship-Modellen genutzt, welche werden unterschieden? Nennen Sie Beispiele für Einsatzmöglichkeiten von Kardinalitäten.

13. Was bedeutet es, dass man mit einem Entity-Relationship-Modell versucht, eine korrekte Miniwelt zu modellieren?

14. Warum können Zyklen in Entity-Relationship-Modellen auf Probleme hinweisen?

15. Wo greift die Grundregel, dass jede Information in einem Entity-Relationship-Modell nur einmal dargestellt werden soll?

16. Welchen Zusammenhang gibt es zwischen M:N- und 1:N-Beziehungen?

17. Was sind rekursive Beziehungen? Nennen Sie praktische Einsatzbeispiele.

18. Wann werden Beziehungen zwischen mehr als zwei Entitätstypen benötigt? Gibt es Modellierungsalternativen?

---

### Übungsaufgaben

1. In einer Datenbank soll der Zusammenhang zwischen Mitarbeitern, ihrer Mitarbeit in Projekten und den Telefonen der Mitarbeiter erfasst werden. Jeder Mitarbeiter sei durch seine Mitarbeiternummer (MiNr) eindeutig identifiziert, weiterhin hat er einen Namen. Jedes Telefon sei durch seine Telefonnummer (TelNr) eindeutig identifiziert. Jedes Projekt sei durch seine Projektnummer (ProNr) eindeutig und hat einen Namen. Jeder Mitarbeiter kann in beliebig vielen Projekten mitarbeiten, in jedem Projekt arbeitet mindestens ein Mitarbeiter. Zu jeder der folgenden Teilaufgaben soll ein Entity-Relationship-Modell erstellt werden, bei dem zusätzlich der genannte Zusammenhang zwischen Telefonen und Mitarbeitern aufgenommen werden soll.

a) Jeder Mitarbeiter hat genau ein Telefon, jedes Telefon gehört zu genau einem Mitarbeiter.

b) Jeder Mitarbeiter kann mehrere Telefone unabhängig vom Projekt haben und hat mindestens eins, jedes Telefon gehört zu genau einem Mitarbeiter.

c) Ein oder mehrere Mitarbeiter müssen sich ein Telefon teilen, dabei hat jeder Mitarbeiter Zugang zu einem Telefon. Jedes Telefon gehört zumindest einem Mitarbeiter (Idee: ein Telefon pro Büro).

d) Jeder Mitarbeiter kann mehrere Telefone haben, er wechselt für seine jeweilige Projektaufgabe z. B. das Büro. Dabei nutzt er pro Projekt genau ein Telefon. Jedes Telefon wird von mehreren Mitarbeitern genutzt.

e) Zu jedem Projekt gibt es genau ein Telefon, das von den Projektmitarbeitern genutzt wird.

Formulieren Sie die folgenden Sachverhalte in den Aufgabenstellungen als Entity-Relationship-Modelle. Falls sie keine Attribute im Text identifizieren können, geben sie zumindest immer ein identifizierendes Attribut an:

2. Durch den Namen eindeutig benannte Mutterkonzerne, die jeweils an genau einem Ort beheimatet sind, können beliebig viele Tochtergesellschaften haben, die durch ihren Namen eindeutig sind, eine Beschäftigtenzahl haben und seit einem genauen Datum zu genau einem Mutterkonzern gehören. Jede Tochtergesellschaft kann auf maximal einem Fachgebiet mit einer anderen Tochtergesellschaft zusammenarbeiten.

3. Eine Firma stellt verschiedene Produkte her, die sich im Namen unterscheiden und jeweils ein Gewicht und eine Leistung haben. Jedes Produkt besteht aus mindestens zwei verschiedenen Komponenten, die einen eindeutigen Namen, eine Farbe und ein Gewicht haben. Jede Komponente wird nur in einem Produkt benutzt. Beliebige Komponenten können in beliebigen Lagern gelagert werden. Die Lager sind durch ihren eindeutigen Ort bekannt und haben eine eigene Lagerkapazität. Jedes der Produkte kann auch in mehreren Lagern aufbewahrt werden, wobei die Lager auch verschiedene Produkte aufnehmen können.

4. Eine IT-Firma erstellt Software in verschiedenen Projekten. Die Entwicklungsinformationen zu den verschiedenen Projekten sollen festgehalten werden. Jedes Projekt, das durch seinen Namen eindeutig gekennzeichnet ist und einen Leiter hat, stellt einen oder mehrere SW-Module her. Jeder SW-Modul, der durch seinen Namen eindeutig erkennbar ist, gehört zu genau einem Projekt. Jeder SW-Modul kann aus mehreren anderen SW-Modulen bestehen, jeder SW-Modul kann in maximal einem übergeordneten SW-Modul genutzt werden. Zu jedem Projekt gehört eine Liste von Testfällen, die durch eine Nummer eindeutig identifizierbar sind und einen Ersteller haben. Jeder Testfall bezieht sich auf einen oder mehrere SW-Module, jeder SW-Modul sollte in mindestens einem Testfall vorkommen, was aber nicht immer garantiert ist. Es gibt Testfälle, die frühzeitig erstellt werden und erst wesentlich später SW-Modulen zugeordnet werden. Für jede Ausführung eines Testfalls wird der letzte Zeitpunkt der Ausführung, der Name des Testers und das Testergebnis festgehalten (auf eine Historie der Testfälle wird verzichtet), dabei kann sich die Testausführung auf eine Teilmenge der zugeordneten Module beziehen.

5. Jeder Mensch, der durch seine Sozialversicherungsnummer (SNr) eindeutig ist und einen Vor- und Nachnamen hat, kann in höchstens einer Krankenkasse sein. Die Kasse ist durch ihren Namen eindeutig und hat einen Sprecher und kann maximal 100.000 Menschen als Mitglieder aufnehmen. Jeder Mensch kann zu mehreren Ärzten gehen, die einen eindeutigen Namen und ein Fachgebiet haben. Ärzte können mehrere Menschen häufiger zu verschiedenen Terminen behandeln und können für verschiedene Kassen arbeiten, dabei haben sie mit jeder Kasse einen festen Stundensatz vereinbart. Für jede Kasse arbeiten verschiedene Ärzte. Jeder Arzt kann jeden Patienten (also Menschen) an beliebig viele (eventuell unterschiedliche) andere Ärzte überweisen. Beachten Sie, dass der gleiche Patient von einem Arzt bei verschiedenen Behandlungen an verschiedene Ärzte überwiesen werden kann. Bei jeder Behandlung kann nur maximal eine Überweisung erfolgen.

## Literatur

[@VM]  V_Modell XT, https://www.itzbund.de/DE/digitalemission/trendstechnologien/projektst euerung/projektsteuerung.html

[Bal00]  H. Balzert, Lehrbuch der Software-Technik, Band 1: Software-Entwicklung, 2. Auflage, Spektrum Akademischer Verlag, Heidelberg Berlin Oxford, 2000

[Bec00]  K. Beck, Extreme Programming, Addison-Wesley, München, 2000

[Che76]  P. Chen, The Entity-Relationship Model – Toward a Unified View of Data, in: ACM Transactions on Database Systems, Band 1, Nr. 1, Seiten 9–36, 1976

[DL03]  T. DeMarco, T. Lister, Bärentango – Mit Risikomanagement Projekte zum Erfolg führen, Hanser, München Wien, 2003

[Gad20]  A. Gadatsch, Grundkurs Geschäftsprozess-Management, 9. Auflage, Springer Vieweg, Wiesbaden, 2020

[Jar16]  H. Jarosch, Grundkurs Datenbankentwurf, 4. Auflage, Springer Vieweg, Wiesbaden, 2016

[Kle18]  S. Kleuker, Grundkurs Software-Engineering mit UML, 4. Auflage, Springer Vieweg, Wiesbaden, 2018

[Kru04]  P. Kruchten, The Rational Unified Process, 2. Auflage, Addison-Wesley, USA, 2004

[McK16]  D. McKenna, The Art of Scrum, Apress, USA, 2016

[Oes12]  B. Oestereich, Analyse und Design mit UML 2.5, 10. Auflage, De Gruyter Oldenbourg, München, 2012

[OWS03]  B. Oestereich, C. Weiss, C. Schröder, T. Weilkiens, A. Lenhard, Objektorientierte Geschäftsprozessmodellierung mit der UML, dpunkt, Heidelberg, 2003

[Rup21]  C. Rupp, SOPHIST GROUP, Requirements-Engineering und -Management, 7. Auflage, Hanser, München Wien, 2021

[Wal04]  E. Wallmüller: Risikomanagement für IT- und Software-Projekte, Hanser, München Wien, 2004

# Systematische Ableitung von Tabellenstrukturen

**3**

**Zusammenfassung**

Relationale Datenbanken bauen zentral auf Tabellen auf. In diesem Kapitel lernen Sie, wie man Entity-Relationship-Modelle systematisch in Tabellen übersetzen kann. Mit der Erstellung eines Entity-Relationship-Modells, wie sie im vorherigen Kapitel beschrieben wurde, ist ein wesentlicher Schritt zur Entwicklung einer hochwertigen Datenbank gemeistert. Die Folgeschritte sind einfacher, da man sie, im Gegensatz zum stark kreativen Vorgehen bei der Gewinnung von Nutzeranforderungen, klar formulieren kann. Das Modell wird schrittweise in Tabellen überführt. Dazu gibt es ein formales Verfahren, das genau beschreibt, welche Übersetzungsschritte zu machen sind. Zunächst wird der Begriff der Tabelle präzisiert, um dann die Übersetzung vorzustellen. Vor der Fallstudie werden einige interessante Randfälle der Übersetzung diskutiert.

## 3.1 Einführung des Tabellenbegriffs

Anschaulich ist der Tabellenbegriff relativ leicht zu fassen, da jeder schon Kassenbons, Ergebnistabellen im Sport oder Telefonlisten gesehen hat. In Abb. 3.1 ist eine Tabelle zur Verwaltung von Bestellungen dargestellt.

Um genauer mit dem Begriff „Tabelle" argumentieren zu können, muss eine möglichst präzise Definition einer Tabelle gegeben werden. Diese präzise Begriffsfindung ermöglicht es später, genaue Aussagen zum Umgang mit Tabellen zu formulieren. Im folgenden

**Ergänzende Information** Die elektronische Version dieses Kapitels enthält Zusatzmaterial, auf das über folgenden Link zugegriffen werden kann https://doi.org/10.1007/978-3-658-43023-8_3.

Bestellung

| Kunde | Bestellnr | Bestelldatum | Status | bezahlt |
|---|---|---|---|---|
| 42 | 1 | 27.02.23 | abgeschlossen | wahr |
| 66 | 2 | 28.02.23 | abgeschlossen | falsch |
| 89 | 3 | 28.02.23 | Bearbeitung | falsch |
| 42 | 4 | 28.02.23 | Bearbeitung | falsch |

**Abb. 3.1**  Beispiel für eine Tabelle

Text wird ein formaler mathematischer Ansatz angedeutet, wobei immer Wert auf eine praktische Veranschaulichung gelegt wird.

Betrachtet man die Tabelle aus Abb. 3.1 genauer, so kann man folgende Eigenschaften feststellen:

- Die Tabelle hat einen Namen.
- Die Tabelle hat Spaltenüberschriften, diese Überschriften können im bisher benutzten Vokabular als Attribute bezeichnet werden.
- In jeder Spalte stehen Werte, die zu diesem Attribut passen. Jeder Wert hat einen Datentyp, wobei in jeder Spalte nur Werte des gleichen Datentyps stehen.

Die drei Beobachtungen können zur Definition einer Tabelle mit ihrem Inhalt genutzt werden. Zunächst wird der Begriff Datentyp präzisiert, wobei hier eine recht allgemeine Charakterisierung gegeben wird, die z. B. für Programmiersprachen wesentlich verfeinert werden müsste.

▶ **Definition Datentypen**  Ein *Datentyp* ist eine Menge von Werten. Es werden folgende Datentypen betrachtet:

Text: Ein Element das Datentyps Text ist eine beliebige Folge von Zeichen, die in einfachen Hochkommata eingeschlossen sind. Beispiele für Elemente aus Text sind: 'Hallo', 'ich hab Leerzeichen und komische (§#+&) Symbole', ''. Der zuletzt aufgeführte Text ist der leere Text, der kein Zeichen, auch kein Leerzeichen, enthält.

Zahl: Ein Element des Datentyps Zahl ist eine beliebige Zahl, dabei wird hier vereinfachend nicht zwischen ganzen und Fließkomma-Zahlen unterschieden. Beispiele für Elemente aus Zahl sind: 42, 34.56, 0.004, 3.15, 10000001.

Datum: Ein Element des Datentyps Datum ist ein beliebiges gültiges Datum, dabei wird hier vereinfachend von der Darstellung in der Form <Tag>.<Monat>.<Jahr> ausgegangen. Beispiele für Elemente aus Datum sind: 25.01.1966, 05.10.1967, 06.05.1989, 26.02.2000.

Boolean: In der Menge Boolean sind die Wahrheitswerte „wahr" und „falsch" zusammengefasst.

In der Realität passiert es häufig, dass man nicht sofort alle Daten in eine Tabelle eintragen kann. Dieses leere Feld entspricht einem Wert „undefiniert", der im Datenbanksprachgebrauch auch NULL-Wert genannt wird.

▶ **Datentypen für Tabellen** In Tabellen können die Datentypen Text, Zahl, Datum und Boolean genutzt werden, dabei ist jeder ursprüngliche Datentyp um einen Wert NULL ergänzt worden.

Aus der Definition folgt unmittelbar, dass der Datentyp Boolean für Tabellen drei Elemente beinhaltet. Diese sind „wahr", „falsch" und „NULL".

▶ **Tabelle** Eine Tabelle hat einen Namen, eine Menge von Attributen {Att1, ..., Attn}, wobei jedes Attribut Atti Teilmenge eines Datentyps für Tabellen ist, und einen Inhalt der Teilmenge des Kreuzproduktes der Attribute Att1 × ... × Attn.

Diese sehr mathematische Definition bedarf einer genauen Erläuterung. Die Attribute entsprechen den Spaltenüberschriften der Tabelle. Dabei wird jedem Attribut ein konkreter Datentyp zugeordnet. Im Beispiel könnte Bestellnr die Menge Zahl selber sein. Da man aber wahrscheinlich keine negativen und Fließkommazahlen haben möchte, steht Bestellnr für eine Teilmenge von Zahl.

Durch das Kreuzprodukt Att1 × ... × Attn wird die Menge aller möglichen Einträge beschrieben, die theoretisch in der Tabelle stehen können. Elemente dieses Kreuzprodukts werden auch n-Tupel genannt. Jedes dieser n-Tupel entspricht einer Zeile der Tabelle.

---

**Beispiel**

Das Attribut Kunde sei eine Teilmenge des Datentyps Zahl, die genau drei Elemente umfasst, genauer Kunde = {42, 69, 88}. Das Attribut Zahlungsfähig sei eine Teilmenge des Datentyps Boolean, der nur die Werte „wahr" und „falsch" umfasst.

Das Kreuzprodukt von Kunde und Zahlungsfähig beinhaltet dann alle Kombinationen dieser Werte. Es gilt:

Kunde × Zahlungsfähig = {(42, wahr), (69, wahr), (88, wahr), (42, falsch), (69, falsch), (88, falsch)}.

Statt dieser vielleicht ungewöhnlichen Tupel-Notation, kann man das Kreuzprodukt auch wie in Abb. 3.2 gezeigt darstellen. In dieser Darstellung sind alle möglichen Wertkombinationen genannt, die in einer realen Tabelle auftreten können.

---

**Abb. 3.2** Tabellenartige Darstellung des Kreuzproduktes

| Kunde | Zahlungsfähig |
|-------|---------------|
| 42 | wahr |
| 69 | wahr |
| 88 | wahr |
| 42 | falsch |
| 69 | falsch |
| 88 | falsch |

**Abb. 3.3** Tabelle als
Teilmenge des Kreuzprodukts

Zahlungsmoral

| Kunde | Zahlungsfähig |
|-------|---------------|
| 42    | wahr          |
| 69    | falsch        |
| 88    | falsch        |

Typische Tabellen enthalten dann nicht alle Einträge des Kreuzprodukts, wie es in Abb. 3.3 beschrieben ist. Die Abbildung zeigt ein konkretes Beispiel mit der Tabelle Zahlungsmoral.

◄

## 3.2 Übersetzung von Entity-Relationship-Modellen in Tabellen

Bei der Übersetzung von Entity-Relationship-Modellen in Tabellen gibt es drei zentrale Ziele:

1. Bei der Füllung der Tabellen mit Daten sollen redundante Daten vermieden werden.
2. Wenn es nicht aus praktischer Sicht notwendig ist, sollen keine NULL-Werte zur Füllung der Tabellen notwendig werden.
3. Es soll unter Berücksichtigung von 1. und 2. eine möglichst minimale Anzahl von Tabellen entstehen.

Das erste Ziel bedeutet z. B., dass der Kundenname nur an einer Stelle steht. Will man Informationen mit dem Kunden verknüpfen, wird nur seine Kundennummer als Referenz genutzt.

Das zweite Ziel bedeutet, dass man genau überlegen soll, ob man optionale Werte wirklich benötigt. Hat jeder Mitarbeiter entweder keinen oder einen Firmenwagen, sind Spalten mit Daten zu den Firmenwagen in einer Mitarbeitertabelle zu vermeiden, da für Mitarbeiter ohne Wagen NULL-Werte, z. B. beim KFZ-Kennzeichen eingetragen werden müssen. In der praktischen Umsetzung in den folgenden Kapiteln wird deutlich, dass die Arbeit durch NULL-Werte wesentlich erschwert werden kann.

Das dritte Ziel ergänzt die anderen beiden Ziele. Würde dieses Ziel alleine stehen, könnte man alle Daten in eine große Tabelle eintragen, die dann redundante Informationen und NULL-Werte enthalten würde. Durch das dritte Ziel soll die Tabellenanzahl gering gehalten werden, da dies später die Arbeit erleichtern und verkürzen kann.

Das zweite Ziel wird in der Literatur unterschiedlich behandelt und dabei das dritte Ziel in den Vordergrund gestellt. In diesem Fall werden vermeidbare NULL-Werte erlaubt, da dadurch die Anzahl der Tabellen geringer wird, was später zu schnelleren Berechnungen führen kann. In diesem Kapitel werden beide Ansätze diskutiert.

**Abb. 3.4** Beispielmodell für
Übersetzung

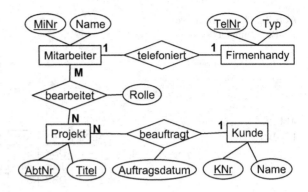

Die Übersetzung eines Entity-Relationship-Modells in Tabellen folgt einem klaren Verfahren, was mit Hilfe des Modells aus Abb. 3.4 beschrieben werden soll. Als Besonderheit muss man die Nummer der bearbeitenden Abteilung (AbtNr) und den Titel eines Projekts kennen, um das Projekt genau identifizieren zu können.

**1. Schritt: Übersetzung der Entitätstypen**
Jeder Entitätstyp wird in eine Tabelle übersetzt, wobei die Attribute des Entitätstypen zu den Attributen der Tabelle werden. Abb. 3.5 zeigt die aus Abb. 3.4 abgeleiteten Tabellen. Dabei wurden beispielhaft einige Daten ergänzt.

Die Informationen über die identifizierenden Attribute, die im Modell als unterstrichene Attribute eingetragen wurden, werden in die Tabelle übernommen. Für eine Präzisierung dieser „identifizierenden Attribute" sei auf das folgende Kapitel hingewiesen.

**2. Schritt: Übersetzung von 1:1-Beziehungen**
Durch 1:1-Beziehungen wird eine enge Bindung zwischen Entitätstypen beschrieben, da eine Paar-Bildung zwischen den jeweiligen Entitäten vorliegt. Diese Informationen werden in einer Tabelle vereinigt. Dabei kann aus den zur Verfügung stehenden identifizierenden Attributen eine der beiden Möglichkeiten ausgewählt werden. Abb. 3.6 zeigt, dass die Tabellen Mitarbeiter und Firmenhandy zusammengefasst wurden. Hätte die Beziehung

**Abb. 3.5** Übersetzung der
Entitäten

Mitarbeiter

| MiNr | Name |
|------|------|
| 42 | Ugur |
| 43 | Erwin |
| 44 | Erna |

Firmenhandy

| TelNr | Typ |
|-------|------|
| 01777 | Nokus |
| 01700 | Erika |
| 01622 | Simen |

Projekt

| AbtNr | Titel |
|-------|-------|
| 1 | DBX |
| 1 | Jovo |
| 2 | DBX |

Kunde

| KNr | Name |
|-----|------|
| 54 | Bonzo |
| 55 | Collecto |

**Abb. 3.6** Übersetzung von
1:1-Beziehungen

Mitarbeiter

| MiNr | Name | TelNr | Typ |
|------|------|-------|-------|
| 42 | Ugur | 01777 | Nokus |
| 43 | Erwin | 01700 | Erika |
| 44 | Erna | 01622 | Simen |

**Abb. 3.7** Übersetzung von
1:N-Beziehungen

Projekt

| AbtNr | Titel | KNr | Auftragsdatum |
|-------|-------|-----|---------------|
| 1 | DBX | 54 | 26.02.23 |
| 1 | Jovo | 54 | 06.05.23 |
| 2 | DBX | 55 | 27.02.23 |

Kunde

| KNr | Name |
|-----|---------|
| 54 | Bonzo |
| 55 | Collecto |

Attribute, würden diese mit in die Tabelle aufgenommen. Die beiden anderen Tabellen werden nicht verändert.

### 3. Schritt: Übersetzung von 1:N Beziehungen

Jedes Projekt hat nach Modell genau einen Kunden. Diese Information über den zum Projekt gehörenden Kunden wird in die Tabelle Projekt übernommen. Zur Übersetzung der Beziehung „beauftragt" werden die identifizierenden Attribute des Kunden zusätzlich in die Tabelle Projekt mit eingetragen.

Weiterhin werden die Attribute der Beziehung mit in die Tabelle aufgenommen. Die Spalte KNr wird dann auch Fremdschlüssel genannt, da über ihre Werte auf jeweils genau einen Kunden geschlossen werden kann. Abb. 3.7 zeigt die neue Projekttabelle mit der unveränderten Kundentabelle. Die Tabelle Mitarbeiter bleibt unverändert.

### 4. Schritt: Übersetzung von M:N-Beziehungen

Bei M:N-Beziehungen können mehrere Entitäten auf der einen Seite mit mehreren Entitäten auf der anderen Seite in Beziehung stehen. Im Beispiel können verschiedene Mitarbeiter in verschiedenen Projekten mitarbeiten, wobei auch in jedem Projekt mehrere Mitarbeiter tätig sein können. Um solche Beziehungen in Tabellen zu übersetzen, wird eine neue Tabelle angelegt, deren Name möglichst eng mit dem Namen der Beziehung korrespondiert. Solche Tabellen werden auch Koppeltabellen genannt. Da Verbformen als Tabellennamen seltener sind, wird meist nach einem verwandten Nomen gesucht. In diese Tabelle werden die identifizierenden Attribute beider in Beziehung stehender Entitätstypen als Spalten aufgenommen. Attribute der Beziehung werden in der Tabelle ergänzt. Die identifizierenden Attribute dieser Tabelle setzen sich aus den identifizierenden Attributen der einzelnen Entitätstypen zusammen. In Abb. 3.8 ist das vollständige Ergebnis der Übersetzung des Entity-Relationship-Modells dargestellt. Es wurde die Tabelle Bearbeitung ergänzt.

Bei den genannten Schritten fällt auf, dass sie keine Übersetzungsinformationen für die Kardinalitäten C und NC enthalten. Der Ansatz hierfür ist, dass für den Übersetzungsschritt C

Mitarbeiter

| MiNr | Name | TelNr | Typ |
|------|------|-------|-------|
| 42 | Ugur | 01777 | Nokus |
| 43 | Erwin | 01700 | Erika |
| 44 | Erna | 01622 | Simen |

Bearbeitung

| MiNr | AbtNr | Titel | Rolle |
|------|-------|-------|--------|
| 42 | 1 | DBX | Design |
| 42 | 1 | Jovo | Review |
| 43 | 2 | DBX | Analyse |
| 44 | 1 | Jovo | Design |
| 44 | 2 | DBX | Review |

Projekt

| AbtNr | Titel | KNr | Auftragsdatum |
|-------|-------|-----|---------------|
| 1 | DBX | 54 | 26.02.23 |
| 1 | Jovo | 54 | 06.05.23 |
| 2 | DBX | 55 | 27.02.23 |

Kunde

| KNr | Name |
|-----|----------|
| 54 | Bonzo |
| 55 | Collecto |

**Abb. 3.8**  Übersetzung von M:N-Beziehungen

und NC als N interpretiert werden, wodurch immer das beschriebene Übersetzungsverfahren angewandt werden kann. Der Umgang mit NC und C soll jetzt genauer untersucht werden.

Die M:N-Beziehung zwischen Projekt und Mitarbeiter könnte in eine M:NC-Beziehung abgeändert werden. Dies ist sinnvoll, wenn es Mitarbeiter gibt, die in keinem Projekt mitarbeiten, z. B. auf Stabsstellen sitzen. Für diese Mitarbeiter folgt einfach, dass es keinen Eintrag mit ihrer Mitarbeiternummer in der Tabelle Bearbeitung gibt. Es muss keine zusätzliche Verarbeitung dieser Information stattfinden.

Ändert man das Beispiel so, dass jeder Mitarbeiter ein Firmenhandy haben kann, aber nicht muss, wird also die Beziehung in 1:C umgewandelt, kann man die Lösung aus der 1:1-Übersetzung nicht übernehmen, da dann NULL-Werte in den Zeilen bei den Mitarbeitern ohne Handy stünden. Aus der anzuwendenden 1:N-Übersetzung folgt, dass es eine eigene Tabelle für die Firmenhandys gibt und zusätzlich bei ihnen als Fremdschlüssel die Mitarbeiternummer (MiNr) des besitzenden Mitarbeiters eingetragen wird.

Ändert man das Beispiel weiter, so dass es auch Handys gibt, die keinem Mitarbeiter zugeordnet sind, also es sich um eine C:C-Beziehung handelt, kann die zuletzt vorgeschlagene Lösung nicht genutzt werden, da in der Handytabelle NULL-Werte bei den Handys ohne Besitzer stehen würden. Die C:C-Beziehung wird deshalb wie eine M:N-Beziehung behandelt. Neben den Tabellen Mitarbeiter und Firmenhandy wird eine Tabelle Handybesitz ergänzt, in der für Mitarbeiter, die ein Handy besitzen, die Mitarbeiternummer und die Telefonnummer (TelNr.) stehen.

Wird statt dem zweiten Ziel, der Vermeidung von NULL-Einträgen, das dritte Ziel mit den möglichst wenigen Tabellen in den Vordergrund gestellt, ist die Regel „betrachte C wie N" nicht haltbar. Hier wird C bei der Übersetzung wie eine „1" behandelt, was zu NULL-Einträgen führt [Jar16]. Kann jeder Mitarbeiter ein Handy haben, steht in der Mitarbeiter-Tabelle eine Spalte Handynummer, die NULL-Werte bei allen Mitarbeitern ohne Handy enthält. Bei C:C-Beziehungen behält jeder Entitätstyp seine Tabelle und frei wählbar wird die Verknüpfung auf der einen Seite über einen Fremdschlüssel eingetragen.

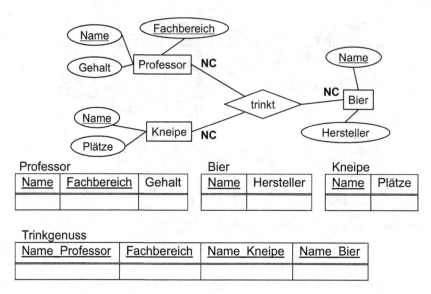

**Abb. 3.9** Übersetzung einer komplexen Beziehung

Der Vorteil der geringeren Anzahl an Tabellen kann sich später positiv auf die schnellere Bearbeitung von Anfragen auswirken, hat aber den Nachteil, dass NULL-Werte häufiger Quellen von Flüchtigkeitsfehlern bei der Anfrage-Erstellung sind.

Beziehungen, die mehr als zwei Entitätstypen verknüpfen, werden ähnlich zu M:N-Beziehungen übersetzt. Aus der Beziehung wird eine neue Tabelle, die als Spalten alle identifizierenden Attribute der beteiligten Entitätstypen erhält. Ein Übersetzungsbeispiel befindet sich zusammen mit dem Modell in Abb. 3.9. Weiterhin deutet die Abbildung ein Problem an, das entsteht, wenn mehrere Attribute den gleichen Namen haben. Dies ist für Entity-Relationship-Modelle kein Problem, wird aber zum Problem bei der Übersetzung. Aus diesem Grund verzichten Modellierer häufiger auf gleiche Attributsnamen bei unterschiedlichen Entitätstypen. Da Spalten in Tabellen nicht den gleichen Namen haben dürfen, muss eine Umbenennung, wie im Beispiel angedeutet, stattfinden.

## 3.3 Besondere Aspekte der Übersetzung

Das Übersetzungsverfahren wurde im vorherigen Unterkapitel vollständig beschrieben. In diesem Unterkapitel wird analysiert, welchen Einfluss leicht unterschiedliche Entity-Relationship-Modelle auf die resultierenden Tabellen haben. Diese Erkenntnisse können im Umkehrschluss die Erstellung von Entity-Relationship-Modellen erleichtern.

Zentrale Aussage dieses Unterkapitels ist, dass die im vorherigen Kapitel aufgezeigten Modellierungsalternativen zu fast identischen Tabellen führen.

Für die Beziehung aus Abb. 3.9, die mehr als zwei Entitätstypen betrifft, wurde bereits eine alternative Modellierungsmöglichkeit beschrieben, die nur Beziehungen zwischen zwei Entitätstypen beinhaltet. Dieses alternative Entity-Relationship-Modell und die daraus abgeleiteten Tabellen sind in Abb. 3.10 dargestellt. Man erkennt im Vergleich mit der vorherigen Lösung, dass die Tabelle, die ursprünglich aus der komplexen Beziehung abgeleitet wurde, jetzt in ähnlicher Form existiert. Es wurde nur zusätzlich ein identifizierendes Attribut eingefügt.

Bei der Modellierung wurde gezeigt, dass man statt einer M:N-Beziehung auch zwei 1:N-Beziehungen nutzen kann. Werden diese Modelle in Tabellen übersetzt, erhält man die gleiche Anzahl an Tabellen, einzig ein neues identifizierendes Attribut wird ergänzt. Dieser Zusammenhang wird auch in Abb. 3.11 und 3.12 dargestellt, in denen Modelle mit der gleichen Aussage in Tabellen übersetzt werden.

Generell gilt, dass es ein eindeutiges Ergebnis bei der Übersetzung eines Entity-Relationship-Modells in Tabellen gibt. Eine eindeutige Rückübersetzung von Tabellen in ein Entity-Relationship-Modell ist häufig nicht möglich, da es Interpretationsspielräume gibt, ob eine Tabelle von einer Beziehung oder einem Entitätstypen stammt. Will man z. B. die Tabellen aus Abb. 3.12 zurück in ein Modell übersetzen, kann auch das Modell

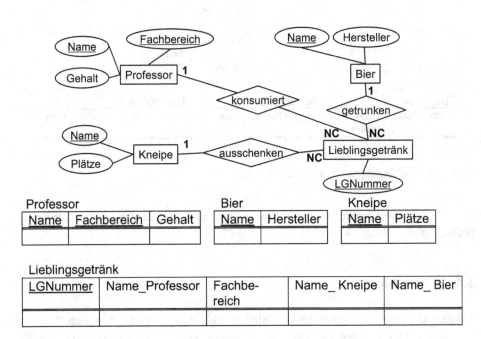

**Abb. 3.10** Aus Alternativmodell abgeleitete Tabellen

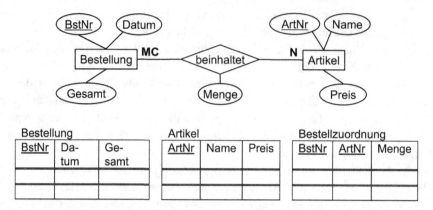

**Abb. 3.11** Übersetzung einer MC:N-Beziehung

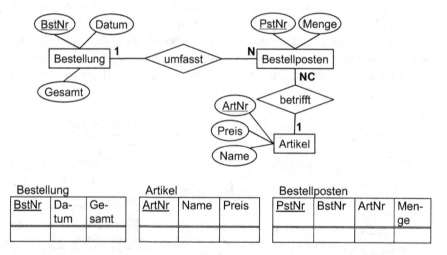

**Abb. 3.12** Übersetzung des äquivalenten Modells

aus Abb. 3.11 das Ergebnis sein, bei dem das Attribut PstNr ein zusätzliches Attribut der Beziehung „beinhaltet" wäre.

## 3.4    Fallstudie

Ausgehend vom Entity-Relationship-Modell in Abb. 2.31 werden die in Abb. 3.13 und 3.14 dargestellten Tabellen abgeleitet, die zur Veranschaulichung mit einigen Daten gefüllt wurden.

Projekt

| ProNr | Name |
|-------|---------|
| 1 | GUI |
| 2 | WebShop |

Risikogruppe

| RGNr | Gruppe |
|------|--------------|
| 1 | Kundenkontakt |
| 2 | Vertrag |
| 3 | Ausbildung |

Risiko

| RNr | Projekt | Text | Gruppe | Auswirkung | WKeit | Prüfdatum |
|-----|---------|------|--------|------------|-------|-----------|
| 1 | 1 | Anforderungen unklar | 1 | 50000 | 30 | 25.01.23 |
| 2 | 1 | Abnahmeprozess offen | 2 | 30000 | 70 | 26.02.23 |
| 3 | 2 | Ansprechpartner wechseln | 1 | 20000 | 80 | 06.05.23 |
| 4 | 2 | neue Entwicklungsumgebung | 3 | 40000 | 20 | 05.10.23 |

**Abb. 3.13**   Abgeleitete Tabellen der Fallstudie (Teil 1)

**Abb. 3.14**   Abgeleitete
Tabellen der Fallstudie (Teil 2)

Maßnahme

| MNr | Titel | Verantwortlich |
|-----|-----------------|----------------|
| 1 | Vertragsprüfung | Meier |
| 2 | Werkzeugschulung | Schmidt |

Zuordnung

| Risiko | Maßnahme | Prüfdatum | Status |
|--------|----------|-----------|--------|
| 1 | 1 | 20.01.23 | offen |
| 2 | 1 | 20.02.23 | offen |
| 4 | 2 | 30.07.23 | offen |

Um die Tabelle Risiko lesbarer zu machen, findet die Verknüpfung des Risikos mit dem zugehörigen Projekt mit einer Spalte mit dem anschaulicheren Namen Projekt statt, in der die zugehörige Projektnummer, also ProNr aus der Tabelle Projekt, eingetragen wird. Weiterhin wird die zum Risiko gehörende Gruppe in die Spalte Gruppe eingetragen, die sich auf eine RGNr in Risikogruppe bezieht.

Die Tabelle Zuordnung ist aus der Beziehung „bearbeitet durch" entstanden, dabei bezieht sich die Spalte Risiko auf einen Wert in der Spalte RNr der Tabelle Risiko und Maßnahme auf einen Wert in der Spalte MNr der Tabelle Maßnahme.

## 3.5    Aufgaben

Versuchen Sie zur Wiederholung folgende Aufgaben aus dem Kopf, d. h. ohne nochmaliges Blättern und Lesen zu beantworten.

1. Wie kann man den Begriff Tabelle genau beschreiben?
2. Was versteht man unter Datentypen?
3. Erklären Sie anschaulich den Begriff Kreuzprodukt.
4. Wozu gibt es NULL-Werte? Wie viele verschiedene gibt es davon?
5. Nennen Sie die drei zentralen Ziele der Übersetzung von Entity-Relationship-Modellen.
6. Beschreiben Sie die Übersetzung der verschiedenen Beziehungstypen aus Entity-Relationship-Modellen in Tabellen.
7. Wie werden Beziehungen mit C- bzw. NC-Kardinalitäten übersetzt? Warum wird dieser Weg gewählt?
8. Wie werden Beziehungen zwischen mehr als zwei Entitätstypen übersetzt?
9. Beschreiben Sie unterschiedliche Modellierungen für den gleichen Sachverhalt und deren Auswirkungen auf die aus der Übersetzung resultierenden Tabellen.

1. Übersetzen Sie mit dem vorgestellten Verfahren das folgende Entity-Relationship-Modell in Tabellen.

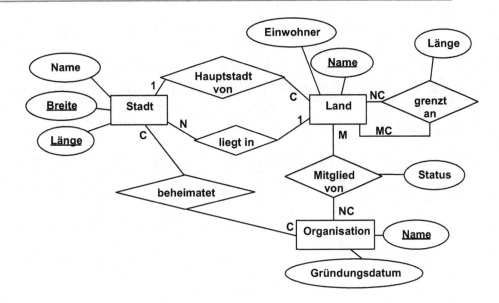

Geben Sie zwei Änderungen an dem Modell an, die Sie für praxisnäher halten würden, schauen Sie auf die Kardinalitäten.

2. Gegeben sei folgendes allgemeine Entity-Relationship-Modell.

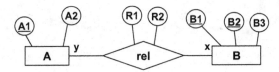

Geben Sie für alle Kombinationen von Kardinalitäten für x und y, also insgesamt 16 Möglichkeiten, die Tabellen an, die Ergebnis der Übersetzung sind.

## Literatur

[Jar16] H. Jarosch, Grundkurs Datenbankentwurf, 4. Auflage, Springer Vieweg, Wiesbaden, 2016

# Normalisierung

4

**Zusammenfassung**

Schlecht aufgebaute Tabellen können den Einsatz und die Weiterentwicklung einer Datenbank wesentlich erschweren. In diesem Kapitel lernen Sie Qualitätskriterien für Tabellen kennen, wie diese überprüft werden und welche Reparaturmöglichkeiten man gegebenenfalls hat.

In den vorangegangenen Kapiteln wurden die Bedeutung von Tabellen und die Notwendigkeit, keine redundanten Daten in einer Datenbank zu halten, betont. In diesem Kapitel wird ein systematischer Ansatz gezeigt, mit dem man untersuchen kann, ob Tabellen potenzielle Probleme enthalten, die die spätere Arbeit wesentlich erschweren können. Hinter dem Ansatz stecken sogenannte Normalformen, wobei jede Normalform auf einen kritischen Aspekt in den Tabellen hinweist.

Bevor man sich intensiver mit Normalformen beschäftigen kann, müssen einige Begriffe geklärt werden, die in den Definitionen der Normalformen genutzt werden. Nach der Begriffsklärung werden die erste, zweite und dritte Normalform vorgestellt. Dabei ist die Forderung, dass Tabellen in dritter Normalform sein müssen, die zentrale Forderung in der Praxis. In einem eingeschobenen Unterkapitel wird gezeigt, dass erfahrene Modellierer bereits bei der Erstellung von Entity-Relationship-Modellen darauf achten können, dass die aus der Übersetzung resultierenden Tabellen in dritter Normalform sind.

**Ergänzende Information**  Die elektronische Version dieses Kapitels enthält Zusatzmaterial, auf das über folgenden Link zugegriffen werden kann https://doi.org/10.1007/978-3-658-43023-8_4.

Auch mit Tabellen in der dritten Normalform kann es noch Probleme geben. Diese Probleme und ihre Behandlung durch weitere Normalformen werden in einem mit [*] gekennzeichneten Unterkapitel behandelt.

## 4.1    Funktionale Abhängigkeit und Schlüsselkandidaten

In Abb. 4.1 ist eine Tabelle dargestellt, in der festgehalten wird, welcher Mitarbeiter in welcher Abteilung arbeitet und an welchen Projekten er beteiligt ist. Aus dem Gespräch mit dem Kunden der Datenbank ist bekannt, dass ein Mitarbeiter immer zu genau einer Abteilung gehört und dass mehrere Mitarbeiter in verschiedenen Projekten arbeiten können.

Eine solche Tabelle trifft man in der Praxis häufiger an, wenn Tabellenkalkulationsprogramme zur Verwaltung von Daten genutzt werden. An diesem Beispiel sieht man bereits, dass typische Operationen auf Datenbanken relativ komplex sein können.

---

**Beispiele**

Löschen: Soll der Mitarbeiter Ugur, also im Datenbank-Sprachgebrauch eine Entität, aus der Tabelle gelöscht werden, müssen zwei Zeilen aus der Datenbank entfernt werden. Dies kann bei manueller Änderung durch das Übersehen von Einträgen zu Problemen führen.

Ändern: Soll das Projekt Infra in Infrastruktur umbenannt werden, müssen wieder zwei Zeilen geändert werden. Dies kann bei manueller Änderung durch das Übersehen von Einträgen zu Problemen führen.

Einfügen: Soll ein neuer Mitarbeiter Udo für die Abteilung 42 eingetragen werden, der bei den Projekten Portal und Frame mitarbeiten soll, dann müssen zwei Zeilen eingetragen werden. Da zwei Projekte beteiligt sind, ist dies zunächst kein Problem. Problematisch kann der manuelle Eintrag aber werden, wenn man sich z. B. bei der Eingabe des Abteilungsnamens vertippt.◄

Projektmitarbeit

| MiNr | Name | AbtNr | Abteilung | ProNr | Projekt |
|------|------|-------|-----------|-------|---------|
| 1 | Ugur | 42 | DB | 1 | Infra |
| 1 | Ugur | 42 | DB | 2 | Portal |
| 2 | Erna | 42 | DB | 2 | Portal |
| 2 | Erna | 42 | DB | 3 | Frame |
| 3 | Uwe | 43 | GUI | 1 | Infra |
| 3 | Uwe | 43 | GUI | 3 | Frame |

**Abb. 4.1**  Beispieltabelle mit redundanten Daten

Mit einem gewissen „Datenbankgefühl" spürt man, dass statt einer Tabelle mehrere Tabellen benötigt werden. Es stellt sich die Frage, wie man dieses Gefühl formalisieren kann. Dazu wird zunächst der Begriff „funktionale Abhängigkeit" definiert.

Für mathematisch unerfahrene Personen sei angemerkt, dass in den Definitionen häufig von Attributmengen die Rede ist. Dies bezeichnet anschaulich die Überschriften der Spalten in den Tabellen. Weiterhin muss bedacht werden, dass jede Menge im Spezialfall genau ein Attribut enthalten kann.

▶**Definition Funktionale Abhängigkeit**: Gegeben sei eine Tabelle. Eine Menge von Attributen B der Tabelle ist funktional abhängig von einer Menge von Attributen A der Tabelle, wenn es zu jeder konkreten Belegung der Attribute aus A nur maximal eine konkrete Belegung der Attribute aus B geben kann. Für funktionale Abhängigkeiten wird die Schreibweise $A \rightarrow B$ genutzt.

Bevor diese Definition genauer analysiert wird, muss der Begriff Belegung geklärt werden. Anschaulich handelt es dabei um die Daten, die in einer Tabelle für eine Attributkombination eingetragen sein können.

▶**Definition Belegung von Attributen** Gegeben seien die Attribute A1, …, An einer Tabelle T. Alle Elemente aus $A1 \times \ldots \times An$ werden mögliche Belegungen der Attribute genannt. In der Tabelle T sind die für diese Tabelle konkreten Belegungen aufgeführt.

In der Tabelle Projektmitarbeit gibt es folgende Belegungen von MiNr und Name: (1, Ugur), (2, Erna) und (3, Uwe).

Anschaulich besagt eine funktionale Abhängigkeit $A \rightarrow B$, dass, wenn man eine Belegung der Attribute aus A kennt, man dazu genau eine Belegung der Attribute aus B finden kann.

Wenn garantiert ist, dass jeder Mitarbeiter eine eindeutige Mitarbeiternummer (MiNr) hat, dann gilt die funktionale Abhängigkeit.

$$\{MiNr\} \rightarrow \{Name\}$$

Wird vom Mitarbeiter 3 gesprochen, ist eindeutig, dass ein Uwe gemeint ist. Dass viele Nummern nicht vergeben sind, ist dabei kein Problem. Wichtig bei diesem Sachverhalt ist, dass man aus dem Anwendungsbereich weiß, dass jeder Mitarbeiter eine eindeutige Nummer erhält. Es gilt:

▶ **Anmerkung** Aus gegebenen Tabellen mit ihren Inhalten kann nie auf eine funktionale Abhängigkeit $A \rightarrow B$ geschlossen werden. An den konkreten Einträgen kann man höchstens erkennen, dass eine funktionale Abhängigkeit nicht gegeben ist. Funktionale Abhängigkeiten können nur aus dem *Wissen über den Anwendungsbereich* abgeleitet werden.

Die Anmerkung kann man sich wie folgt veranschaulichen: Aus den gegebenen Daten könnte man schließen, dass auch {Name} → {MiNr} gilt. Fällt der Name Ugur, weiß man, dass vom Mitarbeiter mit der Nummer 1 die Rede ist. Dies gilt aber nur, solange nur ein Mitarbeiter Ugur heißt. Wird ein neuer Mitarbeiter mit dem gleichen Namen und natürlich anderer Mitarbeiternummer eingestellt, ist der Schluss vom Namen auf die Mitarbeiternummer nicht mehr möglich.

Sichert der Kunde der Datenbank zu, dass der neue Ugur sich dran gewöhnen muss, immer „Ugur Zwo" genannt zu werden und so auch in der Datenbank eingetragen werden soll, gilt auch {Name} → {MiNr}.

Durch einen Blick auf die Tabelle Projektmitarbeit kann man allerdings direkt erkennen, dass {ProNr} → {Abteilung} nicht gelten kann, da es zur Projektnummer (ProNr) 1 die Abteilungen DB und GUI gibt.

Betrachtet man die Definition der funktionalen Abhängigkeit aus mathematischer Sicht, so kann man aus {MiNr} → {Name} auch auf die funktionale Abhängigkeit {MiNr, ProNr} → {Name} schließen. Wenn man die Mitarbeiternummer und die Projektnummer kennt, kennt man auch den zugehörigen Namen des Mitarbeiters, da man ja die dafür notwendige Mitarbeiternummer hat. Die Menge auf der linken Seite muss also keineswegs minimal sein.

Mathematisch gilt weiterhin {Name} → {Name}, da man, wenn man den Namen kennt, eindeutig auf den Namen schließen kann. Sind dabei z. B. mehrere Ugurs in der Tabelle, ist dies kein Problem, da die Aussage nur bedeutet, dass wenn man weiß, dass der Mitarbeiter Ugur heißt, dann weiß man, dass der Mitarbeiter Ugur heißt. Diese merkwürdig klingende und praktisch irrelevant aussehende Abhängigkeit kann das Verständnis einzelner Definitionen in Extremfällen erleichtern.

Praktisch sinnvoller ist die Möglichkeit des sogenannten „transitiven Schließens". Anschaulich bedeutet dies, dass, wenn man aus der Mitarbeiternummer auf die Abteilungsnummer (AbtNr) schließen kann, also {MiNr} → {AbtNr} gilt und man aus der Abteilungsnummer auf den Abteilungsnamen schließen kann, also {AbtNr} → {Abteilung} gilt, man auch von der Mitarbeiternummer direkt auf den Abteilungsnamen schließen kann, also {MiNr} → {Abteilung} gilt.

Die hier beispielhaft angedeuteten Rechenregeln werden in der folgenden Anmerkung verallgemeinert zusammengefasst. Dabei steht „∪" für die Vereinigung zweier Mengen, also die Menge, die entsteht, wenn man alle Elemente der beiden Mengen in einer neuen Menge zusammenfasst.

► **Anmerkung** Seien A, B, C und D Attributsmengen einer Tabelle, dann gelten folgende Aussagen:

$A \rightarrow A$

aus $A \rightarrow B$ folgt $A \cup C \rightarrow B$

aus $A \rightarrow B$ folgt $A \cup C \rightarrow B \cup C$

aus $A \rightarrow B \cup C$ folgt $A \rightarrow B$ und $A \rightarrow C$

aus $A \rightarrow B$ und $B \rightarrow C$ folgt $A \rightarrow C$

aus $A \rightarrow B$ und $A \rightarrow C$ folgt $A \rightarrow B \cup C$

aus $A \rightarrow B$ und $C \rightarrow D$ folgt $A \cup C \rightarrow B \cup D$

aus $A \rightarrow B$ und $B \cup C \rightarrow D$ folgt $A \cup C \rightarrow D$

Zur weiteren Veranschaulichung ist es empfohlen, sich Beispiele auszudenken und die resultierenden funktionalen Abhängigkeiten nachzuvollziehen.

Aus dem beschriebenen und für Anfänger irritierenden Beispiel {MiNr, ProNr} → {Name} folgt, dass die Menge auf der linken Seite beliebig wachsen kann und man nicht sofort erkennt, welche Information, hier {MiNr} → {Name}, wirklich wichtig ist. Man ist also an möglichst kleinen Mengen auf der linken Seite interessiert. Dieser Wunsch wird im Begriff „volle funktionale Abhängigkeit" formalisiert.

► **Definition Volle funktionale Abhängigkeit** Gegeben sei eine Tabelle. Eine Menge von Attributen B der Tabelle ist *voll funktional abhängig* von einer Menge von Attributen A der Tabelle, wenn $A \rightarrow B$ gilt und für jede echte Teilmenge A' von A nicht $A' \rightarrow B$ gilt.

Unter einer echten Teilmenge von A versteht man dabei eine Menge, die nur Elemente enthält, die auch in A vorkommen, wobei mindestens eines der Elemente aus A fehlt. Die Menge {1, 2, 3} hat z. B. die echten Teilmengen {2, 3}, {1, 3}, {1}, {2}, {3} und {}, dabei bezeichnet {} die leere Menge, die kein Element enthält.

Aus der Definition einer Teilmenge kann man auch leicht ableiten, wie man aus einer funktionalen Abhängigkeit eine volle funktionale Abhängigkeit berechnet. Für $A \rightarrow B$ versucht man, jedes einzelne Attribut aus A zu entfernen und prüft, ob noch immer eine funktionale Abhängigkeit vorliegt. Kann man kein Element aus A entfernen, liegt eine volle funktionale Abhängigkeit vor. Falls ein Element entfernt werden kann, muss die Prüfung auf Minimalität der Menge erneut vorgenommen werden. Bei diesen Prüfungen kann es durchaus passieren, dass man aus einer funktionalen Abhängigkeit mehrere volle funktionale Abhängigkeiten herausrechnen kann. Es kann z. B. aus {X,Y,Z} → {U} folgen, dass es die vollen funktionalen Abhängigkeiten {X,Y} → {U} und {X,Z} → {U} gibt. Hieraus folgt auch, dass die in der letzten Anmerkung vorgestellten Rechenregeln für die funktionale Abhängigkeit nicht alle auf die volle funktionale Abhängigkeit übertragen werden können.

Mit diesem Ansatz kann man z. B. bestimmen, dass {MiNr, ProNr} → {Name} keine volle funktionale Abhängigkeit ist. Man kann die Menge {MiNr, ProNr} verkleinern. Es folgt, dass {MiNr} → {Name} eine volle funktionale Abhängigkeit ist. Generell kann man dazu folgende Anmerkung nutzen.

▶    **Anmerkung** Gilt A → B und enthält A nur ein Element, dann handelt es sich immer um eine volle funktionale Abhängigkeit.

Für die Tabelle Projektmitarbeit gelten folgende volle funktionale Abhängigkeiten: {MiNr} → {Name}, {AbtNr} → {Abteilung}, {ProNr} → {Projekt}.

Bereits bei der Einführung der Entity-Relationship-Modelle wurden einige Attribute als identifizierend unterstrichen. Diese dort gegebene informelle Beschreibung wird durch die folgenden Definitionen konkretisiert. Zunächst wird der Schlüssel-Begriff formalisiert. Dabei sei bemerkt, dass bei Datenbanken häufig von Schlüsseln die Rede ist, genauer aber von den später hier definierten Schlüsselkandidaten gesprochen werden muss.

▶ **Definition Schlüssel** Gegeben sei eine Tabelle und eine Menge M, die alle Attribute der Tabelle enthält. Gegeben sei weiterhin eine Attributsmenge A der Tabelle. Wenn A → M gilt, dann heißt A *Schlüssel* der Tabelle.

Anschaulich ist eine Attributsmenge ein Schlüssel, wenn man aus den Attributen aus A eindeutig alle Belegungen der Attribute der Tabelle berechnen kann. Für die Tabelle Projektmitarbeit gilt.

```
{MiNr, ProNr} → {MiNr, ProNr, Name, AbtNr, Abteilung, Projekt}
```

also ist {MiNr, ProNr} ein Schlüssel von Projektmitarbeit. Betrachtet man die Schlüssel-Definition genauer, kann man feststellen, dass dort nur funktionale Abhängigkeiten zur Definition genutzt werden, also keine Minimalität gefordert ist. Daraus folgt, dass die Tabelle Projektmitarbeit noch weitere Schlüssel hat. Dies sind:

```
{MiNr, ProNr, Name}
{MiNr, ProNr, Abteilung}
{MiNr, ProNr, Projekt}
{MiNr, ProNr, AbtNr}
{MiNr, ProNr, Name, Abteilung}
{MiNr, ProNr, Name, Projekt}
{MiNr, ProNr, Name, AbtNr}
{MiNr, ProNr, Abteilung, Projekt}
{MiNr, ProNr, Abteilung, AbtNr}
{MiNr, ProNr, Projekt, AbtNr}
{MiNr, ProNr, Name, Abteilung, Projekt}
{MiNr, ProNr, Name, Abteilung, AbtNr}
{MiNr, ProNr, Name, Projekt, AbtNr}
```

```
{MiNr, ProNr, Abteilung, Projekt, AbtNr}
{MiNr, ProNr, AbtNr, Name, Abteilung, Projekt}
```

▶   **Anmerkung** Jede Tabelle hat mindestens einen Schlüssel. Dies ist die Menge aller
Attribute der Tabelle.

In der Praxis ist man an möglichst kleinen Schlüsseln interessiert. Dabei spielt die volle
funktionale Abhängigkeit eine wichtige Rolle.

▶ **Definition Schlüsselkandidat** Gegeben sei eine Tabelle und eine Menge M, die alle
Attribute der Tabelle enthält. Gegeben sei weiterhin eine Attributsmenge A der Tabelle.
Wenn $A \rightarrow M$ gilt und dies eine volle funktionale Abhängigkeit ist, dann heißt A
*Schlüsselkandidat* der Tabelle.

Für die Tabelle Projektmitarbeit folgt unmittelbar, dass sie nur den einen Schlüsselkandidaten {MiNr, ProNr} hat. Aus dem beschriebenen Verfahren, mit dem aus funktionalen
Abhängigkeiten die vollen funktionalen Abhängigkeiten berechnet werden, können aus
Schlüsseln die Schlüsselkandidaten berechnet werden. Dabei kann es passieren, dass aus
einem Schlüssel mehrere Schlüsselkandidaten berechnet werden können. Dies soll an
einem konkreten Beispiel gezeigt werden.
   Für die Tabelle aus Abb. 4.2 soll folgendes gelten. Jeder Student bekommt eine eindeutige Matrikelnummer (MatNr). Weiterhin erhält jeder Student in seinem Fachbereich
eine eindeutige Fachbereichsnummer (FBNr) zugeordnet. Ohne nachzudenken gilt:

```
{MatNr, Name, Fachbereich, FBNr} →
                {MatNr, Name, Fachbereich, FBNr}
```

Zunächst kann man die Menge auf der linken Seite um den Namen reduzieren, da zur
Berechnung z. B. die MatNr ausreicht. Es gilt:

```
{MatNr, Fachbereich, FBNr} →
                {MatNr, Name, Fachbereich, FBNr}
```

**Abb. 4.2** Tabelle mit
mehreren Schlüsselkandidaten

Student

| MatNr | Name | Fachbereich | FBNr |
|-------|------|-------------|------|
| 42 | Udo | Informatik | 1 |
| 43 | Ute | Informatik | 2 |
| 44 | Erwin | BWL | 1 |
| 45 | Ugur | BWL | 2 |
| 46 | Erna | Informatik | 3 |

Danach kann man zwei Alternativen zur Verkleinerung der Menge nutzen. Letztendlich gilt:

```
{MatNr} → {MatNr, Name, Fachbereich, FBNr}
{Fachbereich, FBNr} → {MatNr, Name, Fachbereich, FBNr}
```

Es folgt, dass die Tabelle Student zwei Schlüsselkandidaten hat, da nur die Minimalität der jeweiligen Menge auf der linken Seite gefordert wird.

Für die folgenden Unterkapitel wird die nächste Definition benötigt.

▶ **Definition Schlüsselattribute und Nichtschlüsselattribute** Gegeben sei eine Tabelle. Die Menge der *Schlüsselattribute* der Tabelle enthält alle Attribute, die in mindestens einem Schlüsselkandidaten der Tabelle vorkommen. Die Menge der *Nichtschlüsselattribute* der Tabelle enthält alle Attribute, die in keinem Schlüsselkandidaten vorkommen.

Durch die Definition ist sichergestellt, dass jedes Attribut in genau einer der Mengen vorkommt. Für die Tabelle Student ist {MatNr, Fachbereich, FBNr} die Menge der Schlüsselattribute und {Name} die Menge der Nichtschlüsselattribute. Für die vorher benutzte Tabelle Projektmitarbeit ist {MiNr, ProNr} die Menge der Schlüsselattribute und {Name, AbtNr, Abteilung, Projekt} die Menge der Nichtschlüsselattribute.

Bei Datenbanken ist häufig von Primärschlüsseln die Rede. Der Begriff wird an dieser Stelle eingeführt, da er zu den vorgestellten Definitionen passt und für Diskussionen in den Folgeunterkapiteln benötigt wird.

▶ **Definition Primärschlüssel** Gegeben sei eine Tabelle. Ein *Primärschlüssel* ist ein willkürlich ausgewählter Schlüsselkandidat der Tabelle.

Der Begriff „willkürlich" in der Definition beschreibt, dass bei einer Tabelle, die mehrere Schlüsselkandidaten hat, man als verantwortlicher Datenbankentwickler einen dieser Schlüsselkandidaten zum Primärschlüssel erklären kann. In der graphischen Darstellung der Tabellen werden dann die Attribute des Primärschlüssels unterstrichen. In diesem Buch wird darauf hingewiesen, wenn es sich dabei nur um einen möglichen Primärschlüssel handelt, es also Alternativen geben würde. Wenn eine Tabelle nur einen Schlüsselkandidaten hat, wird von dem Primärschlüssel gesprochen.

Für die theoretischen Überlegungen ist es egal, welcher Schlüsselkandidat zum Primärschlüssel erklärt wird. In der Praxis kann diese Auswahl aber Auswirkungen auf die Performance haben. Es wird typischerweise der Schlüsselkandidat genutzt, der möglichst viele der folgenden Eigenschaften erfüllt:

• Die Belegungen der Attribute werden sich im Verlaufe der Tabellennutzung nicht oder zumindest nur selten ändern.

**Abb. 4.3** Tabelle mit künstlichem ergänzten Primärschlüssel

Projektmitarbeit

| lNr | MiNr | Name | AbtNr | Abteilung | ProNr | Projekt |
|-----|------|------|-------|-----------|-------|---------|
| 1 | 1 | Ugur | 42 | DB | 1 | Infra |
| 2 | 1 | Ugur | 42 | DB | 2 | Portal |
| 3 | 2 | Erna | 42 | DB | 2 | Portal |
| 4 | 2 | Erna | 42 | DB | 3 | Frame |
| 5 | 3 | Uwe | 43 | GUI | 1 | Infra |
| 6 | 3 | Uwe | 43 | GUI | 3 | Frame |

- Die Datentypen der Attribute verbrauchen wenig Speicherplatz und können deshalb schnell gefunden werden. Besonders geeignet sind Attribute mit ganzzahligen Werten. Attribute mit Fließkommawerten oder kurzen Texten sind auch geeignet.
- Der Primärschlüssel soll möglichst wenige Attribute enthalten.

Bei der Tabelle Student würde man sich für den Primärschlüssel {MatNr} entscheiden, der ganzzahlig ist und nur einmal bei der Einschreibung des Studenten vergeben wird.

Um die Regeln für Schlüssel einzuhalten, werden in Tabellen häufig neue Spalten eingeführt, die einfach fortlaufende Nummern enthalten. Dies ist teilweise Geschmackssache, da neue künstliche Attribute die Lesbarkeit nicht erhöhen. Das sieht man an dem Beispiel in Abb. 4.3, bei dem in der Tabelle Projektmitarbeit eine laufende Nummer (lNr) ergänzt wurde. Die Tabelle wird nicht einfacher, weiterhin kann man mit einem ungeübten Blick denken, dass eine Tabelle mit einem so einfachen Primärschlüssel sicherlich keine Probleme enthalten kann. Es sei vermerkt, dass diese Tabelle jetzt zwei Schlüsselkandidaten hat und keines der in den folgenden Unterkapiteln diskutierten Probleme gelöst wird.

## 4.2 Erste Normalform

Für die erste Normalform werden die Definitionen des vorherigen Unterkapitels nicht benötigt. Die erste Normalform garantiert informell, dass man mit ordentlichen Tabellen arbeitet, also Spalten, die nur einfache Werte der erlaubten Datentypen enthalten.

Abb. 4.4 zeigt eine Tabelle, die nicht in erster Normalform ist, da es eine Spalte gibt, in der nicht einfache Werte, sondern Listen von Werten eingetragen sind. Solche Listen können mit klassischen Datenbank-Managementsystemen nur schwer bearbeitet werden. Selbst die einzelnen Listeneinträge setzen sich wieder aus zwei Werten zusammen, was zusätzlich schwer zu verarbeiten ist. Wegen dieser Probleme werden Tabellen in erster Normalform gefordert.

▶ **Definition erste Normalform** Eine Tabelle ist in *erster Normalform,* wenn zu jedem Attribut ein für Spalten zugelassener einfacher Datentyp gehört.

Projektmitarbeit

| MiNr | Name | AbtNr | Abteilung | Projekte |
|------|------|-------|-----------|----------|
| 1 | Ugur | 42 | DB | {(1,Infra),(2,Portal)} |
| 2 | Erna | 42 | DB | {(2, Portal, (3, Frame)} |
| 3 | Uwe | 43 | GUI | {(1,Infra), (3,Frame)} |

**Abb. 4.4**  Beispieltabelle nicht in erster Normalform

Zur Erinnerung sei erwähnt, dass folgende einfache Datentypen betrachtet werden: Text, Zahl, Datum und Boolean.

Jede Tabelle kann leicht in eine Tabelle in erster Normalform umgewandelt werden, die den gleichen Informationsgehalt hat. Für jeden Listeneintrag werden die restlichen Informationen der Zeile kopiert und so eine neue Zeile erstellt. Die Zeile mit dem Listeneintrag kann dann gelöscht werden. Spalten, in denen Wertepaare oder noch komplexere Tupel stehen, werden also in Spalten mit einfachen Einträgen aufgeteilt. In Abb. 4.5 ist die Beispieltabelle in die erste Normalform umgeformt worden.

Das Problem mit der ersten Normalform tritt häufig in der Praxis auf, wenn man Formulare elektronisch erfassen möchte. Abb. 4.6 zeigt einen Ausschnitt aus einem Bestellformular.

Projektmitarbeit

| MiNr | Name | AbtNr | Abteilung | ProNr | Projekt |
|------|------|-------|-----------|-------|---------|
| 1 | Ugur | 42 | DB | 1 | Infra |
| 1 | Ugur | 42 | DB | 2 | Portal |
| 2 | Erna | 42 | DB | 2 | Portal |
| 2 | Erna | 42 | DB | 3 | Frame |
| 3 | Uwe | 43 | GUI | 1 | Infra |
| 3 | Uwe | 43 | GUI | 3 | Frame |

**Abb. 4.5**  In erste Normalform transformierte Tabelle

**Abb. 4.6**  Einfacher, teilweise ausgefüllter Bestellzettel

| Bestellzettel | | | | |
|---|---|---|---|---|
| BestellNr | 17 | | | |
| Name | Meier | | | |
| ProdNr | PName | Farbe | Anzahl | EPreis |
| 42 | Schraube | weiß | 30 | 1,98 |
| | | blau | 40 | |
| 45 | Dübel | weiß | 30 | 2,49 |
| | | blau | 40 | |
| | | | | |

Bestellung

| BestellNr | Name | ProdNr | PName | Farbe | Anzahl | EPreis |
|-----------|------|--------|-------|-------|--------|--------|
| 17 | Meier | 42 | Schraube | weiß | 30 | 1,98 |
| 17 | Meier | 42 | Schraube | blau | 40 | 1,98 |
| 17 | Meier | 45 | Dübel | weiß | 30 | 2,49 |
| 17 | Meier | 45 | Dübel | blau | 40 | 2,49 |

**Abb. 4.7**  In erste Normalform transformiertes Formular

Bei der Umsetzung eines solchen Formulars ist zu beachten, dass alle Informationen in die resultierende Tabelle übernommen werden. Typischerweise werden einige Daten, wie hier der Name, sehr oft kopiert. Die aus dem Formular abgeleitete Tabelle ist in Abb. 4.7 dargestellt.

## 4.3    Zweite Normalform

Mit der zweiten Normalform wird eine wichtige Problemquelle bei redundanter Datenhaltung in der Tabelle angegangen.

In Abb. 4.8 ist die Tabelle Projektmitarbeit dargestellt. Da sie nur einen Schlüsselkandidaten hat, kann dieser einfach eingezeichnet werden. Betrachtet man die Tabelle genauer und geht auf die bekannten funktionalen Abhängigkeiten ein, so erkennt man, dass es Nichtschlüsselattribute gibt, die nur von Teilen des Schlüsselkandidaten abhängen, genauer gilt $\{MiNr\} \rightarrow \{Name\}$ und $\{ProNr\} \rightarrow \{Projekt\}$. Dies bedeutet, dass in der Tabelle Details enthalten sind, die nichts mit dem gesamten Schlüsselkandidaten zu tun haben. Eine solche Tabelle ist nicht in zweiter Normalform.

▶ **Definition zweite Normalform**  Sei eine Tabelle in erster Normalform. Dann ist diese Tabelle in *zweiter Normalform,* wenn jede nicht leere Teilmenge der Nichtschlüsselattribute von jedem Schlüsselkandidaten voll funktional abhängig ist.

Projektmitarbeit

| MiNr | Name | AbtNr | Abteilung | | ProNr | Projekt |
|------|------|-------|-----------|---|-------|---------|
| 1 | Ugur | 42 | DB | | 1 | Infra |
| 1 | Ugur | 42 | DB | | 2 | Portal |
| 2 | Erna | 42 | DB | | 2 | Portal |
| 2 | Erna | 42 | DB | | 3 | Frame |
| 3 | Uwe | 43 | GUI | | 1 | Infra |
| 3 | Uwe | 43 | GUI | | 3 | Frame |

**Abb. 4.8**  Aktuelle Tabelle Projektmitarbeit

Die Definition kann auch wie folgt gelesen werden: Jedes Nichtschlüsselattribut ist von jedem ganzen Schlüsselkandidaten funktional abhängig.

Zur praktischen Überprüfung, ob eine Tabelle in zweiter Normalform ist, geht man jedes Nichtschlüsselattribut einzeln durch und prüft, ob es wirklich von jedem Schlüsselkandidaten voll funktional abhängig ist.

Im Beispiel der Tabelle Projektmitarbeit gibt es nur den Schlüsselkandidaten {MiNr, ProNr}. Eine schrittweise Überprüfung ergibt hier den Extremfall, dass alle Nichtschlüsselattribute nicht vom Schlüsselkandidaten, sondern nur von einer Teilmenge des Schlüsselkandidaten voll funktional abhängig sind. Es gilt {MiNr} → {Name, AbtNr, Abteilung} und {ProNr} → {Projekt}.

Ist eine Tabelle nicht in zweiter Normalform, kann man die Tabelle semantikerhaltend in eine Menge von Tabellen umformen, die die gleichen Aussagen ergeben. Dazu wird für jede Teilmenge eines Schlüsselkandidaten, von dem ein oder mehrere Nichtschlüsselattribute abhängen, eine neue Tabelle mit der Teilmenge des Schlüsselkandidaten und der abhängigen Nichtschlüsselattribute erstellt.

Das Ergebnis der Transformation der Tabelle Projektmitarbeit ist in Abb. 4.9 dargestellt. Man sieht, dass die Ursprungstabelle Projektmitarbeit reduziert um vier Spalten erhalten bleibt. Weiterhin sind zwei Tabellen ergänzt worden. Durch eine in den folgenden Kapiteln genauer diskutierte Kombination der Tabellen kann man die ursprüngliche Information wieder berechnen. Aus der Tabelle Projektmitarbeit erhält man die Information, dass Ugur im Projekt mit der Projektnummer (ProNr) 1 arbeitet. Durch einen Blick auf die Tabelle Projekt kann man dann den Namen des Projekts herausfinden.

Generell erhält man durch die beschriebene Transformation Tabellen, die alle in zweiter Normalform sind. Bei der Bearbeitung mehrerer Tabellen ist es wichtig, dass jede Tabelle einzeln betrachtet wird.

Bei einer Analyse der Definition der zweiten Normalform fällt auf, dass diese nur verletzt werden kann, wenn es einen Schlüsselkandidaten gibt, der mehr als ein

**Abb. 4.9** In zweite Normalform transformierte Tabellen

Projektmitarbeit

| MiNr | ProNr |
|------|-------|
| 1    | 1     |
| 1    | 2     |
| 2    | 2     |
| 2    | 3     |
| 3    | 1     |
| 3    | 3     |

Projekt

| ProNr | Projekt |
|-------|---------|
| 1     | Infra   |
| 2     | Portal  |
| 3     | Frame   |

Mitarbeiter

| MiNr | Name | AbtNr | Abteilung |
|------|------|-------|-----------|
| 1    | Ugur | 42    | DB        |
| 2    | Erna | 42    | DB        |
| 3    | Uwe  | 43    | GUI       |

**Abb. 4.10** Tabelle mit zwei
Schlüsselkandidaten

Student

| MatNr | Name | Fachbereich | Leiter | FBNr |
|-------|------|-------------|--------|------|
| 42 | Udo | Informatik | Schmidt | 1 |
| 43 | Ute | Informatik | Schmidt | 2 |
| 44 | Erwin | BWL | Schulz | 1 |
| 45 | Ugur | BWL | Schulz | 2 |
| 46 | Erna | Informatik | Schmidt | 3 |

Attribut enthält, da sonst kein Unterschied zwischen voller funktionaler und funktionaler Abhängigkeit existiert.

▶ **Anmerkung** Jede Tabelle in erster Normalform, die nur einelementige Schlüsselkandidaten hat, ist in zweiter Normalform.

In Abb. 4.10 ist die Tabelle Student wiederholt, in der noch eine Spalte Leiter für den Fachbereichsleiter ergänzt wurde. Weiterhin gelten die Überlegungen aus dem vorherigen Unterkapitel, dass die Tabelle die Schlüsselkandidaten {MatNr} und {Fachbereich, FBNr} hat. Ist diese Tabelle in zweiter Normalform? Die Menge der Nichtschlüsselattribute ist {Name, Leiter}. Durch die Abhängigkeit {Fachbereich} → {Leiter} ist die Tabelle nicht in zweiter Normalform. Für die zuletzt genannte funktionale Abhängigkeit muss eine neue Tabelle ergänzt werden.

Das letzte Beispiel ist deshalb interessant, da es in der Literatur eine Variante der Definition der zweiten Normalform gibt, in der nur gefordert wird, dass alle Nichtschlüsselattribute voll vom Primärschlüssel abhängig sein müssen. Dabei umfasst die Menge der Nichtschlüsselattribute die Menge aller Attribute, die nicht im Primärschlüssel vorkommen.

Diese Definition ist in der Praxis leichter zu handhaben, da man nicht über alle Schlüsselkandidaten nachdenken muss und sich auf den markierten Primärschlüssel konzentrieren kann. Da der Primärschlüssel aber willkürlich aus der Menge der Schlüsselkandidaten ausgewählt wird, kann dies zu Problemen führen. Betrachtet man die Tabelle Student und entscheidet sich für den Primärschlüssel {MatNr}, so wäre dann diese Tabelle in der modifizierten zweiten Normalform.

In diesem Buch wird deshalb die formal fundiertere, aber etwas schwerer zu verstehende Standardvariante der zweiten Normalform genutzt.

## 4.4 Dritte Normalform

Mit der zweiten Normalform kann man nicht alle Redundanzen vermeiden. Einen weiteren wichtigen Schritt zur Vermeidung vieler praxisrelevanter Redundanzen ermöglicht die Nutzung der dritten Normalform.

In Abb. 4.11 ist die im letzten Unterkapitel berechnete Tabelle Mitarbeiter dargestellt, die in zweiter Normalform ist. Man erkennt, dass die Information über die Abteilung, genauer den Abteilungsnamen, redundant z. B. in den ersten beiden Zeilen steht. Der Grund ist, dass in der Tabelle zwei unabhängige Informationen über Mitarbeiter und Abteilungen in einer Tabelle vermischt wurden. Dies wird in der dritten Normalform nicht erlaubt sein.

▶ **Definition dritte Normalform** Eine Tabelle in zweiter Normalform ist in *dritter Normalform,* wenn es keine zwei nicht gleiche und nicht leere Teilmengen A und B der Nichtschlüsselattribute gibt, für die A → B gilt.

Vereinfacht bedeutet die Definition, dass es keine funktionalen Abhängigkeiten zwischen Nichtschlüsselattributen geben darf. Alle Nichtschlüsselattribute sind ausschließlich von den Schlüsselkandidaten funktional abhängig.

Im Beispiel der Tabelle Mitarbeiter gilt {AbtNr} → {Abteilung}, deshalb ist die Tabelle nicht in dritter Normalform.

Analog zur Umwandlung einer Tabelle, die nicht in zweiter Normalform ist, in Tabellen mit gleicher Bedeutung in zweiter Normalform, kann eine Tabelle, die nicht in dritter Normalform ist, in Tabellen in dritter Normalform übersetzt werden. Bei einer vollen funktionalen Abhängigkeit A → B zwischen Nichtschlüsselattributen werden die zu B gehörenden Spalten aus der Ursprungstabelle gelöscht und eine neue Tabelle mit den Spalten aus A und B angelegt. Das Ergebnis der Umwandlung der Tabelle Mitarbeiter ist in Abb. 4.12 dargestellt.

▶   **Anmerkung** Wenn eine Tabelle in zweiter Normalform ist und die Menge ihrer Nichtschlüsselattribute höchstens ein Element enthält, ist sie auch in dritter Normalform.

**Abb. 4.11** Tabelle nicht in dritter Normalform

Mitarbeiter

| MiNr | Name | AbtNr | Abteilung |
|------|------|-------|-----------|
| 1 | Ugur | 42 | DB |
| 2 | Erna | 42 | DB |
| 3 | Uwe | 43 | GUI |

**Abb. 4.12** In dritte Normalform transformierte Tabellen

Mitarbeiter

| MiNr | Name | AbtNr |
|------|------|-------|
| 1 | Ugur | 42 |
| 2 | Erna | 42 |
| 3 | Uwe | 43 |

Abteilung

| AbtNr | Abteilung |
|-------|-----------|
| 42 | DB |
| 43 | GUI |

## 4.5 Normalformen und die Übersetzung von ER-Modellen

Wenn man die vorgestellten Umwandlungen in die zweite und dritte Normalform betrachtet, fällt auf, dass einzelne Tabellen immer weiter in neue Tabellen aufgeteilt werden. Dies kann als problematisch angesehen werden, da mit steigender Tabellenanzahl die Lesbarkeit des Gesamtsystems aus allen Tabellen merklich sinkt. Auf der anderen Seite kann man aber mit den Überlegungen des folgenden Unterkapitels feststellen, dass es weitere Quellen für Redundanzen geben kann, die zu weiteren Aufteilungen der Tabellen führen. In der Praxis wird deshalb meist die dritte Normalform als Standardform angesehen, die bei der Ableitung der Tabellen erreicht werden soll.

Wenn man die Tabellen aus dem vorherigen Kapitel betrachtet, die bei der Übersetzung der Entity-Relationship-Modelle entstehen, fällt auf, dass diese alle bereits in dritter Normalform sind. Dies ist kein Zufall, da man durch eine geschickte Modellierung verhindern kann, dass überhaupt Tabellen entstehen können, die nicht in dritter Normalform sind. Da man bei der Modellierung aber häufig noch nicht alle Randbedingungen kennt, ist es trotzdem notwendig zu prüfen, ob die Tabellen die ersten drei Normalformen einhalten.

Den Zusammenhang zwischen der Übersetzung von Entity-Relationship-Modellen und dem Erreichen der dritten Normalform kann man auch dadurch verdeutlichen, dass man sich überlegt, wie ein Entity-Relationship-Modell aussehen müsste, um gegen Normalformen zu verstoßen.

Das Entity-Relationship-Modell aus Abb. 4.13 würde zu einer Tabelle führen, die nicht in zweiter Normalform wäre. Die resultierende Tabelle wurde bereits in Abb. 4.4 dargestellt. Dieses Problem wird dadurch vermieden, dass man sich bei der Modellierung daran hält, dass Attribute nicht für Listen von Werten stehen sollen.

In Abb. 4.14 ist ein Entity-Relationship-Modell dargestellt, das bei der Übersetzung in die Tabelle aus Abb. 4.8 übersetzt wird und damit zu einer Tabelle führt, die nicht in zweiter Normalform ist.

Hält man sich an die Regel, dass bei Attributen, die häufig für verschiedene Entitäten die gleichen Werte haben, das Attribut in einen Entitätstypen umgewandelt werden soll, kann man bei der Übersetzung in Tabellen ziemlich sicher sein, dass man Tabellen in

**Abb. 4.13** Sehr schlecht zu transformierendes ERM

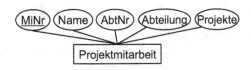

**Abb. 4.14** Schlecht zu transformierendes ERM

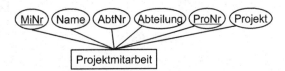

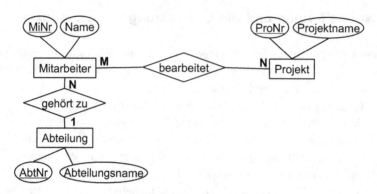

**Abb. 4.15**  Gut zu transformierendes Entity-Relationship-Modell

zweiter und dritter Normalform erhält. Das „ziemlich" deutet an, dass es Randbedingungen geben kann, die bei der Modellierung noch nicht bekannt waren bzw. über die
noch gar nicht nachgedacht wurde, die doch zu Tabellen nicht in dritter Normalform
führen können. In Abb. 4.15 ist ein Entity-Relationship-Modell dargestellt, das bei der
Übersetzung zu Tabellen in dritter Normalform führt.

## 4.6    [*] Boyce-Codd-Normalform

Hat man Tabellen in der dritten Normalform, sind bereits viele Probleme beseitigt. Es gibt
aber weiterhin Tabellen, die redundante Informationen enthalten und trotzdem in dritter
Normalform sind.

In der Tabelle in Abb. 4.16 ist dargestellt, welcher Schüler welchen Lehrer in welchem
Fach und welche Note er aktuell hat. Es wird davon ausgegangen, dass die Namen der
Schüler und Lehrer eindeutig sind. Statt eindeutiger Namen kann man sich vorstellen,
dass die Tabellen Verwaltungszahlen enthalten, z. B. Erkan die Nummer 42 hat.

Weiterhin gibt es folgende Randbedingungen:

**Abb. 4.16**  Beispieltabelle
Betreuung

Betreuung

| Schüler | Lehrer | Fach | Note |
|---------|--------|------|------|
| Erkan | Müller | Deutsch | 2 |
| Erkan | Schmidt | Sport | 1 |
| Leon | Müller | Deutsch | 4 |
| Leon | Meier | Englisch | 5 |
| Lisa | Schmidt | Sport | 1 |
| Lisa | Mess | Deutsch | 1 |
| David | Mess | Deutsch | 4 |

1. Jeder Schüler hat pro Fach, in dem er unterrichtet wird, genau einen Lehrer, der ihm die Note gibt.
2. Jeder Lehrer unterrichtet nur ein Fach.

Diese Tabelle soll jetzt genauer analysiert werden. Dazu werden zunächst die vollen funktionalen Abhängigkeiten bestimmt:

```
aus 1: {Schüler, Fach} → {Lehrer, Note}
aus 2.: {Lehrer} → {Fach}
weiterhin auch {Schüler, Lehrer} → {Note}
```

Weitere Abhängigkeiten lassen sich aus den angegebenen Abhängigkeiten berechnen.

Es gibt zwei Schlüsselkandidaten, nämlich {Schüler, Fach} und {Schüler, Lehrer}. Damit ist die Menge der Schlüsselattribute {Schüler, Lehrer, Fach} und die Menge der Nichtschlüsselattribute {Note}.

Die Tabelle ist in zweiter Normalform, da das einzige Nichtschlüsselattribut voll funktional abhängig von den beiden Schlüsselkandidaten ist. Man beachte, dass die zweite Normalform durch {Lehrer} → {Fach} nicht verletzt wird, da es sich bei Fach um ein Schlüsselattribut handelt.

Die Tabelle ist in dritter Normalform, da es nur ein Nichtschlüsselattribut gibt. Obwohl alle Normalformen erfüllt sind, hat man das „Gefühl", dass die Tabelle nicht optimal ist. Dagegen spricht z. B. die Information „Müller unterrichtet Deutsch", die mehrfach in der Tabelle vorkommt. Um dieses Problem systematisch zu bearbeiten, wurde die Boyce-Codd Normalform entwickelt. Dabei wird die folgende Hilfsdefinition benutzt.

▶ **Definition Determinante** Seien A und B zwei nicht leere Attributsmengen einer Tabelle. Haben A und B keine Elemente gemeinsam und gilt A → B, dann heißt A *Determinante* (in der Tabelle).

*Definition* **Boyce-Codd-Normalform** Eine Tabelle in zweiter Normalform ist in *Boyce-Codd Normalform*, wenn jede Determinante der Tabelle einen Schlüsselkandidaten als Teilmenge enthält.

Anschaulich fordert die Definition, dass es nur funktionale Abhängigkeiten zwischen Schlüsselattributen und Nichtschlüsselattributen geben darf. Funktionale Abhängigkeiten innerhalb der Schlüsselmengen und zwischen Mengen von Nichtschlüsselattributen sind verboten.

▶ **Anmerkung** Ist eine Tabelle in Boyce-Codd-Normalform, so ist sie automatisch auch in dritter Normalform. Wäre sie nicht in dritter Normalform, würde es eine funktionale Abhängigkeit A → B zwischen zwei unterschiedlichen Mengen von Nichtschlüsselattributen geben. Damit wäre A eine Determinante, die einen

**Abb. 4.17** Tabellen in
Boyce-Codd-Normalform

Betreuung

| Schüler | Lehrer | Note |
|---------|---------|------|
| Erkan | Müller | 2 |
| Erkan | Schmidt | 1 |
| Leon | Müller | 4 |
| Leon | Meier | 5 |
| Lisa | Schmidt | 1 |
| Lisa | Mess | 1 |
| David | Mess | 4 |

Fachgebiet

| Lehrer | Fach |
|---------|------|
| Müller | Deutsch |
| Schmidt | Sport |
| Meier | Englisch |
| Mess | Deutsch |

Schlüsselkandidaten enthalten muss. Da dies bei einer Menge von Nichtschlüsse-lattributen nicht der Fall sein kann, muss die Tabelle auch in dritter Normalform sein.

Die Tabelle Betreuung verstößt gegen die Boyce-Codd-Normalform, denn durch {Lehrer} → {Fach} wird {Lehrer} zur Determinante, aber die Menge {Lehrer} enthält keinen Schlüsselkandidaten, da {Lehrer} als einzig sinnvolle Teilmenge kein Schlüsselkandidat ist.

Analog zu den vorherigen Normalformen wird ein Verstoß gegen die Boyce-Codd-Normalform dazu genutzt, die zum Verstoß beitragenden Attribute aus der Ausgangstabelle zu löschen und die gefundene funktionale Abhängigkeit in einer neuen Tabelle zu notieren. Die neuen Tabellen basieren dabei auf vollen funktionalen Abhängigkeiten. Das Ergebnis der Aufteilung der Tabelle Betreuung ist in Abb. 4.17 dargestellt.

Am Rande sei vermerkt, dass man durch die vorgestellte alternative Definition der zweiten Normalform, die nur vom Primärschlüssel ausgeht, bei der Wahl des Primärschlüssels {Schüler, Lehrer} für die Ausgangstabelle Betreuung gegen diese zweite Normalform, wegen {Lehrer} → {Fach} verstoßen würde. Es würde sofort eine Aufteilung stattfinden. Würde stattdessen „willkürlich" {Schüler, Fach} als Primärschlüssel gewählt, wäre die Tabelle auch bei der alternativen Definition in dritter Normalform.

Neben der Boyce-Codd-Normalform gibt es in der Literatur viele Varianten von Normalformen. Die Ausgangssituation dieser Normalformen ist immer, dass man Tabellen konstruieren kann, die die vorgestellten Normalformen einhalten und für die man trotzdem argumentieren kann, dass die Tabellen nicht optimal sind.

In Abb. 4.18 ist eine Tabelle dargestellt, in der zu Mitarbeitern ihre Programmiersprachen- und Fremdsprachenkenntnisse zusammengefasst sind. Eine genaue Analyse zeigt, dass diese Tabelle genau einen Schlüsselkandidaten hat, der alle drei Attribute enthält. Kennt man nur die Werte zweier Attribute, kann man immer eine Menge von Werten im dritten Attribut zugeordnet bekommen. Aus Heinz und Java kann man z. B. auf Englisch und Spanisch schließen. Die Tabelle erfüllt mit dem einzigen Schlüssel und der leeren Menge an Nichtschlüsselattributen alle vorgestellten

**Abb. 4.18** Tabelle mit
mehrwertigen Abhängigkeiten

Sprachkenntnisse

| Mitarbeiter | Programmiersprache | Fremdsprache |
|---|---|---|
| Heinz | Java | Englisch |
| Heinz | Java | Spanisch |
| Heinz | C# | Englisch |
| Heinz | C# | Spanisch |
| Erwin | Cobol | Englisch |
| Erwin | Mumps | Englisch |
| Erwin | C# | Englisch |

Programmierkenntnis

| Mitarbeiter | Programmiersprache |
|---|---|
| Heinz | Java |
| Heinz | C# |
| Erwin | Cobol |
| Erwin | Mumps |
| Erwin | C# |

Fremdsprachenkenntnis

| Mitarbeiter | Fremdsprache |
|---|---|
| Heinz | Englisch |
| Heinz | Spanisch |
| Erwin | Englisch |

**Abb. 4.19** Tabellen in vierter Normalform

Normalformen. Trotzdem „spürt" man, dass die Tabelle nicht in Ordnung ist, denn es werden Daten doppelt dargestellt, und zwei unabhängige Informationen sind festgehalten.

Interessant ist, dass man aus Heinz und C# auf die gleichen Sprachen, Englisch und Spanisch, schließen kann. Man spricht hierbei von einer mehrwertigen Abhängigkeit. Diese Art der Abhängigkeit wird, in der vierten Normalform behandelt. Die resultierenden Tabellen in vierter Normalform sind in Abb. 4.19 dargestellt.

## 4.7 Fallstudie

Es werden jetzt die aus dem Entity-Relationship-Modell aus Abb. 2.31 abgeleiteten Tabellen genauer untersucht. Weiterhin wird ein Primärschlüssel aus den Schlüsselkandidaten gewählt. Der Primärschlüssel ist unterstrichen.

Projekt

| ProNr | Name |
|---|---|

Die Tabelle Projekt hat den einzigen Schlüsselkandidaten {ProNr}, da sich Projektnamen beim Kunden wiederholen können. Die Tabelle ist in dritter Normalform.

Risikogruppe

| RGNr | Gruppe |
|------|--------|

Die Tabelle Risikogruppe hat zwei Schlüsselkandidaten, {RGNr} und {Gruppe}, da vereinbart ist, dass die Gruppennamen eindeutig sind. Die Spalte RGNr wurde eingeführt, damit der Gruppentext nicht immer abgetippt werden muss und da dieser Text eventuell später noch verändert wird. Die Tabelle ist in dritter Normalform.

Risiko

| RNr | Projekt | Text | Gruppe | Auswirkung | WKeit | Pruefdatum |
|-----|---------|------|--------|------------|-------|------------|

Die Tabelle Risiko hat folgende Schlüsselkandidaten: {RNr} und {Projekt, Text}. Es wird davon ausgegangen, dass die Texte pro Projekt eindeutig sind. Ein Verstoß gegen die zweite Normalform würde vorliegen, wenn {Text} → {Gruppe} gelten würde, man also aus der Risikobeschreibung eindeutig auf die Gruppe schließen könnte. Da die Gruppenzuordnung beim ersten Einsatz der Datenbank den Projektleitern, die die Datenbank nutzen, freigestellt ist, gilt diese funktionale Abhängigkeit aber nicht. Für eine langfristige Nutzung der Datenbank kann darüber nachgedacht werden, diese Tabelle aufzuteilen, um später nicht gegen die zweite Normalform zu verstoßen. Die Tabelle ist in dritter Normalform.

Maßnahme

| MNr | Titel | Verantwortlich |
|-----|-------|----------------|

Die Tabelle Maßnahme hat nur den Schlüsselkandidaten {MNr} und ist in dritter Normalform.

Zuordnung

| Risiko | Maßnahme | Pruefdatum | Status |
|--------|----------|------------|--------|

Die Tabelle Zuordnung hat nur den Schlüsselkandidaten {Risiko, Maßnahme} und ist in dritter Normalform.

Für die Tabellen gilt weiterhin, dass sie in Boyce-Codd-Normalform sind.

## 4.8    Aufgaben

Versuchen Sie zur Wiederholung folgende Aufgaben aus dem Kopf, d. h. ohne nochmaliges Blättern und Lesen zu bearbeiten.

1. Beschreiben Sie anschaulich, warum man sich mit dem Thema Normalisierung beschäftigt.
2. Nennen Sie typische Probleme, die bei Tabellen auftreten können, wenn sie nicht in zweiter oder dritter Normalform sind.
3. Erklären Sie die Begriffe „funktionale Abhängigkeit" und „volle funktionale Abhängigkeit".
4. Welche Aussagen über funktionale Abhängigkeiten kann man Tabellen generell ansehen, welche nicht?
5. Welche Möglichkeiten hat man, aus gegebenen funktionalen Abhängigkeiten weitere funktionale Abhängigkeiten zu berechnen?
6. Erklären Sie die Begriffe Schlüssel und Schlüsselkandidat.
7. Gibt es Attribute, die gleichzeitig zu den Schlüsselattributen und den Nichtschlüsselattributen gehören können?
8. Welchen Zusammenhang gibt es zwischen den Begriffen „Schlüssel" und „Primärschlüssel"?
9. Wie ist die erste Normalform definiert?
10. Wie formt man eine Tabelle, die nicht in erster Normalform ist, in eine Tabelle in erster Normalform um?
11. Wie ist die zweite Normalform definiert?
12. Was versteht man unter einer Aufteilung einer Tabelle in mehrere Tabellen, die den gleichen Informationsgehalt haben?
13. Wie formt man eine Tabelle, die nicht in zweiter Normalform ist, in Tabellen in zweiter Normalform um?
14. Wie ist die dritte Normalform definiert?
15. Wie formt man eine Tabelle, die nicht in dritter Normalform ist, in Tabellen in dritter Normalform um?
16. Wann ist es sehr wahrscheinlich, dass man bei der Umwandlung eines Entity-Relationship-Modells sofort zu Tabellen in dritter Normalform kommt?
17. Geben Sie ein Beispiel für eine Tabelle in dritter Normalform an, bei der es trotzdem sinnvoll wäre, diese aufzuteilen. Wie würde die Aufteilung aussehen?
18. [*] Wie ist die Boyce-Codd-Normalform definiert?
19. [*] Wie formt man eine Tabelle, die nicht in Boyce-Codd-Normalform ist, in Tabellen in Boyce-Codd-Normalform um?

---

**Übungsaufgaben**

---

1. In einigen Supermärkten kann man häufiger Ansagen der Form: „Die 46 bitte die 23." hören. Erklären Sie aus Sicht eines Datenbank-Experten, was wohl hinter dieser Ansage steckt.

2. Warum ist der Satz „Ein Schlüsselkandidat ist der Schlüssel mit den wenigsten Elementen." falsch?

3. Wie viele Schlüssel und wie viele Schlüsselkandidaten kann eine Tabelle mit drei Attributen maximal haben?

4. [*] In diesem Kapitel wurde gezeigt, dass sich die Rechenregeln für die funktionale Abhängigkeit nicht direkt auf die volle funktionale Abhängigkeit übertragen lassen. Nennen Sie drei Rechenregeln, die für die volle funktionale Abhängigkeit gelten. Hinweis: Schauen Sie sich die existierenden Regeln an. Teilweise kann man sie übertragen, wenn man die Vorbedingungen genauer fasst.

Beachten Sie bei den folgenden Aufgaben, dass genau das beschriebene Verfahren verwendet werden soll.

5. In einer Firma wird folgende Tabelle „Aufgabenliste" zur Verwaltung von Aufträgen genutzt:

| AuftragsNr | Eingangsdatum | ProduktNr | ProduktName | Preis | Lieferant |
|---|---|---|---|---|---|
| 1 | 11.02.2003 | 10 | Reis | 0.51 | Meier |
| 1 | 11.02.2003 | 12 | Mais | 0.53 | Müller |
| 2 | 11.02.2003 | 10 | Reis | 0.51 | Meier |
| 2 | 11.02.2003 | 11 | Hirse | 0.51 | Schmidt |

Dabei gelten folgende funktionale Abhängigkeiten:

1. {AuftragsNr} -> {Eingangsdatum}
2. {ProduktNr} ->{ProduktName, Preis, Lieferant}
3. {Produktname} -> {Preis, Lieferant}

Weitere funktionale Abhängigkeiten lassen sich aus den angegebenen Abhängigkeiten berechnen, weiterhin können die Mengen auf den linken Seiten nicht verkleinert werden.

a) Geben Sie die möglichen Schlüsselkandidaten für die Tabelle an.

b) Formen Sie die Tabelle in Tabellen in zweiter Normalform und dann in dritter Normalform um, die die gleiche Aussagekraft haben.

c) Was würde sich bei Ihren Tabellen ändern, wenn es mehrere Lieferanten für ein Produkt geben würde, also (3) durch {Produktname, Lieferant} -> {Preis} ersetzt würde?

6. Nehmen Sie an, dass zur Verwaltung von Studierenden folgende Tabelle genutzt wird, dabei arbeitet jeder Student parallel in genau einer Firma und hat dort einen betrieblichen Betreuer:

| MatNr | Name | TelefonNr | Studium | Firma | Betreuer | Fach | Note |
|-------|------|-----------|---------|-------|----------|------|------|
|       |      |           |         |       |          |      |      |

Dabei gelten folgende funktionale Abhängigkeiten (weitere Abhängigkeiten lassen sich aus diesen berechnen)

I. {MatNr} -> {Name, TelefonNr, Studium, Firma, Betreuer}
II. {TelefonNr} -> {MatrNr}
III. {MatNr, Fach} -> {Note}
IV. {TelefonNr, Fach} -> {Note}
V. {Firma} -> {Betreuer}

a) Begründen Sie formal, warum {TelefonNr} -> {Firma} gilt.
b) Nennen Sie alle Schlüsselkandidaten.
c) Bringen Sie die Tabelle mit dem Standardverfahren in die zweite Normalform.
d) Bringen Sie die Tabellen aus c) mit dem Standardverfahren in die dritte Normalform.

7. Gegeben sei der folgende Ausschnitt aus einer Projektverwaltungstabelle:

| PNr | TelNr | Projekt | PBudget | Rolle | VAbt |
|-----|-------|---------|---------|-------|------|
| 1 | 13 | EAI | 42 | Entwicker | EBUIS |
| 1 | 13 | EAI | 42 | Entwicker | INFRA |
| 1 | 13 | ODB | 15 | Spezifizierer | INFRA |
| 1 | 13 | ODB | 15 | Spezifizierer | SERVICE |
| 2 | 14 | EAI | 42 | Spezifizierer | EBUIS |
| 2 | 14 | EAI | 42 | Spezifizierer | INFRA |
| 2 | 14 | WEB | 15 | Designer | INFRA |

Für diese Tabelle gelten folgende Regeln:

I. Jeder Mitarbeiter wird eindeutig durch seine Personalnummer (PNr) identifiziert.

II. Jeder Mitarbeiter hat genau eine Telefonnummer (TelNr), jede Telefonnummer ist genau einem Mitarbeiter zugeordnet.

III. Jeder Mitarbeiter kann an mehreren Projekten (Projekt) mitarbeiten, in jedem Projekt können mehrere (und muss mindestens ein Mitarbeiter) mitarbeiten.

IV. Der Projektname (Projekt) ist innerhalb der betrachteten Firma eindeutig, d. h. es gibt keine zwei Projekte mit gleichem Namen.

V. Jedem Projekt ist ein Projektbudget (PBudget) zugeordnet.

VI. Jeder Mitarbeiter kann in verschiedenen Projekten verschiedene Rollen annehmen, hat aber pro Projekt dann nur eine Rolle.

VII. Für jedes Projekt gibt es mindestens eine, eventuell auch mehrere verantwortliche Abteilungen (VAbt).

a) Geben Sie vier volle funktionale Abhängigkeiten an, wobei keine aus den anderen Dreien berechnet werden kann.

b) Warum gilt nicht {Projekt, VAbt} -> {Rolle}?

c) Geben Sie sämtliche Schlüsselkandidaten an.

d) Ist die Tabelle in zweiter Normalform? Wenn nicht, transformieren Sie die Tabelle in Tabellen in zweiter Normalform.

e) Sind ihre Tabellen aus d) in dritter Normalform? Wenn nicht, transformieren Sie die Tabellen in Tabellen in dritter Normalform.

f) [*] Sind ihre Tabellen aus e) in Boyce-Codd-Normalform? Wenn nicht, transformieren Sie die Tabellen in Tabellen in Boyce-Codd-Normalform.

8. [*] Folgende Tabelle wird zur Verwaltung von Projekten genutzt.

| ProNr | MiNr | TelNr | Arbeit |
|-------|------|-------|--------|
| 42    | 20   | 4711  | 50     |

Sie enthält die Projektnummer (ProNr), die Mitarbeiternummer (MiNr), die Telefonnummer des Mitarbeiters (TelNr) und den prozentualen Anteil der Arbeitszeit (Arbeit) des Mitarbeiters, die er für das Projekt aufbringt.

Generell gilt, dass jeder Mitarbeiter in mehreren Projekten arbeiten kann und in Projekten mehrere Mitarbeiter arbeiten können. Bringen Sie die Tabelle für jede

Teilaufgabe schrittweise in Boyce-Codd-Normalform, beachten Sie dabei jeweils folgende weitere Randbedingungen.

I. Jeder Mitarbeiter hat genau eine Telefonnummer, jede Nummer gehört zu genau einem Mitarbeiter.

II. Jeder Mitarbeiter hat genau eine Telefonnummer, eine Nummer kann zu mehreren Mitarbeitern gehören.

III. Jeder Mitarbeiter kann mehrere Telefone haben, dabei hat er in jedem Projekt, in dem er mitarbeitet, genau eine Nummer, jedes Telefon gehört zu genau einem Mitarbeiter.

IV. Jeder Mitarbeiter kann mehrere Telefone haben, dabei hat er in jedem Projekt, in dem er mitarbeitet, genau eine Nummer, jedes Telefon kann zu mehreren Mitarbeitern gehören.

V. Jedes Projekt hat genau ein Telefon, das ausschließlich von den Mitarbeitern des Projekts genutzt wird.

# [*] Relationenalgebra

# 5

**Zusammenfassung**

In diesem Kapitel wird Ihnen gezeigt, dass die Bearbeitung von Tabellen auf einem mathematischen Fundament aufbaut. Diese Formalisierung ermöglicht es, exakte Aussagen über Datenbanken und ihre Bearbeitung zu formulieren.

Bisher wurden Tabellen definiert und es wurde informell beschrieben, wie man Informationen aus einzelnen Tabellen verknüpfen kann. Diese Form der Verknüpfung wird in diesem Kapitel mit einem mathematischen Ansatz genauer beschrieben. Besondere mathematische Fähigkeiten oder spezielle Kenntnisse werden nicht benötigt. Eventuell könnte das Kapitel ausgelassen werden, da vergleichbare Erkenntnisse auch aus den folgenden Kapiteln auf einem anderen Weg gewonnen werden können. Trotzdem bleibt das Kapitel auch für Leser ohne große Informatikkenntnisse nützlich, da man den Ansatz zur Nutzung relationaler Datenbanken wahrscheinlich leichter versteht, als wenn man sich direkt mit SQL beschäftigen muss. Das wurde durch Erfahrungen in der Lehre mehrfach bestätigt.

Dieses Kapitel zeigt eine formale Grundlage der Datenbanktheorie. Durch solche Theorien wird es möglich, exakte und nachweisbare Aussagen über Datenbanken zu formulieren. Im akademischen Umfeld werden praktische Beispiele zur Illustration genutzt, die Forschung findet auf Basis mathematisch fundierter Grundlagen statt.

**Ergänzende Information** Die elektronische Version dieses Kapitels enthält Zusatzmaterial, auf das über folgenden Link zugegriffen werden kann https://doi.org/10.1007/978-3-658-43023-8_5.

S. Kleuker, *Grundkurs Datenbankentwicklung*,
https://doi.org/10.1007/978-3-658-43023-8_5

Im folgenden Unterkapitel werden grundlegende Operatoren beschrieben, die zur Bearbeitung von Relationen bzw. Tabellen, genauer zur Berechnung neuer Relationen aus gegebenen Relationen, genutzt werden. Weiterhin werden komplexere Verknüpfungsmöglichkeiten eingeführt. Insgesamt wird man so in die Lage versetzt, Anfragen an die gegebenen Relationen zu formulieren, mit denen man durch die Verknüpfung der Informationen weitere Kenntnisse gewinnen kann. Angemerkt sei, dass in der deutschen Literatur statt Anfrage auch häufiger der Begriff „Abfrage" auftritt.

In diesem Kapitel wird der Begriff Relation und nicht wie sonst in diesem Buch Tabelle genutzt, um den mathematischen Hintergrund zu betonen.

## 5.1    Elementare Operatoren auf Relationen

Eine Relation R bzw. Tabelle ist nach der Tabellendefinition aus dem Unterkapitel „3.1 Einführung des Tabellenbegriffs" eine Teilmenge des Kreuzproduktes $Att1 \times ... \times Attn$. Dies wird $R \subseteq Att1 \times ... \times Attn$ geschrieben. Jedes Attribut Atti hat dabei einen zugeordneten Datentyp, die Attribute haben unterschiedliche Namen. Für elementare Verknüpfungen muss man definieren, wann zwei Relationen gleichartig aufgebaut sind.

▶ **Vereinigungsverträglichkeit** Zwei Relationen $R \subseteq Att_1 \times ... \times Att_n$ und $S \subseteq Btt_1 \times ... \times Btt_n$ heißen *vereinigungsverträglich,* wenn für jedes i die Attribute $Att_i$ und $Btt_i$ den gleichen Datentyp bzw. einen gemeinsamen Obertypen haben. Als Obertypen kommen alle für Tabellen erlaubten Datentypen in Frage.

Der Teil der Definition mit den Obertypen bezieht sich darauf, dass ein Attribut z. B. als Datentyp alle Zahlen größer 100 und ein anderes Attribut als Datentyp alle Zahlen kleiner 1000 hat. Diese Detailinformation stört die Vereingungsverträglichkeit nicht, da man Zahl als Obertypen wählen kann.

Als erste Operatoren auf Relationen werden klassische Mengenoperatoren vorgestellt.

▶ **Mengenoperatoren für Relationen** Seien R und S vereinigungsverträgliche Relationen, dann kann man wie folgt neue Relationen berechnen:

*Schnittmenge:* $R \cap S = \{ r \mid r \in R \text{ und } r \in S \}$

*Vereinigung:* $R \cup S = \{ r \mid r \in R \text{ oder } r \in S \}$

*Differenz:* $R - S = \{ r \mid r \in R \text{ und nicht } r \in S \}$

Dabei steht $r \in R$ für ein Tupel aus der Relation R, anschaulich für eine Zeile aus R. Für Anfragen an Datenbanken haben die Operatoren folgende anschauliche Bedeutung:

Schnittmenge: Es wird nach Einträgen gesucht, die in beiden Relationen vorkommen.

Vereinigung: Es sollen alle Einträge der Relationen zusammen betrachtet werden.

Differenz: Es wird nach Einträgen gesucht, die nur in der ersten, aber nicht in der zweiten Relation vorkommen.

| VK | | |
|---|---|---|
| Verkäufer | Produkt | Käufer |
| Meier | Hose | Schmidt |
| Müller | Rock | Schmidt |
| Meier | Hose | Schulz |

| VK2 | | |
|---|---|---|
| Verkäufer | Produkt | Käufer |
| Müller | Hemd | Schmidt |
| Müller | Rock | Schmidt |
| Meier | Rock | Schulz |

| VK ∪ VK2 | | |
|---|---|---|
| Verkäufer | Produkt | Käufer |
| Meier | Hose | Schmidt |
| Müller | Rock | Schmidt |
| Meier | Hose | Schulz |
| Müller | Hemd | Schmidt |
| Meier | Rock | Schulz |

| VK ∩ VK2 | | |
|---|---|---|
| Verkäufer | Produkt | Käufer |
| Müller | Rock | Schmidt |

| VK − VK2 | | |
|---|---|---|
| Verkäufer | Produkt | Käufer |
| Meier | Hose | Schmidt |
| Meier | Hose | Schulz |

**Abb. 5.1** Beispiele für Mengenoperatoren

In Abb. 5.1 sind einfache Beispiele für diese Operatoren aufgeführt, die einzelnen Tabellen sollen für einfache Verkäufe stehen. Zu beachten ist, dass es sich bei Relationen um Mengen handelt, d. h. es kommt keine Zeile doppelt vor.

Mit dem folgenden Operator ist es möglich, aus den verschiedenen Attributen diejenigen Attribute auszuwählen, die einen für eine Aufgabenstellung interessieren.

▶ **Projektion** Sei $R \subseteq Att_1 \times \ldots \times Att_n$ eine Relation und $Btt_1, \ldots, Btt_j$ unterschiedliche Attribute aus $\{Att_1, \ldots, Att_n\}$. Dann ist die Projektion von R auf $Btt_1, \ldots, Btt_j$, geschrieben $Proj(R, [Btt_1, \ldots, Btt_j])$, die Relation, die man erhält, wenn man alle Spalten aus R löscht, die nicht in $Btt_1, \ldots, Btt_j$ vorkommen. Durch die Reihenfolge der $Btt_1, \ldots, Btt_j$ wird die Reihenfolge der Attribute in der Ergebnisrelation vorgegeben.

Der Projektionsoperator ist alleine nicht besonders interessant, er wird im Zusammenhang mit Verknüpfungen wichtig, wenn die Ergebnisspalten ausgewählt werden. Beispiele für die Nutzung des Projektionsoperators sind in Abb. 5.2 dargestellt.

Generell ist es wichtig, dass die Ergebnisse der Operatoren wieder neue Relationen sind. Auf diese Relationen können dann weitere Operatoren angewandt werden. Dies wird in Abb. 5.2 mit Proj(VK1 ∩ VK2, [Produkt]) deutlich. Hinter dieser Berechnung

| VK | | |
|---|---|---|
| Verkäufer | Produkt | Käufer |
| Meier | Hose | Schmidt |
| Müller | Rock | Schmidt |
| Meier | Hose | Schulz |

| Proj(VK,[Käufer,Produkt]) | |
|---|---|
| Käufer | Produkt |
| Schmidt | Hose |
| Schmidt | Rock |
| Schulz | Hose |

| Proj(VK,[Verkäufer]) |
|---|
| Verkäufer |
| Meier |
| Müller |

| Proj(VK ∩ VK2, [Produkt]) |
|---|
| Produkt |
| Rock |

**Abb. 5.2** Beispiele für Projektionen

steckt die Anfrage nach den Namen aller Produkte, die in den Tabellen VK und VK2 aus der vorherigen Abbildung gemeinsam vorkommen.

Der folgende Operator dient zur Umbenennung von Relationen. Er wird später bei größeren Anfragen benötigt.

▶ **Umbenennung** Sei R eine Relation, dann bezeichnet Ren(R,T) eine Relation mit gleichem Inhalt wie R, die T genannt wird. Ren steht dabei für „rename".

Durch die Mengenoperatoren und die Projektion konnten bereits einfache Anfragen formuliert werden. Für komplexere Anfragen wird ein Auswahloperator benötigt, der aus einer gegebenen Relation die Tupel, also Zeilen, berechnet, die für das Ergebnis relevant sind.

▶ **Auswahl Sei R eine Relation, dann bezeichnet Sel(R,Bed) eine Relation, die alle Zeilen aus R beinhaltet, die die Bedingung Bed erfüllen. Sel steht für „select".**

Bedingungen können dabei wie folgt für eine Relation R aufgebaut sein, $Att_1$ und $Att_2$ seien Attribute von R:

* $Att_1$ <op> <Konstante>, dabei kann <op> für folgende Vergleichsoperatoren stehen: $=$, $<>$, $<$, $<=$, $>$, $>=$, es wird „$<>$" für ungleich verwendet, <Konstante> muss ein Wert des zum Attribut gehörenden Datentyps sein.
* $Att_1$ <op> $Att_2$, Vergleich der Belegungen der Attribute, die einen gemeinsamen Obertypen haben müssen.

Seien $Bed_1$ und $Bed_2$ zwei Bedingungen, dann sind auch folgendes Bedingungen:

> $Bed_1$ AND $Bed_2$, beide Bedingungen sollen erfüllt sein;
> $Bed_1$ OR $Bed_2$, mindestens eine der Bedingungen soll erfüllt sein;
> NOT $Bed_1$, die Bedingung soll nicht erfüllt sein;
> ($Bed_1$), Bedingungen in Klammern werden zuerst ausgewertet.

Auf eine genaue Einführung in die hinter den Formeln stehende Aussagenlogik [Sch04] wird verzichtet, einige Details aus Datenbanksicht werden im Unterkapitel „6.4 NULL-Werte und drei-wertige Logik" beschrieben.

Grundsätzlich wird bei der Berechnung jede Zeile der Relation betrachtet und geprüft, ob sie die Bedingung erfüllt. Ist das der Fall, wird die Zeile in das Ergebnis übernommen. Die Anfrage, nach allen Verkäufen, die Meier gemacht hat, lautet:

Sel(VK, VK.Verkäufer = 'Meier').

Das Ergebnis ist.

| Verkäufer | Produkt | Käufer |
|-----------|---------|---------|
| Meier     | Hose    | Schmidt |
| Meier     | Hose    | Schulz  |

Um ein Attribut möglichst präzise zu benennen, wird der Name der Tabelle, gefolgt von einem Punkt, vor das Attribut geschrieben. Texte stehen zur Verdeutlichung, dass es sich um Texte handelt, in einfachen Hochkommata.

Ist man nur an den Käufern interessiert, die bei Meier gekauft haben, kann man die resultierende Relation in einer Projektion nutzen.

Proj(Sel(VK, VK.Verkäufer = 'Meier'),[Käufer]).

Das Ergebnis ist.

| Käufer  |
|---------|
| Schmidt |
| Schulz  |

Diese Anfrage gibt einen wichtigen Aufschluss über den Aufbau von Anfragen. Typischerweise werden zunächst mit einer Auswahl alle Zeilen berechnet, die für das Ergebnis interessant sind, und dann die Details für das Ergebnis heraus projiziert.

Um den Umbenennungsoperator einmal vorzustellen, hätte die Anfrage auch wie folgt mit gleichem Ergebnis lauten können:

Proj(Sel(Ren(VK,Verkauf), Verkauf.Verkäufer = 'Meier'),[Käufer])

Die Anfrage nach allen Verkäufen, die Meier gemacht hat und die nicht den Kunden Schulz betreffen, lautet wie folgt:

Sel(VK, VK.Verkäufer = 'Meier' AND VK.Käufer<>'Schulz').

Das Ergebnis ist.

| Verkäufer | Produkt | Käufer  |
|-----------|---------|---------|
| Meier     | Hose    | Schmidt |

## 5.2  Ein Verknüpfungsoperator für Relationen

Mit den bisher vorgestellten Operatoren kann man einzelne Relationen sehr detailliert bearbeiten. Bis jetzt können aber nur verschiedene Relationen verknüpft werden, die vereinigungsverträglich sind. Die Verknüpfungsmöglichkeit soll jetzt auf verschiedene Tabellen erweitert werden, dabei ist das bei der Einführung von Tabellen im Unterkapitel 3.1 vorgestellte Kreuzprodukt sehr hilfreich. Zunächst wird als Hilfsdefinition die Verknüpfung zweier Zeilen definiert.

▶ **Verknüpfung von Tupeln** Seien R und S Relationen mit $r = (r_1, \ldots, r_n) \in R$ und $s = (s_1, \ldots, s_m) \in S$. Dann ist die *Verknüpfung* oder *Konkatenation* von r mit s, geschrieben $r°s$, definiert als $(r_1, \ldots, r_n, s_1, \ldots, s_m)$.

Anschaulich werden die beiden Zeilen einfach hintereinander geschrieben.

▶ **Kreuzprodukt** Seien R und S Relationen, dann ist das *Kreuzprodukt* von R und S, geschrieben $R \times S$, definiert durch: $R \times S = \{ r°s \mid r \in R \text{ und } s \in S \}$.

Anschaulich wird jede Zeile der einen Relation mit jeder Zeile der anderen Relation verknüpft.

Für Mathematikinteressierte sei darauf hingewiesen, dass das Kreuzprodukt in der Mathematik etwas anders definiert ist. Das Ergebnis sind immer Paare (r,s), genauer $((r_1, \ldots, r_n), (s_1, \ldots, s_m))$, mit $r \in R$ und $s \in S$.

In Abb. 5.3 ist das Ergebnis der Berechnung eines Kreuzprodukts dargestellt. Dabei soll PL für eine Produktliste stehen.

Bei einer Analyse des Ergebnisses fällt auf, dass die resultierende Relation anschaulich unsinnige Zeilen enthält. Dies wird z. B. daran deutlich, dass sich die Zeilen einmal auf ein Produkt Hose in der zweiten Spalte und ein Produkt Rock in der vierten Spalte beziehen. Will man nur „sinnvolle" Zeilen sehen, so kann der Auswahloperator angewandt werden, dabei wird in der Bedingung die Verknüpfung zwischen den Tabellen beschrieben. Die Anfrage

$$\text{Sel(VK} \times \text{PL, VK.Produkt} = \text{PL.Produkt)}$$

liefert:

**Abb. 5.3** Berechnetes Kreuzprodukt

VK

| Verkäufer | Produkt | Käufer |
|-----------|---------|---------|
| Meier | Hose | Schmidt |
| Müller | Rock | Schmidt |
| Meier | Hose | Schulz |

PL

| Produkt | Preis | Klasse |
|---------|-------|--------|
| Hose | 100 | B |
| Rock | 200 | A |

VK × PL

| Verkäufer | Produkt | Käufer | Produkt | Preis | Klasse |
|-----------|---------|---------|---------|-------|--------|
| Meier | Hose | Schmidt | Hose | 100 | B |
| Meier | Hose | Schmidt | Rock | 200 | A |
| Müller | Rock | Schmidt | Hose | 100 | B |
| Müller | Rock | Schmidt | Rock | 200 | A |
| Meier | Hose | Schulz | Hose | 100 | B |
| Meier | Hose | Schulz | Rock | 200 | A |

| Verkäufer | Produkt | Käufer | Produkt | Preis | Klasse |
|-----------|---------|---------|---------|-------|--------|
| Meier | Hose | Schmidt | Hose | 100 | B |
| Müller | Rock | Schmidt | Rock | 200 | A |
| Meier | Hose | Schulz | Hose | 100 | B |

Wie bereits im vorherigen Unterkapitel beschrieben, kann dann eine Projektion genutzt werden, um die interessierenden Informationen heraus zu filtern. Ist man an den Preisen aller Produkte interessiert, die Schmidt gekauft hat, kann man dies mit folgender Anfrage erfragen:

```
Proj (Sel(VK × PL, VK.Produkt = PL.Produkt
      AND VK.Käufer = 'Schmidt')), [Preis])
```

Das Ergebnis ist:

| Preis |
|-------|
| 100 |
| 200 |

Um eine Einsatzmöglichkeit der Relationenalgebra aufzuzeigen, kann man sich überlegen, dass man nicht zuerst das Kreuzprodukt berechnet, sondern sich zuerst in VK auf den Käufer Schmidt konzentriert und dann die Verknüpfung mit PL durchführt. Die Anfrage lautet dann:

```
Proj (Sel(Ren(Sel(VK, VK.Käufer = 'Schmidt'), TMP) × PL,
            TMP.Produkt = PL.Produkt), [Preis])
```

Die Umbenennung wird genutzt, um dem Zwischenergebnis einen Namen zu geben. Diese Anfrage liefert das gleiche Ergebnis wie vorher, man kann aber untersuchen, welcher Weg einfacher zu berechnen ist. In der Praxis nutzen eingesetzte Datenbank-Managementsysteme Erkenntnisse aus der Relationenalgebra, um Anfragen so umzuformen, dass sie möglichst schnell berechnet werden können.

Aus dem einfachen Beispiel kann man die typische Vorgehensweise bei der Formulierung einer Anfrage ableiten:

1. Bestimme alle Relationen, die für die Berechnung wichtig sind.
2. Berechne das Kreuzprodukt dieser Relationen, formuliere die Verknüpfung der Relationen in einer Auswahl.
3. Ergänze noch, wenn nötig, die Auswahl um spezielle Randbedingungen.
4. Projiziere aus dem berechneten Ergebnis den Anteil heraus, der zur Beantwortung der Anfrage benötigt wird.

Insgesamt schafft die Relationenalgebra die Möglichkeit, den Begriff der Anfrage zu konkretisieren. Weiterhin kann die mathematische Fundierung der Relationenalgebra genutzt werden, um Zusammenhänge zwischen verschiedenen Anfragen formal zu untersuchen.

## 5.3    Aufgaben

### Wiederholungsfragen

Versuchen Sie zur Wiederholung folgende Aufgaben aus dem Kopf, d. h. ohne nochmaliges Blättern und Lesen zu beantworten.

1. Welche Eigenschaft haben alle vorgestellten Operatoren gemeinsam?
2. Welche Grundvoraussetzung muss zur Nutzung von Mengenoperatoren erfüllt sein? Wie sind diese Operatoren definiert?
3. Beschreiben Sie anschaulich den Projektionsoperator.
4. Beschreiben Sie anschaulich den Auswahloperator.
5. Wie ist das Kreuzprodukt definiert?
6. Nennen Sie Gründe, warum man sich mit der Relationenalgebra beschäftigen sollte.
7. Beschreiben Sie die typische Vorgehensweise bei der Erstellung von Anfragen in der Relationenalgebra.

### Übungsaufgaben

1. Wie viele Elemente kann die Vereinigung zweier vereinigungsverträglicher Relationen haben, wenn beide Relationen jeweils vier Elemente beinhalten?
2. Gegeben seien folgende Relationen

Projekt

| ProNr | Name |
|-------|----------|
| 1 | Schachtel |
| 2 | Behang |

Aufgabe

| AufNr | Arbeit | ProNr |
|-------|--------|-------|
| 1 | knicken | 1 |
| 2 | kleben | 1 |
| 3 | knicken | 2 |
| 4 | färben | 2 |

Maschine

| Mname | Dauer | AufNr |
|-------|-------|-------|
| M1 | 2 | 1 |
| M2 | 3 | 1 |
| M1 | 3 | 2 |
| M3 | 2 | 3 |
| M1 | 1 | 4 |
| M4 | 3 | 4 |

Formulieren Sie folgende Anfragen in der Relationenalgebra:

a) Geben Sie die Namen aller möglichen Arbeiten an.
b) Geben Sie zu jedem Projektnamen die zugehörigen Arbeiten an. Das Ergebnis ist eine Relation mit den Attributen „Name" und „Arbeit".
c) Welche Maschinen werden zum Knicken genutzt?

d) Geben Sie zu jedem Projektnamen die Maschinen aus, die genutzt werden.

e) Geben Sie alle Projekte (deren Namen) aus, bei denen geknickt und gefärbt wird.

## Literatur

[Sch04]  U. Schöning, Logik für Informatiker, 5. Auflage, Spektrum Akademischer Verlag, Heidelberg Berlin Oxford, 2004

# Formalisierung von Tabellen in SQL  6

**Zusammenfassung**

Nachdem in den vorangegangenen Kapiteln theoretische Grundlagen gelegt wurden, wird Ihnen in diesem Kapitel gezeigt, wie man mithilfe von der Sprache SQL Tabellen in Datenbanken definieren kann, sodass eine Bearbeitung mit der Datenbank-Software möglich wird.

Wichtig ist bei der Definition von Tabellen, dass nicht nur die Struktur der Tabellen in die Datenbank übertragen wird, sondern spezielle Randbedingungen, sogenannte Constraints, für die Tabellen definiert werden können. Mit diesen Constraints können Primär- und Fremdschlüsseleigenschaften sowie weitere Randbedingungen definiert werden, deren Einhaltung bei jeder Änderung der Tabelle vom Datenbank-Managementsystem überprüft werden. Constraints sind damit eine wertvolle Möglichkeit dafür zu sorgen, dass die eingetragenen Daten gewisse Qualitätskriterien erfüllen. Neben der reinen Definition von Tabellen wird auch vorgestellt, wie man Daten in die Tabellen einträgt, diese Daten ändert und löscht sowie nachträglich Tabellen verändern kann.

Die verschiedenen Teilstücke, die zu einer vollständigen Tabellendefinition beitragen, werden in den folgenden Unterkapiteln schrittweise erklärt. Dabei wird die standardisierte Sprache SQL eingesetzt. SQL ist ein wichtiger Standard, wobei man trotz der Standardisierung für das individuell eingesetzte Datenbank-Managementsystem überprüfen muss,

**Ergänzende Information** Die elektronische Version dieses Kapitels enthält Zusatzmaterial, auf das über folgenden Link zugegriffen werden kann https://doi.org/10.1007/978-3-658-43023-8_6.

ob alle vorgestellten Befehle genau in der vom Standard geforderten Form unterstützt werden.

SQL wurde als Standard schrittweise von den Standardisierungsorganisationen ISO und IEC unter Mitarbeit verschiedener nationaler Normungsorganisationen wie ANSI und DIN unter der Nummer ISO/IEC 9075 [ISO23], mittlerweile aufgeteilt auf 11 fachliche Teile, entwickelt. Neben der eigentlichen Sprachentwicklung, die bereits nach der Erfindung von relationalen Datenbanken in den 1970ern anfing, sind 1989, 1992, 1999 und 2003 als Meilensteine zu nennen, in denen der SQL-Standard definiert und erweitert wurde. Weitere Ergänzungen und meist minimale Überarbeitungen, typischer Weise für spezielle Funktionalität, die am Anfang noch uninteressant ist, wurden in den Jahren 2008, 2011, 2016, 2019 und 2023 veröffentlicht.

SQL ist grob in in drei Sprachanteile aufteilbar, die in diesem und den folgenden Kapiteln betrachtet werden:

- Definitionssprache: SQL zur Definition von Tabellen, auch Data Definition Language (DDL) genannt
- Verarbeitungssprache: Anfragen formulieren, Tabelleninhalte ändern, auch aufteilbar in Data Query Language (DQL) und Data Manipulation Language (DML)
- Steuerungssprache: Eigenschaften der Datenbank definieren, wie Rechte der Nutzer festlegen und den parallelen Zugriff koordinieren, auch aufteilbar in Data Control Language (DCL) und Transaction Control Language (TCL)

Neben den rein relationalen Datenbanken, die Schwerpunkte der Versionen von 1989 und 1992 waren, wurden immer mehr Ergänzungen definiert, die über den relationalen Anteil hinausgehen und die Arbeit mit einer Datenbank auf SQL-Basis wesentlich vereinfachen. Der gesamte Standard umfasst mittlerweile mehr als 4000 Seiten und wurde deshalb in einen Kernbereich und in die erweiterte Funktionalität aufgeteilt. Dieses Buch bezieht sich in den folgenden Unterkapiteln und Kapiteln auf den Kernbereich.

Spätestens wenn es um die Umsetzung der Tabellen in ein echtes relationales Datenbank-Managementsystem geht, muss ein konkretes System ausgewählt werden. In der Realität fällt diese Entscheidung deutlich früher im Rahmen des Projektstarts. Bei den meisten Projekten geht es um die Erweiterung einer existierenden Software, sodass es fast nie Gründe gibt, die Datenbank zu wechseln. Bei Neuentwicklungen fällt die Entscheidung oft auf ein bereits im Entwicklungsunternehmen genutztes System, da das Know-How bereits vorhanden ist.

Für dieses Buch ist allerdings nur wichtig, dass eine relationale Datenbank mit SQL-Unterstützung gewählt wird. Diese Buch nutzt das am weitesten verbreitete System Oracle [@Ora, @Ran], was aber nur im Kapitel „12 Stored Procedures und Trigger" eine Rolle spielt. Da SQL normiert ist, werden fast alle vorgestellten Ansätze in anderen Datenbanken unterstützt. Um dies zu validieren, werden in den diesem und den nachfolgenden drei Kapiteln weiterhin die Datenbanken MariaDB [@Mar] und Apache

Derby [@Der] betrachtet. MariaDB kann in der Community Edition selbst für kommerzielle Zwecke eingesetzt werden und ist in komplexen Software-Systemen oft vertreten. Apache Derby ist in Java geschrieben, sehr einfach installierbar und für fast alle Zwecke frei nutzbar. Während bei den anderen Systemen zunächst ein Datenbank-Server installiert werden muss, ein Modus den auch Apache Derby unterstützt, kann Apache Derby auch im sogenannten Embedded Modus laufen. In diesem Modus läuft die Datenbank ohne expliziten Server und wird als Bibliothek der umgebenden Software genutzt. Der embedded Modus ist sinnvoll, wenn es nur eine Applikation mit einem Nutzenden, wie es bei typischen Smartphone-Applikationen der Fall ist, gibt.

SQL ist zwar ein Standard, der allerdings nicht in allen Details von allen Datenbanken umgesetzt wird, insbesondere dann, wenn eine Datenbank bereits vor Einführung des Standards eine vergleichbare Funktionalität hatte. Generell ist durch die Standardisierung ein Wechsel der Datenbank zu einem späteren Zeitpunkt theoretisch einfach möglich. Die Praktikabilität hängt davon ab, ob nicht doch Datenbank-spezifische Funktionalität genutzt wurde, die wahrscheinlich die Entwicklung beschleunigt hatte, aber die Ablösung der Datenbank nachträglich erschwert.

Beim Durcharbeiten der folgenden Kapitel wird auffallen, wie selten auf die Besonderheiten der drei betrachteten Systeme insbesondere bei Anfragen in SQL eingegangen werden muss.

Jedes Datenbank-Managementsystem bringt eigene Software mit, die die Erstellung und Nutzung von Datenbanken ermöglichen. Zur Nutzung müssen Nutzer eingerichtet oder vereinfachend und nur zu Übungszwecken sinnvoll, ein bereits eingerichteter Nutzer mit der Rolle Administrator genutzt werden. Abhängig vom Datenbank-Managementsystem muss zunächst als logische Struktur ein Datenbank-Schema existieren, um dann eine Datenbank anlegen zu können. Durch die Individualität der Prozesse müssen aktuelle Informationen dazu von den Web-Seiten der Hersteller entnommen werden, wobei viele Details oft Teil des Installationsprozess sind. Fortgeschrittene Personen werden dort auch Möglichkeiten finden vorkonfigurierte virtuelle Maschinen oder Docker-Images zu nutzen.

Generell sind graphische Oberflächen meist intuitiver nutzbar. Sollen mehrere Datenbanken betrachtet werden ist die Nutzung eines Werkzeugs, das mehrere Datenbanken unterstützt, sinnvoll. Diese Werkzeuge benötigen meist einen JDBC-Treiber zum Verbindungsaufbau, der von den Datenbank-Herstellern zur Verfügung gestellt wird. Ein Beispiel für ein solches Werkzeug ist SQL Workbench/J [@Wor].

Zur Schreibweise: Hier und in den folgenden Kapiteln werden SQL-Schlüsselworte in Großbuchstaben geschrieben, z. B. CREATE. Abhängig vom benutzten Datenbank-Managementsystem können Schlüsselworte groß, klein oder gar in gemischter Form geschrieben werden. Wichtig ist die Unterscheidung von Groß- und Kleinschreibung innerhalb von Texten, 'Hallo' und 'hallo' sind unterschiedliche Daten. Generell ist eine einheitliche Schreibweise für Schlüsselworte und Tabellen sowie einheitliche

Einrückungen sinnvoll. Diese Entscheidungen werden vor dem Start großer Projekte vereinheitlicht.

## 6.1 Tabellendefinition mit SQL

Abb. 6.1 zeigt zwei einfache Tabellen, die in diesem Kapitel in SQL definiert werden sollen. Neben dem markierten Primärschlüssel gibt es eine Fremdschlüsselbeziehung, wie im Unterkapitel „3.2 Übersetzung von Entity-Relationship-Modellen in Tabellen" erklärt, die festlegt, dass jeder Kunde einen existierenden Verkäufer als Betreuer haben muss.

Die Struktur und die Information lassen sich direkt in die SQL-Definitionssprache übertragen:

```
CREATE TABLE Verkaeufer(
Vnr INTEGER,
Name VARCHAR(6),
Status VARCHAR(7),
Gehalt INTEGER,
PRIMARY KEY (Vnr)
)
```

und

```
CREATE Table Kunde(
Knr INTEGER,
Name Varchar(6),
Betreuer INTEGER,
PRIMARY KEY (Knr),
CONSTRAINT FK_Kunde
 FOREIGN KEY (Betreuer)
 REFERENCES Verkaeufer(Vnr)
)
```

Generell werden Tabellen durch den Befehl „CREATE TABLE <Tabellenname>" erzeugt. Danach folgt in runden Klammern die Definition der Tabelle, wobei die einzelnen

**Abb. 6.1** Einfaches Verkaufsbeispiel

Verkaeufer

| Vnr | Name | Status | Gehalt |
|------|------|--------|--------|
| 1001 | Udo | Junior | 1500 |
| 1002 | Ute | Senior | 1900 |
| 1003 | Uwe | Senior | 2000 |

Kunde

| Knr | Name | Betreuer |
|-----|------|----------|
| 1 | Ugur | 1001 |
| 2 | Erwin | 1001 |
| 3 | Erna | 1002 |

Eigenschaften durch Kommas getrennt sind. Zeilenumbrüche werden zur Übersichtlichkeit eingefügt, haben aber keine Bedeutung.

An einigen Stellen kann die Reihenfolge der Eigenschaften verändert werden. Diese Möglichkeiten werden hier nicht im Detail erläutert. Ziel dieses Unterkapitels ist es, eine sinnvolle langfristig lesbare Tabellendefinition zu erhalten. In größeren Projekten ist es dabei nicht unüblich, weitere Konventionen für Schreibweisen einzuführen. So könnten alle Attribute des Primärschlüssels mit „p_" beginnen, sodass auch bei der späteren Nutzung in Anfragen sofort deutlich ist, dass es sich um Primärschlüssel handelt.

Die einzelnen Tabellenspalten werden durch die Angabe des Namens, gefolgt von der Angabe des Datentyps, festgelegt. Die Auswahl der passenden Datentypen kann wichtig für die Qualität der entstehenden Datenbank sein. Eine genauere Betrachtung der Datentypen erfolgt im Unterkapitel 6.3. Hier werden zunächst zwei zentrale Typen genutzt: INTEGER kann beliebige ganzzahlige Zahlenwerte aufnehmen. Mit VARCHAR(x) ist ein Typ gegeben, der maximal x Zeichen aufnehmen kann, was dem bisher „Text" genannten Datentyp entspricht. In Programmiersprachen wird dafür häufig der Typ String genutzt.

Nach der Übersetzung der Spalten können weitere Eigenschaften der Tabelle, sogenannte Constraints, definiert werden. Diese müssen nicht existieren, erhöhen aber bei der späteren Nutzung die Qualität der entstehenden Datenbank erheblich, da das Datenbank-Managementsystem die Einhaltung dieser Regeln überprüft.

Mit der Angabe „PRIMARY KEY(<Spaltenname1>, ..., <SpaltennameN>)" wird festgelegt, dass sich der Primärschlüssel aus den aufgeführten Attributen zusammensetzt. Das Datenbank-Managementsystem garantiert, dass für den Primärschlüssel jeder eingetragene Wert eindeutig ist und keine NULL-Werte enthält. Im Kap. 4 wurde definiert, dass der Entwickler willkürlich einen möglichst einfach nutzbaren Schlüsselkandidaten zum Primärschlüssel erklären kann, wenn es mehrere Schlüsselkandidaten gibt.

In der Tabelle Kunde sieht man den typischen Aufbau einer Fremdschlüssel-Definition. Mit „CONSTRAINT <constraintname>" wird eine Randbedingung definiert, die vom Datenbank-Managementsystem geprüft wird. Detaillierte Angaben zu den Constraints stehen im Unterkapitel „6.5 Constraints".

Fremdschlüssel werden in der untergeordneten Tabelle definiert, d. h. in der Tabelle, die sich auf eine andere Tabelle bezieht. Die allgemeine Syntax einer solchen Definition sieht wie folgt aus:

```
FOREIGN KEY KEY (<meinSpaltenname1>, ...,
                      <meinSpaltennameN>)
    REFERENCES <übergeordneteTabelle>
        (<dortigerSpaltenname1>, ... ,
                      <dortigerSpaltennameN>)
```

Es wird zunächst angegeben, wie die Spalten in der zu definierenden Tabelle heißen und danach auf welche Tabelle und welche Spalten dort sich die vorher genannten Spalten beziehen. Dabei bezieht sich <meinSpaltennameX> immer auf <dortigerSpaltennameX>. Eine Tabelle kann Fremdschlüsselbeziehungen zu verschiedenen Tabellen haben. Diese Beziehungen werden jeweils als eigenständige Constraints angegeben. Fremdschlüssel-beziehungen können sich nur auf definierte Primärschlüssel anderer Tabellen beziehen. Diese Tabellen müssen vor der Tabelle, in der das Constraint definiert wird, erzeugt werden.

Das Datenbank-Managementsystem überprüft bei Eintragungen in die Tabelle Kunde, ob ein Verkäufer mit dem für Betreuer übergebenen Wert existiert. Eine Besonderheit ist, dass für den Betreuer auch ein NULL-Wert eingegeben werden kann, wodurch das Constraint nicht verletzt wird. Genauere Betrachtungen zu NULL-Werten werden im Unterkapitel „6.4 NULL-Werte und drei-wertige Logik" gemacht.

Bei der Nutzung der Fremdschlüssel stellt sich die Frage, was passiert, wenn der übergeordnete Datensatz, hier z. B. der Verkäufer mit der Vnr 1001, gelöscht wird. Die möglichen Alternativen werden im folgenden Unterkapitel vorgestellt.

## 6.2    Einfügen, Löschen und Ändern von Daten

Nachdem das Tabellengerüst erzeugt wurde, sollen jetzt Daten in die Tabellen gefüllt und später verändert werden können. Zum Einfügen von Daten wird der INSERT-Befehl genutzt. In der einfachsten Form dieses Befehls ist es wichtig, die Reihenfolge der Attri-bute in der Tabellendefinition zu kennen. Die Daten der Tabelle Verkaeufer aus Abb. 6.1 können wie folgt eingefügt werden:

```
INSERT INTO Verkaeufer
  VALUES(1001,'Udo','Junior',1500);
INSERT INTO Verkaeufer
  VALUES(1002,'Ute','Senior',1900);
INSERT INTO Verkaeufer
  VALUES(1003,'Uwe','Senior',2000)
```

Die generelle Form des Befehls lautet:

```
INSERT INTO <Tabellenname>
    VALUES (<WertFürSpalte1>, …, <WertFürLetzteSpalte>).
```

Zur Trennung von SQL-Befehlen wird in diesem Buch ein Semikolon genutzt. Das Trennsymbol für Befehle ist im Standard nicht festgeschrieben und kann in Datenbank-Managementsystemen variieren.

Es muss für jede Spalte ein Wert angegeben werden. Etwas flexibler ist die Variante des INSERT-Befehls, bei der die Spalten angegeben werden, in die Werte eingetragen werden sollen. Zwei Beispiele sind:

```
INSERT INTO Verkaeufer(Vnr,Name,Status)
  VALUES(1004,'Ulf','Junior');
INSERT INTO Verkaeufer(Vnr,Gehalt,Name)
  VALUES(1005,1300,'Urs')
```

Die generelle Form lautet:

```
INSERT INTO <Tabellenname>(<Spaltenname1>, ... ,
                           <SpaltennameK>)
  VALUES (<WertFürAngegebeneSpalte1>, ... ,
                       <WertFürAngegebeneSpalteK>)
```

Es stellt sich die Frage, was mit Spalten passiert, die nicht im INSERT-Befehl genannt sind. Dabei gibt es zwei Alternativen:

- Sind die Attribute in der bisher bekannten Form definiert, wird in die Spalten ein NULL-Wert eingetragen.
- Ist das Attribut mit einem Standard-Wert definiert, wird dieser Standardwert genommen. Die Definition eines Attributs mit einem Standardwert sieht beispielhaft wie folgt aus:

```
Status VARCHAR(7) DEFAULT 'Junior'
```

Nachdem die Werte in die Tabelle eingetragen sind, möchte man sich diese gerne ansehen. Dazu muss eine Anfrage an die Datenbank formuliert werden. Ohne weiteren Details von Anfragen aus den folgenden Kapiteln vorzugreifen, sei hier eine einfache Anfrageform zur Ausgabe des vollständigen Tabelleninhalts angeben. Sie lautet

```
SELECT * FROM <Tabellenname> *
```

Gehen wir davon aus, dass das Attribut Status mit dem angegebenen Standardwert definiert ist, bekommt man als Ergebnis der Anfrage

```
SELECT * FROM Verkaeufer
```

folgende Ausgabe

```
VNR NAME      STATUS        GEHALT
------- ------  ------- ----------
  1001 Udo      Junior          1500
  1002 Ute      Senior          1900
  1003 Uwe      Senior          2000
  1004 Ulf      Junior
  1005 Urs      Junior          1300
```

Es ist sichtbar, dass NULL-Werte hier einfach als leere Ausgaben erscheinen, die damit in der Ausgabe nicht vom leeren Text " zu unterscheiden sind.

Wird versucht einen Tabelleneintrag zu machen, der gegen eine der Constraints, z. B. gegen die Eindeutigkeit des Primärschlüssels verstößt, so wird die Aktion mit einer Fehlermeldung abgebrochen. Wird z. B. folgende Eingabe versucht

```
INSERT INTO Verkaeufer
  VALUES (1001,'Alf','Senior',3000)
```

kann die Reaktion wie folgt aussehen

```
Verstoß gegen Eindeutigkeit, Regel
(KLEUKER.SYS_C003014)
```

Durch den „Verstoß gegen die Eindeutigkeit" wird die Verletzung der gewünschten Primärschlüsseleigenschaft angezeigt. Im Detail steht Scott für den Eigentümer der Tabelle, d. h. die Tabelle wurde unter dem Nutzer Scott angelegt und SYS_C0003014 für den intern vergebenen Namen für das Primärschlüssel-Constraint.

Zur Vervollständigung der Tabellen gehören folgende Einträge in die Tabelle Kunde.

```
INSERT INTO Kunde VALUES(1,'Ugur',1001);
INSERT INTO Kunde VALUES(2,'Erwin',1001);
INSERT INTO Kunde VALUES(3,'Erna',1002)
```

Versucht man, einen Kunden mit einem Betreuer einzutragen den es nicht gibt, z. B.

```
  INSERT INTO Kunde VALUES(4,'Edna',999);
```

wird der Eintrag nicht vorgenommen und man erhält z. B. die Fehlermeldung

```
Verstoß gegen Constraint (KLEUKER.FK_KUNDE).
Übergeordn. Schlüssel nicht gefunden
```

Man beachte, dass hier der Name des verletzten Constraints ausgegeben wird.

Interessant ist der Fall, bei dem ein NULL-Wert für die Referenz zum Betreuer angegeben wird. Diese Möglichkeit wird also explizit in SQL erlaubt. D. h., die folgenden Befehle

```
INSERT INTO Kunde VALUES(4,'Edna',NULL);
SELECT * FROM Kunde
```

führen zu folgender Ausgabe

```
    KNR  NAME     BETREUER
  ------- ------- ----------
       1 Ugur        1001
       2 Erwin       1001
       3 Erna        1002
       4 Edna
```

Neben den vorgestellten INSERT-Varianten, gibt es eine dritte Variante, bei der das Ergebnis einer Anfrage zeilenweise in eine Tabelle eingetragen wird. Die Syntax lautet:

```
INSERT INTO <Tabellenname> <Anfrage>
```

Anfragen werden detailliert ab dem folgenden Kapitel besprochen. Zu dieser Einfügemöglichkeit ist sehr kritisch anzumerken, dass dabei eine Kopie von schon existierenden Daten erzeugt wird und man dem Problem der Redundanz Tür und Tor öffnet. Diese Einfügemöglichkeit ist nur mit sehr viel Bedacht einzusetzen. Oftmals gibt es andere Lösungsmöglichkeiten, wie den Einsatz von Views, siehe Kap. 11.

Nachdem Daten in Tabellen eingetragen wurden, kann der Wunsch bestehen, die Inhalte zu ändern. Hierfür steht der UPDATE-Befehl zur Verfügung. Soll für die Tabelle Kunde bei der Kundin mit der Knr 4 der Name auf Edwina geändert und ihr als Betreuer der Verkäufer mit der Vnr 1002 zugeordnet werden, kann dies mit folgendem Befehl geschehen:

```
UPDATE Kunde
 SET Name='Edwina',
     Betreuer=1002
 WHERE Name='Edna'
```

Die allgemeine Syntax sieht wie folgt aus:

```
UPDATE <Tabellenname>
```

```
SET <SpaltennameI> = <Wert> | <Anfrage>, ...
    <SpaltennameJ> = <Wert> | <Anfrage>
WHERE <Bedingung>
```

Bei der Ausführung wird für jede Zeile der betroffenen Tabelle untersucht, ob die Bedingung erfüllt ist. Ist dies der Fall, wird die im SET-Block beschriebene Änderung durchgeführt. Dies geschieht nur, wenn kein Constraint verletzt wird, sonst gibt es eine Fehlermeldung, und keine Änderung wird ausgeführt.

Die mit <Anfrage> beschriebene Möglichkeit, einen Wert berechnen zu lassen, wird in den späteren Unterkapiteln deutlicher, in denen der Aufbau und das Ergebnis von Anfragen beschrieben werden. Man kann sich hier bereits vorstellen, dass nur Anfragen genutzt werden können, die exakt ein Ergebnis zurück liefern. Eine genauere Beschreibung der Möglichkeiten, die Bedingung anzugeben, erfolgt ebenfalls in den weiteren Unterkapiteln. Grundsätzlich stehen in der Bedingung zu überprüfende Eigenschaften von Attributwerten, die mit AND und OR verknüpft sowie mit NOT negiert werden können.

Bei kritischer Betrachtung der letzten Änderung, ist feststellen, dass die Bedingung nicht optimal ist. Falls es mehrere Kunden mit dem Namen Edna gäbe, würden die beschriebenen Änderungen für alle diese Kunden vorgenommen. Eine wesentlich bessere Bedingung wäre Knr = 4 gewesen.

Wird die WHERE-Bedingung ganz weggelassen, wird sie als „wahr" interpretiert, d. h. die Änderungen beziehen sich auf alle Zeilen. Innerhalb des SET-Blocks wird zunächst für jede Zuweisung die rechte Seite ausgewertet und dann der Wert des auf der linken Seite genannten Attributs entsprechend verändert. Dies ermöglicht auch eine Änderung eines Attributwertes in Abhängigkeit von seinem alten Wert. Durch den folgenden Befehl kann man z. B. das Gehalt aller Verkäufer um 5 % erhöhen.

```
UPDATE Verkaeufer
  SET Gehalt=Gehalt * 1.05
```

Die resultierende Tabelle sieht wie folgt aus:

```
VNR NAME   STATUS       GEHALT
-------- ------- ------- ----------
1001 Udo    Junior         1575
1002 Ute    Senior         1995
1003 Uwe    Senior         2100
1004 Ulf    Junior
1005 Urs    Junior         1365
```

Man erkennt, dass irgendwelche Operationen auf NULL-Werten, hier z. B. die Multiplikation, keinen Effekt haben. Das Ergebnis bleibt NULL.

Nach dem Einfügen und Verändern fehlt noch als dritter Befehl der Befehl zum Löschen von Daten. Dies geschieht durch DELETE. Will man z. B. den Kunden mit der Knr 3 löschen, so kann man dies durch folgenden Befehl erreichen:

```
DELETE FROM Kunde
 WHERE Knr=3
```

Die allgemeine Syntax lautet:

```
DELETE FROM <Tabellenname>
 WHERE <Bedingung>
```

Für die ausgewählte Tabelle wird für jede Zeile geprüft, ob die Auswertung der Bedingung „wahr" ergibt. Ist dies der Fall, so wird versucht, die Zeile zu löschen. Sollte für eine Zeile die Bedingung erfüllt sein und kann diese wegen irgendwelcher Randbedingungen nicht gelöscht werden, gibt es eine Fehlermeldung und es findet kein Löschvorgang statt.

Diese Situation soll durch ein Beispiel konkretisiert werden. Dabei wird von folgenden Tabelleninhalten ausgegangen:

```
SELECT * FROM Verkaeufer;
SELECT * FROM Kunde
```

führen zu folgenden Ausgaben

```
VNR NAME    STATUS     GEHALT
------- ------ ------- ----------
   1001 Udo    Junior       1575
   1002 Ute    Senior       1995
   1003 Uwe    Senior       2100
   1004 Ulf    Junior
   1005 Urs    Junior       1365

    KNR NAME      BETREUER
---------- ------ ----------
      1 Ugur       1001
      2 Erwin      1001
      4 Edwina     1002
```

Jetzt soll der Verkäufer mit der Vnr 1001 gelöscht werden. Der Befehl lautet

```
DELETE FROM Verkaeufer
 WHERE Vnr=1001
```

Die Ausgabe dazu kann wie folgt aussehen:

```
Verstoß gegen Constraint (KLEUKER.FK_KUNDE).
Untergeordneter Datensatz gefunden.
```

Das Datenbank-Managementsystem erkennt, dass es in der Tabelle Kunde mindestens einen davon abhängigen Datensatz gibt und verweigert die Ausführung des Löschbefehls. Man kann daraus ableiten, dass der Fremdschlüssel zwar in der Tabelle Kunde definiert wird, diese Information der Datenabhängigkeit aber auch ein nicht direkt sichtbares Constraint für die Tabelle Verkaeufer liefert. D. h., dass die Kenntnis der Definition der Tabelle Verkaeufer alleine nicht ausreicht, um bestimmen zu können, ob eine gewisse Löschoperation ausgeführt werden kann.

Mit dem bisherigen Wissen ist es aber trotzdem möglich, den Verkäufer mit der Vnr 1001 zu löschen. Dazu müssen zunächst die Betreuerinformationen in der Tabelle Kunde, die sich auf 1001 beziehen auf einen anderen Wert, also die VNr von einem anderen Verkäufer oder NULL, gesetzt werden. Danach kann der Verkäufer mit der Vnr 1001 ohne Probleme gelöscht werden. Die zugehörigen SQL-Befehle lauten:

```
UPDATE Kunde
  SET Betreuer=NULL
  WHERE Betreuer=1001;
DELETE FROM Verkaeufer
  WHERE Vnr=1001
```

Das hier vorgestellte Verfahren ist grundsätzlich immer anwendbar, man muss allerdings beachten, dass in realen Projekten die Datenabhängigkeit wesentlich komplexer sein kann. Die Änderungen der Tabelle Kunde könnten sich z. B. auf weitere Tabellen fortpflanzen, vergleichbar dem Domino-Prinzip, bei dem ein Stein angestoßen wird und alle davon abhängigen Steine auch nacheinander umfallen. Da diese Datenanalyse von Hand eventuell sehr aufwendig ist, gibt es eine Alternative bei der Definition von Fremdschlüsseln. Diese Definition sieht für die Tabelle Kunde wie folgt aus:

```
CREATE Table Kunde(
  Knr INTEGER,
  Name Varchar(7),
  Betreuer INTEGER,
  PRIMARY KEY (Knr),
  CONSTRAINT FK_Kunde
   FOREIGN KEY (Betreuer)
    REFERENCES Verkaeufer(Vnr)
    ON DELETE CASCADE
)
```

Durch den Zusatz ON DELETE CASCADE wird der Fremdschlüssel in der Form erweitert, dass, wenn der übergeordnete Datensatz gelöscht wird, damit auch alle davon abhängigen Datensätze in dieser Tabelle gelöscht werden.

Ausgehend von der gleichen Situation, die vor dem gescheiterten DELETE-Befehl vorlag, führt das folgende SQL-Skript

```
DELETE FROM Verkaeufer
 WHERE Vnr=1001;
SELECT * FROM Verkaeufer;
SELECT * FROM Kunde
```

zu folgender Ausgabe

```
    VNR NAME   STATUS    GEHALT
 ------- ------ ------- ----------
   1002 Ute    Senior      1995
   1003 Uwe    Senior      2100
   1004 Ulf    Junior
   1005 Urs    Junior      1365


    KNR NAME     BETREUER
 ------- ------- ----------
     4 Edwina       1002
```

Man sieht, dass alle Kunden mit dem Betreuer 1001 gelöscht wurden. Diese Form der Fremdschlüsseldefinition führt alle Löscharbeiten automatisch aus. Dabei gilt weiterhin, dass die gesamte Aktion nicht durchgeführt wird, falls es an nur einer Stelle Widerstand gegen das Löschen geben sollte, da ein Constraint verletzt wird.

Beim aufmerksamen Lesen des letzten Beispiels fällt kritisch auf, dass es häufig nicht gewünscht wird, dass Kundeninformationen verloren gehen. Man muss sich bei der Implementierung der Tabellenstrukturen möglichst für eine einheitliche Art der Fremdschlüsseldefinition mit oder ohne ON DELETE CASCADE entscheiden. Wenn man weiß, dass später auch unerfahrene Personen Zugang zu kritischen Daten haben müssen, sollte man genau überlegen, ob das eigentlich sehr praktische ON DELETE CASCADE wirklich die bessere Lösung ist, da der vorher beschriebene Dominoeffekt, dem man ohne diese Ergänzung von Hand abarbeiten muss, mit ON DELETE CASCADE schnell zu gravierenden und meist nur schwer wieder behebbaren Datenverlusten führen kann.

Im SQL-Standard gibt es folgende Möglichkeiten, die Reaktion beim DELETE in den FOREIGN KEYS nach ON DELETE zu spezifizieren:

**Umgangsmöglichkeiten mit abhängigen Daten beim Löschen**

NO ACTION: entspricht der Ursprungseinstellung, das Löschen wird abgelehnt, wenn ein abhängiger Datensatz existiert

CASCADE: entspricht der vorgestellten Löschfortpflanzung

SET NULL: für abhängige Datensätze wird die Referenz auf den gelöschten Datensatz automatisch auf NULL gesetzt

SET DEFAULT: wenn es einen Default-Wert gibt, wird dieser im abhängigen Datensatz eingetragen; existiert ein solcher Wert nicht, wird der Löschvorgang nicht durchgeführt

Bei den drei betrachteten Datenbanken wird von Oracle SET DEFAULT nicht unterstützt.

Beim kritischen Lesen fällt auf, dass man die Überlegungen zum DELETE auch zum UPDATE anstellen kann. Dazu ist anzumerken, dass der SQL-Standard Möglichkeiten wie ON UPDATE CASCADE vorsieht, dieses aber nur bei wenigen großen Datenbank-Managementsystemen implementiert ist. Die Möglichkeiten und Argumentationen zum Für und Wider lassen sich dabei direkt von der Diskussion zum DELETE auf eine Diskussion zum UPDATE übertragen. Ergänzend sollten, wenn irgendwie möglich, vergebene Primärschlüsselwerte nicht mehr verändert werden.

Vergleichbare Überlegungen wie zu DELETE und UPDATE kann man auch zum Löschen von Tabellen anstellen. Mit dem Befehl

DROP TABLE <Tabellenname> RESTRICT

wird die Tabelle mit dem Namen <Tabellenname> nur gelöscht, wenn es keine anderen Tabellen gibt, die von dieser Tabelle abhängig sind. D. h. es gibt keine andere Tabelle, in der ein Fremdschlüssel auf die zu löschende Tabelle referenziert. Gibt es solch eine Tabelle, wird der Löschbefehl nicht durchgeführt. Dieser Befehl wird von MariaDB, aber nicht von Oracle und Derby in dieser Form unterstützt.

Die Nutzung des Schlüsselworts RESTRICT macht das Löschen sehr sicher, da man so nicht zufällig eine zentrale Tabelle mit vielen Abhängigkeiten löschen kann. Allerdings bedeutet dies auch für Löschvorgänge, bei denen mehrere Tabellen gelöscht werden sollen, dass man zunächst die Tabelle herausfinden muss, auf die es keine Verweise gibt und dann die weiteren Tabellen schrittweise löscht. Dies kann man sich wie eine Kette von Dominos vorstellen, bei der man vorsichtig die letzten Dominos entfernt, da man möchte, dass die Dominoschlange beim Umkippen in eine andere Richtung läuft.

Alternativ gibt es den in Oracle unterstützten Befehl

```
DROP TABLE <Tabellenname> CASCADE
```

mit dem garantiert wird, dass die Tabelle mit dem Namen <Tabellenname> gelöscht wird. Durch das CASCADE wird ausgedrückt, dass Tabellen, die Referenzen auf die zu löschende Tabelle haben, so verändert werden, dass diese Referenzen gelöscht werden. Dies bedeutet konkret, dass Constraints mit Fremdschlüsseln, die sich auf die zu löschende Tabelle beziehen, mit gelöscht werden. Dabei bleiben aber alle anderen Daten in der vorher abhängigen Tabelle erhalten, man kann sicher sein, dass die zu löschende Tabelle mit allen Spuren im System gelöscht wird.

```
Generell gibt es auch den kürzeren Befehl
DROP TABLE <Tabellenname>
```

dabei ist allerdings zu beachten, dass dieser abhängig vom Datenbank-Managementsystem einmal in der Form mit RESTRICT, z. B. Oracle und in anderen Systemen, z. B. Apache Derby und MariaDB, in der Form mit CASCADE interpretiert wird.

## 6.3   Datentypen in SQL

In den vorherigen Unterkapiteln wurden bereits einige Datentypen benutzt, die sehr häufig in Datenbanken zu finden sind. In diesem Unterkapitel werden wichtige Informationen zu weiteren Typen zusammengefasst. Dabei ist zu beachten, dass neben den Basistypen in den schrittweisen Erweiterungen des Standards Möglichkeiten zur Definition eigener Typen aufgenommen wurden. Mit diesen Typen wird aber häufig gegen die erste Normalform verstoßen. Sie sind dann sinnvoll, wenn man genau weiß, welche Auswertungen mit der Datenbank gemacht werden sollen. Generell gilt, dass die Arbeit mit eigenen Typen das spätere Erstellen von Anfragen leicht komplizierter machen kann. Mit den in diesem Unterkapitel vorgestellten Typen können ohne Probleme alle Standardtabellen typischer Datenbank-Einsatzbereiche beschrieben werden.

Selbst bei den Standarddatentypen muss man aufpassen, ob und teilweise unter welchen Namen sie im Datenbank-Managementsystem unterstützt werden. Einen guten Überblick über das standardisierte Verhalten und die Umsetzung in führenden Datenbank-Managementsystemen findet man in [Tür03].

Generell gilt, dass man ohne Typen bzw. mit nur einem allgemeinen Typen auskommen kann. Dies ist ein Typ, der Texte beliebiger Länge aufnimmt. Man kann Zahlen, z. B. '123' und Wahrheitswerte wie 'true' einfach als Texte oder Strings interpretieren. Dieser Ansatz wird in SQL nicht gewählt, da man als Randbedingung präziser angeben möchte, welcher Typ erwartet wird. Weiterhin erleichtert die Nutzung der Typen die Werteänderungen. Es ist z. B. zunächst unklar, was ein Minus-Zeichen für Texte bedeuten soll. Geht man davon aus, dass Zahlen gemeint sind, müssten die Texte zunächst in Zahlen verwandelt, dann subtrahiert und letztendlich das Ergebnis in einen String zurück verwandelt werden.

Es bleibt aber festzuhalten, dass man eventuell nicht vorhandene Datentypen durch Texte simulieren kann. Dieser Ansatz ist z. B. bei einigen größeren Datenbank-Managementsystemen notwendig, wenn man Wahrheitswerte darstellen möchte, da der erst sehr spät eingeführte SQL-Standardtyp BOOLEAN nicht immer vorhanden ist.

Generell ist vor der Erstellung einer Tabelle deshalb zu prüfen, welche der vorgestellten Datentypen genutzt werden können und welche Typen es noch zusätzlich im Datenbank-Managementsystem gibt. Dabei ist daran zu denken, dass man mit jedem benutzten Typen, der nicht unter diesem Namen zum Standard gehört, Schwierigkeiten beim Wechsel oder der parallelen Nutzung eines anderen Datenbank-Managementsystems bekommen kann.

Für die Definition ganzer Zahlen sind folgende Typen vorgesehen: SMALLINT, INTEGER, BIGINT.

Neben der Festlegung, dass es sich um eine ganze Zahl handeln soll, kann man noch angeben, wie viel Speicherplatz verwendet werden darf. Nimmt man wenig Speicherplatz, z. B. mit dem Datentypen SMALLINT, geschieht die Nutzung dieser Spalten etwas schneller, man kann aber weniger Zahlenwerte darstellen. Die Grenzen für diese Zahlen werden vom Datenbank-Managementsystem festgelegt und können variieren. Die einzige Festlegung ist, dass SMALLINT nicht mehr Speicherverbrauch als INTEGER hat. BIGINT kann dann mindestens so große Zahlen wie INTEGER, typischerweise größere Zahlen aufnehmen.

Für die Praxis heißt dies, dass man sich bei der Erstellung einer Tabelle fragen muss, was der größte Wert ist, der in dieser Spalte eingetragen werden soll. Danach kann der passende Typ ausgewählt werden.

Zur Definition von Kommazahlen gibt es folgende Typen im Standard: DECIMAL, NUMERIC, FLOAT, REAL, DOUBLE PRECISION.

Der Unterschied zwischen den Typen ist wieder der benutzte Speicherplatz und die benutzte Genauigkeit. Wichtig ist dabei, dass beliebige reelle Zahlen im Computer nur angenähert dargestellt werden können und es so zu Ungenauigkeiten kommen kann. Aus diesem Grund ist es sinnvoll, bei Geldbeträgen, die z. B. auf einen Zehntel-Cent genau sein müssen, den Datentypen INTEGER zu verwenden, um dann genau in Zehntel-Cent zu rechnen.

Unter den Kommazahlen gibt es als Besonderheit die Festkommazahlen, wobei bei DECIMAL(p,q) oder mit gleicher Bedeutung bei NUMERIC(p,q) durch p die Genauigkeit und durch q die Anzahl der Nachkommastellen festgelegt werden. Dies wird in folgendem kleinen Beispiel verdeutlicht:

```
CREATE TABLE Typtest(
Nummer Integer,
n NUMERIC(5,2),
PRIMARY KEY (Nummer)
```

)

In diese Tabelle werden folgende Werte eingetragen:

```
INSERT INTO Typtest VALUES (1,999.99);
INSERT INTO Typtest VALUES (2,-999.99);
SELECT * FROM Typtest
```

Das Ergebnis ist:

```
  NUMMER           N
-------- ----------
       1     999,99
       2    -999,99
```

Jetzt werden die Werte durch 10 geteilt:

```
UPDATE Typtest
  SET n=n/10
```

Die folgende Anfrage

```
SELECT * FROM Typtest
```

führt zum Ergebnis

```
  NUMMER           N
-------- ----------
       1        100
       2       -100
```

Da nur mit zwei Stellen hinter dem Komma gerechnet wird, findet eine Rundung z. B. von 99,999 auf 100 statt. Mit dem folgenden Test kann man feststellen, dass in der Datenbank auch intern nicht mit 99,999 gerechnet wird. Die Tabelleninhalte werden mit 10 multipliziert.

```
UPDATE Typtest
  SET n=n*10
```

Das Datenbank-Managementsystem antwortet in der Form

```
FEHLER in Zeile 2:
Wert größer als angegebene Stellenzahl für diese Spalte zulässt
```

Es würde als Ergebnis der Berechnung 1000 herauskommen, da aber nur drei Vor- und zwei Nachkommastellen zur Verfügung stehen, kann das Ergebnis nicht in die Tabelle eingetragen werden.

Die obigen Betrachtungen sind identisch in Oracle und MariaDB. Apache Derby rundet hingegen nicht, sodass statt 100 das Zwischenergebnis 99,99 und das dann erfolgreiche Endergebnis 999,90 ist. Daraus folgt, dass Typen möglichst mit großen Speichermöglichkeiten genutzt werden sollen, um solche Problematiken zu vermeiden.

Neben INTEGER nutzen viele Datenbanken auch das Synonym INT. Generell ist bei allen Zahlenwerten zu prüfen, welchen Zahlenbereich sie abdecken und welche Genauigkeit sie haben. Meist reicht es aus zu prüfen, wie viele Bits zur Zahlendarstellung zur Verfügung stehen.

Bei FLOAT, REAL und DOUBLE PRECISION handelt es sich um Fließkommazahlen, die sehr hohe Werte annehmen können, allerdings gegebenenfalls viele Stellen abschneiden. Dies wird mit folgendem SQL-Skript verdeutlicht.

```
CREATE TABLE Typtest2(
  Nummer Integer,
  r REAL,
  PRIMARY KEY (Nummer)
);
INSERT INTO TYPtest2 VALUES (1,999.99);
INSERT INTO TYPtest2 VALUES (2,-9999.99);
UPDATE Typtest2
  SET r=r+1E24;
UPDATE Typtest2
  SET r=r-1E24;
SELECT * FROM Typtest2
```

Die Ausgabe ist:

```
    NUMMER          R
-------- ----------
       1          0
       2          0
```

Dabei steht 1E24 für $1*10^{24}$. Die kleinen Werte sind bei der Addition und nachfolgenden Subtraktion des gleichen Wertes verloren gegangen. Dies könnte z. B. dann ärgerlich sein, wenn irrtümlich ein sehr hoher Betrag auf ein „kleines" Gehaltskonto überwiesen und schnell wieder abgebucht wird. Kleine Kontoinhalte gehen verloren. Aus diesem

Grund ist die vorher erwähnte Maßnahme, genau über den Datentyp bei Geldbeträgen nachzudenken, sehr wichtig.

Als Datentypen für Texte stehen CHAR(q) und VARCHAR(q) zur Verfügung. Dabei gibt q die genaue bzw. maximale Anzahl von Zeichen an. Größere Texte können nicht aufgenommen werden. Bei CHAR werden intern immer q Zeichen, bei VARCHAR werden nur die Zeichen des tatsächlich eingetragenen Textes abgespeichert. CHAR ist in der Regel schneller in der Verarbeitung, kann aber wesentlich mehr Speicherplatz beanspruchen, was dann unter anderem auch die Verarbeitungszeit wieder negativ beeinflussen kann. Oracle bietet weiterhin einen Typen VARCHAR2 an, der sich im wesentlichen wie VARCHAR verhält, im Detail aber z. B. keine Leerzeichen am Ende des Textes speichert.

Zur Verarbeitung von Tagen gibt es den Typen DATE und für Zeiten TIME, die oft auch zusammengesetzt als weiterer Typ TIMESTAMP nutzbar sind. Dabei hängt es vom Datenbank-Managementsystem ab, wie ein Datum formatiert ist und ob vielleicht Zeitinformationen auch im Datum enthalten sind. Oracle unterstützt den Typ TIME nicht, enthält dafür aber immer in einem Wert vom Typ DATE neben dem Datum auch die Uhrzeit.

Eine recht einfache Nutzungsmöglichkeit ist mit folgender Tabelle dargestellt:

```
CREATE TABLE Typtest3(
  xdate DATE,
  xtimestamp TIMESTAMP
);
-- ok
INSERT INTO Typtest3
  VALUES('2023-08-06', '2023-08-30 23:03:20.123456');
INSERT INTO Typtest3
  VALUES('2023-09-30', '2023-08-30 23:03:20');
INSERT INTO Typtest3
  VALUES('2023-09-30', '2023-08-30 24:00:00');
```

Die Ausgabe ist:

```
XDATE      XTIMESTAMP
---------- --------------------
2023-08-06 2023-08-30 23:03:20
2023-09-30 2023-08-30 23:03:20
2023-09-30 2023-08-31 00:00:00
```

In diesem Fall werden die Texte im INSERT-Befehl direkt vom Datenbank-Managementsystem in Werte vom jeweiligen Typ umgesetzt. Dies kann abhängig vom Datenbank-Managementsystem geändert werden. Damit das Skript in Oracle läuft, müssen z. B. die Datumsformate angepasst werden.

```
ALTER SESSION SET nls_date_format = 'YYYY-MM-DD';
ALTER SESSION SET nls_timestamp_format = 'YYYY-MM-DD HH24:MI:SS';
```

Bei der obigen zu Apache Derby gehörenden Ausgabe wurden die zusätzlich angegebenen Millisekunden im ersten INSERT-Befehl ignoriert, diese führen in Oracle zu einer Fehlermeldung. In der dritten Eingabe wird die Uhrzeit 24:00 automatisch auf 0:00 Uhr des Folgetages umgerechnet. Diese Eingabe wird in Oracle und MariaDB als Fehler angesehen.

Bei anderen Datenbank-Managementsystemen muss explizit formuliert werden, dass ein Text in ein Datum umgewandelt werden muss. Dies geschieht z. B. durch TO_DATE('26.02.00') oder durch das Schlüsselwort DATE vor dem Text.

Die verschiedenen Implementierungen von Datums- und Zeitangaben können den Wechsel eines Datenbank-Managementsystems schwierig machen. Eine flexible, allerdings langsamere Lösung ist, eigene Spalten für Tage, Monate usw. anzugeben.

Neben den bisher vorgestellten Datentypen gibt es spezielle Datentypen, mit denen sehr lange Zeichenfolgen aufgenommen werden können. Handelt es sich dabei um reine Text-Informationen, also druckbare Zeichen, wird der Datentyp CLOB verwendet. CLOB steht für „Character Large Object". Sollen Binärdaten, wie z. B. ausführbare Dateien oder Bilder gespeichert werden, wird ein BLOB, „Binary Large Object" definiert. Bei beiden Typen wird in Klammern nach dem Typen der maximale Speicherbedarf angegeben, so steht BLOB(4M) z. B. für ein Attribut, das eine maximal vier Megabyte große Binärdatei aufnehmen kann. Auf CLOBs und BLOBs sind nicht alle Operationen möglich, die man für Texte verwenden kann. Diese Attribute dienen hauptsächlich zur Aufnahme von Daten und werden in Anfragen nicht durchsucht. In MariaDB wird statt CLOB der Datentyp TEXT genutzt.

Zur Füllung von CLOBs und BLOBs bieten die Datenbank-Managementsysteme Lösungen an, mit denen Dateien zeichenweise in die Attribute eingelesen werden können. Basierend auf dem SQL-Standard kann folgende Tabelle zur Abspeicherung von Bildern mit einem eindeutigen Identifikator Nr erstellt werden.

```
CREATE TABLE Abbildung(
  Nr INTEGER PRIMARY KEY,
  Datei BLOB
);
```

In den betrachteten Datenbank-Managementsystemen gibt es jeweils mehrere Möglichkeiten eine Datei in die Datenbank zu kopieren. Eine Möglichkeit zum Einfügen und Herauslesen in MariaDB ist:

```
INSERT INTO Abbildung VALUES (42, LOAD_FILE('C:\\tmp\\Bilddatei.png'));
SELECT Datei INTO DUMPFILE 'C:\\tmp\\Kopie.png'
```

```
FROM Abbildung
WHERE Nr = 42;
```

Eine Möglichkeit zum Einfügen in Oracle sieht wie folgt aus, dabei muss das Verzeichnis zunächst als lokale Variable vom Typ DIRECTORY deklariert werden:

```
CREATE OR REPLACE DIRECTORY BLOB_DIR as 'C:\tmp\';
INSERT INTO Abbildung VALUES (42
        , to_blob(bfilename('BLOB_DIR','Bilddatei.png'))));
```

Zum Herauslesen eines BLOB-Eintrags in eine Datei muss in Oracle ein Programm z. B. mithilfe von PL/SQL oder Java geschrieben werden. In Apache Derby wird ein Java-Programm benötigt, um Bilddateien in eine BLOB-Spalte zu schreiben und auszulesen.

Ein weiterer Datentyp im SQL-Standard ist XML. Hier können Daten im XML-Format, also Texte, die dem Aufbau von XML-Dokumenten genügen, abgespeichert werden. Die Unterstützung dieses Datentypen und die dazu angebotenen Bearbeitungsfunktionen sind in den Datenbank-Managementsystemen sehr unterschiedlich. Ähnliches gilt für Dokumente im JSON-Format (JavaScript Object Notation).

## 6.4    NULL-Werte und drei-wertige Logik

Im Unterkapitel 6.2 wurden Änderungen und Löschungen davon abhängig gemacht, welchen konkreten Wert ein Attribut hat. Diese Überprüfung ist meist relativ einfach. Betrachtet man die Bedingung

```
Vnr > 1003 AND Gehalt >= 2000
```

die besagt, dass die Verkäufer-Nummer höher als 1003 und das Gehalt mindestens 2000 sein müssen, so kann sie für jede Zeile grundsätzlich ganz einfach ausgewertet werden. Gilt z. B. Vnr = 1004 und Gehalt = 2500, ist die Bedingung erfüllt, da alle Teilbedingungen erfüllt sind. Gilt Vnr = 1003 und Gehalt = 2000, ist die Bedingung nicht erfüllt, da das erste Teilprädikat nach falsch ausgewertet wird und die Auswertung des zweiten Teilprädikats nach wahr dann bei AND-Verknüpfungen keine Rolle spielt. Insgesamt kann man Bedingungen durch folgende Regeln wie folgt definieren:

```
<bedingung>: = <Spaltenname> <op> <wert>
<bedingung>: = <bedingung> AND <bedingung>
<bedingung>: = <bedingung> OR <bedingung>
<bedingung>: = NOT <bedingung>
<bedingung>: = (<bedingung>).
```

**Abb. 6.2**  Wahrheitstafel der
zwei-wertigen Logik

| X | Y | NOT X | X AND Y | X OR Y |
|---|---|-------|---------|--------|
| w | w | f     | w       | w      |
| w | f | f     | f       | w      |
| f | w | w     | f       | w      |
| f | f | w     | f       | f      |

op: = < | < = | > | > = | = | <>

Die Regeln besagen, dass sich einfache Bedingungen aus einem Spaltennamen und einem Wertevergleich zusammensetzen. Dabei steht „<>" z. B. für „ungleich", wobei meist auch „! = " genutzt werden kann. Komplexere Bedingungen werden aus anderen Bedingungen zusammengesetzt, indem sie mit AND oder OR verknüpft werden. Einzelne Bedingungen können mit NOT negiert werden. Um bei komplexeren Bedingungen, die sich aus mehr als zwei Bedingungen zusammensetzen, zu regeln, in welcher Reihenfolge die Auswertung stattfindet, kann man Bedingungen in Klammern setzen. Dabei wird die innerste Bedingung, die keine Klammern enthält, zuerst ausgewertet.

[*] Experten wissen, dass es neben der Klammerregel weitere Auswertungsregeln gibt, z. B. dass AND vor OR ausgewertet wird. Weiterhin findet die Auswertung von links nach rechts statt. Da man sich beim Wechsel des Datenbank-Managementsystems nicht sicher sein kann, dass diese Regeln genau so umgesetzt werden, sollte man auf Klammern, mit denen man die Auswertungsreihenfolge bestimmt, nicht unbedingt verzichten.

Zur Erklärung der sogenannten Booleschen Verknüpfungen werden typischerweise Wahrheitstafeln wie in Abb. 6.2 genutzt, dabei steht „w" für „wahr" und „f" für falsch.

Bei einer kritischen Betrachtung des vorhergehenden Textes fällt auf, dass von der „eigentlich einfachen Auswertung" geschrieben wird. Ein Problem tritt auf, wenn ein Attribut den Wert NULL hat. Wie soll Gehalt> = 2000 ausgewertet werden, wenn Gehalt den Wert NULL hat?

Zur Lösung dieses Problems wird die bisher vorgestellte zwei-wertige Logik mit „wahr" und „falsch" durch eine drei-wertige Logik ersetzt. Alle bisherigen Überlegungen sind übertragbar, die Logik wird im Fall solcher Vergleiche wie NULL> = 2000 um den dritten Wahrheitswert „unbekannt" ergänzt.

Diese sinnvolle Erweiterung hat weitreichende Konsequenzen. Zunächst müssen die aus Abb. 6.2 bekannten Fälle um den Wert „unbekannt" ergänzt werden. Das Resultat ist in Abb. 6.3 beschrieben, „u" steht für „unbekannt". Weiterhin gilt, dass ein AND nur nach „wahr" ausgewertet wird, wenn beide Teilbedingungen „wahr" sind, ist eine „falsch", so ist auch das Ergebnis „falsch". In den restlichen Fällen kommt unbekannt heraus. Ähnlich konsequent ist die Umsetzung beim OR, das „wahr" wird, wenn eine Teilbedingung „wahr" ist, und „falsch" wird, wenn beide Teilbedingungen nach „falsch" ausgewertet werden.

**Abb. 6.3** Wahrheitstafel der
drei-wertigen Logik

| X | Y | NOT X | X AND Y | X OR Y |
|---|---|-------|---------|--------|
| w | w | f | w | w |
| w | f | f | f | w |
| w | u | f | u | w |
| f | w | w | f | w |
| f | f | w | f | f |
| f | u | w | f | u |
| u | w | u | u | w |
| u | f | u | f | u |
| u | u | u | u | u |

Für die vorgestellten SQL-Befehle hat die drei-wertige Logik die Auswirkung, dass man klar formulieren muss, ob man den Fall der Auswertung nach „wahr" oder nach „nicht falsch" meint, da letzteres auch „unbekannt" einschließt. Für die bisher vorgestellten Befehle UPDATE und DELETE gilt, dass sie nur ausgeführt werden, wenn die WHERE-Bedingung nach „wahr" ausgewertet wird. Dies soll durch folgendes kleines Spielbeispiel verdeutlicht werden.

Die Liste der Verkäufer wird wie folgt ergänzt und ausgegeben:

```
INSERT INTO Verkaeufer
 VALUES(1006,'Uta',NULL,1500);
SELECT * FROM Verkaeufer


    VNR NAME   STATUS      GEHALT
------- ------ ------- ----------
   1002 Ute    Senior        1995
   1003 Uwe    Senior        2100
   1004 Ulf    Junior
   1005 Urs    Junior        1365
   1006 Uta                  1500
```

Danach werden ein UPDATE- und ein DELETE-Befehl ausgeführt. Zu beachten ist, dass es Zeilen gibt, bei denen die WHERE-Prädikate nach „wahr" und andere, bei denen die Prädikate nach „nicht falsch", genauer „unbekannt", ausgewertet werden.

```
DELETE FROM Verkaeufer
WHERE Gehalt>2000;
UPDATE Verkaeufer
SET Status='Senior'
WHERE Status='Junior';
SELECT * FROM Verkaeufer
```

Dies führt zu folgender Ausgabe:

**Abb. 6.4** Überprüfung auf
NULL-Werte

| X | X>42 | X=NULL | X IS NULL | X IS NOT NULL |
|------|------|--------|-----------|---------------|
| 18 | f | u | f | w |
| 66 | w | u | f | w |
| NULL | u | u | w | f |

```
    VNR NAME    STATUS      GEHALT
-------------- ------- ----------

    1002 Ute    Senior        1995
    1004 Ulf    Senior
    1005 Urs    Senior        1365
    1006 Uta                  1500
```

Man sieht, dass Auswertungen nach „unbekannt" nicht dazu geführt haben, dass Änderungen in den betroffenen Zeilen durchgeführt wurden.

Bei Änderungen oder auch Überprüfungen möchte man häufiger gewisse Aktionen davon abhängig machen, ob ein Attributwert NULL ist. Der direkte Ansatz mit Status = NULL führt nicht zum Erfolg, da NULL-Werte in SQL wegen ihrer Besonderheit anders geprüft werden müssen. Solche direkten Überprüfungen haben immer in der Auswertung das Ergebnis „undefiniert". Die korrekte Überprüfung auf NULL-Werte findet in SQL mit Status IS NULL bzw. Status IS NOT NULL statt. Die letzte Bedingung ist gleichwertig zu NOT (Status IS NULL). Die unterschiedlichen Auswertungen von Bedingungen bezüglich der NULL-Werte sind in Abb. 6.4 dargestellt.

Sollen die Lücken, also die NULL-Werte, in der Tabelle Verkaeufer sinnvoll gefüllt werden, so kann man z. B. folgende UPDATE-Befehle nutzen:

```
UPDATE Verkaeufer
 SET Gehalt=1300
 WHERE Gehalt IS NULL;
UPDATE Verkaeufer
 SET Status='Junior'
 WHERE Status IS NULL;
SELECT * FROM Verkaeufer
```

Die resultierende Tabelle sieht wie folgt aus:

```
    VNR NAME  STATUS      GEHALT
-------- ----- ------- ----------

    1002 Ute   Senior        1995
    1004 Ulf   Senior        1300
    1005 Urs   Senior        1365
    1006 Uta   Junior        1500
```

## 6.5    Constraints

Bereits im ersten Unterkapitel „6.1 Tabellendefinition mit SQL" wurden mit der Angabe des Primärschlüssels und der Fremdschlüssel erste Randbedingungen, sogenannte *Constraints* definiert. In diesem Unterkapitel werden weitere Möglichkeiten ergänzt, sodass möglichst nur gewünschte Daten eingetragen werden können.

Nachdem bereits die Problematik mit NULL-Werten gezeigt wurde, ist es sinnvoll anzugeben, dass eine Spalte keine NULL-Werte enthalten darf. Dies soll natürlich nur geschehen, wenn auch in der Realität für diese Spalte keine NULL-Werte zu erwarten sind. Für Constraints, die sich nur auf ein Attribut beziehen, gibt es zwei verschiedene Möglichkeiten, dies in der Tabellendefinition festzuhalten. Diese Möglichkeiten werden in der folgenden Definition gezeigt.

```
CREATE TABLE Verkaeufer(
Vnr INTEGER,
Name VARCHAR(6) NOT NULL,
Status VARCHAR(7) DEFAULT 'Junior'
 CONSTRAINT StatusHatWert
  Check(Status IS NOT NULL),
Gehalt INTEGER,
 PRIMARY KEY (Vnr),
 CONSTRAINT GehaltImmerAngegeben
  CHECK(Gehalt IS NOT NULL)
)
```

Die einfachste Möglichkeit besteht darin, direkt nach der Attributdefinition „NOT NULL" zu ergänzen. Alternativ kann nach der Attributdefinition mit Attributnamen, Typ und der optionalen Angabe eines Standardwertes ein Constraint definiert werden. Diese Constraints haben folgende Syntax:

CONSTRAINT <ConstraintName> CHECK( <Bedingung>) .

Dabei kann „CONSTRAINT <ConstraintName>" weggelassen werden. Bei Datenbankmanagement-Systemen, die eng dem SQL-Standard folgen, gibt es diese Möglichkeit zur Constraint-Benennung sogar nicht. Grundsätzlich ist es sinnvoll, hier einen möglichst lesbaren Namen zu vergeben, da der Name auch in Fehlermeldungen erscheint. Constraintnamen müssen über alle Tabellen unterschiedlich sein. Um dies zu gewährleisten, fangen in größeren Projekten Contraintnamen häufig mit dem Namen der Tabelle an.

Neben der Möglichkeit, Constraints für Spalten anzugeben, kann man auch Constraints für die gesamte Tabelle definieren. Im obigen Beispiel sieht man, dass das Constraint für Gehalt getrennt von der Definition des Attributes angegeben wird.

Generell können alle *Spaltenconstraints* auch als *Tabellenconstraints* angegeben werden. In der Praxis muss man sich vor der Definition der Tabellen auf einen einheitlichen

Stil einigen. Typisch ist es, Angaben, wie „NOT NULL" direkt beim Attribut stehen zu lassen und komplexere Spaltenconstraints nach der Definition der Attribute aufzuführen. Als kleine Besonderheit erlaubt es MariaDB nicht, Spaltenconstraints Namen zu geben.

Bei der Tabellendefinition fällt auf, dass für Vnr keine Angabe „NOT NULL" erfolgt. Dies ist bei Primärschlüsseln nicht notwendig, da dies bereits durch die Schlüsseleigenschaft garantiert wird.

Für den Aufbau der Bedingungen und den Umgang mit NULL-Werten gelten die im Unterkapitel „6.4 NULL-Werte und drei-wertige Logik" beschriebenen Regeln. Möchte man z. B. garantieren, dass die Verkäufernummer Vnr immer größer-gleich 1000 ist, kann man dies entweder direkt beim Attribut

```
Vnr INTEGER CONSTRAINT Vierstellig
      CHECK (Vnr >= 1000)
```

oder als zusätzliches Constraint getrennt von der Attributdefinition definieren:

```
CONSTRAINT Vierstellig CHECK (Vnr >= 1000)
```

Für die Beachtung von Constraints bei Veränderungen der Tabelleninhalte gelten die gleichen Regeln wie bei Fremdschlüsseln. Wird ein Constraint nach „false" ausgewertet, wird die gesamte Aktion auf der Tabelle abgebrochen. Zu beachten ist, dass einzelne Datenbank-Managementsysteme einen anderen Ansatz haben und fordern, dass Constraints erfüllt sein müssen, also nach „wahr" ausgewertet werden müssen. D. h., bei der Standarddefinition verstoßen Auswertungen nach „unbekannt" nicht gegen Constraints, bei anderen Datenbank-Managementsystemen führen Constraint-Auswertungen nach „unbekannt" zum Abbruch der Aktion.

Neben den Constraints, die sich nur auf eine Spalte beziehen, kann es auch Constraints geben, die Werte in mehreren Spalten berücksichtigen. Diese Tabellenconstraints müssen als eigenständige Constraints nach der Definition der Attribute angegeben werden.

Als Beispiel soll ein Constraint für die Tabelle Verkaeufer ergänzt werden, dass jemand mit dem Status Junior maximal 2000 verdient. Diese informelle Formulierung muss in eine logische Bedingung übertragen werden. Ohne hier eine detaillierte Einführung in die Logik zu geben, hier sei z. B. auf [Sch04] verwiesen, muss man sich überlegen, welche einzelnen Bedingungen eine Rolle spielen. Diese sind Status = 'Junior' und Gehalt<= 2000. Der erste Gedanke zur Formulierung des Constraints könnte wie folgt lauten.

```
CONSTRAINT SchlechteFormalisierung
  CHECK(Status='Junior' AND Gehalt<=2000)
```

| Status= 'Junior' | Gehalt <=2000 | Wenn Status Junior, dann maximales Gehalt 2000 | NOT(Status= 'Junior') OR Gehalt<=2000 |
|---|---|---|---|
| w | w | w | w |
| w | f | f | f |
| w | u | u | u |
| f | w | w | w |
| f | f | w | w |
| f | u | w | w |
| u | w | w | w |
| u | f | u | u |
| u | u | u | u |

**Abb. 6.5** Analyse einer Wenn-Dann-Bedingung

Dieser Ansatz ist nicht gelungen, da bei einer genauen Analyse der Bedingung folgt, dass nur noch Einträge möglich sind, bei denen der Status = 'Junior' ist beziehungsweise Status den Wert NULL hat. Ist das nicht der Fall, wird das Constraint garantiert nach „falsch" ausgewertet, was zum Abbruch der Eintragungs- oder Änderungsaktion führt.

In Abb. 6.5 wird genauer analysiert, was für eine Bedingung eigentlich gesucht wird. Wichtig ist das Resultat, dass, wenn der Status nicht Junior ist, das gewünschte Constraint nicht verletzt werden kann. Die letzte Spalte in der Abbildung zeigt, dass man das gleiche Ergebnis erhält, wenn man die Bedingung aus der Kopfzeile auswertet.

Man kann festhalten, dass Constraints der Form „Wenn A gilt, dann muss auch B gelten" immer in der Form „NOT(A) OR B" übersetzt werden können. Das gesuchte Constraint lautet also:

```
CONSTRAINT GehaltsgrenzeJunior
 CHECK (NOT(Status='Junior')
  OR Gehalt<=2000)
```

Im Kap. 4 wurde beschrieben, dass eine Tabelle mehrere Schlüsselkandidaten haben kann und dass man dann für die weitere Realisierung einen konkreten Schlüsselkandidaten als Primärschlüssel auswählt. Diese Information, dass ein weiterer Schlüssel vorliegt, kann durch das UNIQUE-Constraint ausgedrückt werden. Durch die Angabe von UNIQUE wird garantiert, dass es in den dazu genannten Spalten nur einmal diesen Wert bzw. das Werte-Tupel gibt. Ist nur eine Spalte betroffen, kann das Constraint wieder als Spaltenconstraint ergänzt werden. Sollen mehrere Constraints direkt nach der Definition eines

**Abb. 6.6** Auswertung von
UNIQUE

| X | Y |
|------|------|
| 27 | 42 |
| 27 | NULL |
| NULL | 42 |
| NULL | NULL |

UNIQUE(X,Y) ergibt „wahr"
UNIQUE(X) ergibt „falsch"
UNIQUE(Y) ergibt „falsch"

Attributes stehen, werden diese direkt ohne trennendes Komma hintereinander geschrieben. Ein Beispiel für die Tabelle Verkaeufer könnte sein, dass die Namen der Verkäufer alle unterschiedlich sein sollen. Die zugehörige Zeile lautet

```
Name VARCHAR(6) NOT NULL UNIQUE
```

Dabei hat „NOT NULL" nicht direkt etwas mit UNIQUE zu tun, es wurde im Beispiel nur ergänzt um zu zeigen, wie mehrere Constraints hintereinander stehen können. Die alternative Schreibweise „UNIQUE NOT NULL" wäre auch korrekt.

Die gleiche Bedingung kann man auch als Tabellenconstraint angeben. Die gleichwertige Formulierung lautet:

```
CONSTRAINT EindeutigerName UNIQUE(Name)
```

Bei UNIQUE können auch mehrere Spaltennamen angegeben werden. Die Forderung lautet dann, dass die entstehenden Wertekombinationen eindeutig sein sollen. Ein Beispiel ist in Abb. 6.6 angegeben.

Betrachtet man, was man alles mit den vorgestellten Constraints beschreiben kann, so sieht man, dass sie wesentlich zur Umsetzung der referenziellen Integrität beitragen und eine gewisse Qualität für die Daten garantieren können.

Die vorgestellten Constraints beziehen sich immer genau auf eine Zeile der Tabelle, was die Ausdrucksmächtigkeit stark einschränkt. Möchte man die Erlaubnis, Daten in eine Tabelle einzutragen, davon abhängig machen, dass die Daten zusammen in der Tabelle eine weitere Eigenschaft haben, z. B. dass der Durchschnitt nicht unter einen bestimmten Wert sinken soll, ist dies mit den vorgestellten Constraints nicht möglich. Noch weitergehende Forderungen, in denen andere Tabellen und ihre Inhalte in die Überprüfung mit einbezogen werden, können ebenfalls mit den vorgestellten Constraints nicht umgesetzt werden.

Verschiedene Datenbank-Managementsysteme bieten weitere Möglichkeiten, Überprüfungen zu definieren. Hierzu gehören Zusicherungen, sogenannte *Assertions,* in denen Regeln definiert werden können, die mehrere Tabellen zusammen erfüllen sollen und die bei Änderungen vergleichbar wie Constraints überprüft werden können.

Eine weitere mächtige Möglichkeit bieten *Trigger.* Diese reagieren, wenn ein bestimmtes Ereignis, wie das Einfügen, Ändern oder Löschen von Daten eintritt und eine weitere definierbare Nebenbedingung zutrifft. Die Reaktion von Triggern kann sehr unterschiedlich sein. Sie können wie Constraints und Assertions überprüfen, ob das Ereignis erlaubt werden soll. Trigger haben aber auch die Möglichkeit, Datenänderungen nach ihren Wünschen wieder zu verändern und weitere Aktionen in anderen Tabellen anzustoßen. Ein konkretes Beispiel ist, dass bei einer Einfüge-Aktion der Name des Nutzers und der eingefügte Wert in eine Protokolltabelle eingetragen werden.

## 6.6 Änderungen von Tabellenstrukturen

Im Kap. 2 wurde gesagt, dass Software häufig inkrementell entwickelt wird. Dabei wird in jedem Inkrement neue Funktionalität entwickelt und mit der vorhandenen verknüpft. Dies bedeutet für Tabellen, dass sie verändert werden müssen, neue Spalten hinzukommen, alte gelöscht werden und sich Constraints verändern. Generell bleibt dazu allerdings festzuhalten, dass man möglichst wenige Veränderungen an Tabellen vornehmen sollte, da diese nicht immer möglich sind und durch die aufgebauten Abhängigkeiten zwischen den Tabellen sehr fehlerträchtig sein können. Für die inkrementelle Entwicklung heißt dies, dass man statt auf Tabellenveränderungen eher auf Ergänzungen existierender Tabellen und dem Hinzufügen neuer Tabellen bei steigender Funktionalität zielen sollte.

Betrachtet werden wieder die Tabellen aus Abb. 6.1. Es soll eine Spalte „Klasse" in der Tabelle Verkaeufer ergänzt werden, in der die Gehaltsklasse steht. Dabei sollen Personen mit einem Gehalt kleiner 1600 in der Klasse A, mit einem Gehalt kleiner 2000 in der Klasse B und die restlichen Personen in der Klasse C eingeordnet werden. Der Befehl zur Veränderung der Tabellenstruktur heißt ALTER. Werden nur Informationen ergänzt, sieht die Syntax genau wie bei der Definition der Tabelle aus. Im Folgenden wird noch ein Constraint hinzugefügt, sodass als Gehaltsklasse nur A, B und C zugelassen sind.

```
ALTER TABLE Verkaeufer ADD(
  Klasse VARCHAR(1),
  CONSTRAINT Klassenwerte CHECK (Klasse='A'
      OR Klasse ='B' OR Klasse ='C')
)
```

In Apache Derby werden die runden Klammern und das trennende Komma weggelassen, weitehin muss vor neuen Spalten das Schlüsselwort COLUMN stehen.

```
ALTER TABLE Verkaeufer ADD
  COLUMN Klasse VARCHAR(1)
  CONSTRAINT Klassenwerte CHECK (Klasse='A'
      OR Klasse ='B' OR Klasse ='C')
```

Die Anfrage

```
SELECT * FROM Verkaeufer
```

ergibt:

```
   VNR NAME    STATUS     GEHALT KLASSE
------- ------ ------- ---------- ------
  1001 Udo     Junior       1500
  1002 Ute     Senior       1900
  1003 Uwe     Senior       2000
```

Bei der Ergänzung einer Spalte kann ein Default-Wert angegeben werden. Ist dies nicht der Fall, wird die Spalte mit NULL-Werten gefüllt, d. h. ein Constraint NOT NULL ist nicht nutzbar. Die Füllung der neuen Spalte erfolgt durch normale UPDATE-Befehle, z. B.:

```
UPDATE Verkaeufer
 SET Klasse='A'
 WHERE Gehalt<1600;
UPDATE Verkaeufer
 SET Klasse='B'
 WHERE Gehalt<2000 AND Gehalt>=1600;
UPDATE Verkaeufer
 SET Klasse='C'
 WHERE Gehalt>=2000
```

Die Anfrage

```
SELECT * FROM Verkaeufer
```

ergibt:

```
   VNR NAME    STATUS     GEHALT KLASSE
------- ------ ------- ---------- ------
  1001 Udo     Junior       1500 A
  1002 Ute     Senior       1900 B
  1003 Uwe     Senior       2000 C
```

Erst nachdem Werte in der Tabelle ergänzt wurden, kann man die Definition der Gehaltsklassen mit ihren Grenzen als zusätzliche Constraints hinzufügen.

Constraints können wie folgt gelöscht werden:

ALTER TABLE DELETE <Constraintname>

Neben dem Hinzufügen und Löschen von Constraints können diese ein- und ausgeschaltet werden. Dies ist sinnvoll, wenn man Veränderungen machen möchte, bei denen
kurzfristig gegen ein Constraint verstoßen werden muss. Dies ist für das Beispiel der Fall,
wenn man die Verkäufernummer Vnr ändern möchte. Diese soll z. B. fünfstellig werden,
wobei bei vorhandenen Nummern einfach eine eins davor geschrieben, also 10.000 hin-
zuaddiert werden soll. Da Vnr ein Fremdschlüssel in der Tabelle Kunde ist, kann die
gewünschte Änderung nicht direkt in der Tabelle Verkaeufer stattfinden. Die Veränderung
kann aber auch nicht in der Tabelle Kunde starten, da hier nur existierende Verkäufer
referenziert werden dürfen.

Zur Durchführung der Änderung ist der kürzeste Weg das Constraint für den FOREIGN
KEY zwischenzeitlich abzuschalten. Danach werden die Änderungen in den dann unver-
knüpften Tabellen durchgeführt und das Constraint wieder angeschaltet. Die zugehörigen
SQL-Befehle lauten:

```
ALTER TABLE Kunde
       DISABLE CONSTRAINT FK_Kunde;
UPDATE Verkaeufer
 SET VNR=VNR+10000;
UPDATE Kunde
 SET Betreuer=Betreuer+10000;
ALTER TABLE Kunde
       ENABLE CONSTRAINT FK_Kunde;
SELECT * FROM Verkaeufer;
SELECT * FROM Kunde
```

Die Ausgabe ist:

```
    VNR NAME    STATUS        GEHALT KLASSE
------- ------- ------- ---------- ------

  11001 Udo     Junior        1500 A
  11002 Ute     Senior        1900 B
  11003 Uwe     Senior        2000 C


    KNR NAME    BETREUER
------- ------- ----------

      1 Ugur        11001
      2 Erwin       11001
      3 Erna        11002
```

Bei den Änderungen an den Constraints ist zu beachten, dass die Beziehungen über mehrere Tabellen vernetzt sein können und man die Constraints dann auch alle deaktivieren und wieder aktivieren muss. Hier wird auch deutlich, dass es sinnvoll ist, den Constraints eigene Namen zu geben. Im anderen Fall muss man systemabhängig feststellen, welchen internen Namen die Constraints bekommen haben.

Apache Derby und MariaDB unterstützen DISABLE und ENABLE nicht, sodass die Constraints gelöscht und später wieder hinzugefügt werden müssen.-

## 6.7    Fallstudie

Die zum Abschluss im Kap. 3 gezeigten Tabellen können direkt in Tabellendefinitionen umgewandelt werden. Das Ergebnis ist:

```
CREATE TABLE Projekt(
 ProNr INTEGER,
 Name VARCHAR(8),
 PRIMARY KEY (ProNr)
);
INSERT INTO Projekt VALUES(1,'GUI');
INSERT INTO Projekt VALUES(2,'WebShop');
CREATE TABLE Risikogruppe(
 RGNr INTEGER,
 Gruppe VARCHAR(13),
 PRIMARY KEY(RGNr)
);
INSERT INTO Risikogruppe VALUES(1, 'Kundenkontakt');
INSERT INTO Risikogruppe VALUES(2, 'Vertrag');
INSERT INTO Risikogruppe VALUES(3, 'Ausbildung');
CREATE TABLE Risiko(
 RNr INTEGER,
 Projekt INTEGER,
 Text VARCHAR(25),
 Gruppe INTEGER,
 Auswirkung INTEGER,
 WKeit INTEGER,
 Pruefdatum DATE,
 PRIMARY KEY (RNr),
 CONSTRAINT FKRisiko1 FOREIGN KEY (Projekt)
         REFERENCES Projekt(ProNr),
 CONSTRAINT FKRisiko2 FOREIGN KEY (Gruppe)
         REFERENCES Risikogruppe (RGNr),
 CONSTRAINT PAuswirkung CHECK(Auswirkung >=0),
```

```
CONSTRAINT WKeitProzent
      CHECK(WKeit>=0 AND WKeit<=100)
);
INSERT INTO Risiko VALUES(1,1,'Anforderungen
 unklar',1,50000,30,'25.01.23');
INSERT INTO Risiko VALUES(2,1,'Abnahmeprozess
 offen',2,30000,70,'26.02.23');
INSERT INTO Risiko VALUES(3,2,'Ansprechpartner
 wechseln',1,20000,80,'06.05.23');
INSERT INTO Risiko VALUES(4,2,'neue
 Entwicklungsumgebung',3,40000,20,'05.10.23');
CREATE TABLE Massnahme(
MNr INTEGER,
Titel VARCHAR(16),
Verantwortlich VARCHAR(7),
PRIMARY KEY (Mnr)
);
INSERT INTO Massnahme
 VALUES(1,'Vertragspruefung','Meier');
INSERT INTO Massnahme
 VALUES(2,'Werkzeugschulung','Schmidt');
CREATE TABLE Zuordnung(
Risiko INTEGER,
Massnahme INTEGER,
Pruefdatum DATE,
Status VARCHAR(10),
PRIMARY KEY (Risiko, Massnahme),
CONSTRAINT FKZuordnung1 FOREIGN KEY (Risiko)
            REFERENCES Risiko(RNr),
CONSTRAINT FKZuordnung2 FOREIGN KEY
    (Massnahme) REFERENCES Massnahme(MNr),
CONSTRAINT Statuswerte CHECK(Status='offen'
  OR Status='Fehlschlag' OR Status='Erfolg')
);
INSERT INTO Zuordnung
 VALUES(1,1,'20.01.23','offen');
INSERT INTO Zuordnung
 VALUES(2,1,'20.02.23','offen');
INSERT INTO Zuordnung
 VALUES(4,2,'30.07.23','offen');
```

## 6.8    Aufgaben

---

Versuchen Sie zur Wiederholung folgende Aufgaben aus dem Kopf, d. h. ohne nochmaliges Blättern und Lesen zu beantworten.

1. Erklären Sie, warum sich der SQL-Standard kontinuierlich ändert und wie er in der Praxis umgesetzt wird.
2. Wie werden Tabellen in SQL definiert, wie sehen Schlüssel und Fremdschlüssel aus, wozu gibt es Constraints?
3. Was ist bei Fremdschlüsseln im Zusammenhang mit NULL-Werten zu beachten?
4. Wie werden Daten in Tabellen eingefügt, geändert und gelöscht?
5. Welche Reaktionen können beim Einfügen, Ändern und Löschen auftreten, damit die referenzielle Integrität der Datenbank gewährleistet wird?
6. Welche Möglichkeiten gibt es, Fremdschlüssel zu definieren, welchen Einfluss hat dies auf das Löschen von Daten?
7. Welche Standarddatentypen in SQL kennen Sie, warum gibt es unterschiedliche Typen für Zahlen und Texte?
8. Wofür gibt es CLOBs und BLOBs?
9. Warum hat SQL eine drei-wertige Logik, was ist das überhaupt?
10. Wie werden Constraints ausgewertet?
11. Wie verhalten sich NULL-Werte in mathematischen Operationen wie Plus und Geteilt?
12. Wie kann man NULL-Werte in Spalten ändern?
13. Wie werden „Wenn-dann"-Constraints übersetzt?
14. Wozu gibt es das Schlüsselwort UNIQUE?
15. Wie kann man Tabellen verändern?
16. Wie kann man Werte verändern, die für Fremdschlüssel-Verknüpfungen genutzt werden?

---

Gegeben seien folgende Tabellen zur Projektverwaltung:

Projekt

| PrNr | PrName | PrLeiter |
|------|--------|----------|
| 1 | Notendatenbank | Wichtig |
| 2 | Adressdatenbank | Wuchtig |
| 3 | Fehlzeitendatenbank | Wachtig |

Arbeitspaket

| PrNr | PakNr | PakName | PakLeiter |
|------|-------|---------|-----------|
| 1 | 1 | Analyse | Wichtig |
| 1 | 2 | Modell | Wuchtig |
| 1 | 3 | Implementierung | Mittel |
| 2 | 4 | Modell | Durch |
| 2 | 5 | Implementierung | Mittel |
| 3 | 6 | Modell | Schnitt |
| 3 | 7 | Implementierung | Hack |

Arbeit

| PakNr | MiName | Anteil |
|-------|--------|--------|
| 1 | Wichtig | 50 |
| 1 | Klein | 30 |
| 2 | Winzig | 100 |
| 3 | Hack | 70 |
| 4 | Maler | 40 |
| 4 | Schreiber | 30 |
| 6 | Maler | 30 |
| 6 | Schreiber | 40 |
| 7 | Hack | 50 |

1. Geben Sie für die drei Tabellen SQL-Befehle zur Erzeugung der Tabellen und des Inhalts an. Beachten Sie auch Fremdschlüssel, diese sollen zur Löschweitergabe genutzt werden. Für die Tabelle Arbeitspaket sollen folgende Bedingungen aufgenommen werden:
   - Kein Eintrag darf leer sein.
   - Die Person Winzig darf nie Arbeitspaketleiter sein.
   - Alle Arbeitspakete mit dem Namen Analyse dürfen nie von der Person Hack geleitet werden.
   - Alle Arbeitspakete mit dem Namen Implementierung müssen von der Person Mittel oder der Person Hack geleitet werden.
2. Wie löscht man das Projekt Notendatenbank, was passiert dabei sonst noch in der Datenbank?
3. Wie kann das Projekt Fehlzeitendatenbank in Anwesenheitsdatenbank umbenannt werden, wobei die Projektnummer gleichzeitig auf 11 geändert wird?

## Literatur

[@Der]  Apache Derby, https://db.apache.org/derby/
[@Mar]  MariaDB Foundation, https://mariadb.org/

[@Ora]   Database | Oracle, https://www.oracle.com/database/

[@Ran]   DB-Engines Ranking – die Rangliste der populärsten Datenbankmanagementsysteme, https://db-engines.com/de/ranking

[@Wor]   SQL Workbench/J – Home, https://www.sql-workbench.eu/

[ISO23]  ISO/IEC 9075, Information technology — Database languages SQL, Sixth Edition 2023–06, ISO copyright office, Schweiz, 2023

[Sch04]  U. Schöning, Logik für Informatiker, 5. Auflage, Spektrum Akademischer Verlag, Heidelberg Berlin Oxford, 2004

[Tür03]  C. Türker, SQL:1999 & SQL:2003, dpunkt, Heidelberg, 2003

# Einfache SQL-Anfragen

**7**

**Zusammenfassung**

Zentrale Aufgabe von Datenbanken ist es, dass sie die Kombination der enthaltenen Informationen ermöglichen. In diesem Kapitel erhalten Sie eine Einführung in die Erstellung von SQL-Anfragen, die zur Verknüpfung der Informationen genutzt werden.

Nachdem im vorherigen Kapitel gezeigt wurde, wie man in SQL Tabellen und ihre Inhalte definiert, soll in diesem und den beiden Folgekapiteln gezeigt werden, wie man durch Anfragen Informationen aus der Datenbank gewinnen kann. Zunächst geht es nur darum, die aktuell in den Tabellen eingetragenen Informationen abzurufen. Danach soll gezeigt werden, wie man durch die Kombination von Tabellen und die geschickte Formulierung von Verknüpfungsbedingungen zu weiteren Erkenntnissen kommen kann.

In diesem Kapitel wird zunächst die grundlegende Struktur von SQL-Anfragen vorgestellt, dabei wird von der Auswertung einer Tabelle bis zur einfachen Verknüpfung mehrerer Tabellen gegangen. Weiterhin werden kleinere Varianten in der Ergebnispräsentation gezeigt.

**Ergänzende Information** Die elektronische Version dieses Kapitels enthält Zusatzmaterial, auf das über folgenden Link zugegriffen werden kann https://doi.org/10.1007/978-3-658-43023-8_7.

## 7.1    Ausgabe der eingegebenen Informationen

In Abb. 7.1 sind die Tabellen dargestellt, die in diesem Kapitel genauer betrachtet werden sollen. Es gibt verschiedene Gehege mit einer bekannten Größe, es gibt verschiedene Tiergattungen, von denen der minimale Platzanspruch als Fläche bekannt ist und einige Tiere, die in den Gehegen leben.

Mit der ersten Anfrage sollen alle Namen der eingetragenen Gehege ausgegeben werden. Die zugehörige Anfrage lautet:

```
SELECT Gname
  FROM Gehege
```

Das Ergebnis sieht wie folgt aus:

```
GNAME
------
Wald
Feld
Weide
```

Zur Formulierung einer Anfrage muss bekannt sein, in welchen Tabellen die relevanten Informationen stehen. Dies ist im einfachsten hier betrachteten Fall genau eine Tabelle. Diese Tabelle wird in der FROM-Zeile angegeben. In der SELECT-Zeile steht, welche Attribute, also Spaltenüberschriften, für die Ausgabe interessant sind.

An der vorherigen Beschreibung erkennt man bereits, dass man bei der Erstellung von SQL-Anfragen typischerweise erst die FROM-Zeile füllt und dann die SELECT-Zeile schreibt. Für die weiteren Überlegungen ist interessant, dass man als Ergebnis der Anfrage wieder eine Tabelle erhält, von der zwar der Name unbekannt ist, die aber genau eine Spalte mit dem Spaltennamen Gname hat. Die resultierende Tabelle wird nicht gespeichert, das Ergebnis kann nach Beendigung der Anfrage zunächst nicht weiter verarbeitet werden.

Gehege

| GNr | Gname | Flaeche |
|-----|-------|---------|
| 1   | Wald  | 20      |
| 2   | Feld  | 10      |
| 3   | Weide | 9       |

Tier

| GNr | Tname  | Gattung |
|-----|--------|---------|
| 1   | Laber  | Baer    |
| 1   | Sabber | Baer    |
| 2   | Klopfer| Hase    |
| 3   | Bunny  | Hase    |
| 2   | Harald | Schaf   |
| 3   | Walter | Schaf   |

Art

| Gattung | MinFlaeche |
|---------|------------|
| Baer    | 8          |
| Hase    | 2          |
| Schaf   | 5          |

**Abb. 7.1**  Beispieltabellen für Anfragen

Die erste Anfrage ist völlig in Ordnung, allerdings soll als Vorgriff auf die Erstellung komplexerer Anfragen ab jetzt bereits zum ausgewählten Attribut immer die zugehörige Tabelle angegeben werden. Die zugehörige Anfrage lautet:

```
SELECT Gehege.Gname
    FROM Gehege
```

Diese Anfrage ergibt genau das gleiche Ergebnis wie die erste Anfrage. Der Vorteil ist, dass man aus der SELECT-Zeile herauslesen kann, zu welcher Tabelle das Attribut gehört. Dies ist zunächst nur etwas mehr Schreibarbeit, wird aber bei komplexeren Anfragen notwendig werden.

Mit der nächsten Anfrage sollen alle Gattungen ausgegeben werden, die in den Gehegen aktuell leben. Die zugehörige Anfrage lautet.

```
SELECT Tier.Gattung
    FROM Tier
```

Das Ergebnis ist:

```
GATTUNG
-------
Baer
Baer
Hase
Hase
Schaf
Schaf
```

Beim Ergebnis fällt, auf, dass die Informationen doppelt ausgegeben werden. Es findet keine automatische Aussortierung doppelter Werte statt. Dies sollte etwas verwundern, da das Ergebnis wieder eine Tabelle ist und in Tabellen doppelte Werte vermieden werden sollen. Diese Vermeidung von Doppelten bei der Ausgabe muss man explizit in SQL angeben. Dazu benutzt man das Schlüsselwort DISTINCT, das, wenn nötig, immer direkt hinter SELECT steht. Will man Doppelte im Beispiel vermeiden, so lautet die Anfrage:

```
SELECT DISTINCT Tier.Gattung
    FROM Tier
```

Das Ergebnis ist:

```
GATTUNG
-------
Baer
Hase
Schaf
```

Doppelte werden in Ergebnissen von SQL-Anfragen nicht sofort gelöscht, da der Anfragensteller eventuell daran interessiert ist, dass die Anfrage mehrfach beantwortet werden kann. Bei komplexeren Anfragen besteht die Möglichkeit, die Anzahl der gleichen Werte zu zählen, was bei einer automatischen Eliminierung der Doppelten nicht mehr möglich wäre.

Statt nur eines Attributes, können auch mehrere Attribute bei der Ausgabe berücksichtigt werden, diese Attribute sind in der SELECT-Zeile mit Kommata zu trennen. Soll der Tiername zusammen mit der Gattung ausgegeben werden, ist dies durch folgende Anfrage möglich:

```
SELECT Tier.Tname, Tier.Gattung
  FROM Tier
```

Das Ergebnis lautet:

```
TNAME       GATTUNG
--------    -------
Laber       Baer
Sabber      Baer
Klopfer     Hase
Bunny       Hase
Harald      Schaf
Walter      Schaf
```

Möchte man sich den gesamten Tabelleninhalt ansehen, so muss statt der Attribute ein * stehen. Der gesamte Inhalt der Tabelle Gehege kann wie folgt ausgegeben werden:

```
SELECT *
  FROM Gehege
```

Das Ergebnis lautet:

```
    GNR  GNAME      FLAECHE
--------  ------  ----------
      1  Wald          20
      2  Feld          10
      3  Weide          9
```

Zu beachten ist, dass mit dem * immer alle Einträge ausgeben werden. Möchte man auch nur ein Attribut weglassen, müssen alle Attribute explizit in der SELECT-Zeile genannt werden.

Neben der Auswahl der auszugebenden Attribute kann man in der SELECT-Zeile auch einige Operationen auf den Attributen durchführen. Für Zahlenwerte besteht die Möglichkeit, diese mit den mathematischen Standardfunktionen +, -, * und / zu verknüpfen. Bei Texten gibt es die spezielle Möglichkeit, diese durch den Konkatenations-Operator || zusammen zu hängen. Dabei können Attribute mit Attributen und Konstanten verknüpft werden. Geht man davon aus, dass der Zoo eine Gesamtfläche von 50 hat, berechnet die folgende Anfrage den prozentualen Anteil eines jeden Geheges an der Gesamtfläche.

```
SELECT Gehege.Gname, (Gehege.Flaeche/50)*100
  FROM Gehege
```

Das Ergebnis der Anfrage lautet:

```
GNAME  (GEHEGE.FLAECHE/50)*100
------ ----------------------
Wald                       40
Feld                       20
Weide                      18
```

In Apache Derby sind die Ergebnisse für alle Zeilen 0, da hier eine ganzzahlige Division erkannt und so ohne Nachkommazahlen gerechnet wird. Der sichere Weg ist es eine Fließkommazahl beim ersten Berechnungsschritt, hier 50.0 statt 50, zu nutzen.

Möchte man die Gattung eines Tieres zusammen mit dem Tiernamen, getrennt durch zwei Doppelpunkte ausgeben, so liefert folgende Anfrage das gewünschte Ergebnis.

```
SELECT Tier.Gattung || '::' || Tier.Tname
  FROM Tier
```

Das Ergebnis der Anfrage lautet:

```
TIER.GATTUNG||'::
-----------------
Baer::Laber
Baer::Sabber
Hase::Klopfer
Hase::Bunny
Schaf::Harald
Schaf::Walter
```

In den Ergebnissen der letzten Anfragen fällt auf, dass als Spaltenüberschriften der Ergebnisse die Berechnungsvorschrift gewählt wurde, die bei der Ausgabe eventuell verkürzt dargestellt wird. Dies ist bis jetzt eher ein ästhetisches Problem, wird aber später problematisch, wenn berechnete Tabellen in komplexeren Anfragen genutzt werden sollen. Hier ist es sinnvoll, Spalten im Ergebnis umzubenennen. Dies ist relativ einfach in der SELECT-Zeile möglich. Dazu muss der gewünschte Ergebnisname nach dem Attribut oder der berechneten Spalte genannt werden. Eine Umbenennung von Gname in Gatter im Ergebnis ist z. B. durch

```
SELECT Gehege.Gname Gatter
    FROM Gehege
```

möglich. Im SQL-Standard kann vor dem Ergebnisspaltennamen ein AS stehen. In diesem Punkt unterscheiden sich Datenbank-Managementsysteme, da einige ein AS fordern, weitere das AS als Fehler kennzeichnen und die restlichen beide Varianten zulassen. In der zweiten Variante würde die SELECT-Zeile wie folgt heißen:

```
SELECT Gehege.Gname AS Gatter
        FROM Gehege
```

Diese Umbenennungen erfolgen in gleicher Form auch bei berechneten Spalten. Ein Beispiel liefert folgende Anfrage.

```
SELECT Gehege.Gname Gatter
     , Gehege.Flaeche*10000 Quadratzentimeter
  FROM Gehege
```

Das Ergebnis der Anfrage ist:

```
GATTER QUADRATZENTIMETER
------ -----------------
Wald              200000
Feld              100000
Weide              90000
```

Neben der Umbenennung ist es auch möglich, in der SELECT-Zeile neue Spalten mit Werten zu definieren. Diese neuen Werte werden dann in alle Ergebniszeilen eingebaut. Wird auf eine Umbenennung im Ergebnis verzichtet, wird der Wert als Spaltenname genutzt. Der Nutzen dieser Möglichkeit wird erst in späteren Kapiteln eingehender besprochen. Eine Anfrage zur Anschauung lautet:

```
SELECT 'Unser Zoo'Zooname, Tier.Tname Tiername,
           2005 Einzug, 42
      FROM Tier
```

Das Ergebnis der Anfrage ist:

```
ZOONAME        TIERNAME         EINZUG              42
---------      --------      ----------      ----------

Unser Zoo      Laber              2005              42
Unser Zoo      Sabber             2005              42
Unser Zoo      Klopfer            2005              42
Unser Zoo      Bunny              2005              42
Unser Zoo      Harald             2005              42
Unser Zoo      Walter             2005              42
```

Hersteller von Datenbank-Managementsystemen können selbst entscheiden, in welcher Reihenfolge eingegebene Daten abgespeichert werden. Um bei Anfragen eine schnellere Laufzeit zu garantieren, müssen die Daten in der Datenbank nicht in der Reihenfolge vorliegen, in der sie gespeichert wurden. Bei den bisherigen Beispielen war es Zufall, dass die Ausgabereihenfolgen den Reihenfolgen der Dateneingaben entsprachen.

Um eine feste Ausgabereihenfolge zu garantieren, kann man die SQL-Anfrage um eine Zeile mit ORDER BY erweitern in der angegeben wird, nach welchem Attribut die Ausgabe sortiert werden soll. Dabei kann nach dem Attribut ASCENDING oder ASC für eine aufsteigende und DESCENDING oder DESC für eine absteigende Reihenfolge stehen. Ohne zusätzliche Angabe wird automatisch ASC als Sortierreihenfolge angenommen. Die folgende Anfrage ermöglicht es, die Gehege mit aufsteigender Größe auszugeben.

```
SELECT Gehege.Gname, Gehege.Flaeche
      FROM Gehege
      ORDER BY Gehege.Flaeche ASC
```

Das Ergebnis lautet:

```
GNAME    FLAECHE
------   ---------
Weide        9
Feld         10
Wald         20
```

Mit folgender Anfrage werden die Gattungen absteigend bezüglich ihres Flächenbedarfs ausgegeben.

```
SELECT Art.Gattung, Art.MinFlaeche
    FROM Art
    ORDER BY Art.MinFlaeche DESC
```

Das Ergebnis lautet:

```
GATTUNG MINFLAECHE
------- ----------
Baer             8
Schaf            5
Hase             2
```

Man kann die Sortierkriterien auch verknüpfen, dabei wird zunächst nach dem erst-
genannten Kriterium sortiert; sind dann Werte gleich, wird das nächste Sortierkriterium
genutzt. Mit der folgenden Anfrage werden alle Tiere absteigend nach ihrer Gattung und
bei gleicher Gattung aufsteigend nach ihrem Namen sortiert.

```
SELECT *
    FROM Tier
    ORDER BY Tier.Gattung DESC, Tier.Tname ASC
```

Das Ergebnis lautet:

```
GNR TNAME     GATTUNG
------- ------- -------
  2 Harald    Schaf
  3 Walter    Schaf
  3 Bunny     Hase
  2 Klopfer   Hase
  1 Laber     Baer
  1 Sabber    Baer
```

## 7.2  Auswahlkriterien in der WHERE-Bedingung

Bisher wurden einzelne Spalten aus den gegebenen Tabellen selektiert. Meist ist man
aber an genau den Tabelleninhalten interessiert, die bestimmte Auswahlkriterien erfüllen.
Ein Beispiel ist die Anfrage nach den Namen aller Schafe. Die zugehörige SQL-Anfrage
lautet:

```
SELECT Tier.Tname
 FROM Tier
 WHERE Tier.Gattung='Schaf''
```

Das Ergebnis der Anfrage ist:

```
TNAME
--------
Harald
Walter
```

Die Auswahlkriterien werden in der WHERE-Bedingung festgelegt. Der grundsätzliche Aufbau einer solchen Bedingung ist im Unterkapitel „6.4 NULL-Werte und drei-wertige Logik" beschrieben. Die Möglichkeiten, die sich durch die geschickte Formulierung der WHERE-Zeile ergeben, werden auch zentrales Thema der beiden folgenden Kapitel sein.

Ein Beispiel für eine zusammengesetzte Bedingung liefert die Anfrage nach Gattungen, die mindestens eine Fläche von 4 beanspruchen, aber keine Bären sind. Die Anfrage lautet:

```
SELECT Art.Gattung
  FROM Art
  WHERE Art.MinFlaeche>=4
    AND Art.Gattung<>'Baer'
```

Das Ergebnis der Anfrage ist:

```
GATTUNG
-------
Schaf
```

Neben den bisher vorgestellten exakten Vergleichen mit Textwerten wie 'Baer' bietet SQL die Möglichkeit, nach Teiltexten suchen zu lassen. In der Informatik werden für solche Textvergleiche sehr häufig reguläre Ausdrücke, siehe z. B. [EMS00], genutzt, die im SQL-Standard aber nur ansatzweise unterstützt werden. In diesem Bereich gibt es häufig individuelle Ergänzungen in verschiedenen Datenbank-Managementsystemen. Im Standard gibt es zwei Möglichkeiten, dabei steht ein % für beliebig viele Zeichen und ein _ für genau ein beliebiges Zeichen. Der Textvergleich erfolgt mit dem Schlüsselwort LIKE. Sucht man nach Tiernamen, die ein „a" enthalten, so möchte man am Anfang des Namens beliebige Zeichen, gefolgt von einem „a", dem dann wieder beliebige Zeichen folgen können. Die zugehörige Anfrage lautet:

```
SELECT Tier.Tname
 FROM Tier
 WHERE Tier.Tname LIKE '%a%''
```

Das Ergebnis ist:

```
TNAME
--------
Laber
Sabber
Harald
Walter
```

Generell muss bei solchen Textvergleichen die Groß- und Kleinschreibung beachtet werden. Ein Tier mit Namen „Anton" würde mit der letzten Anfrage nicht gefunden werden.

Sucht man nach Tiernamen, deren dritter Buchstabe ein „n" ist, so möchte man am Anfang genau zwei beliebige Zeichen haben, denen ein „n" folgt, dem dann beliebige Zeichen folgen können. Die zugehörige Anfrage lautet:

```
SELECT Tier.Tname
  FROM Tier
  WHERE Tier.Tname LIKE '__n%'
```

Das Ergebnis ist:

```
TNAME
--------
Bunny
```

Um deutlich zu machen, dass Texte verglichen werden, kann man statt
`Art.Gattung<>'Baer'` auch
`Art.Gattung NOT LIKE 'Baer'` oder
`NOT (Art.Gattung LIKE 'Baer')` schreiben.

Bei kritischer Betrachtung stellt sich die Frage, wie man direkt nach den Zeichen % und _ suchen kann. In diesem Fall muss man ein Zeichen mit ESCAPE als sogenanntes *Fluchtsymbol* auswählen. Dieses Zeichen hat dann die Bedeutung, dass es selber nicht beachtet wird und dass das nächste Zeichen direkt gesucht, also nicht interpretiert werden soll. Zur Suche nach dem %-Zeichen in unseren Tiernamen benötigen wir am Anfang beliebig viele Zeichen, dann ein %, das in der folgenden Anfrage durch das hier ausgewählte Fluchtsymbol/gekennzeichnet ist, dem dann wieder beliebige Zeichen folgen können. Die zugehörige Anfrage, die im konkreten Beispiel keine Ergebniszeile liefert, lautet:

```
SELECT Tier.Tname
  FROM Tier
  WHERE Tier.Tname LIKE '%/%%'ESCAPE '/'
```

Sollte man auch noch nach dem Zeichen/suchen wollen, so muss im Vergleichstext // stehen, dabei wird das erste Zeichen als Fluchtsymbol gedeutet und sorgt dafür, dass nach dem direkt folgenden Zeichen gesucht wird.

Oftmals ist man sich nicht sicher, ob wirklich alle Namensbestandteile großgeschrieben sind. Für dieses Problem stellt der SQL-Standard einige Funktionen zur Verfügung, mit denen Texte lokal bearbeitet werden können. Die Anzahl und Mächtigkeit solcher Funktionen, die es auch für andere Datentypen geben kann, hängt vom Datenbank-Managementsystem ab. Will man z. B. nach den Namen aller Schafe suchen, weiß aber nicht mehr, ob die Gattungen klein oder groß geschrieben sind, kann man Texte in kleine Buchstaben mit der Funktion LOWER umwandeln. Die Funktionen können auch in der Ausgabe genutzt werden, wie folgende Anfrage zeigt:

```
SELECT LOWER(Tier.Tname)
  FROM Tier
  WHERE LOWER(Tier.Gattung)='schaf'
```

Das Ergebnis der Anfrage ist:

```
LOWER(T
--------
harald
walter
```

Neben LOWER können Texte mit UPPER in Großbuchstaben verwandelt werden.

Im Ergebnis der Anfrage wurde die Spaltenüberschrift abgeschnitten, da sie der maximalen Länge der Texte laut Tabellendefinition angepasst wurde. Hier ist es sinnvoll, die Spalten im Ergebnis umzubenennen.

Ein ergänzendes Beispiel liefert die folgende Anfrage

```
SELECT UPPER(Tier.Tname) Gross,
  LOWER (Tier.Tname) Klein, Tier.Tname Normal
  FROM Tier
```

Das Ergebnis der Anfrage ist:

```
GROSS    KLEIN    NORMAL
-------  -------  --------
LABER    laber    Laber
SABBER   sabber   Sabber
KLOPFER  klopfer  Klopfer
BUNNY    bunny    Bunny
HARALD   harald   Harald
WALTER   walter   Walter
```

Die Auswertung einer SQL-Anfrage läuft so, dass für alle Tabellenzeilen geprüft wird, ob die WHERE-Bedingung nach „wahr" ausgewertet werden kann. Ist das der Fall, wird die Zeile ins Ergebnis übernommen. Zur Ergebnisausgabe werden dann die in der SELECT-Zeile genannten Attribute ausgewählt. Wichtig ist im Zusammenhang mit NULL-Werten, dass ausschließlich Zeilen für das Ergebnis infrage kommen, für die eine Auswertung der WHERE-Bedingung nach „wahr" erfolgt. Auswertungen nach „unbekannt" gehen nicht in das Ergebnis ein. Dies soll durch folgendes Beispiel verdeutlicht werden:

Es wird folgende Tabelle mit drei Einträgen konstruiert:

```
CREATE TABLE Person(
  Pnr INTEGER,
  Name VARCHAR(5),
  Gehalt INTEGER,
  PRIMARY KEY (Pnr)
);
INSERT INTO Person VALUES (1,'Eddy',2500);
INSERT INTO Person VALUES (2,'Ugur',NULL);
INSERT INTO Person VALUES (3,'Erna',1700);
```

Die Anfrage nach Personen, die weniger als 2000 verdienen lautet:

```
SELECT Person.Name
  FROM Person
  WHERE Person.Gehalt<2000
```

Das Ergebnis ist:

```
NAME
-----
Erna
```

Man sieht, dass NULL<2000 nach „unbekannt" ausgewertet wird und dass der zugehörige Name nicht im Ergebnis erscheint. Ist man in diesem Fall daran interessiert, auch
die NULL-Werte zu berücksichtigen, ist dies explizit anzugeben. Die Anfrage lautet dann:

```
SELECT Person.Name
  FROM Person
  WHERE Person.Gehalt<2000
      OR Person.Gehalt IS NULL
```

Das zugehörige Ergebnis ist:

```
NAME
-----
Ugur
Erna
```

Die Vergleiche mit NULL können gerade bei Anfängern zu Flüchtigkeitsfehlern
führen, da Vergleiche mit NULL ausschließlich in der Form IS NULL oder IS
NOT NULL Sinn machen, aber trotzdem Vergleichszeichen wie „=" in den meisten
Datenbank-Managementsystemen erlaubt sind. Da solche Vergleiche immer „undefiniert"
als Ergebnis liefern, können so gewünschte Ergebnisse verloren gehen. Die vorherige
Anfrage sieht in falscher Form wie folgt aus.

```
SELECT Person.Name
  FROM Person
  WHERE Person.Gehalt<2000
      OR Person.Gehalt = NULL -- schrecklicher Fehler
```

Das zugehörige Ergebnis verliert einen gesuchten Datensatz und sieht wie folgt aus:

```
NAME
-----
Erna
```

Nur bei Apache Derby hat man sich dazu entschieden, den falschen NULL-Test als
Syntax-Fehler einzustufen.

## 7.3 Nutzung von Aggregatsfunktionen

In SQL gibt es relativ einfache Funktionen, die gewisse statistische Auswertungen
erlauben. Die Möglichkeiten des SQL-Standards werden hier vorgestellt.

Die größte Gehegefläche wird durch folgende Anfrage bestimmt.

```
SELECT MAX(Gehege.Flaeche)
 FROM Gehege
```

Das Ergebnis lautet:

```
MAX(GEHEGE.FLAECHE)
-------------------
                 20
```

Im Zusammenhang mit dieser Anfrage möchte man typischerweise auch den Namen des Ergebnisses ausgeben. Der erste Lösungsansatz lautet:

```
SELECT Gehege.Gname, MAX(Gehege.Flaeche)
 FROM Gehege
```

Dieser Ansatz ist falsch und stellt bei der ersten Beschäftigung mit SQL einen häufig auftretenden Fehler dar. Das Problem ist, dass jetzt jeder Gehegename und nur ein Maximalwert ausgegeben werden soll.

Ein vorstellbarer Ansatz, dass der Maximalwert in jede Spalte eingetragen werden soll, wird in SQL so nicht unterstützt. Wie man den Namen zum größten Gehege systematisch findet, ist ein Thema im Kap. 9.

Typischerweise werden Ergebnisspalten von Aggregatsfunktionen umbenannt, um ein lesbareres Ergebnis zu erhalten. Die folgende Anfrage gibt die kleinste Fläche eines Geheges aus:

```
SELECT MIN(Gehege.Flaeche) KleinsteFlaeche
  FROM Gehege
```

Das Ergebnis lautet:

```
KLEINSTEFLAECHE
---------------
              9
```

Die Gesamtfläche aller Gehege wird durch folgende Anfrage berechnet:

```
SELECT SUM(Gehege.Flaeche) Gesamtflaeche
```

```
FROM Gehege
```

Das Ergebnis lautet:

```
GESAMTFLAECHE
-------------
          39
```

Mit der COUNT-Funktion wird die Zahl der Zeilen im Ergebnis berechnet. Die Gesamtzahl aller Tiere kann also durch folgende Anfrage berechnet werden:

```
SELECT COUNT(*) Tieranzahl
  FROM Tier
```

Das Ergebnis der Anfrage lautet:

```
TIERANZAHL
----------
         6
```

Man kann in den Klammern von COUNT ein Attribut angeben. Dann werden alle Zeilen gezählt, in denen das Attribut nicht den Wert NULL hat. Die folgende Anfrage hat dabei das exakt gleiche Ergebnis wie die vorherige Anfrage.

```
SELECT COUNT(Tier.Gattung) Tieranzahl
  FROM Tier
```

Beim Zählen kann man explizit fordern, dass doppelte Werte weggelassen werden. Dazu wird in den Klammern von COUNT das bereits bekannte Schlüsselwort DISTINCT dem Spaltennamen vorangestellt. Die Anzahl unterschiedlicher, im Zoo vertretener Gattungen kann damit wie folgt bestimmt werden:

```
SELECT COUNT(DISTINCT Tier.Gattung) Arten
  FROM Tier
```

Das Ergebnis lautet:

```
ARTEN
-----
    3
```

**Abb. 7.2** Analyse von
COUNT bei NULL-Werten

| Gehaelter | |
|---|---|
| Name | Gehalt |
| Olaf | 2000 |
| Otto | |
| Omar | |
| Onno | 2000 |
| Oka | 1000 |

Beim COUNT stellt sich die Frage, wie mit NULL-Werten umgegangen wird. Dies soll durch folgendes kleines Beispiel verdeutlicht werden. Dabei wird die Tabelle aus Abb. 7.2 zunächst in SQL umgesetzt:

```
CREATE TABLE Gehaelter(
    Name VARCHAR(5),
    Gehalt INTEGER,
    PRIMARY KEY(Name)
);
INSERT INTO Gehaelter VALUES('Olaf', 2000);
INSERT INTO Gehaelter VALUES('Otto', NULL);
INSERT INTO Gehaelter VALUES('Omar', NULL);
INSERT INTO Gehaelter VALUES('Onno', 2000);
INSERT INTO Gehaelter VALUES('Oka', 1000)
```

Folgende Anfrage zeigt die COUNT-Varianten:

```
SELECT COUNT(*) A,
       COUNT(Gehaelter.Gehalt) B,
       COUNT(DISTINCT Gehaelter.Gehalt) C
  FROM Gehaelter
```

Das Ergebnis lautet

```
        A          B          C
---------- ---------- ----------
        5          3          2
```

Man erkennt, dass NULL-Werte durch die Angabe einer konkreten Spalte nicht berücksichtigt werden.

Durch die Funktion AVG, englisch für „average", wird der Durchschnitt von Spaltenwerten berechnet. Diese Berechnung macht wie bei SUM nur Sinn, wenn Zahlenwerte in der Tabelle stehen. Die durchschnittliche Gehegegröße wird durch folgende Anfrage berechnet:

```
SELECT AVG(Gehege.Flaeche) Durchschnitt
  FROM Gehege
```

Das Ergebnis der Anfrage ist:

```
DURCHSCHNITT
------------
          13
```

Bei der Berechnung von AVG werden NULL-Werte ignoriert, deshalb kann eine Berechnung
Summe aller Spaltenelemente/Anzahl aller Zeilen
zu Ergebnissen kommen, die von der AVG-Berechnung abweichen können. Dies wird durch folgende Anfrage verdeutlicht, in der auch der Zusammenhang zu COUNT dargestellt ist.

```
SELECT AVG(Gehaelter.Gehalt) Schnitt,
    SUM(Gehaelter.Gehalt)/COUNT(*) Schnitt2,
    SUM(Gehaelter.Gehalt)/
         COUNT(Gehaelter.Gehalt) Schnitt3
  FROM Gehaelter;
```

Das Ergebnis der Anfrage lautet:

```
SCHNITT    SCHNITT2      SCHNITT3
---------- ----------    ----------
1666,66667      1000    1666,66667
```

## 7.4 Anfragen über mehrere Tabellen

Bisher bezogen sich alle Anfragen auf eine Tabelle. Die meisten interessanten Anfragen beziehen sich aber darauf, dass Informationen aus verschiedenen Tabellen verknüpft werden. Ein Beispiel ist die Anfrage nach den Namen der Tiere zusammen mit der Information über den Namen des Geheges, in dem sie leben. Die zugehörige SQL-Anfrage lautet:

```
SELECT Tier.Tname, Gehege.Gname
  FROM Tier,Gehege
  WHERE Tier.GNr=Gehege.GNr
```

Das Ergebnis ist:

```
TNAME     GNAME
------    ------
Laber     Wald
Sabber    Wald
Harald    Feld
Klopfer   Feld
Bunny     Weide
Walter    Weide
```

Bei komplexeren Anfragen spielt zunächst der Inhalt der FROM-Zeile eine wichtige Rolle. Hier sind durch Kommata getrennt alle Tabellen anzugeben, die zur Berechnung des Ergebnisses der Anfrage benötigt werden. Aus den dort angegebenen Tabellen wird das Kreuzprodukt berechnet. Dies ist eine Tabelle, in der jeder Eintrag der einen Tabelle mit jedem Eintrag der anderen Tabelle verknüpft wird. Stehen Tabellen mit 5 und mit 7 Zeilen in der FROM-Zeile, so ist das Zwischenergebnis eine Tabelle mit 35 Zeilen. Dies kann man auch durch folgende syntaktisch korrekte SQL-Anfrage verdeutlichen:

```
SELECT *
  FROM Tier, Gehege
```

Das Ergebnis der Anfrage ist:

```
GNR TNAME     GATTUNG GNR GNAME  FLAECHE
--- --------  ------- --- ------ --------
  1 Laber     Baer      1 Wald        20
  1 Sabber    Baer      1 Wald        20
  2 Klopfer   Hase      1 Wald        20
  3 Bunny     Hase      1 Wald        20
  2 Harald    Schaf     1 Wald        20
  3 Walter    Schaf     1 Wald        20
  1 Laber     Baer      2 Feld        10
  1 Sabber    Baer      2 Feld        10
  2 Klopfer   Hase      2 Feld        10
  3 Bunny     Hase      2 Feld        10
  2 Harald    Schaf     2 Feld        10
  3 Walter    Schaf     2 Feld        10
  1 Laber     Baer      3 Weide        9
  1 Sabber    Baer      3 Weide        9
  2 Klopfer   Hase      3 Weide        9
  3 Bunny     Hase      3 Weide        9
  2 Harald    Schaf     3 Weide        9
  3 Walter    Schaf     3 Weide        9
```

Dieses Zwischenergebnis der Anfrage enthält noch einige für die weiteren Überlegungen unsinnige Zeilen. Diese können durch die WHERE-Bedingung aus dem Ergebnis herausgehalten werden. Typisch, wie im Beispiel der vorgestellten Anfrage, ist, dass man in der WHERE-Bedingung zunächst die Art der Verknüpfung der Tabellen angibt. Dabei beschreibt

```
WHERE Tier.GNr=Gehege.GNr
```

dass der Schlüssel der einen Tabelle der Fremdschlüssel der anderen Tabelle ist, also diese Werte gleich sein müssen. Diese Art der Tabellenverknüpfung tritt in SQL-Anfragen sehr häufig auf.

In der FROM-Zeile können theoretisch beliebig viele Tabellen stehen, Einschränkungen werden durch das ausgewählte Datenbank-Managementsystem gemacht. Zu beachten ist aber, dass intern immer das Kreuzprodukt aller beteiligten Tabellen berechnet wird, was schnell zu einem enormen Aufwand führen kann. Das Thema „Anfrageoptimierung" wird zwar in diesem Buch nicht behandelt, man kann aber davon ausgehen, dass jedes bessere Datenbank-Managementsystem optimierte Ansätze hat, das Kreuzprodukt zu bearbeiten, statt zunächst im Speicher das vollständige Kreuzprodukt zu berechnen. Unterschiedliche Optimierungsansätze der existierenden Systeme sorgen für schnellere Berechnungen der Anfrageergebnisse.

Bisher wurde gezeigt, dass mit einem * in der SELECT-Zeile alle Werte ausgegeben werden. Wird mehr als eine Tabelle genutzt, kann man durch <Tabellenname>.* erreichen, dass nur alle Elemente dieser Tabelle angezeigt werden. Als Beispiel wird die vorherige Anfrage leicht modifiziert.

```
SELECT Tier.*, Gehege.Gname
  FROM Tier,Gehege
  WHERE Tier.GNr=Gehege.GNr
```

Das Ergebnis der Anfrage ist:

```
       GNR TNAME    GATTUNG GNAME
---------- -------- ------- ------
         1 Laber    Baer    Wald
         1 Sabber   Baer    Wald
         2 Harald   Schaf   Feld
         2 Klopfer  Hase    Feld
         3 Bunny    Hase    Weide
         3 Walter   Schaf   Weide
```

Mit der folgenden Anfrage sollen zu jedem Gehegenamen die Gattungen der darin lebenden Tiere ausgegeben werden, die höchstens eine Fläche von 6 verbrauchen.

```
SELECT DISTINCT Gehege.Gname, Art.Gattung
    FROM Gehege, Tier, Art
    WHERE Gehege.Gnr=Tier.Gnr
      AND Tier.Gattung= Art.Gattung
      AND Art.MinFlaeche<=6
```

Das Ergebnis der Anfrage ist:

```
GNAME     GATTUNG
-----     -------
Feld      Hase
Feld      Schaf
Weide     Hase
Weide     Schaf
```

Die WHERE-Bedingung kann in zwei Teile zerlegt werden. Der erste Teil beschäftigt sich mit der Verknüpfung der Tabellen. Der zweite Teil steht für die Formulierung besonderer Randbedingungen.

Der grundsätzliche Ansatz zur Formulierung einfacher SQL-Anfragen kann wie folgt zusammengefasst werden:

▶ **Ansatz zur Formulierung einfacher SQL-Anfragen**

(1) Es werden die für die Anfrage erforderlichen Tabellen ausgesucht und in die FROM-Zeile geschrieben.
(2) Es wird die Verknüpfung der benutzen Tabellen in der WHERE-Bedingung festgelegt. Typisch ist die Verknüpfung von Primär- und Fremdschlüsseln, die einzelnen Bedingungen werden meist mit AND verknüpft.
(3) Falls es die Anfrage erfordert, werden die weiteren Anforderungen in Teilbedingungen übersetzt. Die resultierende Teilbedingung wird typischerweise mit AND mit der Bedingung aus (2) verknüpft.
(4) Es werden die Informationen, z. B. Attribute ausgewählt, die für die Ergebnisausgabe wichtig sind, und in die SELECT-Zeile geschrieben.
(5) Bei Bedarf wird in der ORDER BY-Zeile angegeben, in welcher Reihenfolge die Ausgaben erfolgen sollen.

Die Schritte (4) und (5) können vorgezogen werden. Sie finden aber typischerweise nach (1) statt.

In einem vorherigen Unterkapitel wurde bereits beschrieben, wie man die Spaltennamen im Ergebnis ändern kann. Weiterhin gibt es die Möglichkeit, Tabellennamen lokal
für eine Anfrage umzubenennen. Diese Umbenennung findet nur für die Anfrage statt und
ist nach der Ausführung der Anfrage nicht mehr nutzbar. Die lokale Umbenennung einer
Tabelle findet in der FROM-Zeile direkt nach der Angabe des Tabellennamens statt. Eine
FROM-Zeile mit Umbenennung kann lauten:

```
FROM Gehege G, Tier T
```

Wieder abhängig vom verwendeten Datenbank-Managementsystem muss, kann oder
darf nicht zwischen dem Tabellennamen und dem lokalen Namen das Schlüsselwort AS
stehen. Die vorherige Zeile muss also bei einigen Datenbank-Management-Systemen wir
folgt lauten:

```
FROM Gehege AS G, Tier AS T
```

Wichtig ist, dass in der gesamten Anfrage nur noch der lokal vergebene Name genutzt
werden kann. Dies gilt auch für die SELECT-Zeile. Es ist also ratsam, die vorher gegebene
Konstruktionsbeschreibung zur Erstellung von Anfragen auch beim Lesen von Anfragen zu nutzen. Eine Beispielanfrage, in der gleichzeitig auch die Umbenennung der
Ergebnisspalten genutzt wird, lautet:

```
SELECT G.Gname Gebiet, T.Tname Schaf
    FROM Gehege G, Tier T
    WHERE G.Gnr= T.Gnr
        AND T.Gattung='Schaf'
```

Das Ergebnis der Anfrage ist:

```
GEBIET    SCHAF
------    -------
Feld      Harald
Weide     Walter
```

Auf den ersten Blick sieht es so aus, dass die lokalen Umbenennungen nur die Lesbarkeit verschlechtern. Um dies zu vermeiden, kann man längere, also „sprechende“,
Namen verwenden. Die Umbenennung ist aber in gewissen Anfragen notwendig, wie
die folgenden Beispiele zeigen.

Es soll eine Anfrage geschrieben werden, mit der die Nummern aller Gehege
ausgegeben werden, in denen zwei unterschiedliche Gattungen leben. Nach der Konstruk-
tionsvorschrift fällt auf, dass zur Lösung nur die Tabelle Tier benötigt wird. Dies bringt

die Lösungsfindung aber wenig voran, da man zwei Informationen aus der Tabelle benötigt. Für diese zwei Einträge muss gelten, dass sie im gleichen Gehege leben und dass sie unterschiedliche Gattungen haben. An dieser Stelle ist es sinnvoll, die lokale Umbenennung einzusetzen, da man so zwei lokale Kopien der gleichen Tabelle zur Verfügung hat. In der WHERE-Bedingung müssen nur die genannten Randbedingungen umgesetzt werden. Die Anfrage lautet:

```
SELECT T1.Gnr
    FROM Tier T1, Tier T2
    WHERE T1.Gnr=T2.Gnr
        AND T1.Gattung <> T2.Gattung
```

Das Ergebnis der Anfrage ist:

```
    GNR
----------
      2
      3
      2
      3
```

Es fällt auf, dass es doppelte Ausgaben gibt, die man mit DISTINCT verhindern könnte. Der Grund für die doppelte Ausgabe ist, dass jeder Eintrag der Tabelle Tier mit jedem Eintrag der Tabelle Tier im Kreuzprodukt kombiniert wird. D. h. es gibt eine Zeile mit den Inhalten (2, Hase) und (2, Schaf) und eine weitere Zeile mit den Inhalten (2, Schaf) und (2, Hase), was zur doppelten Ausgabe führt. In diesem Fall hätte man die Doppelten auch vermeiden können, indem die letzte Teilbedingung durch T1.Gattung < T2.Gattung ersetzt werden würde.

Möchte man statt der Gehegenummer den Namen des Geheges ausgeben, muss man die Tabelle Gehege mit in die FROM-Zeile aufnehmen und mit den anderen Tabellen verknüpfen. Dabei reicht Gehege.Gnr = T1.Gnr aus, da aus T1.Gnr = T2.Gnr auch Gehege.Gnr = T2.Gnr folgt. Die Anfrage lautet:

```
SELECT Gehege.Gname
    FROM Tier T1, Tier T2, Gehege
    WHERE T1.Gnr=T2.Gnr
      AND Gehege.Gnr=T1.Gnr
      AND T1.Gattung < T2.Gattung
```

Das Ergebnis der Anfrage ist:

```
GNAME
```

```
------
Feld
Weide
```

Ein zweites Beispiel für die Nutzung einer lokalen Umbenennung ist die Anfrage nach den Gehegenummern, die in der Tabelle Tier mindestens zweimal vorkommen. Wieder werden zwei Einträge der Tabelle Tier benötigt, die sich auf das gleiche Gehege beziehen, aber zu unterschiedlichen Tieren gehören. Die zugehörige Anfrage lautet:

```
SELECT T1.Gnr
     FROM Tier T1, Tier T2
     WHERE T1.Gnr=T2.Gnr
        AND T1.Tname < T2.Tname
```

Das Ergebnis der Anfrage ist:

```
     GNR
----------
        1
        2
        3
```

Da jeder Eintrag mit jedem kombiniert wird, kann die Teilbedingung T1.Tname < T2.Tname nicht weggelassen werden. Im berechneten Kreuzprodukt wird jede Zeile auch mit sich selbst kombiniert, sodass ohne die Teilbedingung eine Zeile mit den Einträgen (1, Laber) und (1, Laber) auch zu einer Ausgabe geführt hätte, ohne dass ein zweiter Eintrag für die Gehegenummer 1 existiert.

Bei der Auswertung der SQL-Anfrage wird das Kreuzprodukt der beteiligten Tabellen berechnet. Ist jetzt eine der Tabellen leer, so hat dies den Effekt, dass auch das gesamte Kreuzprodukt leer ist, da es keine Kombinationsmöglichkeiten mit dieser Tabelle gibt. Daraus folgt unmittelbar, dass es auch keine Ergebniszeilen geben kann. Dieser eigentlich logische Zusammenhang hat aber für die Praxis und für theoretische Betrachtungen eine besondere Bedeutung. Das durch das beschriebene Verfahren erhaltene Ergebnis entspricht nicht immer den logisch berechneten. Dies kann durch ein recht einfaches Beispiel deutlich gemacht werden. Dazu wird eine kleine inhaltlich sinnlose Tabelle ohne eingetragene Zeilen definiert:

```
CREATE TABLE LeererUnsinn(
 X VARCHAR(4)
 );
```

Diese Tabelle wird jetzt in einer Anfrage genutzt, in der sie nicht weiter berücksichtigt wird.

```
SELECT Tier.Tname
  FROM Tier,LeererUnsinn
```

Durch die Bildung des Kreuzprodukts erhält man ein Ergebnis der folgenden Art:

```
Es wurden keine Zeilen ausgewählt
```

Das obige Beispiel ist eher einfach geraten. Man kann sich überlegen, dass das Datenbank-Managementsystem bei einer internen Optimierung der Anfrage vor der Ausführung erkennt, dass die leere Tabelle überflüssig ist und deshalb ignoriert wird. Aus einem formalen Gesichtspunkt muss man sich hier aber die Frage stellen, ob man diese Optimierung erlauben soll. Eine Grundregel der Optimierung sollte sein, dass das Ergebnis der Berechnung mit und ohne Optimierung gleich sein muss.

Ein größeres Problem mit einer leeren Tabelle kann man aber auch in einem komplexeren und realitätsnäheren Beispiel beobachten. Gegeben seien die Tabellen aus Abb. 7.3, in der Mitarbeiter einen Vorgesetzten aus verschiedenen Abteilungen haben können. Dabei sind hier nur die für das Beispiel relevanten Tabellen angegeben. Mit einiger Erfahrung sollte man die nicht optimale Gestaltung der Tabellen erkennen. Trotzdem kann eine solche Situation mit der Aufteilung inhaltlich zusammengehöriger Tabellen in einer über längere Zeit entwickelten und ergänzten Datenbank auftreten. Die Tabelle Abteilung 2 hat im Beispiel keine Einträge. Mit der folgenden Anfrage möchte man die Namen aller Mitarbeiter herausfinden, deren Chef in der Abteilung 1 oder in der Abteilung 2 arbeitet.

```
SELECT Mitarbeiter.Name
    FROM Mitarbeiter, Abteilung1, Abteilung2
    WHERE Mitarbeiter.Chef=Abteilung1.MiNr
    OR Mitarbeiter.Chef=Abteilung2.MiNr
```

Das wohl befürchtete, aber wahrscheinlich nicht gewünschte Ergebnis ist:

```
Es wurden keine Zeilen ausgewählt
```

**Abb. 7.3** Tabellen für kritisches Anfrageergebnis

Abteilung 1

| MiNr | Leiter |
|------|--------|
| 1    | Erna   |
| 2    | Edna   |

Mitarbeiter

| MiNr | Name | Chef |
|------|------|------|
| 401  | Udo  | 1    |
| 402  | Ute  | 3    |

Abteilung 2

| MiNr | Leiter |
|------|--------|
|      |        |

Die folgende Anfrage, die eigentlich ein Teilergebnis der ersten Anfrage bezogen auf die Abteilung 1 liefert, bringt das erwartete Ergebnis.

```
SELECT Mitarbeiter.Name
    FROM Mitarbeiter, Abteilung1
    WHERE Mitarbeiter.Chef=Abteilung1.MiNr
```

Das Ergebnis der Anfrage ist:

```
NAME
-----
Udo
```

Man erkennt daran, dass man vor der Erstellung von Anfragen prüfen muss, ob eine der beteiligten Tabellen leer ist. In diesem Fall muss eine andere Anfrage genommen werden. Diese Prüfung ist bei den bisher beschriebenen Anfragen noch leicht möglich, sie kann aber bei den komplexeren Anfragen in den Folgekapiteln zu einigen Problemen und irritierenden Fehlern führen. Es muss grundsätzlich für jede Anfrage, auch bei der späteren Ineinanderschachtelung von Anfragen, sichergestellt sein, dass sie sich nicht auf eine leere Tabelle bezieht.

## 7.5     Fallstudie

Mit den bisher vorgestellten SQL-Möglichkeiten können folgende gewünschte Anfragen aus dem Unterkapitel „2.6 Fallstudie" formuliert werden.

Gib zu jedem Projekt die Projektrisiken aus.

```
SELECT Projekt.Name, Risiko.Text
    FROM Projekt, Risiko
    WHERE Projekt.ProNr=Risiko.Projekt
```

Ausgabe:

```
NAME      TEXT
--------  ------------------------
GUI       Anforderungen unklar
GUI       Abnahmeprozess offen
WebShop   Ansprechpartner wechseln
WebShop   neue Entwicklungsumgebung
```

Gib zu jedem Projekt die getroffenen Risikomaßnahmen aus.

```
SELECT DISTINCT Projekt.Name,
                Massnahme.Titel
  FROM Projekt, Risiko, Massnahme, Zuordnung
  WHERE Projekt.ProNr=Risiko.Projekt
    AND Risiko.RNr= Zuordnung.Risiko
    AND Massnahme.MNr=Zuordnung.Massnahme
```

Ausgabe:

```
NAME      TITEL
-------- ----------------
GUI       Vertragspruefung
WebShop  Werkzeugschulung
```

Gib für jedes Projekt die betroffenen Risikogruppen aus.

```
SELECT DISTINCT Projekt.Name, Risikogruppe.Gruppe
  FROM Projekt, Risiko, Risikogruppe
  WHERE Projekt.ProNr=Risiko.Projekt
    AND Risiko.Gruppe= Risikogruppe.RGNr
```

Ausgabe:

```
NAME      GRUPPE
-------- -------------
GUI       Kundenkontakt
GUI       Vertrag
WebShop  Ausbildung
WebShop  Kundenkontakt
```

Gib zu jeder Risikogruppe die getroffenen Maßnahmen aus.

```
SELECT Risikogruppe.Gruppe, Massnahme.Titel
  FROM Risiko, Risikogruppe, Massnahme, Zuordnung
  WHERE Risiko.Gruppe= Risikogruppe.RGNr
    AND Risiko.RNr= Zuordnung.Risiko
    AND Massnahme.MNr=Zuordnung.Massnahme
```

Ausgabe:

```
GRUPPE        TITEL
------------  ----------------
Kundenkontakt Vertragspruefung
Vertrag       Vertragspruefung
Ausbildung    Werkzeugschulung
```

## 7.6 Aufgaben

### Wiederholungsfragen

Versuchen Sie zur Wiederholung folgende Aufgaben aus dem Kopf, d. h. ohne nochmaliges Blättern und Lesen zu beantworten.

1. Wozu wird DISTINCT benötigt?
2. Wozu kann der * in SELECT-Zeilen genutzt werden?
3. Welche Berechnungsmöglichkeiten gibt es in der SELECT-Zeile?
4. Wie kann man Ergebnisspalten umbenennen?
5. Wie kann man neue Spalten bei der Berechnung von Tabellen erzeugen?
6. Welche Möglichkeiten zur Sortierung der Ausgabe gibt es?
7. Welche Möglichkeiten zur Textbearbeitung, z. B. dem Finden von Teilwörtern, gibt es in SQL?
8. Wie wird mit NULL-Werten in WHERE-Bedingungen umgegangen?
9. Was sind Aggregatsfunktionen, was ist bei ihrer Nutzung zu beachten?
10. Wie kann man mehrere Tabellen in SQL verknüpfen?
11. Erklären Sie den Aufbau und Ablauf der Auswertung einfacher SQL-Anfragen.
12. Beschreiben Sie ein generelles Vorgehen zur Erstellung einer SQL-Anfrage.
13. Wie kann man eine Tabelle in Anfragen mehrmals nutzen, wieso kann dies sinnvoll sein?
14. Welche Besonderheit ist bei der Nutzung von OR-Bedingungen und der Verknüpfung mehrerer Tabellen zu beachten?

### Übungsaufgaben

Gegeben seien folgende Tabellen zur Notenverwaltung (Primärschlüssel sind unterstrichen):

| Student | |
|---|---|
| 42 | Simson |

(Fortsetzung)

(Fortsetzung)

| Student | |
| --- | --- |
| 43 | Milhuse |
| 44 | Monz |

Pruefung

| MatNr | Fach | Note |
| --- | --- | --- |
| 42 | Wahl1 | 3,0 |
| 42 | DB | 1,7 |
| 43 | Wahl2 | 4,0 |
| 43 | DB | 1,3 |
| 44 | Wahl1 | 5,0 |

Veranstaltung

| Kürzel | Titel | Dozent |
| --- | --- | --- |
| Wahl1 | Controlling | Hinz |
| Wahl2 | Java | Hinz |
| DB | Datenbanken | Kunz |

Formulieren Sie die folgenden Textzeilen jeweils als SQL-Anfragen.

1. Geben Sie die Namen der Studierenden aus, die eine Prüfung im Fach „Wahl1"
   gemacht haben.
2. Geben Sie den Titel der Veranstaltungen und die zugehörige Note für alle
   Prüfungen, die Simson gemacht hat, aus.
3. Geben Sie eine Liste aller Titel von Veranstaltungen mit den bisher in den
   Prüfungen erreichten Noten (Ausgabe: Titel, Note) aus.
4. Geben Sie die Anzahl der Studierenden aus, die bereits eine Prüfung im Fach „DB"
   gemacht haben.
5. Geben Sie die Namen aller Dozenten aus, die mindestens zwei Veranstaltungen
   anbieten.
6. Geben Sie die Durchschnittsnote für alle Fächer zusammen aus, die von Hinz
   unterrichtet wurden.
7. Geben Sie die Namen aller Studierenden aus, die mindestens genauso gut wie
   Simson in DB waren, aber nicht Simson sind.
8. Geben Sie die Namen aller Studierenden aus, die mindestens eine Prüfung bei Hinz
   gemacht haben. Gehen Sie davon aus, dass der veranstaltende Dozent auch Prüfer
   ist.

# Literatur

[EMS00]  H. Eirund, B. Müller, G. Schreiber, Formale Beschreibungsverfahren der Informatik, Teubner, Wiesbaden, 2000

# Gruppierungen in SQL

**8**

**Zusammenfassung**

Im vorherigen Kapitel wurden alle wichtigen Sprachkonstrukte von SQL zur einfachen Verknüpfung von Tabellen vorgestellt. SQL-Anfragen bieten neben der reinen Tabellenverknüpfung auch die Möglichkeit, Auswertungen für einzelne oder für mehrere Attribute durchzuführen. Damit kann man z. B. in einer Anfrage herausfinden, wie oft verschiedene Attributswerte in einer Spalte vorkommen. Für diesen Ansatz wird das SQL-Sprachkonstrukt GROUP BY genutzt, das Ihnen in diesem Kapitel genauer vorgestellt werden soll.

Weiterhin wird gezeigt, wie man die bisherigen Erkenntnisse über die Erstellung recht komplexer Anfragen mit den Gruppierungsmöglichkeiten kombinieren kann.

Teilweise kann man Anfragen mit Gruppierungen auch ohne Gruppierungen schreiben. Diese Möglichkeiten mit den unterschiedlichen Konzepten werden anhand mehrerer Beispiele diskutiert.

Als Beispiel dient eine leicht abgewandelte Variante der Zoo-Datenbank aus dem vorherigen Kapitel, die in Abb. 8.1 nur in den Einträgen etwas geändert wurde.

**Ergänzende Information** Die elektronische Version dieses Kapitels enthält Zusatzmaterial, auf das über folgenden Link zugegriffen werden kann https://doi.org/10.1007/978-3-658-43023-8_8.

| Gehege | | |
|---|---|---|
| <u>GNr</u> | Gname | Flaeche |
| 1 | Wald | 30 |
| 2 | Feld | 20 |
| 3 | Weide | 15 |

| Tier | | |
|---|---|---|
| <u>GNr</u> | <u>Tname</u> | Gattung |
| 1 | Laber | Baer |
| 1 | Sabber | Baer |
| 2 | Klopfer | Hase |
| 3 | Bunny | Hase |
| 2 | Runny | Hase |
| 2 | Hunny | Hase |
| 2 | Harald | Schaf |
| 3 | Walter | Schaf |
| 3 | Dörthe | Schaf |

| Art | |
|---|---|
| <u>Gattung</u> | MinFlaeche |
| Baer | 8 |
| Hase | 2 |
| Schaf | 5 |

**Abb. 8.1**   Erweiterte Zoo-Tabelle

## 8.1   Gruppierung in einer Tabelle

Bisher wurden Berechnungen nur über gesamte Tabellen durchgeführt. Der Ansatz wurde im Unterkapitel „7.3 Nutzung von Aggregatsfunktionen" vorgestellt. Nachdem unser Zoo im Beispiel Zuwachs bekommen hat, ist man auch an anderen Fragen interessiert. Ein Beispiel ist die Frage nach der Anzahl der Tiere pro Gattung. Soll diese Anfrage mit dem bisherigen Wissen beantwortet werden, so muss man mit einer ersten Anfrage feststellen, welche Gattungen im Zoo vertreten sind:

```
SELECT DISTINCT Tier.Gattung
     FROM Tier
```

Das Ergebnis der Anfrage lautet:

```
GATTUNG
-------
Baer
Hase
Schaf
```

Im zweiten Schritt findet dann eine Auswertung pro Gattung von Hand statt, die z. B. für die Schafe wie folgt aussieht:

```
SELECT COUNT(*) Schafanzahl
     FROM Tier
     WHERE Tier.Gattung='Schaf'
```

Das Ergebnis ist:

```
SCHAFANZAHL
-----------
          3
```

Dieser Ansatz ist für Anfrage-Experten unbefriedigend. Grundsätzlich versucht man Anfragen-Probleme mit einer Anfrage zu lösen, ohne dass von Hand Zwischenergebnisse notiert werden müssen. Das Problem ist aber, dass bis jetzt nur Berechnungen auf ganzen Tabellen möglich sind. Dieses Problem löst der Ansatz der Gruppierung mit GROUP BY. Die Idee besteht darin, dass man angibt, dass pro anzugebendem Attribut Berechnungen durchgeführt werden.

Die Anfrage mit GROUP BY lautet:

```
SELECT Tier.Gattung, COUNT(*) Tieranzahl
    FROM Tier
    GROUP BY Tier.Gattung
```

Das Ergebnis ist:

```
GATTUNG     TIERANZAHL
-------     ----------
Baer                 2
Hase                 4
Schaf                3
```

Zur Auswertung der Anfrage kann man sich folgende Schritte vorstellen: Zunächst wird die Tabelle nach dem Gruppierungsattribut sortiert. Anschaulich entspricht dies dem Ergebnis der Anfrage

```
SELECT *
    FROM Tier
    ORDER BY Tier.Gattung
```

Das Ergebnis ist:

```
GNR TNAME      GATTUNG
---------- -------- -------
```

| | | | |
|---|---|---|---|
| 1 Laber | Baer | | Baer-Gruppe |
| 1 Sabber | Baer | | |
| 2 Klopfer | Hase | | |
| 3 Bunny | Hase | | Hase-Gruppe |
| 2 Runny | Hase | | |
| 2 Hunny | Hase | | |
| 2 Harald | Schaf | | |
| 3 Walter | Schaf | | Schaf-Gruppe |
| 3 Dörthe | Schaf | | |

Im anschließenden Schritt findet, wie im Ergebnis angedeutet, die Gruppierung statt. Für jede dieser Gruppen können dann die bekannten Aggregatsfunktionen angewandt werden.

Aus der beschriebenen Abarbeitung kann man auch ein Verfahren zur Erstellung von GROUP BY-Anfragen ableiten. Man überlegt sich zunächst eine Anfrage ohne GROUP BY, die alle notwendigen Informationen für das Endergebnis enthält. Im zweiten Schritt findet dann die Gruppierung statt, und man kann festlegen, welche Informationen für das Ergebnis interessant sind.

Ein weiteres Beispiel liefert die Anfrage nach der Anzahl der Hasen pro Gehegenummer. Zunächst erstellt man eine Anfrage, in der alle Hasen erfasst werden. Dabei wird zusätzlich bezüglich des passenden Gruppierungsattributs sortiert.

```
SELECT *
    FROM Tier
    WHERE Tier.Gattung='Hase'
    ORDER BY Tier.GNr
```

Das Ergebnis der Anfrage ist:

```
GNR TNAME      GATTUNG
---------- -------- -------
    2 Hunny    Hase
    2 Klopfer  Hase
    2 Runny    Hase
    3 Bunny    Hase
```

Danach wird diese Anfrage ohne die SELECT- und ORDER BY-Zeilen in eine GROUP BY-Anfrage eingebettet. In der resultierenden SELECT-Zeile wird das Gruppierungsattribut und die gewünschte Aggregatsfunktion eingetragen.

```
SELECT Tier.GNr, COUNT(*) Hasenzahl
    FROM Tier
    WHERE Tier.Gattung='Hase'
    GROUP BY Tier.GNr
```

Das Ergebnis der Anfrage ist:

```
   GNR   HASENZAHL
-------- ----------
      2          3
      3          1
```

Beim Ergebnis fällt auf, dass Gruppen, für die keine Elemente vorhanden sind, nicht erscheinen. Um diese Gruppierungswerte auch sichtbar zu machen, muss man verschiedene Anfragen verknüpfen, dies wird im folgenden Kapitel diskutiert.

Bei den SELECT-Zeilen der Anfragen mit Gruppierungen fällt auf, dass dort eine Mischung aus Attributen und Aggregatsfunktionen steht. Dieser Ansatz ist bei der Erklärung der Aggregatsfunktionen im Unterkapitel „7.3 Nutzung von Aggregatsfunktionen" durchgestrichen worden. Bei Gruppierungen ist dies kein Problem, da in der SELECT-Zeile ausschließlich Attribute stehen dürfen, die auch in der GROUP BY-Zeile stehen. Natürlich können diese Attribute in der SELECT-Zeile auch weggelassen werden. Es können auch mehrere Berechnungen auf einer Gruppe ausgeführt werden.

In dem folgenden Beispiel wird die Anzahl der jeweiligen Gattungen pro Gehegenummer gezählt. Es werden also zwei Attribute in der GROUP BY-Zeile benötigt. Die Gruppierung erfolgt dann nach dem Wertepaar. Die Anfrage lautet:

```
SELECT Tier.GNr, Tier.Gattung,
       COUNT(*) Tieranzahl
    FROM Tier
    GROUP BY Tier.GNr, Tier.Gattung
```

Das Ergebnis ist:

```
GNR GATTUNG TIERANZAHL
------ ------- ----------
    1 Baer            2
    2 Hase            3
    2 Schaf           1
    3 Hase            1
    3 Schaf           2
```

**Abb. 8.2** Fragmente einer
Abrechnung

| Abrechnungsfragment | | |
|---|---|---|
| Posten | Artikel | Anzahl |
| 1 | Ball | 3 |
| 2 | Form | |
| 3 | | 4 |
| 4 | Eimer | |
| 5 | | |
| 6 | Ball | 4 |
| 7 | Eimer | 3 |
| 8 | | |
| 9 | Eimer | |
| 10 | Ball | 3 |

Abschließend soll noch das Verhalten bezüglich NULL-Werten betrachtet werden. Dazu wird die Tabelle aus Abb. 8.2 genutzt. Die folgende Anfrage prüft, wie häufig die Paare Artikel und Anzahl auftreten.

```
SELECT Abrechnungsfragment.Artikel,
       Abrechnungsfragment.Anzahl, COUNT(*)
  FROM Abrechnungsfragment
 GROUP BY Abrechnungsfragment.Artikel,
          Abrechnungsfragment.Anzahl
```

Das Ergebnis ist:

```
ARTIKEL       ANZAHL       COUNT(*)
-------    ----------    ----------
                             2
                 4           1
Ball             3           2
Ball             4           1
Form                         1
Eimer                        2
Eimer            3           1
```

Man erkennt, dass eine Gruppierungsmöglichkeit bezüglich der NULL-Werte gegeben ist.

## 8.2 Nutzung der HAVING-Zeile

Im vorherigen Kapitel wurden zunächst die Möglichkeiten der SELECT- und der FROM-Zeile und dann der WHERE-Bedingung vorgestellt. Vergleichbar zur Einführung im vorherigen Unterkapitel, ergänzt die HAVING-Zeile die GROUP BY-Zeile um eine andere Form der WHERE-Bedingung.

In dieser sogenannten HAVING-Bedingung können allerdings nur Attribute stehen, die auch in der GROUP BY-Zeile genannt werden. Weiterhin dürfen in der HAVING-Bedingung Aggregatsfunktionen, die sich auf die jeweilige Auswertung der Gruppe beziehen, stehen. Dies soll mit einigen Beispielen verdeutlicht werden.

Mit der ersten Anfrage sollen die Nummern der Gehege ausgegeben werden, in denen mindestens drei Tiere leben. Die Anfrage lautet:

```
SELECT Tier.GNr
    FROM Tier
    GROUP BY Tier.GNr
    HAVING COUNT(*)>=3
```

Das Ergebnis der Anfrage ist:

```
    GNR
-----------
      2
      3
```

Bei der Auswertung wird zunächst die im vorherigen Kapitel vorgestellte Gruppierung durchgeführt und danach alle Gruppen für die Ergebnisaufbereitung ausgewählt, die dann auch die HAVING-Bedingung erfüllen.

Grundsätzlich gilt, dass die verwendeten Aggregatsfunktionen der HAVING-Bedingung und der SELECT-Zeile nicht übereinstimmen müssen. Weiterhin müssen Attribute der GROUP BY-Zeile nicht in der SELECT-Zeile zur Ausgabe genutzt werden.

Mit der nächsten Anfrage sollen die Anzahlen der Tiere pro Gattung mit der Gattung zusammen ausgegeben werden. Dabei soll die Anzahl der Tiere höchstens 3 sein und es sollen keine Schafe berücksichtigt werden. Die Anfrage lautet:

```
SELECT Tier.Gattung, COUNT(*) Tieranzahl
    FROM Tier
    GROUP BY Tier.Gattung
    HAVING Tier.Gattung<>'Schaf'
        AND COUNT(*)<=3
```

Das Ergebnis der Anfrage ist:

```
GATTUNG     TIERANZAHL
-------     ----------
Baer             2
```

In der letzten Anfrage wurde ein Attribut aus der GROUP BY-Zeile in der HAVING-Bedingung genutzt. Bei der Auswertung werden also zunächst Gruppen bezüglich der Gattungen gebildet und dann mit der HAVING-Bedingung eine Gattung aussortiert. Alternativ hätte man die Teilbedingung für das Gruppenattribut auch in die WHERE-Bedingung einbauen können. Die folgende Anfrage führt zum gleichen Ergebnis.

```
SELECT Tier.Gattung, COUNT(*) Tieranzahl
  FROM Tier
  WHERE Tier.Gattung<>'Schaf'
  GROUP BY Tier.Gattung
  HAVING COUNT(*)<=3
```

Die Frage, welcher der beiden Ansätze gewählt werden sollte, lässt sich als Geschmackssache ansehen. Der Ansatz, das Attribut in der HAVING-Bedingung zu nennen, hat den kleinen Vorteil, dass man direkt sieht, dass sich die Bedingung auf die Auswahl der Gruppen auswirkt. Die andere Anfrage wird meist etwas schneller berechnet.

Bei den letzten drei Beispielen wird man an ein Beispiel aus dem Unterkapitel „7.4 Anfragen über mehrere Tabellen" erinnert, bei denen mehrere Einträge einer Tabelle betrachtet werden. Die folgende Anfrage gibt z. B. die Gehege aus, in denen mindestens zwei Tiere der gleichen Gattung leben.

```
SELECT DISTINCT T1.Gnr
     FROM Tier T1, Tier T2
     WHERE T1.Gnr=T2.Gnr
       AND T1.Gattung=T2.Gattung
       AND T1.Tname<>T2.Tname
```

Das Ergebnis der Anfrage ist:

```
    GNR
---------
      1
      2
      3
```

Die Grundidee ist, die gleiche Tabelle zweimal in der FROM-Zeile zu nutzen, um zwei unterschiedliche Einträge mit den gewünschten Daten zu finden. Sucht man nach Gehegen mit mindestens drei Tieren der gleichen Gattung, so lautet die Anfrage mit dieser Idee wie folgt.

```
SELECT DISTINCT T1.Gnr
      FROM Tier T1, Tier T2, Tier T3
      WHERE T1.Gnr=T2.Gnr
      AND T2.Gnr=T3.Gnr
      AND T1.Gattung=T2.Gattung
      AND T2.Gattung=T3.Gattung
      AND T1.Tname<>T2.Tname
      AND T1.Tname<>T3.Tname
      AND T2.Tname<>T3.Tname
```

Das Ergebnis der Anfrage ist:

```
    GNR
----------
     2
```

Man kann sich vorstellen, dass dieser Ansatz für größere Zahlen sehr aufwendig wird. Mit der Gruppierung gibt es eine alternative Anfragemöglichkeit, in der die gewünschte Anzahl sehr flexibel in der HAVING-Zeile abgeändert werden kann. Die Anfrage lautet:

```
SELECT Tier.Gnr
  FROM Tier
  GROUP BY Tier.Gnr, Tier.Gattung
  HAVING COUNT(*)>=3
```

Das Ergebnis ist das Gleiche, wie bei der vorherigen Anfrage. Dadurch, dass die Gattung auch in die GROUP BY-Zeile aufgenommen wurde, wird sichergestellt, dass pro Gehege nur die gleichen Gattungen gezählt werden.

Eine Anfrage nach Gehegen, in denen mindestens drei unterschiedliche Gattungen leben, kann durch eine Gruppierung mit geschickter Nutzung der COUNT-Funktion gelöst werden. Der Ansatz ist, nur unterschiedliche Gattungen pro Gehege zu zählen. Die Anfrage, die im konkreten Beispiel keine Ergebniszeile liefert, lautet:

```
SELECT Tier.Gnr
      FROM Tier
      GROUP BY Tier.Gnr
      HAVING COUNT(DISTINCT Tier.Gattung)>=3
```

## 8.3    Gruppierungen über mehreren Tabellen

Die Ideen der Gruppierung lassen sich direkt auf Anfragen über mehrere Tabellen übertragen. Wieder muss erst nach der geeigneten Anfrage gesucht werden, in der dann
nach ausgewählten Attributen gruppiert wird. Danach können Gruppen mit der HAVING-
Bedingung ausgewählt werden. ORDER BY sorgt zusätzlich für eine Sortierung. Mit der
SELECT-Zeile werden dann die für das Ergebnis interessanten Informationen ausgewählt.

Ein typisches Beispiel ist die Frage nach der Fläche, die durch die Tiere in jedem
Gehege verbraucht wird. Es soll zu jedem Gehegenamen die verbrauchte Fläche bestimmt
werden. Zunächst wird eine Anfrage benötigt, in der alle Informationen stehen. Diese
Anfrage sieht wie folgt aus:

```
SELECT Gehege.Gname, Tier.Gattung,
        Art.MinFlaeche
    FROM Gehege, Tier, Art
    WHERE Gehege.Gnr=Tier.Gnr
      AND Tier.Gattung=Art.Gattung
    ORDER BY Gehege.Gname
```

Das Ergebnis der Anfrage ist:

```
GNAME   GATTUNG MINFLAECHE
------  ------- ----------
Feld    Hase             2
Feld    Hase             2
Feld    Schaf            5
Feld    Hase             2
Wald    Baer             8
Wald    Baer             8
Weide   Hase             2
Weide   Schaf            5
Weide   Schaf            5
```

Das Sortierkriterium wird in die GROUP BY-Zeile übernommen und die notwendige
Berechnung in der SELECT-Zeile durchgeführt.

```
SELECT Gehege.Gname,
        SUM(Art.MinFlaeche) Verbraucht
    FROM Gehege, Tier, Art
    WHERE Gehege.Gnr=Tier.Gnr
      AND Tier.Gattung=Art.Gattung
    GROUP BY Gehege.Gname
```

Das Ergebnis der Anfrage ist:

```
GNAME     VERBRAUCHT
------    ----------
Feld            11
Wald            16
Weide           12
```

Wichtig ist, dass in der SELECT-Zeile, in der HAVING-Bedingung und in der ORDER BY-Zeile nur Attribute direkt genannt werden dürfen, die in der GROUP BY-Zeile zur Gruppierung genutzt werden. Weiterhin können in der SELECT-Zeile, in der HAVING-Bedingung und in der ORDER BY-Zeile Aggregatsfunktionen stehen, in denen die Werte pro Gruppe verarbeitet werden. Dabei können an unterschiedlichen Stellen verschiedene Aggregatsfunktionen genutzt werden. Mit der folgenden Anfrage wird bestimmt, welche Gattung im Zoo insgesamt wie viel Fläche beansprucht, dabei müssen von der Gattung aber mindestens drei Tiere im Zoo leben.

```
SELECT Tier.Gattung, SUM(Art.MinFlaeche) Bedarf
    FROM Tier, Art
    WHERE Tier.Gattung=Art.Gattung
    GROUP BY Tier.Gattung
    HAVING COUNT(*)>=3
    ORDER BY SUM(Art.MinFlaeche)
```

Das Ergebnis der Anfrage ist:

```
GATTUNG  BEDARF
-------  -------
Hase          8
Schaf        15
```

## 8.4   Überblick über die Struktur von SQL-Anfragen

In diesem und dem vorherigen Kapitel wurden alle Sprachkonstrukte eingeführt, die zur Erstellung von SQL-Anfragen existieren. Im folgenden Kapitel wird „nur noch" gezeigt, wie man Anfrageergebnisse geschickt verknüpfen kann.

Dadurch, dass die Struktur von Anfragen vollständig bekannt ist, ist es jetzt möglich, jede SQL-Anfrage von ihrem Aufbau her zu verstehen. Im folgenden Kapitel wird dann gezeigt, dass man die Grundstruktur durch weitere Details anreichern kann, was SQL insgesamt zu einer sehr mächtigen Sprache macht.

| Schlüs-selwort | Auswer-tungsrei-henfolge | Inhalt |
|---|---|---|
| SELECT | 6 | Attribute, Aggregatsfunktionen |
| FROM | 1 | Liste von Tabellen, deren Kreuzprodukt betrachtet wird |
| WHERE | 2 | Boolesche Bedingung, zur Auswahl von Zeilen des Kreuzproduktes |
| GROUP BY | 3 | Liste von Attributen, nach denen gruppiert wird |
| HAVING | 4 | Boolesche Bedingung mit Attributen aus der GROUP-BY-Zeile oder Aggregatsfunktionen zur Auswahl von Gruppen |
| ORDER BY | 5 | Attribute (oder Aggregatsfunktionen bei GROUP BY) für Sortierreihenfolge bei der Ausgabe |

**Abb. 8.3** Struktur und Abarbeitung von SQL-Anfragen

Abb. 8.3 zeigt den allgemeinen Aufbau einer SQL-Anfrage und die Reihenfolge, in der die einzelnen Elemente bearbeitet werden. Diese Bearbeitungsreihenfolge lässt sich sehr gut auf die Erstellung von Anfragen übertragen. Benötigt man eine Anfrage, bei der Auswertungen bezüglich einzelner Attributwerte berechnet werden sollen, so ist der Einsatz einer GROUP BY-Anfrage sinnvoll. Dabei kann man folgendes „Kochrezept" zur Erstellung nutzen.

▶ **Grundsätzliche Ansatz zur Formulierung einfacher SQL-Anfragen.]**

1. Es werden die für die Anfrage interessanten Tabellen ausgesucht und in die FROM-Zeile geschrieben.
2. Es wird die Verknüpfung der benutzen Tabellen in der WHERE-Bedingung festgelegt. Typisch ist die Verknüpfung von Primär- und Fremdschlüsseln, die einzelnen Bedingungen werden mit AND verknüpft.
3. Falls es die Anfrage erfordert, werden die weiteren Anforderungen in Teilbedingungen übersetzt. Die resultierende Teilbedingung wird mit AND mit der Bedingung aus (2) verknüpft.
4. Attribute, für die eine Auswertung erfolgen soll, werden in die GROUP BY-Zeile aufgenommen. Dabei ist es sinnvoll, sich das bis zum Schritt (3) erreichte Ergebnis sortiert nach dem Gruppierungsattribut oder den Gruppierungsattributen vorzustellen.
5. Falls gewisse Gruppen nicht im Ergebnis auftreten sollen, werden sie durch die Formulierung einer HAVING-Bedingung ausgeschlossen. Nur Gruppen, die diese Bedingung erfüllen, werden zur Ergebnisdarstellung genutzt.

6. Es werden die Informationen, z. B. Attribute und Berechnungen durch Aggregatsfunktionen, ausgewählt, die für die Ergebnisausgabe wichtig sind und in die SELECT-Zeile geschrieben. Zu beachten ist, dass nur Attribute aus der GROUP BY-Zeile in der SELECT-Zeile, der HAVING-Bedingung und der ORDER BY-Zeile stehen dürfen.
7. Bei Bedarf wird in der ORDER BY-Zeile angegeben, in welcher Reihenfolge die Ausgaben erfolgen sollen.

Die Schritte (6) und (7) können vertauscht werden.

## 8.5  Fallstudie

Mit den bisher vorgestellten SQL-Möglichkeiten können folgende gewünschte Anfragen zu statistischen Auswertungen aus dem Unterkapitel „2.6 Fallstudie" formuliert werden.

Gib zu jedem Projekt die Anzahl der zugehörigen Risiken und die durchschnittliche Wahrscheinlichkeit des Eintreffens aus.

```
SELECT Projekt.Name, COUNT(*) Risikoanzahl,
       AVG(Risiko.WKeit) Wahrscheinlichkeit
  FROM Projekt, Risiko
  WHERE Projekt.ProNr=Risiko.Projekt
  GROUP BY Projekt.ProNr, Projekt.Name
```

In der Gruppierung wurden zwei Spalten aufgenommen, da es möglich ist, dass es mehrere Projekte mit gleichen Namen geben kann. Durch die Aufnahme der Spalte Projekt.ProNr wird sichergestellt, dass verschiedene Projekte mit gleichen Namen im Ergebnis getrennt auftreten. Dieser Trick wird auch bei den folgenden Anfragen teilweise verwendet.

Ausgabe:

```
NAME        RISIKOANZAHL    WAHRSCHEINLICHKEIT
--------    ------------    ------------------

GUI              2                  50
WebShop          2                  50
```

Gib zu jedem Projekt die Summe der erwarteten Zusatzkosten, berechnet aus dem maximalen Zusatzaufwand und der Eintrittswahrscheinlichkeit, aus.

```
SELECT Projekt.Name,
  SUM(Risiko.Auswirkung*Risiko.Wkeit/100)
                Mehraufwand
```

```
FROM Projekt, Risiko
WHERE Projekt.ProNr=Risiko.Projekt
GROUP BY Projekt.ProNr, Projekt.Name
```

Ausgabe:

```
NAME        MEHRAUFWAND
--------    -----------
GUI             36000
WebShop         24000
```

Gib zu jeder Maßnahme den frühesten Zeitpunkt zur Überprüfung an.

```
SELECT Massnahme.Titel,
       MIN (Zuordnung.Pruefdatum) PDatum
  FROM Massnahme, Zuordnung
  WHERE Massnahme.MNr= Zuordnung.Massnahme
  GROUP BY Massnahme.Titel
```

Ausgabe:

```
TITEL            PDATUM
-------------    --------
Vertragspruefung 20.01.23
Werkzeugschulung 30.07.23
```

Gib zu jeder Maßnahme an, zur Bearbeitung von wie vielen Risiken sie eingesetzt werden soll.

```
SELECT Massnahme.Titel, COUNT(*) Risikoanzahl
  FROM Risiko, Massnahme, Zuordnung
  WHERE Risiko.RNr= Zuordnung.Risiko
    AND Massnahme.MNr=Zuordnung.Massnahme
  GROUP BY Massnahme.MNr, Massnahme.Titel
```

Ausgabe:

```
TITEL            RISIKOANZAHL
-------------    ------------
Vertragspruefung       2
Werkzeugschulung       1
```

Gib die Risikogruppen aus, denen mindestens zwei Risiken zugeordnet wurden.

```
SELECT Risikogruppe.Gruppe
  FROM Risiko, Risikogruppe
  WHERE Risiko.Gruppe=Risikogruppe.RGNr
  GROUP BY Risikogruppe.Gruppe
  HAVING COUNT(*)>=2
```

Ausgabe:

```
GRUPPE
-------------
Kundenkontakt
```

Die Anfrage „Gib zu jedem Risiko die Anzahl der getroffenen Maßnahmen aus." kann noch nicht vollständig formuliert werden, da es auch Risiken geben kann, zu denen noch keine Maßnahmen ergriffen wurden. Da das Ergebnis „0" bei Gruppenberechnungen nicht auftreten kann, wird diese Anfrage erst im folgenden Kapitel vollständig formuliert.

## 8.6 Aufgaben

### Wiederholungsfragen

Versuchen Sie zur Wiederholung folgende Aufgaben aus dem Kopf, d. h. ohne nochmaliges Blättern und Lesen zu beantworten.

1. Welche Probleme gibt es, wenn man keine Gruppierungen nutzt?
2. Warum sollte man auf handgeschriebene Zwischenergebnisse bei der Anfrageerstellung verzichten?
3. Wie kann man die Auswertung einer Gruppierung in SQL veranschaulichen?
4. Was ist bei der Erstellung einer SELECT-Zeile bei der Nutzung von Gruppierungen zu beachten?
5. Welche Auswirkungen haben NULL-Werte auf Gruppierungen?
6. Wozu dient die HAVING-Zeile, wann wird sie ausgewertet?
7. Wie sieht der allgemeine Aufbau einer SQL-Anfrage aus, in welchen Schritten wird sie ausgewertet?

Gegeben seien die Tabellen aus den Aufgaben zu Kap. 7. Formulieren Sie folgende Anfragen.

1. Geben Sie eine Liste aller Veranstaltungstitel mit den in den bisherigen zugehörigen Prüfungen erreichten Durchschnittsnoten aus.
2. Geben Sie eine Liste mit den Namen aller Dozenten und der Anzahl der bisher in einem Fach des Dozenten abgelegten Prüfungen aus.
3. Geben Sie die Namen aller Studierenden aus, deren Durchschnittsnote in den abgelegten Prüfungen besser als 2,5 ist.
4. Geben Sie die Namen aller Produkte (Pname) aus, die verkauft werden können.
5. Geben Sie die Namen aller Produkte (Pname) aus, die auf dem Bon mit der BonID 1 verkauft werden.
6. Geben Sie eine Liste aller Einzelverkäufe (Anzahl, Pname) aus, die Müller durchgeführt hat, z. B. (Wodka, 2).
7. Geben Sie eine Liste aller Produkte (Pname) aus, die auf mindestens zwei verschiedenen Bons verkauft werden.
8. Geben Sie für jedes Produkt aus, wie häufig es insgesamt (Pname, Gesamtzahl) verkauft wurde.
9. Geben Sie für jeden Bon die Gesamtsumme aller Verkäufe (BonID, Gesamtsumme) aus.

Gegeben seien die folgenden Tabellen mit Informationen über Bons, die in einem Supermarkt an verschiedenen Kassen erstellt werden. Formulieren Sie folgende Anfragen, beachten Sie dabei, dass nicht alle Anfragen mit Gruppierungen gelöst werden müssen.

| Bon | | |
|---|---|---|
| BonID | Kasse | Verkaeufer |
| 1 | 1 | Müller |
| 2 | 2 | Meier |
| 3 | 2 | Müller |

| Bonposition | | | |
|---|---|---|---|
| BPID | BonID | ProdID | Anzahl |
| 1 | 1 | 1 | 2 |
| 2 | 1 | 2 | 1 |
| 3 | 1 | 3 | 5 |

(Fortsetzung)

(Fortsetzung)

Bonposition

| 4 | 2 | 1 | 3 |
|---|---|---|---|
| 5 | 2 | 4 | 4 |
| 6 | 3 | 1 | 2 |
| 7 | 3 | 3 | 3 |

Produkt

| ProdID | Pname | Preis |
|--------|-------|-------|
| 1 | Wodka | 5 |
| 2 | Whisky | 7 |
| 3 | Cola | 2 |
| 4 | Wasser | 1 |

# Verschachtelte Anfragen in SQL

**9**

**Zusammenfassung**

Nachdem in den letzten beiden Kapiteln alle Grundlagen für einfache Anfragen, die unterschiedlichen syntaktischen Möglichkeiten und die verschiedenen Herangehensweisen an die Anfragenerstellung gezeigt wurden, steht in diesem Kapitel die Möglichkeit zur Verknüpfung von Anfragen im Mittelpunkt. Es wird gezeigt, wie einzelne Anfragen mit ihren Ergebnissen in andere Anfragen eingebaut werden können. Sie lernen dabei schrittweise sehr mächtige, aber auch komplexe Anfragen zu erstellen.

Dabei werden unterschiedliche Stile und Vorgehensweisen diskutiert, wie man für die gleiche Aufgabe zu unterschiedlichen Lösungsansätzen kommen kann. Dies ist interessant, weil der „einfachste Lösungsweg" bei nicht-trivialen Anfragen nicht nur vom Wissen über SQL, sondern auch von den Denkstrukturen des Anfragenschreibers abhängt und so ein individueller Lösungsweg entwickelt werden k ann.

## 9.1 Nutzung von Mengen-Operatoren

In der Mathematik gibt es drei zentrale Rechenoperationen auf Mengen. Mit der Vereinigung werden die Elemente zweier Mengen in einer Menge zusammengefasst. Den Durchschnitt zweier Mengen bildet eine Menge der Elemente, die in beiden Ausgangsmengen vorkommt. Zieht man von einer Menge eine andere Menge ab, erhält man eine Menge der Elemente der ersten Menge, die nicht in der zweiten Menge vorkommen (Abb. 9.1).

---

**Ergänzende Information** Die elektronische Version dieses Kapitels enthält Zusatzmaterial, auf das über folgenden Link zugegriffen werden kann https://doi.org/10.1007/978-3-658-43023-8_9.

| Gehege | | | Tier | | | Art | |
|---|---|---|---|---|---|---|---|
| Gname | Flaeche | | GNr | Tname | Gattung | Gattung | MinFlaeche |
| Wald | 30 | | 1 | Laber | Baer | Baer | 8 |
| Feld | 20 | | 1 | Sabber | Baer | Hase | 2 |
| Weide | 15 | | 2 | Klopfer | Hase | Schaf | 5 |
| | | | 3 | Bunny | Hase | | |
| | | | 2 | Runny | Hase | | |
| | | | 2 | Hunny | Hase | | |
| | | | 2 | Harald | Schaf | | |
| | | | 3 | Walter | Schaf | | |
| | | | 3 | Dörthe | Schaf | | |

**Abb. 9.1**  Anschauungsbeispiel für dieses Kapitel

Diese drei Operationen kann man auch auf Tabellen anwenden. Dabei ist der Umgang mit mehrfach vorhandenen Werten zu beachten. Bei mathematischen Mengen können nach der Definition einer Menge keine doppelten Elemente auftreten. Dies ist allerdings in SQL-Tabellen erlaubt. Aus diesem Grund gibt es jeden Mengenoperator in zwei Ausführungen. In der ersten Ausführung wird die Mengeneigenschaft berücksichtigt, d. h. im Ergebnis kann jede Zeile nur einmal auftreten. In der zweiten Ausführung werden die Anzahlen der vorhandenen Elemente berücksichtigt. Ist z. B. ein Element in der einen Tabelle dreimal und in der anderen Tabelle zweimal vorhanden, ist das Element in der Vereinigung fünfmal vorhanden. In der Mathematik spricht man hier von Multimengen.

Diese Erklärung soll zunächst mit mehreren Beispielen wieder anhand der Tabellen aus Abb. 9. 1 veranschaulicht werden. Danach wird der praktische Nutzen noch genauer erläutert.

Möchte man alle Gattungen bestimmen, die in den Gehegen mit den Nummern 2 und 3 leben, so kann man die Menge der Gattungen bestimmen, die im Gehege mit der Nummer 2 leben und die Menge mit den Gattungen aus der Nummer 3 vereinigen. Die zugehörige Anfrage lautet in SQL:

```
SELECT Tier.Gattung
   FROM Tier
   WHERE Tier.Gnr=2
 UNION
  SELECT Tier.Gattung
   FROM Tier
   WHERE Tier.Gnr=3
```

Das Ergebnis der Anfrage ist:

```
GATTUNG
-------
Hase
Schaf
```

Man kann sich leicht überlegen, dass eine Vereinigung eng mit dem OR in der WHERE-Bedingung verwandt ist. Die folgende Anfrage führt zum gleichen Ergebnis, dabei sind die einzelnen WHERE-Bedingungen mit OR verknüpft, und DISTINCT sorgt dafür, dass keine Mehrfachnennungen möglich sind.

```
SELECT DISTINCT Tier.Gattung
    FROM Tier
    WHERE Tier.Gnr=2
     OR Tier.Gnr=3
```

Aus dem Beispiel lassen sich bereits die Randbedingungen ableiten, die erfüllt sein müssen, damit Mengenoperationen angewandt werden können. Die resultierenden Tabellen der Teilanfragen müssen im Ergebnis die gleiche Spaltenanzahl haben. Weiterhin müssen die Spalten vom Typ her zusammen passen. Also Zahlen zu Zahlen und Texte zu Texten. Zusätzlich müssen die Einträge noch von den Datentypen zusammen passen, z. B. kann ein Text der Länge 10 nicht in ein VARCHAR(5)-Feld eingetragen werden, was anders herum durchaus möglich ist. Es finden keine Umwandlungen zwischen Zahlen und Texten statt.

Werden mit UNION ALL doppelte Elemente nicht gelöscht, so kann man der Vereinigung ansehen, wie viele Tiere der Gattungen in den Gehegen zusammen vorhanden sind. Die Anfrage lautet:

```
SELECT Tier.Gattung
  FROM Tier
  WHERE Tier.Gnr=2
UNION ALL
SELECT Tier.Gattung
  FROM Tier
  WHERE Tier.Gnr=3
```

Das Ergebnis der Anfrage ist:

```
GATTUNG
-------
Schaf
Hase
Hase
```

```
Hase
Hase
Schaf
Schaf
```

Betrachtet man den Durchschnitt der Ergebnisse der letzten beiden Teilanfragen, ohne Doppelte zu beachten, erhält man die Antwort auf die Frage, welche Gattungen in beiden Gehegen vorkommen.

```
SELECT Tier.Gattung
   FROM Tier
   WHERE Tier.Gnr=2
INTERSECT
 SELECT Tier.Gattung
  FROM Tier
  WHERE Tier.Gnr=3
```

Das Ergebnis der Anfrage ist das gleiche wie vorher, da in beiden Gehegen Hasen und Schafe vorkommen:

```
GATTUNG
-------
Hase
Schaf
```

Interessant ist, dass der Durchschnitt nicht direkt mit dem AND in der WHERE-Bedingung verwandt ist. Betrachtet man die folgende Anfrage

```
SELECT Tier.Gattung
     FROM Tier
   WHERE Tier.Gnr=2
       AND Tier.Gnr=3
```

so enthält das Ergebnis keine Zeilen, da eine Zeile der Tabelle Tier nicht gleichzeitig verschiedene Gehegenummern enthalten kann. Beim Durchschnitt ist zu beachten, dass zwei unterschiedliche Zeilen betroffen sind. Dies führt zu dem bereits vorgestellten Ansatz, bei dem zwei Einträge der Tabelle Tier, also diese Tabelle doppelt in der FROM-Zeile berücksichtigt werden muss.

```
SELECT DISTINCT T1.Gattung
     FROM Tier T1, Tier T2
     WHERE T1.Gnr=2
```

```
        AND T2.Gnr=3
        AND T1.Gattung=T2.Gattung
```

Man erhält das gleiche Ergebnis wie bei der SQL-Anfrage mit INTERSECT.

Ein alternativer Ansatz mit einer Gruppierung ist nicht einfacher, da hier zwei Gruppen verglichen werden müssen.

Beim Durchschnitt können auch mehrfache Elemente berücksichtigt werden. Im folgenden Beispiel wird berechnet, welche Gattungen wie häufig gleichzeitig in beiden Gehegen vorkommen. Die Anfrage lautet:

```
SELECT Tier.Gattung
    FROM Tier
    WHERE Tier.Gnr=2
  INTERSECT ALL
    SELECT Tier.Gattung
      FROM Tier
      WHERE Tier.Gnr=3
```

Das Ergebnis der Anfrage ist:

```
GATTUNG
-------
Hase
Schaf
```

Die beiden bisher vorgestellten Operationen sind symmetrisch, d. h. man kann die Positionen der Teilanfragen vertauschen. Dies ist bei der Mengendifferenz nicht mehr der Fall. Diese wird nach Standard mit EXCEPT berechnet, es gibt allerdings Datenbank-Managementsysteme, die stattdessen das Schlüsselwort MINUS nutzen, z. B. Oracle bis zur Version 21. Die folgende Anfrage liefert die Gattungen, die im Gehege mit der Nummer 2, aber nicht im Gehege mit der Nummer 3 vorkommen.

```
SELECT Tier.Gattung
    FROM Tier
    WHERE Tier.Gnr=2
  EXCEPT
    SELECT Tier.Gattung
      FROM Tier
      WHERE Tier.Gnr=3
```

Das Ergebnis enthält keine Zeilen. Die Anfrage mit dem gleichen Ergebnis ohne Mengenoperation kann mit dem bisherigen Wissen nicht formuliert werden. Eine alternative Formulierung steht im Unterkapitel „9.3 Teilanfragen in der WHERE-Bedingung". Ein alternativer Ansatz, der nicht zum Erfolg führt, ist die Anfrage

```
SELECT DISTINCT T1.Gattung
    FROM Tier T1, Tier T2
    WHERE T1.Gnr=2
        AND T2.Gnr=3
        AND T1.Gattung<>T2.Gattung
```

Die Anfrage liefert als Ergebnis

```
GATTUNG
-------
Hase
Schaf
```

was nicht dem vorherigen Ergebnis entspricht. Das Problem ist, dass hier nicht zwei Zeilen betrachtet werden müssen, sondern die Kombination einer Zeile mit einem Eintrag mit der Gehegenummer 2 und allen Zeilen, die zur Gehegenummer 3 gehören. Der Vergleich mit einer unbestimmten Anzahl von Zeilen ist mit dem bisher beschriebenen SQL-Anfragemöglichkeiten nicht realisierbar.

Auch bei der Mengendifferenz kann die Elementanzahl berücksichtigt werden. Die folgende Anfrage

```
SELECT Tier.Gattung
    FROM Tier
    WHERE Tier.Gnr=2
    EXCEPT ALL
      SELECT Tier.Gattung
        FROM Tier
        WHERE Tier.Gnr=3
```

liefert folgendes Ergebnis:

```
GATTUNG
-------
Hase
Hase
```

In der Gegenüberstellung möglicher Anfragen, die zum gleichen Ergebnis führen, hat man bereits gesehen, dass sich durch die Kombination sehr einfacher Anfragen relativ komplexe Anfragen formulieren lassen, für die man sonst den Trick mit der doppelt genannten Tabelle in der FROM-Zeile nutzen müsste. Ein typisches Einsatzfeld von Mengenoperationen ist die Überprüfung der Vollständigkeit von Daten.

Die Anfrage nach Gattungen, die in der Tabelle Art eingetragen sind, aber nicht in der aktuellen Tierliste vorkommen, lautet:

```
SELECT Art.Gattung
    FROM Art
  EXCEPT
    SELECT Tier.Gattung
    FROM Tier
```

Die Antwort enthält keine Ausgabe. Würde eine Gattung ausgegeben, so könnte sie aus der Tabelle Art gelöscht werden. Zu beachten ist, dass EXCEPT nicht symmetrisch ist, also auch die Frage nach Gattungen, die in der Tier-Tabelle stehen, aber nicht in der Tabelle Art eingetragen sind, Sinn macht.

```
SELECT Tier.Gattung
    FROM Tier
  EXCEPT
    SELECT Art.Gattung
    FROM Art
```

Im konkreten Beispiel wird wieder keine Zeile ausgegeben. Sind die Tabellen mit FOREIGN KEY-Beziehungen definiert, muss dies auch so sein, da es immer einen Bezug zu einem Eintrag in der Tabelle Art geben muss.

Generell kann man aus den Betrachtungen einen Ansatz herleiten, der für zwei Tabellen T1 und T2 bestimmt, ob diese den gleichen Inhalt haben. Bildet man die Mengendifferenzen der Tabellen, so müssen beide Differenzen leer sein, also die Anfrage

```
(SELECT *
    FROM T1
  EXCEPT
    SELECT *
    FROM T2)
UNION
  (SELECT *
  FROM T2
  EXCEPT
  SELECT *
```

**Abb. 9.2** Beispieltabelle mit
NULL-Werten

Personal

| PNr | Name | Status |
|-----|------|--------|
| 1 | Anton | Junior |
| 2 | Berti | |
| 3 | Conni | |
| 4 | Det | Senior |

```
FROM T1)
```

darf keine Ausgabezeile liefern. Falls man Tabellen mit mehrfachen Einträgen hat,
muss EXCEPT ALL genutzt werden.

Eine weitere Einsatzmöglichkeit der Mengenoperationen besteht darin, in Ausgaben
Attributwerte abzuändern. Konkret könnte der Wunsch bestehen, NULL-Werte in der
Ausgabe durch Standardwerte zu ersetzen. Abb. 9.2 zeigt eine Tabelle, in der für einige
Personen vergessen wurde, einen Statuswert anzugeben. In einer Ausgabe soll allerd-
ings kein leeres Feld, sondern der Text „unbekannt" angezeigt werden. Der Ansatz
ist, zunächst die Personen auszugeben, für die ein Statuswert bekannt ist, und diese
Ausgabe dann mit einem Ergebnis einer Anfrage zu vereinigen, in der nur Personen
betrachtet werden, deren Status-Wert NULL ist. Für den NULL-Wert wird dann nicht der
Status-Wert ausgegeben, sondern in der SELECT-Zeile ein Standardwert definiert. Die
Möglichkeit Spalten in der Ausgabe zu ergänzen, wurde im Unterkapitel „7.1 Ausgabe
der eingegebenen Informationen" beschrieben. Die Anfrage lautet:

```
SELECT *
    FROM Personal
    WHERE Personal.Status IS NOT NULL
UNION
 SELECT Personal.Pnr, Personal.Name,
      'unbekannt'
 FROM Personal
 WHERE Personal.Status IS NULL
```

Das Ergebnis der Anfrage ist:

```
    PNR NAME    STATUS
---------- ----- ---------
      1 Anton Senior
      2 Berti unbekannt
      3 Conni unbekannt
      4 Det   Senior
```

Es sei daran erinnert, dass das Datenbank-Managementsystem ohne Angabe einer ORDER BY-Zeile selbst die Reihenfolge in der Ausgabe bestimmen kann.

## 9.2    Teilanfragen in der SELECT-Zeile

Im vorherigen Unterkapitel wurde erneut wie im Kap. 7 gezeigt, dass man zusätzliche Spalten in Ergebnistabellen erzeugen kann. Diese Idee kann auch genutzt werden, um vorher berechnete Ergebnisse einer Teilanfrage anzuzeigen.

Der Ansatz beruht darauf, dass in SQL einzeilige und einspaltige Ergebnistabellen wie der eingetragene Wert behandelt werden können. Ein Beispiel zeigt die folgende Anfrage, bei der neben den Einträgen der Gehegetabelle noch zusätzlich die insgesamt von den Gehegen verbrauchte Fläche angezeigt werden soll. Die Anfrage lautet:

```
SELECT Gehege.*,
   (SELECT SUM(Gehege.Flaeche)
    FROM Gehege) Gesamtflaeche
FROM Gehege
```

Das Ergebnis der Anfrage ist:

```
   GNR GNAME    FLAECHE GESAMTFLAECHE
-------- ------ ---------- --------------
     1 Wald          30            65
     2 Feld          20            65
     3 Weide         15            65
```

Grundsätzlich kann man davon ausgehen, dass zunächst die innere Anfrage ausgewertet wird und im nächsten Schritt die Auswertung der umgebenden Anfrage geschieht.

Statt der einfachen Ausgabe in einer zusätzlichen Spalte, können die Ergebnisse einer Anfrage in einer SELECT-Zeile auch zur Berechnung genutzt werden. Dabei kann der berechnete Wert, wie andere Werte auch, mit anderen Attributwerten verknüpft werden. Mit der folgenden Anfrage wird der Anteil jedes Geheges an der Gesamtfläche ausgegeben.

```
SELECT Gehege.Gname,
       Gehege.Flaeche*100/
            (SELECT SUM(Gehege.Flaeche)
             FROM Gehege) Anteil
   FROM Gehege
```

Das Ergebnis der Anfrage ist:

```
GNAME   ANTEIL
------  ----------
Wald    46,1538462
Feld    30,7692308
Weide   23,0769231
```

Wichtig bei dieser Form der Schachtelung der Anfragen ist die Verantwortung des Nutzers dafür, dass das Ergebnis der inneren Anfrage genau der gewünschten Form entspricht. Ist dies nicht der Fall, erhält man bei der Ausführung der Anfrage eine Fehlermeldung, wie folgende Anfrage zeigt, bei der eine Verknüpfung mit einer einspaltigen, aber dreizeiligen Ergebnistabelle versucht wird.

```
SELECT Gehege.Gname,
       (SELECT Art.Gattung
         FROM Art)
  FROM Gehege
```

Eine typische Reaktion des Systems kann wie folgt aussehen.

```
Unterabfrage für eine Zeile liefert mehr als eine Zeile
```

Falls die Unteranfrage kein Ergebnis liefert, wird eine Spalte mit NULL-Werten erzeugt, wie folgendes Beispiel zeigt.

```
SELECT Gehege.Gname,
       (SELECT Art.Gattung
         FROM Art
         WHERE Art.MinFlaeche=7) G7
  FROM Gehege
```

Das Ergebnis der Anfrage ist:

```
GNAME  G7
------ -------
Wald
Feld
Weide
```

Insgesamt kann man die Möglichkeit, Anfragen in die SELECT-Zeile einzubauen, als nützlich, aber nicht besonders mächtig ansehen.

## 9.3    Teilanfragen in der WHERE-Bedingung

Die im vorherigen Unterkapitel vorgestellte Idee, in SQL einzeilige und einspaltige
Tabellen als den Wert aufzufassen, der in dem einen Eintrag steht, kann auch in WHERE-
Bedingungen genutzt werden. Bisher war es nicht möglich, zu der Größe des größten
Geheges auch den Namen dieses Geheges auszugeben. Diese Möglichkeit wird durch
folgende Anfrage geschaffen.

```
SELECT Gehege.Gname, Gehege.Flaeche
   FROM Gehege
   WHERE Gehege.Flaeche=(SELECT MAX(Gehege.Flaeche)
                   FROM Gehege)
```

Das Ergebnis der Anfrage ist:

```
GNAME     FLAECHE
------ ----------
Wald          30
```

Man beachte, dass die Minimum- und Maximum-Berechnung auch auf Texten möglich
ist. Das Tier mit dem alphabetisch zuerst vorkommenden Namen, zusammen mit seiner
Gattung, kann durch folgende Anfrage bestimmt werden.

```
SELECT Tier.Tname, Tier.Gattung
   FROM Tier
   WHERE Tier.Tname= (SELECT MIN(Tier.Tname)
                FROM Tier)
```

Das Ergebnis der Anfrage ist:

```
TNAME     GATTUNG
-------- -------
Bunny     Hase
```

Sollte es mehrere Tiere mit diesem Namen geben, so würden alle Tiere in einer
mehrzeiligen Ausgabe ausgegeben werden. Es kann dabei nicht nur auf Gleichheit, sondern auch mit <, < = , >, > = und <> überprüft werden. Mit der folgenden Anfrage
werden alle Gattungen ausgegeben, die mindestens soviel Fläche verbrauchen wie der
Durchschnitt aller Gattungen.

```
SELECT Art.Gattung
    FROM Art
    WHERE Art.MinFlaeche>=
                (SELECT AVG(Art.MinFlaeche)
                FROM Art)
```

Das Ergebnis der Anfrage ist:

```
GATTUNG
-------
Baer
Schaf
```

Wieder ist der Anfragensteller dafür verantwortlich, dass die Teilanfrage ein passendes Ergebnis liefert. Dabei ist typischerweise genau ein Ergebnis sinnvoll. Falls kein Ergebnis vorliegt, wird mit dem NULL-Wert verglichen. Dies ist selten sinnvoll und kann zu ungewöhnlichen Ergebnissen führen. In dem folgenden Beispiel werden in der Teilanfrage alle Gattungen bestimmt, die genau eine MinFläche von 6 benötigen. In der umgebenden Anfrage werden alle Tiere ausgegeben, die zu dieser Gattung gehören.

```
SELECT Tier.Tname
    FROM Tier,Art
    WHERE Tier.Gattung=Art.Gattung
    AND Art.Gattung=(SELECT Art.Gattung
                FROM Art
                WHERE Art.MinFlaeche=6)
```

Das Ergebnis hat keine Ausgabezeilen, da bei „ = NULL" immer der Wert undefiniert als Ergebnis herauskommt. Wird „ = 6" in der letzten Anfrage durch „> = 5" ersetzt, erhält man eine Fehlermeldung der folgenden Art:

```
Unterabfrage für eine Zeile liefert mehr als
eine Zeile
```

Neben den Vergleichen mit einzeiligen und einspaltigen Anfrageergebnissen gibt es auch die Möglichkeit, mit einer einspaltigen Liste von Werten zu vergleichen. Dazu wird in der Teilanfrage eine einspaltige Tabelle berechnet und dann ein Vergleich mit jedem Element dieser Spalte durchgeführt. Es gibt zwei Varianten. In der ersten Variante soll der Vergleich mit allen Elementen erfolgreich sein, erkennbar am Schlüsselwort ALL. In der zweiten Variante soll der Vergleich mit mindestens einem Element der Liste erfolgreich sein, erkennbar am Schlüsselwort ANY.

Mit der ersten Beispielanfrage wird nach den Namen der Gehege gesucht, die mindesten so groß sind wie alle Gehege, in denen Hasen leben. Dazu wird zunächst mit einer Teilanfrage eine Liste der Gehegegrößen erstellt, in denen Hasen leben. Die Teilanfrage lautet:

```
SELECT Gehege.Flaeche
 FROM Gehege, Tier
 WHERE Gehege.Gnr= Tier.Gnr
  AND Tier.Gattung='Hase'
```

Das Ergebnis dieser Anfrage ist:

```
        FLAECHE
     ----------
             20
             15
             20
             20
```

Diese Anfrage wird in einer Anfrage eingesetzt, in der für auszugebende Gehege gefordert wird, dass ihre Fläche größer-gleich als alle Werte ist, die in der vorher berechneten Liste stehen.

```
SELECT Gehege.Gname
 FROM Gehege
 WHERE Gehege.Flaeche >= ALL
            (SELECT Gehege.Flaeche
             FROM Gehege, Tier
             WHERE Gehege.Gnr= Tier.Gnr
              AND Tier.Gattung='Hase')
```

Das Ergebnis der Anfrage ist:

```
GNAME
------
Wald
Feld
```

Ist man an Gehegen interessiert, die mindestens so groß sind wie ein Gehege, in denen ein Hase lebt, kann der Vergleich mit ANY stattfinden, da nur nach irgendeinem Gehege mit Hasen gesucht wird, das nicht größer ist.

Die zugehörige Anfrage lautet:

```
SELECT Gehege.Gname
 FROM Gehege
 WHERE Gehege.Flaeche >= ANY
              (SELECT Gehege.Flaeche
               FROM Gehege, Tier
               WHERE Gehege.Gnr= Tier.Gnr
               AND Tier.Gattung='Hase')
```

Das Ergebnis der Anfrage ist:

```
GNAME
------
Wald
Feld
Weide
```

Betrachtet man die letzten beiden Anfragen kritisch, so kann man feststellen, dass man Anfragen ohne ANY und ALL formulieren kann, in denen man die MIN- und MAX-Berechnung einsetzt. Die folgenden zwei Anfragen führen nämlich zu den gleichen Ergebnissen.

```
SELECT Gehege.Gname
 FROM Gehege
 WHERE Gehege.Flaeche >=
              (SELECT MAX(Gehege.Flaeche)
               FROM Gehege, Tier
               WHERE Gehege.Gnr= Tier.Gnr
               AND Tier.Gattung='Hase')
```

und

```
SELECT Gehege.Gname
 FROM Gehege
 WHERE Gehege.Flaeche >=
              (SELECT MIN(Gehege.Flaeche)
               FROM Gehege, Tier
               WHERE Gehege.Gnr= Tier.Gnr
               AND Tier.Gattung='Hase')
```

Dieser Zusammenhang zwischen ALL und MAX sowie ANY und MIN ist sehr häufig festzustellen. Er gilt immer, wenn keine NULL-Werte auftreten. In diesen Fällen ist es eine Frage des Geschmacks und der Performance des Datenbank-Managementsystems, welche Form gewählt wird. Sind NULL-Werte vorhanden, so gilt die aufgezeigte enge Bindung nicht. Dazu wird die Tabelle aus Abb. 9.3 betrachtet.

Es sollen die Namen des Personals ausgegeben werden, das mindestens soviel verdient, wie alle mit dem Status „Junior". Die Anfrage lautet.

```
SELECT Personal2.Name
 FROM Personal2
 WHERE Personal2.Gehalt >= ALL
       (SELECT Personal2.Gehalt
        FROM Personal2
        WHERE Personal2.Status='Junior')
```

Eventuell auf den ersten Blick überraschend wird keine Zeile ausgegeben. Der Grund hierfür ist, dass der Vergleich mit jedem Gehalt eines Juniors stattfindet. Dabei ist ein Gehaltswert NULL. Vergleiche mit NULL ergeben „unbekannt", damit ist die Forderung, dass die Bedingung für jedes Teilergebnis nach „wahr" ausgewertet wird, nicht immer erfüllt und es wird keine Ergebniszeile berechnet. Die folgende Anfrage nutzt die Maximumsberechnung.

```
SELECT Personal2.Name
 FROM Personal2
 WHERE Personal2.Gehalt >=
          (SELECT MAX(Personal2.Gehalt)
             FROM Personal2
             WHERE Personal2.Status='Junior')
```

Das Ergebnis der Anfrage ist:

```
NAME
-----
Anton
Berti
Det
```

**Abb. 9.3** Tabelle mit
NULL-Werten

Personal2

| PNr | Name | Status | Gehalt |
|-----|------|--------|--------|
| 1 | Anton | Junior | 2000 |
| 2 | Berti |  | 4000 |
| 3 | Conni |  | 1000 |
| 4 | Det | Senior | 3000 |
| 5 | Edi | Junior |  |

Es werden Zeilen ausgegeben, da bei der MAX-Berechnung keine NULL-Werte berücksichtigt werden. Diese Anfrage führt also zum gleichen Ergebnis, als wenn in der
vorherigen Teilanfrage NULL-Werte ausgeschlossen würden. Die Anfrage lautet dann:

```
SELECT Personal2.Name
   FROM Personal2
   WHERE Personal2.Gehalt >= ALL
       (SELECT Personal2.Gehalt
          FROM Personal2
          WHERE Personal2.Status='Junior'
            AND Personal2.Gehalt IS NOT NULL)
```

Vergleichbare Betrachtungen kann man bezüglich NULL-Werten auch für „< = ANY"
durchführen. Man kann daraus ableiten, dass man ANY und ALL nicht einsetzt, wenn man
„unerwartet" auf NULL-Werte treffen könnte.

Das Schlüsselwort IN kann in WHERE-Bedingungen auch ohne Teilanfrage genutzt
werden. In diesem Fall ersetzt es eine OR-Verknüpfung. In der Syntax steht auf der linken
Seite ein Attribut oder ein Wert, der in der Liste, die auf der rechten Seite steht, enthalten
sein muss. Möchte man die Namen aller Tiere herausfinden, die ein Bär oder ein Schaf
sind, kann dies mit folgender Anfrage geschehen.

```
SELECT Tier.Tname
 FROM Tier
 WHERE Tier.Gattung = 'Baer'
   OR Tier.Gattung = 'Schaf'
```

Alternativ kann hier auch der IN-Operator genutzt werden.

```
SELECT Tier.Tname
 FROM Tier
 WHERE Tier.Gattung IN ('Baer','Schaf')
```

Die beiden letzten Anfragen führen beide zum folgenden Ergebnis.

```
TNAME
--------
Laber
Sabber
Harald
Walter
Dörthe
```

Statt die Menge auf der rechten Seite direkt anzugeben, kann man diese Menge auch durch eine Anfrage berechnen. Das Ergebnis der Anfrage muss in diesem Fall eine einspaltige Tabelle sein. Es wird geprüft, ob der Wert auf der linken Seite in dieser Liste vorkommt. In der folgenden Anfrage werden die Namen aller Tiere im Zoo gesucht, deren Gattung im Gehege Feld vorkommt. Dazu wird zunächst die Liste der Gattungen berechnet, die im Gehege Feld vorkommen. Die Teilanfrage lautet:

```
SELECT Tier.Gattung
   FROM Gehege, Tier
   WHERE Gehege.Gnr=Tier.Gnr
      AND Gehege.Gname='Feld'
```

Das Ergebnis dieser Anfrage ist:

```
GATTUNG
-------
Hase
Hase
Hase
Schaf
```

Diese Teilanfrage kann jetzt in eine größere Anfrage eingebaut werden, in der für alle Tiere des Zoos überprüft wird, ob ihre Gattung in der berechneten Liste vorkommt. Dabei ist es für das Ergebnis egal, ob in der Teilanfrage nach dem SELECT ein DISTINCT steht oder nicht, da Doppelte bei der Untersuchung mit IN automatisch ignoriert werden. Die Anfrage lautet:

```
SELECT Tier.Tname
   FROM Tier
   WHERE Tier.Gattung IN
             (SELECT Tier.Gattung
              FROM Gehege, Tier
              WHERE Gehege.Gnr=Tier.Gnr
              AND Gehege.Gname='Feld')
```

Das Ergebnis der Anfrage ist:

```
TNAME
--------
Klopfer
Bunny
Runny
```

```
Hunny
Harald
Walter
Dörthe
```

Bei den bisherigen verschachtelten Anfragen war es möglich, zuerst die innere Anfrage zu berechnen und dieses Ergebnis dann in der Berechnung der gesamten Anfrage zu nutzten. Dieser Ansatz kann nicht immer gewählt werden. Sollen mithilfe von IN die Namen der Gehege ausgegeben werden, in denen ein Hase vorkommt, so lautet der erste Ansatz in der WHERE-Bedingung

```
WHERE 'Hase'IN
        (SELECT Tier.Gattung
          FROM Tier
          WHERE <untersuchtes Gehege>=Tier.Gnr)
```

D. h. das untersuchte Gehege ist abhängig von einem Eintrag in der Tabelle Gehege. Diese Verbindung wird durch folgende Anfrage hergestellt.

```
SELECT Gehege.Gname
    FROM Gehege
    WHERE 'Hase'IN (SELECT Tier.Gattung
            FROM Tier
            WHERE Gehege.Gnr=Tier.Gnr)
```

Das Ergebnis der Anfrage ist:

```
GNAME
------
Feld
Weide
```

Anschaulich erkennt man, dass in der äußeren Anfrage eine Untersuchung für alle Gehege startet. Für jedes dieser Gehege wird dann in der WHERE-Bedingung untersucht, ob sich ein Hase in diesem Gehege befindet. Zu diesem Zweck muss in der inneren Anfrage auf das äußere Gehege Bezug genommen werden. Grundsätzlich gilt, dass alle Tabellen der äußeren Anfrage auch in der inneren Teilanfrage zugänglich sind. Dabei müssen auch lokale Umbenennungen der Tabellen in der inneren Teilanfrage berücksichtigt werden.

Bei der Erstellung solcher geschachtelten Anfragen machen Anfänger häufig den Fehler, die Information aus der äußeren Anfrage in der inneren Anfrage zu wiederholen. Die letzte Anfrage sieht dann in falscher Form wie folgt aus:

```
SELECT Gehege.Gname
 FROM Gehege
 WHERE 'Hase'IN (SELECT Tier.Gattung
                 FROM Gehege,Tier
                 WHERE Gehege.Gnr=Tier.Gnr)
```

Diese Anfrage wird mit folgendem, zunächst irritierendem Ergebnis ausgeführt:

```
GNAME
------
Wald
Feld
Weide
```

Es ist zu beachten, dass die Gehege-Information in der inneren Anfrage die Gehege-Information der äußeren Anfrage überdeckt, diese ist nicht sichtbar. Die Gehege-Information der inneren Anfrage hat also nichts mit der äußeren Anfrage zu tun. Mit der inneren Anfrage wird eine Liste aller in der Tabelle Tier vorkommenden Gattungen berechnet. Durch den IN-Operator wird geprüft, ob Hase in dieser Liste vorkommt, was der Fall ist. In der äußeren Anfrage wird somit für jedes Gehege geprüft, ob ein Hase in der Liste aller Tiere vorkommt. Der Zusammenhang zwischen dem in der äußeren Anfrage konkret betrachtetem Gehege und der inneren Anfrage ist völlig verloren gegangen. Damit ist die Antwort Wald auch korrekt, da in der WHERE-Bedingung überhaupt nur überprüft wird, ob es Hasen in der Tabelle Tier gibt.

Zur Vervollständigung sei erwähnt, dass man in diesem Fall auch ohne den IN-Operator auskommen kann. Die alternative korrekte Anfrage mit dem gleichen Ergebnis ist:

```
SELECT DISTINCT Gehege.Gname
 FROM Gehege, Tier
 WHERE Gehege.Gnr=Tier.Gnr
   AND Tier.Gattung='Hase'
```

Abhängig von der SQL-Implementierung des Datenbank-Managementsystems können nicht nur einfache Attribute mit IN gesucht werden, sondern auch Paare von Attributen, dabei muss die Anzahl der Attribute auf der linken Seite mit der Spaltenanzahl des Ergebnisses der Teilanfrage übereinstimmen. Ein Beispiel ist die Anfrage nach den Namen der Gehege, in denen ein Schaf namens Harald vorkommt.

```
SELECT Gehege.Gname
 FROM Gehege
 WHERE ('Harald','Schaf') IN
```

```
(SELECT Tier.Tname, Tier.Gattung
 FROM Tier
 WHERE Gehege.Gnr=Tier.Gnr)
```

Mehrstellige Angaben vor dem IN werden nicht von allen Datenbanken, z. B. nicht von Apache Derby, unterstützt. Diese Anfrage kann natürlich auch ohne Anfragenschachtelung gestellt werden. Sie lautet dann:

```
SELECT Gehege.Gname
 FROM Gehege, Tier
 WHERE Gehege.Gnr=Tier.Gnr
  AND Tier.Tname='Harald'
  AND Tier.Gattung='Schaf'
```

Das Ergebnis der beiden letzten Anfragen ist:

```
GNAME
------
Feld
```

Für NULL-Werte ist zu beachten, dass „NULL IN ..." unabhängig von der Liste nach „undefiniert" ausgewertet wird.

Eine weitere Möglichkeit zur Auswahl in der WHERE-Bedingung bietet der EXISTS-Operator. Dieser Operator wird nach „wahr" ausgewertet, wenn die im EXISTS-Operator geschachtelte Anfrage mindestens eine Ergebniszeile liefert. Falls keine Ergebniszeile geliefert wird, wird der Operator nach „falsch" ausgewertet. Ohne auf die syntaktischen Details einzugehen, bleibt festzuhalten, dass die Inhalte der Ergebnisse der inneren Anfragen beim EXISTS-Operator keine Rolle spielen. Es ist nur wichtig, ob keine oder mindestens eine Ergebniszeile geliefert wird.

Ähnlich wie beim IN-Operator, ist ein enger Bezug zwischen äußerer und innerer Anfrage notwendig. Es wird für Elemente der äußeren Anfrage überprüft, ob sie eine zusätzliche Eigenschaft erfüllen. Ein Beispiel ist die Anfrage nach den Gehegen, in denen mindestens auch ein Hase lebt, für die bereits alternative Ansätze vorgestellt wurden. Unter Nutzung des EXISTS-Operators lautet die Anfrage:

```
SELECT Gehege.Gname
 FROM Gehege
 WHERE EXISTS (SELECT *
        FROM Tier
        WHERE Tier.Gnr=Gehege.Gnr
         AND Tier.Gattung='Hase')
```

Das Ergebnis der Anfrage ist

```
GNAME
------
Feld
Weide
```

Wieder ist wichtig, dass in der inneren Anfrage auf die außen betrachteten Gehege Bezug genommen wird, damit ein innerer Zusammenhalt der Anfrage gewährleistet ist. Die bei der Vorstellung des IN-Operators aufgezeigte Fehlerquelle, die Tabelle Gehege erneut in der inneren Anfrage aufzuführen, ist auch für Anfragen mit EXISTS typisch.

Am Anfang dieses Unterkapitels wurde bei der Vorstellung des EXCEPT-Operators bei den Mengenbetrachtungen gezeigt, dass es keine einfache Alternative zur Formulierung der Anfrage gibt. Mit dem EXISTS-Operator wird eine Alternative angeboten. Dies ist besonders deshalb interessant, da einige größere Datenbank-Managementsysteme nicht EXCEPT, dafür aber EXISTS unterstützen.

Es wurden die Gattungen gesucht, die im Gehege mit der Nummer 2, aber nicht im Gehege mit der Nummer 3 vorkommen. Diese Anfrage kann wie folgt formuliert werden.

```
SELECT T1.Gattung
  FROM Tier T1
  WHERE T1.Gnr=2
   AND NOT EXISTS (SELECT *
                    FROM Tier T2
                    WHERE T2.Gnr=3
                    AND T1.Gattung=T2.Gattung)
```

Als Ergebnis wird wie erwartet keine Zeile ausgegeben. Da hier zweimal der Bezug zur Tabelle Tier aufgebaut wird, müssen die Tabellen lokal umbenannt werden. Damit kann wieder in der inneren Teilanfrage ein Bezug zur Tier-Information der äußeren Anfrage aufgebaut werden.

Mit der nächsten Anfrage werden die Namen der Gehege ausgegeben, in denen nur eine Gattung lebt.

```
SELECT Gehege.Gname
  FROM Gehege, Tier T1
  WHERE Gehege.Gnr=T1.Gnr
   AND NOT EXISTS (SELECT *
                    FROM Tier T2
                    WHERE T2.Gnr=T1.Gnr
                    AND T1.Gattung<>T2.Gattung)
```

Der Aufbau der Anfrage mag zunächst leicht irritieren. Es hat eine logische Umformung stattgefunden. Konkret wird nach Gehegen gesucht, bei denen für alle Tiere im
Gehege gilt, dass sie die gleiche Gattung haben. Dies ist aber gleichwertig zu der Suche
nach Gehegen, in denen es kein Tier gibt, das eine andere Gattung wie ein anderes Tier
dieses Geheges hat. Diese etwas verschachtelte Umformulierung wurde zur Erstellung der
Anfrage genutzt.

Das Ergebnis der Anfrage lautet

```
GNAME
------
Wald
Wald
```

[*] Leser der Erklärung der letzten Anfrage mit einer Grundlagenausbildung in Mathematik oder Logik werden den Zusammenhang des EXISTS-Operators in SQL mit dem
Existenz-Quantor der Prädikatenlogik, siehe z. B. [Sch04] für eine Einführung, erkennen.
Typisch für die Prädikatenlogik ist die Formulierung „Es gibt ein Gehege aus der Menge
aller Gehege, das folgende Eigenschaft hat ...". Eine mathematische Notation ist z. B.:

$$\exists g \in \text{Gehege: hat\_Eigenschaft(g)}$$

Das Ergebnis dieser Formel ist eine Menge von Gehegen, die man mit dem Ergebnis einer
Anfrage vergleichen kann. Aus der Prädikatenlogik ist auch bekannt, dass man Aussagen
der Form „Für alle Elemente der Menge X gilt die Eigenschaft e." logisch äquivalent
umformen kann in die Aussage „Es gibt kein Element der Menge X, das die Eigenschaft
e nicht hat". In der mathematischen Notation kann dies wie folgt aussehen, dabei steht ≡
für „diese Aussagen sind logisch äquivalent":

$$\forall x \in X: e(x) \quad \equiv \quad \text{NOT}(\exists x \in X: \text{NOT}(e(x)))$$

Der Ansatz, dass All-Quantoren durch Existenz-Quantoren beschrieben werden
können, wurde auch in der letzten SQL-Anfrage genutzt. Wegen dieser Umfor-
mungsmöglichkeit ist in fast allen Datenbank-Managementsystemen auch keine Implementierung eines im SQL-Standard angegebenen ALL-Operators vorhanden.

## 9.4  Teilanfragen in der HAVING-Bedingung

Die HAVING-Bedingung ist eng verwandt mit der WHERE-Bedingung. Mit der HAVING-
Bedingung werden Gruppen für das Ergebnis der Anfrage ausgewählt, mit der WHERE-
Bedingung einzelne Zeilen. Aus diesem Grund können die Überlegungen zu Teilanfragen

in der WHERE-Bedingung direkt auf die Teilanfragen in der HAVING-Bedingung übertragen werden. Zu beachten ist, dass ein Vergleich mit Eigenschaften der Gruppen stattfindet und als einziger wichtiger Unterschied, dass kein Bezug zu Tabellen der äußeren Anfrage möglich ist. Eine weitere Randbedingung ergibt sich aus den unterschiedlichen SQL-Implementierungen in den Datenbank-Managementsystemen, die nicht alle theoretischen Möglichkeiten der HAVING-Bedingung unterstützen. Teilweise sind überhaupt keine Teilanfragen in der HAVING-Bedingung erlaubt.

Mit der folgenden Anfrage sollen die Gehege gesucht werden, deren Tiere zusammen auch im kleinsten Gehege leben könnten. Dazu wird in der HAVING-Bedingung ein Vergleich mit der zu bestimmenden kleinsten Gehegefläche durchgeführt. Anschaulich passen z. B. die beiden Bären im Gehege Wald mit ihrem Bedarf von 16 nicht in das kleinste Gehege mit einer Fläche von 15. Die zugehörige Anfrage lautet:

```
SELECT Gehege.Gname
 FROM Gehege, Tier, Art
 WHERE Gehege.Gnr=Tier.Gnr
   AND Tier.Gattung=Art.Gattung
 GROUP BY Gehege.Gname
 HAVING SUM(Art.Minflaeche)<=
          (SELECT MIN(Gehege.Flaeche)
           FROM Gehege)
```

Das Ergebnis der Anfrage ist

```
GNAME
------
Feld
Weide
```

In der Einleitung dieses Unterkapitels wurde beschrieben, dass kein Bezug zur äußeren Anfrage bezüglich der Tabellen in der inneren Anfrage aufgebaut werden darf. In Teilanfragen dürfen entweder nur vollständig neue Berechnungen, wie im vorherigen Beispiel gezeigt, oder Elemente stehen, die auch sonst bereits in der HAVING-Bedingung stehen durften. Dies sind Aggregatsfunktionen für Berechnungen in den jeweiligen Gruppen und Attribute, die in der GROUP BY-Zeile genannt werden. Folgende Anfrage ist z. B. nicht möglich.

```
SELECT Gehege.Gname, SUM(Art.Minflaeche)
 FROM Gehege, Tier, Art
 WHERE Gehege.Gnr=Tier.Gnr
   AND Tier.Gattung=Art.Gattung
 GROUP BY Gehege.Gname
```

```
HAVING EXISTS(SELECT *
              FROM Tier T2
              WHERE Gehege.Gnr=T2.Gnr
              AND T2.Gattung='Baer')
```

Generell hat die Anfrage einen Sinn, da der Flächenverbrauch der Tiere in den Gehegen berechnet werden soll und in der inneren Anfrage zusätzlich überprüft wird, ob ein Bär im Gehege lebt. Eine zugehörige Fehlermeldung besagt aber, dass ein Zugriff auf Gehege.Gnr nicht erlaubt ist, da das Attribut nicht in der GROUP BY-Zeile steht. Im konkreten Fall kann diese Information in die GROUP BY-Zeile aufgenommen werden, da der Gehegename alleine und die Gehegenummer im Beispiel eindeutig sind. Das resultierende Ergebnis ist

```
GNAME  SUM(ART.MINFLAECHE)
------ --------------------
Wald                     16
```

Dieser Ansatz ist nicht immer möglich, typische Lösungsansätze für diese Problematiken findet man im folgenden Unterkapitel.

## 9.5 Teilanfragen in der FROM-Zeile

Teilanfragen in der FROM-Zeile ermöglichen eine strukturierte Entwicklung von Anfragen. Dabei ist daran zu denken, dass es grundsätzlich unerwünscht ist, dass bei Anfragen Zwischenergebnisse „heimlich" notiert werden. Man sollte nie fest davon ausgehen, dass es z. B. nur drei Gehege mit den bekannten Namen gibt.

Aus den bisherigen Erklärungen zu den SQL-Anfragen folgt allerdings konsequent, dass in den folgenden Beispielen nichts Neues passieren kann. Es werden nur die Aussagen „In der FROM-Zeile stehen nur Tabellen" und „Das Ergebnis jeder SQL-Anfrage ist eine Tabelle" zusammengesetzt.

Die Grundidee ist, eine komplexe Aufgabenstellung für eine Anfrage in einfachere Teilanfragen zu zerlegen. Diese Teilanfragen liefern Tabellen als Ergebnisse. Diese Teilanfragen werden dann in der FROM-Zeile als benötigte Tabellen angegeben und zur Lösung der Gesamtaufgabe genutzt.

Dieser Ansatz soll mit einem einfachen Beispiel genauer betrachtet werden, für das man allerdings auch schon mit den vorher beschriebenen Ansätzen eine sinnvolle Anfrage hätte schreiben können. Es soll berechnet werden, wie viel Fläche in jedem Gehege von Hasen verbraucht wird. Statt lange an einer komplexeren Lösung zu basteln, kann man sich überlegen, zunächst die Anzahl der Hasen pro Gehege zu zählen. Dies geschieht mit der folgenden Anfrage.

```
SELECT Gehege.Gname Gehegename,
       COUNT(*) Hasenanzahl
  FROM Gehege, Tier
 WHERE Gehege.Gnr=Tier.Gnr
   AND Tier.Gattung='Hase'
 GROUP BY Gehege.Gname
```

Das Ergebnis dieser Anfrage ist:

```
GEHEGE HASENANZAHL
------ -----------
Feld            3
Weide           1
```

Im nächsten Schritt muss die berechnete Hasenanzahl mit dem Flächenverbrauch des Hasen multipliziert werden. Dazu wird die Tabelle Art und die gerade neu berechnete Tabelle, genauer ihre Anfrage, in die FROM-Zeile aufgenommen. Der Rest ist die Standardarbeit bei der Anfragenerstellung. In der WHERE-Bedingung findet, wenn nötig, die Verknüpfung der Tabellen und die Nennung von Randbedingungen statt, und in der SELECT-Zeile wird das gewünschte Ergebnis berechnet.

```
SELECT Hasentabelle.Gehegename,
       Hasentabelle.Hasenanzahl*Art.MinFlaeche
                  Hasenflaechenverbrauch
  FROM Art,
     (SELECT Gehege.Gname Gehegename,
             COUNT(*) Hasenanzahl
        FROM Gehege, Tier
       WHERE Gehege.Gnr=Tier.Gnr
         AND Tier.Gattung='Hase'
       GROUP BY Gehege.Gname) Hasentabelle
 WHERE Art.Gattung='Hase'
```

Das Ergebnis der Anfrage ist:

```
GEHEGE HASENFLAECHENVERBRAUCH
------ -----------------------
Feld                        6
Weide                       2
```

Man hätte ohne diese Schachtelung auskommen können, allerdings verlangt die Erstellung der folgenden Anfrage, die zum gleichen Ergebnis führt, mehr SQL-Erfahrung.

```
SELECT Gehege.Gname Gehege,
    COUNT(*)*Art.MinFlaeche Hasenflaechenverbrauch
FROM Gehege, Tier, Art
WHERE Gehege.Gnr=Tier.Gnr
   AND Tier.Gattung=Art.Gattung
   AND Tier.Gattung='Hase'
GROUP BY Gehege.Gname, Art.MinFlaeche
```

Im Ergebnis der Anfrage fällt auf, dass ein Gehege fehlt, da in diesem kein Hase lebt.
Bei der Erklärung der Mengen-Operatoren im Unterkapitel „9.1 Nutzung von Mengen-
Operatoren" wurde gezeigt, wie man Zeilen, die kein Ergebnis produzieren, mit einer
Mengenvereinigung anhängen kann. Dieser Ansatz kann auch in der Teilanfrage genutzt
werden.

```
SELECT Hasentabelle.Gehegename,
    Hasentabelle.Hasenanzahl*Art.MinFlaeche
                Hasenflaechenverbrauch
FROM Art,
( SELECT Gehege.Gname Gehegename,
     COUNT(*) Hasenanzahl
  FROM Gehege, Tier
  WHERE Gehege.Gnr=Tier.Gnr
   AND Tier.Gattung='Hase'
  GROUP BY Gehege.Gname
  UNION
  SELECT Gehege.Gname Gehegename, 0 HasenanzahlGehege
  FROM Gehege
  WHERE NOT EXISTS(SELECT *
               FROM Tier
               WHERE Gehege.Gnr=Tier.Gnr
                AND Tier.Gattung='Hase')
) Hasentabelle
WHERE Art.Gattung='Hase'
```

Das Ergebnis der Anfrage ist:

```
GEHEGE HASENFLAECHENVERBRAUCH
------ ----------------------
Feld                        6
Wald                        0
Weide                       2
```

Das Beispiel zeigt, wie man systematisch die Erstellung einfacherer Anfragen zum Zusammenbau einer komplexen Anfrage nutzen kann. Die Spalten- und Tabellenumbenennungen in der FROM-Zeile sind nicht an allen Stellen notwendig, können aber generell zur Erhöhung der Lesbarkeit beitragen.

Mit der nächsten Anfrage soll berechnet werden, welchen Anteil jedes Tier an der insgesamt für Gehege zur Verfügung stehenden Fläche hat. Eine vergleichbare Anfrage wurde bereits im Unterkapitel „9.2 Teilanfragen in der SELECT-Zeile" betrachtet, dabei wurde die Gesamtfläche in der SELECT-Zeile in einer Teilanfrage berechnet. Ein vergleichbarer Ansatz ist auch mit einer Teilanfrage in der FROM-Zeile möglich. Dabei wird die Gesamtfläche in einer einzeiligen und einspaltigen Tabelle berechnet.

```
SELECT Gehege.Gname, Tier.Tname,
       Art.Minflaeche*1.0/Alle.Gesamtflaeche*100
             Gehegeanteil
FROM Gehege, Tier, Art,
   (SELECT SUM(Gehege.Flaeche)
          Gesamtflaeche
    FROM Gehege) Alle
WHERE Gehege.Gnr=Tier.Gnr
   AND Tier.Gattung=Art.Gattung
```

Das Ergebnis der Anfrage ist:

```
GNAME   TNAME     GEHEGEANTEIL
------  --------  ------------
Wald    Laber      12,3076923
Wald    Sabber     12,3076923
Feld    Klopfer    3,07692308
Weide   Bunny      3,07692308
Feld    Runny      3,07692308
Feld    Hunny      3,07692308
Feld    Harald     7,69230769
Weide   Walter     7,69230769
Weide   Dörthe     7,69230769
```

In der folgenden Anfrage soll schrittweise berechnet werden, wie viel Fläche in den einzelnen Gehegen noch frei ist. Dazu wird zunächst berechnet, wie viel Fläche schon verbraucht ist und im zweiten Schritt mit der vorhandenen Gesamtfläche verglichen. Die geschachtelte Anfrage lautet:

```
SELECT Gehege.Gname,
    Gehege.Flaeche-Belegung.Verbraucht Frei
FROM Gehege,
    (SELECT Gehege.Gname,
        SUM(Art.Minflaeche) Verbraucht
    FROM Gehege,Tier,Art
    WHERE Gehege.Gnr=Tier.Gnr
      AND Tier.Gattung=Art.Gattung
    GROUP BY Gehege.Gname) Belegung
WHERE Gehege.Gname=Belegung.Gname
```

Das Ergebnis der Anfrage ist:

```
GNAME        FREI
------ ----------
Feld           9
Wald          14
Weide          3
```

Wieder wäre eine Berechnung ohne Schachtelung möglich, allerdings müssen zur Erstellung einer solchen Anfrage immer sehr viele Details zur gleichen Zeit berücksichtigt werden. Teilanfragen in der FROM-Zeile stellen deshalb eine sinnvolle Alternative in der Anfragenentwicklung dar.

## 9.6  [*] Verschiedene Join-Operatoren

Bei der Verknüpfung der Tabellen in den vorherigen Unterkapiteln und Kapiteln fällt auf, dass man häufig Teilbedingungen, wie Gehege.Gnr = Tier.Gnr, formuliert. Dies kann als etwas mühselig angesehen werden. Aus diesem Grund wurden Alternativen für die Auswahl und Verknüpfung der Tabellen in der FROM-Zeile entwickelt. Weitere Operatoren ermöglichen es, häufiger benötigte Anfrage-Strukturen kompakter hinzuschreiben. Dies JOIN-Operatoren sollten die ursprüngliche Verknüpfung mit dem Komma ersetzen. In der Praxis hat dies dazu geführt, dass es weiterhin viele klassische Anfragen mit Komma und einige mit JOIN-Operatoren gibt. Bei der aktiven Erstellung kann man sich auf eine Variante konzentrieren, lesen können muss man aber beide.

Dieses Unterkapitel wurde mit einem [*] markiert, da er für Personen, die sich das erste Mal mit Datenbanken beschäftigen, irritierend wirken kann. Grundsätzlich gilt, dass durch die vorgestellten Join-Operatoren keine neuen Ausdrucksmöglichkeiten gewonnen werden. Alle Ergebnisse der Join-Operatoren können auch mit den bisher vorgestellten SQL-Anfragen berechnet werden. Zu beachten ist aber, dass einzelne Datenbank-Managementsysteme in ihren Dokumentationen die hier vorgestellte Form der

**Abb. 9.4** Beispieltabellen für
JOIN-Erklärung

| Verkaeufer | |
|---|---|
| VNr | Name |
| 1 | Udo |
| 2 | Uwe |
| 3 | Ulf |

| Verkauf | | |
|---|---|---|
| Nr | VNr | Produkt |
| 1 | 1 | Hose |
| 2 | 1 | Rock |
| 3 | 2 | Schal |
| 4 | | Anzug |

Join-Operatoren bevorzugen und vereinzelt das Komma zur Trennung der ausgewählten Tabellen nicht mehr möglich ist. Weiterhin können JOIN-Operatoren helfen, die Arbeit für erfahrene Anfragen-Ersteller zu verkürzen.

Die unterschiedlichen Join-Operatoren werden mit einem einfachen Beispiel vorgestellt. In den Tabellen in Abb. 9.4 gibt es eine Tabelle mit Daten zu Verkäufern und Daten zu zuletzt gemachten Verkäufen. Alle Verkäufe werden durch Nr durchnummeriert. Der Verkäufer, der einen Kunden beraten hat, wird mit in die Verkaufsinformation aufgenommen. Es ist aber auch möglich, dass ein Kunde direkt zur Kasse geht und kein Verkäufer als Berater vermerkt wird.

Beide Tabellen sind über VNr verknüpft, was bis jetzt in der WHERE-Bedingung mit Verkaeufer.VNr = Verkauf.VNr beschrieben wurde. Diese Verknüpfungsbedingung kann wie folgt ausgelagert werden.

```
SELECT *
FROM Verkaeufer JOIN Verkauf
    ON Verkaeufer.VNr=Verkauf.VNr
```

das Ergebnis ist:

```
    VNR   NAME      NR   VNR  PRODUKT
    ----- -----  ------- ----- --------
      1 Udo        1      1 Hose
      1 Udo        2      1 Rock
      2 Uwe        3      2 Schal
```

Diese und die folgenden Anfragen sind durch WHERE-Bedingungen ergänzbar, die hier nur aus Vereinfachungsgründen weggelassen wurden.

Sollen im Ergebnis immer alle Einträge der linken Tabelle sichtbar werden, egal ob es zugehörige Werte in der rechten Tabelle gibt, kann ein LEFT JOIN genutzt werden. Gibt es keine zugehörigen Werte, werden NULL-Werte in den Spalten eingetragen. Im Beispiel möchte man z. B. wissen, wer was verkauft hat, dabei sollen alle Verkäufer im Ergebnis sichtbar werden. Die Anfrage lautet wie folgt:

```
SELECT *
FROM Verkaeufer LEFT JOIN Verkauf
```

```
ON Verkaeufer.VNr=Verkauf.VNr
```

Das Ergebnis ist:

```
    VNR NAME        NR        VNR PRODUKT
--------- ---- --------- --------- -------

      1 Udo        1          1 Hose
      1 Udo        2          1 Rock
      2 Uwe        3          2 Schal
      3 Ulf
```

Ist man, statt an den Verkäufern, an allen Verkäufen interessiert, kann man hier den RIGHT JOIN nutzen.

```
SELECT *
FROM Verkaeufer RIGHT JOIN Verkauf
    ON Verkaeufer.VNr=Verkauf.VNr
```

Das Ergebnis ist:

```
    VNR NAME        NR        VNR PRODUKT
--------- ---- --------- --------- -------

      1 Udo        2          1 Hose
      1 Udo        1          1 Rock
      2 Uwe        3          2 Schal
                   4            Anzug
```

Möchte man alle Verkäufer und alle Verkäufe im Ergebnis sehen, kann der FULL JOIN genutzt werden.

```
SELECT *
FROM Verkaeufer FULL JOIN Verkauf
    ON Verkaeufer.VNr=Verkauf.VNr
```

Das Ergebnis ist:

```
    VNR NAME        NR        VNR PRODUKT
--------- ---- --------- --------- -------

      1 Udo        2          1 Hose
      1 Udo        1          1 Rock
      2 Uwe        3          2 Schal
      3 Ulf
```

                    4                    Anzug

Haben die Spalten den gleichen Namen, wie es hier der Fall ist, kann dies wie folgt zur Verknüpfung angegeben werden:

```
SELECT *
FROM Verkaeufer JOIN Verkauf USING(VNR)
```

Das Ergebnis ist:

```
    VNR NAME        NR PRODUKT
---------- ---- ---------- -------
      1 Udo         1 Hose
      1 Udo         2 Rock
      2 Uwe         3 Schal
```

Es fällt auf, dass die doppelte Spalte nicht mehr in der Ausgabe erscheint. Diese Idee wird ebenfalls bei den NATURAL JOINs genutzt, bei denen davon ausgegangen wird, dass die beteiligten Tabellen Spalten gleichen Namens und gleichen Typs haben, sowie dass bei der Verknüpfung diese Werte übereinstimmen sollen. Die folgende Anfrage liefert deshalb das gleiche Ergebnis wie die vorherige Anfrage.

```
SELECT *
FROM Verkaeufer NATURAL JOIN Verkauf
```

Bei den NATURAL JOINs kann man sich ebenfalls entscheiden, ob man Zeilen einer Tabelle, die nicht in mindestens einer Verknüpfung genutzt werden, auch im Ergebnis sehen möchte. Dies wird an folgenden Anfragen und deren Ergebnissen verdeutlicht.

```
SELECT *
FROM Verkaeufer NATURAL LEFT JOIN Verkauf
```

Das Ergebnis ist:

```
    VNR NAME        NR PRODUKT
---------- ---- ---------- -------
      1 Udo         1 Hose
      1 Udo         2 Rock
      2 Uwe         3 Schal
      3 Ulf
```

```
SELECT *
FROM Verkaeufer NATURAL RIGHT JOIN Verkauf
```

Das Ergebnis ist:

```
    VNR NAME          NR PRODUKT
---------- ---- --------- -------

      1 Udo          2 Hose
      1 Udo          1 Rock
      2 Uwe          3 Schal
                     4 Anzug
```

```
SELECT *
FROM Verkaeufer NATURAL FULL JOIN Verkauf
```

Das Ergebnis ist:

```
    VNR NAME          NR PRODUKT
---------- ---- --------- -------

      1 Udo          1 Hose
      1 Udo          2 Rock
      2 Uwe          3 Schal
      3 Ulf
                     4 Anzug
```

Es bleibt festzuhalten, dass man die Anfrageergebnisse der in diesem Unterkapitel vorgestellten JOINs auch erhalten kann, wenn man nur die davor vorgestellten Standardanfragemöglichkeiten nutzt. Gerade bei den Anfragen, in denen auch NULL-Werte im Ergebnis sind, sind die alternativen Anfragen allerdings recht aufwendig. Möchte man die letzte Anfrage mit den bisherigen Anfragemöglichkeiten berechnen, kann man sich überlegen, dass man zunächst die verknüpften Werte berechnet, dann alle Verkäufer ergänzt, die nichts verkauft haben, und dann alle Verkäufe hinzufügt, an denen kein Verkäufer beteiligt war. Die Anfrage lautet dann:

```
SELECT Verkaeufer.VNr, Verkaeufer.Name,
     Verkauf.Nr, Verkauf.Produkt
 FROM Verkaeufer, Verkauf
 WHERE Verkaeufer.VNr=Verkauf.VNr
UNION
 SELECT Verkaeufer.VNr, Verkaeufer.Name,
     NULL Nr, NULL Produkt
 FROM Verkaeufer
```

```
WHERE NOT EXISTS (SELECT *
    FROM Verkauf
    WHERE Verkaeufer.VNr=Verkauf.VNr)
UNION
 SELECT NULL VNr, NULL Name,
        Verkauf.Nr, Verkauf.Produkt
 FROM Verkauf
 WHERE NOT EXISTS (SELECT *
    FROM Verkaeufer
    WHERE Verkaeufer.VNr=Verkauf.VNr)
```

Nicht alle Datenbanken unterstützen alle JOIN-Varianten, insbesondere, da sie oft leicht durch eine Kombinnation anderer JOINs ersetzbar sind. MariaDB und Apache Derby unterstützen das Schlüsselwort FULL nicht. Weiterhin muss bei Derby statt NULL in der letzten Anfrage CAST(NULL AS INTEGER) beziehungsweise CAST(NULL AS VARCHAR(7)) stehen.

## 9.7    Fallstudie

Die letzten noch offenen Anfragen, die im einleitenden Unterkapitel „2.6 Fallstudie" beschrieben wurden, können jetzt formuliert werden.

Gib zu jedem Risiko die Anzahl der getroffenen Maßnahmen aus. Dabei ist zu beachten, dass auch Risiken aufgeführt werden, für die es noch keine Maßnahmen gibt. Aus diesem Grund besteht die Anfrage aus zwei Teilanfragen, im ersten Teil findet die statistische Auswertung mit einer Gruppierung, im zweiten Teil die Suche nach Risiken ohne Maßnahmen statt.

```
SELECT Risiko.Text,
    COUNT(*) Massnahmenanzahl
 FROM Risiko, Zuordnung
 WHERE Risiko.RNr= Zuordnung.Risiko
 GROUP BY Risiko.Text
UNION
 SELECT Risiko.Text, 0
 FROM Risiko
 WHERE NOT EXISTS (SELECT *
     FROM Zuordnung
     WHERE Risiko.RNr= Zuordnung.Risiko)
```

Ausgabe:

```
TEXT                         MASSNAHMENANZAHL
------------------------     ----------------
Abnahmeprozess offen                        1
Anforderungen unklar                        1
Ansprechpartner wechseln                    0
neue Entwicklungsumgebung                   1
```

Gib zu jedem Projekt die Risikogruppen aus, für die es kein zugeordnetes Risiko im Projekt gibt. In der inneren Anfrage werden von allen Risikogruppen die Risikogruppen abgezogen, die in einem zu untersuchenden Projekt vorkommen. Das zu untersuchende Projekt wird in der äußeren Anfrage festgelegt.

```
SELECT Projekt.Name, Risikogruppe.Gruppe
 FROM Projekt, Risikogruppe
 WHERE Risikogruppe.RGNr IN (
    SELECT Risikogruppe.RGNr
     FROM Risikogruppe
   MINUS
    SELECT Risiko.Gruppe
     FROM Risiko
     WHERE Risiko.Gruppe=Risikogruppe.RGNr
      AND Risiko.Projekt=Projekt.ProNr)
```

Ausgabe:

```
NAME      GRUPPE
-------   --------------
WebShop   Vertrag
GUI       Ausbildung
```

Gib die Risiken aus, für die keine Maßnahmen ergriffen wurden.

```
SELECT Risiko.Text
 FROM Risiko
 WHERE Risiko.RNr IN (
    SELECT Risiko.RNr
     FROM Risiko
   MINUS
    SELECT Zuordnung.Risiko
     FROM Zuordnung)
```

Ausgabe:

```
TEXT
------------------------
Ansprechpartner wechseln
```

## 9.8    Aufgaben

Versuchen Sie zur Wiederholung folgende Aufgaben aus dem Kopf, d. h. ohne nochmaliges Blättern und Lesen zu beantworten.

1. Welche Mengenoperatoren können wie in SQL-Anfragen eingesetzt werden?
2. Wie wird mit doppelten Einträgen in Ergebnissen bei Mengenoperationen in SQL umgegangen?
3. Wie kann man prüfen, ob zwei Tabellen den gleichen Inhalt haben?
4. Wie kann man in Anfragen im Ergebnis sichtbar machen, dass es zu einer Gruppierung keinen resultierenden Wert gibt?
5. Wie können Teilanfragen in der SELECT-Zeile genutzt werden?
6. Wie können Teilanfragen in der WHERE-Zeile genutzt werden?
7. Wozu können ALL und ANY vor Teilanfragen in der WHERE-Zeile genutzt werden?
8. Wozu kann IN in Teilanfragen in der WHERE-Zeile genutzt werden?
9. Wozu kann EXISTS in Teilanfragen in der WHERE-Zeile genutzt werden?
10. Was versteht man unter der Verknüpfung von äußerer und innerer Anfrage?
11. Wie können Teilanfragen in der HAVING-Zeile genutzt werden?
12. Wie können Teilanfragen in der FROM-Zeile genutzt werden, was ist typischerweise bei der Nutzung zu beachten?
13. [*] Welche JOIN-Operatoren gibt es, wie ist ihr Zusammenhang zu den bisher vorgestellten Anfragen?

Gegeben seien folgende Tabellen zur Beschreibung, welche Filme in welchen Kinos laufen (die jeweiligen Schlüssel sind markiert, die Angaben in der Tabelle Kino bedeuten z. B., dass es im Gloria 3 Säle mit jeweils 200 Plätzen gibt).

Film

| FID | Titel | Laenge |
|-----|-------|--------|
| 1 | Die Nase | 90 |
| 2 | Die Hand | 85 |
| 3 | Der Arm | 120 |
| 4 | Das Bein | 75 |

Vorfuehrung

| Film | Kino |
|------|------|
| 1 | Gloria |
| 2 | Gloria |
| 3 | Gloria |
| 2 | Apollo |
| 4 | Apollo |

Kino

| Name | Plaetze | Saele |
|------|---------|-------|
| Gloria | 200 | 3 |
| Apollo | 300 | 2 |

Formulieren Sie folgende Anfragen in SQL, dabei wird das Wissen der letzten drei Kapitel benötigt:

1. Geben Sie die Namen aller Kinos aus, in denen der Film „Die Hand" läuft.
2. Geben Sie zu jedem Kino die Gesamtzahl aller zur Verfügung stehenden Plätze aus (Ausgabe: Kinoname, Gesamtplatzzahl).
3. Geben Sie die Titel der Filme aus, die in mindestens zwei Kinos laufen.
4. Geben Sie die Namen aller Kinos aus, in denen „Die Nase" nicht läuft.
5. Geben Sie zu jedem Kino die Länge des längsten Films aus, der in diesem Kino läuft (Ausgabe: Kinoname, maximale Länge).
6. Geben Sie zu jedem Filmtitel die maximale Anzahl von Zuschauern aus, die den Film gleichzeitig sehen können (Ausgabe: Filmtitel, maximale Besucherzahl; gehen Sie davon aus, dass alle Vorführungen gleichzeitig und nur einmal am Tag stattfinden, ein Film in einem Kino nicht in mehreren Sälen läuft).
7. Geben Sie für jeden Film und jedes Kino an, ob dieser Film in diesem Kino läuft oder nicht (Ausgabe: Filmtitel, Kino, Anzahl). Dabei soll eine Anzahl>0 ausgegeben werden, wenn der Film in dem Kino läuft, und sonst soll Anzahl = 0 ausgegeben werden.

# Transaktionen

10

**Zusammenfassung**

Datenbanken werden meist von vielen Nutzern beziehungsweise Prozessen fast gleichzeitig genutzt. Dieses Kapitel zeigt Ihnen die möglichen Gefahren und Lösungsansätze.

In den bisherigen Kapiteln wurde implizit angenommen, dass man alleine am System arbeitet. Dies ist bei großen Datenbanken typischerweise nicht der Fall. Um die Arbeit nicht unnötig zu verkomplizieren, sollte das Datenbank-Managementsystem dafür sorgen, dass der Nutzer auf andere Nutzer keine Rücksicht nehmen muss. In diesem Kapitel wird gezeigt, dass diese Aufgabe zwar grundsätzlich vom Datenbank-Managementsystem übernommen wird, es aber sinnvoll ist, sich über kritische Situationen Gedanken zu machen. Wenn zwei Nutzer die gleiche Zeile gleichzeitig verändern wollen, ist es nicht möglich, beiden Nutzern das Gefühl zu geben, alleine an der Datenbank zu arbeiten. Generell muss bei jeder Aktion damit gerechnet werden, dass sie abgebrochen wird, da es einen Konflikt mit einer anderen Aktion gibt.

Im folgenden Unterkapitel wird zunächst die Möglichkeit zur Transaktionssteuerung für einen einzelnen Nutzer vorgestellt. Danach werden typische Probleme gezeigt, die bei der gleichzeitigen Nutzung der gleichen Tabellen auftreten können und welche Lösungsmöglichkeiten es für diese Probleme gibt.

**Ergänzende Information** Die elektronische Version dieses Kapitels enthält Zusatzmaterial, auf das über folgenden Link zugegriffen werden kann https://doi.org/10.1007/978-3-658-43023-8_10.

## 10.1    Änderungen verwalten

Wurden bisher Änderungen an den Tabellen vorgenommen, konnte man davon ausgehen, dass diese Änderungen direkt in der Datenbank durchgeführt wurden. Dieser einfache Ansatz hat dann Probleme, wenn eine größere Anzahl von Änderungen durchgeführt werden soll, es aber möglich ist, dass man nach einigen Teilschritten feststellt, dass die Änderungen doch nicht durchgeführt werden sollen.

Bisher müsste man sich alle Folgen von INSERT-, UPDATE- und DELETE-Befehlen merken, um dann diese Änderungen mit einer neuen Folge von SQL-Befehlen wieder rückgängig zu machen. Dies ist gerade durch die Nutzung komplexer WHERE-Bedingungen und die verschiedenen Verknüpfungsmöglichkeiten durch die Fremdschlüsselbeziehungen sehr aufwendig und potenziell fehlerträchtig.

Aus diesem Grund wird im SQL-Standard die Möglichkeit zur *Transaktionssteuerung* spezifiziert. Dabei ist eine Transaktion eine Menge von SQL-Befehlen zur Veränderung von Tabelleninhalten, die ein Nutzer zusammen durchführen und die er vor einer endgültigen Ausführung abbrechen können möchte.

Zu beachten ist, dass sich die Transaktionssteuerung auf Veränderungen existierender Tabellen bezieht, Befehle zum Erzeugen und Löschen von Tabellen sind explizit ausgeschlossen.

**Befehle zur Transaktionssteuerung**

BEGIN TRANSACTION:  Mit diesem Befehl wird eine Transaktion gestartet. Häufiger wird auf die Angabe des Befehls explizit verzichtet, da man beim Start des Systems und durch ein COMMIT oder ROLLBACK automatisch eine neue Transaktion beginnt.

COMMIT:  Die vorher eingegebenen Befehle zur Veränderung von Tabellen sollen endgültig in die Datenbank übernommen werden. Die Transaktion wird damit abgeschlossen.

ROLLBACK:  Die Änderungen an den Tabellen, die seit dem Ende der letzten Transaktion durchgeführt wurden, sollen verworfen werden. Es sollen keine Änderungen in der eigentlichen Datenbank stattfinden.

SAVEPOINT:  Mit diesem Befehl kann in der laufenden Transaktion ein Sicherungspunkt gesetzt werden. Mit dem nächsten ROLLBACK-Befehl wird dann zu der Situation zurückgesprungen, die zum Zeitpunkt des SAVEPOINT-Befehls vorlag. Mit einem weiteren ROLLBACK würde dann die gesamte Transaktion verworfen.

In verschiedenen Datenbank-Managementsystemen gibt es die Möglichkeit, statt eines SAVEPOINTs mehrere durch den Befehl SAVEPOINT <name> anzulegen und dann mit ROLLBACK TO SAVEPOINT <name> zu diesem Sicherungspunkt zu springen. Apache Derby unterstützt das nicht.

Interessant ist die Aussage, dass mit COMMIT versucht wird, die Änderungen endgültig in die Datenbank zu übernehmen. Dieser Versuch kann scheitern, wenn ein zweiter Nutzer Änderungen an den gleichen Tabellen vornehmen möchte. In diesem Fall führt das Datenbank-Managementsystem automatisch ein ROLLBACK durch und verwirft die gesamte Transaktion.

Werden neue Tabellen angelegt, Tabellen gelöscht oder bricht ein Nutzer die Datenbank-Verbindung ab, wird typischerweise automatisch ein COMMIT durchgeführt. Dies kann aber in der Konfiguration von Datenbank-Managementsystemen eingestellt werden.

Der beispielhafte Ablauf von Tabellenänderungen mit Transaktionssteuerung wird mit dem folgenden SQL-Skript und der zugehörigen Ausgabe gezeigt.

```
CREATE TABLE Mitarbeiter(
 MNr INTEGER,
 Name VARCHAR(6),
 Gehalt INTEGER,
 PRIMARY KEY(MNr)
);
INSERT INTO Mitarbeiter VALUES(1,'Ugur',70);
INSERT INTO Mitarbeiter VALUES(2,'Uwe',60);
SAVEPOINT;
INSERT INTO Mitarbeiter VALUES(3,'Ute',80);
SELECT * FROM Mitarbeiter;
ROLLBACK;
SELECT * FROM Mitarbeiter;
ROLLBACK;
INSERT INTO Mitarbeiter VALUES(4,'Udo',70);
COMMIT;
SELECT * FROM Mitarbeiter
```

Die erste Ausgabe liefert:

```
MNR NAME       GEHALT
---------- ------ ----------
         1 Ugur       70
         2 Uwe        60
         3 Ute        80
```

**Abb. 10.1**
Schattenspeicher-Verfahren

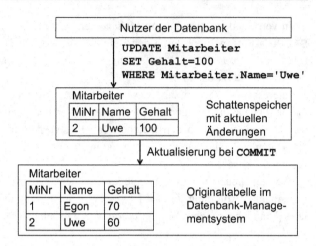

Danach wird zum vorher festgelegten Sicherungspunkt zurückgesprungen, die Ausgabe liefert:

```
     MNR NAME          GEHALT
     ---------- ------ ----------
           1 Ugur          70
           2 Uwe           60
```

Dann wird zum Ausgangspunkt der Transaktion zurückgesprungen und danach ein neuer Mitarbeiter namens „Udo" angelegt. Die Ausgabe liefert:

```
     MNR NAME          GEHALT
     ---------- ------ ----------
           4 Ute           70
```

Die Realisierung der Transaktionssteuerung wird im SQL-Standard offen gelassen und ist Aufgabe der Hersteller der Datenbank-Managementsysteme. Ein häufig gewähltes Verfahren ist der Schattenspeicher. Dabei werden alle Änderungen einer Transaktion lokal in einem Zwischenspeicher gehalten und erst bei einem COMMIT in die eigentliche Datenbank übertragen.

In Abb. 10.1 wird das *Schattenspeicher-Verfahren* verdeutlicht. Der Nutzer ändert das Gehalt von Uwe auf 100. Diese Information wird lokal im Speicher zur Transaktion vermerkt. In der eigentlichen Datenbank findet die Änderung noch nicht statt. Fragt der Nutzer die Mitarbeitertabelle in der laufenden Transaktion ab, wird er trotzdem das Gehalt 100 bei Uwe sehen, da alle Anfragen durch den Schattenspeicher laufen. Interessant und schwierig an diesem Ansatz ist, wenn ein zweiter Nutzer gleichzeitig die Tabelle Mitarbeiter bearbeitet, da er die Änderungen des ersten Nutzers typischerweise nicht sehen kann. Die dahinter stehenden Probleme und ihre Lösungsansätze werden in den folgenden Unterkapiteln diskutiert.

## 10.2 Typische Probleme beim parallelen Zugriff

Hat das Datenbank-Managementsystem keine ordentliche Verwaltung von Transaktionen, kann es zu den folgenden Problemen kommen. Zur Erklärung wird ein Befehl

```
SELECT Mitarbeiter.Gehalt
INTO :X
FROM Mitarbeiter
WHERE Mitarbeiter.MiNr=1
```

genutzt. Für die Zeile `INTO:X` wird davon ausgegangen, dass eine Variable `:X` im System definiert wurde, die vom Typ her zum Ergebnis der Anfrage, hier zur Spalte Mitarbeiter.Gehalt, passt. Eine solche Variablendeklaration ist in verschiedenen Datenbank-Managementsystemen möglich, ist aber sparsam eingesetzt worden, da Ergebnisse von Anfragen nicht in zusätzlichen Variablen verwaltet werden sollten. Der Ansatz wird hier vorgestellt, da er als Platzhalter dafür dienen kann, dass eine Applikation einen Wert aus der Datenbank liest und nach einer Bearbeitung wieder, eventuell an anderer Stelle, in die Datenbank schreiben will.

In Abb. 10.2 ist ein Beispiel für eine verloren gegangene Änderung, ein „Lost Update", beschrieben. Beide Nutzer wollen das Gehalt des Mitarbeiters mit der MiNr 1 ändern. Dazu lesen sie den aktuellen Wert jeweils in eine Variable. Diese Variable wird dann zur Aktualisierung des Datenbankeintrags genutzt. Da das Lesen der zweiten Variable vor der schreibenden Änderung des ersten Nutzers stattfindet, geht die Änderung des ersten Nutzers verloren. Solch eine Situation kann z. B. auftreten, wenn ein Mitarbeiter zwei Prämien aus unterschiedlichen Gründen erhalten soll und dann eine Prämie verloren geht.

In Abb. 10.3 ist ein Beispiel für das Lesen eines nicht bestätigten Wertes, ein „Dirty Read" , beschrieben, das nur durch die im vorherigen Unterkapitel vorgestellte Transaktionssteuerung auftreten kann. Dabei ist allerdings zu beachten, dass man eine ähnliche Situation erreicht, wenn der Nutzer 1 statt eines ROLLBACKs den Wert mit einem UPDATE-Befehl wieder zurücksetzt. Dieses eng mit dem Dirty Read verwandte Problem wird auch „Phantom Read" genannt. Der Name ist passend, da während der Aktionen des Nutzers 2 ein Datum erscheint, vom Nutzer 2 genutzt wird und wieder verschwindet ohne dass der Nutzer 2 nachvollziehen kann, was eigentlich passiert ist.

Im beschriebenen Fall will der Nutzer 1 das Gehalt von Uwe um 20 erhöhen, danach nutzt der Nutzer 2 den neuen Wert, um das Gehalt um 20 zu erhöhen. Nutzer 1 entscheidet sich zur Rücknahme der Änderung, sodass der Nutzer 2 mit einem nicht bestätigten Wert

```
      Nutzer 1          Nutzer 2              Datenbankinhalt
                                              Mitarbeiter
   SELECT Mitarbeiter.Gehalt                  ┌─────┬──────┬────────┐
      INTO :X                                 │ MiNr│ Name │ Gehalt │
   WHERE Mitarekeiter.MiNr=1                  │ 1   │ Uwe  │ 70     │
                                              └─────┴──────┴────────┘

                   SELECT Mitarbeiter.Gehalt
                      INTO :Y
                      WHERE Mitarbeiter.MiNr=1
   UPDATE Mitarbeiter                         Mitarbeiter
      SET Gehalt=:X+10                         ┌─────┬──────┬────────┐
   WHERE Mitarbeiter.MiNr=1                   │ MiNr│ Name │ Gehalt │
                                              │ 1   │ Uwe  │ 80     │
                                              └─────┴──────┴────────┘

                   UPDATE Mitarbeiter          Mitarbeiter
                      SET Gehalt=:Y+20         ┌─────┬──────┬────────┐
                      WHERE Mitarbeiter.MiNr=1 │ MiNr│ Name │ Gehalt │
                                              │ 1   │ Uwe  │ 90     │
                                              └─────┴──────┴────────┘
```

**Abb. 10.2** Lost Update

```
      Nutzer 1          Nutzer 2              Datenbankinhalt
                                              Mitarbeiter
                                              ┌─────┬──────┬────────┐
                                              │ MiNr│ Name │ Gehalt │
                                              │ 1   │ Uwe  │ 70     │
                                              └─────┴──────┴────────┘
   UPDATE Mitarbeiter                         Mitarbeiter
      SET Gehalt=Gehalt+20                    ┌─────┬──────┬────────┐
   WHERE Mitarbeiter.MiNr=1                   │ MiNr│ Name │ Gehalt │
                                              │ 1   │ Uwe  │ 90     │
                                              └─────┴──────┴────────┘
                   UPDATE Mitarbeiter          Mitarbeiter
                      SET Gehalt=Gehalt+20     ┌─────┬──────┬────────┐
                      WHERE Mitarbeiter.MiNr=1 │ MiNr│ Name │ Gehalt │
                                              │ 1   │ Uwe  │ 110    │
                                              └─────┴──────┴────────┘
                                              Mitarbeiter
   ROLLBACK                                   ┌─────┬──────┬────────┐
                                              │ MiNr│ Name │ Gehalt │
                                              │ 1   │ Uwe  │ 70     │
                                              └─────┴──────┴────────┘
                                              Mitarbeiter
                   COMMIT                     ┌─────┬──────┬────────┐
                                              │ MiNr│ Name │ Gehalt │
                                              │ 1   │ Uwe  │ 110    │
                                              └─────┴──────┴────────┘
```

**Abb. 10.3** Dirty Read

gearbeitet hat. Eine solche Situation kann z. B. auftreten, wenn zwei Sachbearbeiter das gleiche Personal bearbeiten und ein Fehler bei der Trennung der Kompetenzen vorliegt.

Ein drittes typisches Problem, ist die Nichtwiederholbarkeit lesender Operationen, „Unrepeatable Read" genannt. In Abb. 10.4 ist ein Beispiel dargestellt. Der Nutzer 2 lässt sich zweimal die Summe der Gehälter berechnen. Dies kann z. B. dann sinnvoll sein, wenn eine Softwarekomponente die Berechnungen einer anderen Komponente überprüfen möchte. Diese Prüfung, ob :X und :Y den gleichen Wert haben, scheitert in diesem Fall, da der Nutzer 1 einen Wert in der Tabelle geändert hat. Sinnvoll wäre es, wenn der

```
       Nutzer 1           Nutzer 2              Datenbankinhalt
                                                Mitarbeiter
```

| MiNr | Name | Gehalt |
|------|------|--------|
| 1 | Uwe | 70 |
| 2 | Ulli | 60 |

Mitarbeiter

| MiNr | Name | Gehalt |
|------|------|--------|
| 1 | Uwe | 80 |
| 2 | Ulli | 60 |

```
UPDATE Mitarbeiter
  SET Gehalt=Gehalt+10
  WHERE Mitarbeiter.MiNr=1
                    SELECT SUM(Mitarbeiter.Gehalt)
                      INTO :X
                      FROM Mitarbeiter
```

Mitarbeiter

| MiNr | Name | Gehalt |
|------|------|--------|
| 1 | Uwe | 80 |
| 2 | Ulli | 70 |

```
UPDATE Mitarbeiter
  SET Gehalt=Gehalt+10
  WHERE Mitarbeiter.MiNr=2
                    SELECT SUM(Mitarbeiter.Gehalt)
                      INTO :Y
                      FROM Mitarbeiter
```

**Abb. 10.4** Unrepeatable Read

Nutzer 2 innerhalb einer Transaktion immer die gleichen Werte sehen würde, das Ergebnis der Summenberechnung sollte entweder immer 130 oder 150 sein, aber niemals das Zwischenergebnis 140.

## 10.3 Transaktionssteuerung

Um die im vorherigen Unterkapitel vorgestellten Probleme zu vermeiden, wird vom Datenbank-Managementsystem eine Transaktionssteuerung gefordert. Details dieser Steuerung kann der Nutzer dabei für seine Transaktionen einstellen. Generell soll der Nutzer das Gefühl haben, dass seine Transaktionen das hier zu erklärende „ACID-Prinzip" nutzen. Der Standard überlässt es den Herstellern der Datenbank-Managementsysteme, wie sie dieses Prinzip durchsetzen.

ACID ist dabei eine Abkürzung, die sich aus folgenden Forderungen zusammensetzt.

Das „A" steht für Atomicity, zu Deutsch Atomarität. Transaktionen sind unteilbar, sie finden entweder ganz oder gar nicht statt. Innerhalb einer Transaktion kann eine andere Transaktion keinen Einfluss haben. Für die vorgestellten Probleme heißt das im Lost Update-Beispiel der Abb. 10.2, dass die Transaktionen hintereinander stattfinden, also zwar in beliebiger Reihenfolge, aber immer mit dem Ergebnis, dass das Gehalt auf 100 gesetzt wird. Bei dem Dirty Read-Beispiel in Abb. 10.3 müssen die beiden Transaktionen wieder in beliebiger Reihenfolge stattfinden. Das Ergebnis wäre immer, dass das Gehalt auf 90 gesetzt wird. Im Fall des Unrepeatable Read-Beispiels aus Abb. 10.3 würde das

Ergebnis sein, dass der Nutzer 2 entweder in beiden Fällen 130 oder in beiden Fällen 150 berechnet.

Das „C" steht für Consistency, zu Deutsch Konsistenz. Eine Transaktion geht von einer Datenbank aus, die alle Konsistenzregeln erfüllt. Wird die Transaktion dann ausgeführt, ist die Datenbank danach wieder in einem Zustand, in dem alle Regeln erfüllt sind.

Das „I" steht für Isolation, was zu Deutsch auch als Isolation übersetzt werden kann. Isolation garantiert, dass alle Zwischenergebnisse, die während einer laufenden Transaktion erreicht werden, von anderen Transaktionen nicht gelesen und verändert werden können.

Das „D" steht für Durability, zu Deutsch Dauerhaftigkeit. Die Dauerhaftigkeit garantiert, dass Ergebnisse einer Transaktion persistent sind, also auf Dauer gespeichert werden. Die Ergebnisse einer Transaktion können nur durch eine andere Transaktion verändert werden.

Der Nutzer kann die Genauigkeit der Transaktion steuern. Dazu kann beim Start der Transaktion ein sogenannter Isolationsgrad mit

```
SET TRANSACTION LEVEL <Nummer>
```

gesetzt werden. Häufig werden statt der Nummern auch Schlüsselwörter genutzt, die aber in Datenbank-Managementsystemen variieren können.

Die genauen Werte können der Abb. 10.5 entnommen werden. Die typische Standard-Einstellung ist der Wert 3, mit dem ACID-Transaktionen garantiert werden. Wenn man weiß, dass man nur lesende Zugriffe hat beziehungsweise kein zweiter Nutzer auf die gleichen Tabellen zugreifen will, kann es aus Performance-Gründen sinnvoll sein, einen anderen Isolationslevel für eine Transaktion einzustellen. Der Level muss typischerweise für jede Transaktion neu eingestellt werden, wenn nicht der Standardwert des Datenbanksystems genutzt werden soll.

Aus Nutzersicht ist zu beachten, dass eine ordentliche Transaktionssteuerung einige Rechenzeit benötigt. Weiterhin kann es sein, dass eine Transaktion bei einem COMMIT lange warten muss bis sie endlich ausgeführt wird, da die Transaktionssteuerung auf das Ende einer anderen Transaktion wartet. Generell ist es möglich, dass eine Transaktion abgebrochen oder trotz COMMIT ein ROLLBACK ausgeführt wird, da ein Konflikt mit

| Level | Name | mögliche Problemfälle |
| --- | --- | --- |
| 0 | READ UNCOMMITTED | Dirty Read, Unrepeatable Read, Phantom Read |
| 1 | READ COMMITTED | Unrepeatable Read, Phantom Read |
| 2 | REPEATABLE READ | Phantom Read |
| 3 | SERIALIZABLE | keine |

**Abb. 10.5** Isolationslevel

einer anderen Transaktion vorliegt. Im Extremfall können sich Transaktionen gegenseitig blockieren, wenn z. B. die eine Transaktion die Tabelle A geändert hat und dann die Tabelle B ändern will und eine andere Transaktion B geändert hat und auf A zugreifen möchte. Man spricht dabei von einem *Deadlock*, der entweder vom Nutzer durch den Abbruch einer Transaktion oder vom Datenbank-Managementsystem durch den Ablauf einer Zeitschranke, in der eine Transaktion weiter voran schreiten muss, aufgelöst wird. Bei der Nutzung einer Datenbank muss damit immer gerechnet werden, dass eine Aktion scheitert, da sie im Konflikt mit einer anderen Aktion steht. Dies hat großen Einfluss auf die Nutzung von Datenbanken in der sie nutzenden Software, da bei jeder Aktion damit gerechnet werden muss, dass eine Ausnahme auftritt, auf die zu reagieren ist.

## 10.4  Aufgaben

### Wiederholungsfragen

Versuchen Sie zur Wiederholung folgende Aufgaben aus dem Kopf, d. h. ohne nochmaliges Blättern und Lesen zu bearbeiten.

1. Was versteht man unter einer Transaktion?
2. Welche Steuerungselemente für Transaktionen gibt es?
3. Wie funktioniert das Schattenspeicherverfahren?
4. Beschreiben Sie anschaulich die drei typischen Probleme, die bei der parallelen Datenbanknutzung auftreten können.
5. Was versteht man unter dem ACID-Prinzip?
6. Was sind Isolationsgrade, wozu können sie genutzt werden?

### Übungsaufgaben

1. Ein Nutzer A führt auf einer Datenbank folgende SQL-Befehle aus:

```
INSERT INTO T1(Name,Alt)
    VALUES('Heinz', 42);
UPDATE T1 SET Alt=Alt+1
```

Ein zweiter Nutzer B führt auf der gleichen Datenbank folgende SQL-Befehle aus:

```
INSERT INTO T1(Name,Alt)
    VALUES('Verena',33);
UPDATE T1 SET Alt=Alt+1
```

Gehen Sie davon aus, dass die Tabelle T1 mit den Spalten Name und Alt erfolgreich angelegt wurde und leer ist, bevor A und B tätig werden, die am Ende COMMIT eingeben.

a) Welche Endzustände können in der Tabelle T1 erreicht werden, wenn die Datenbank keine Transaktionssteuerung hat, dabei seien einzelne INSERT und UPDATE nicht unterbrechbar?

b) Welche Endzustände können in der Tabelle T1 erreicht werden, wenn die Datenbank eine vollständige Transaktionssteuerung hat?

2. In Abb. 10.1 wird das Schattenspeicher-Verfahren vorgestellt.

a) Überlegen Sie, welche Auswirkungen dieses Verfahren auf die drei Problemfälle hat.

b) Überlegen Sie im nächsten Schritt einen möglichen Ansatz, mit dem man ACID-Transaktionen erreichen könnte.

# Rechte und Views 11

**Zusammenfassung**

Oft enthalten Datenbanken sehr komplexe Tabellen und Informationen, die nicht jedem Nutzer zugänglich sein sollen. In diesem Kapitel lernen Sie, wie man Informationen für Nutzer filtern und gegen unberechtigte Zugriffe sichern kann.

Häufig werden viele Daten in einer Tabelle zusammengefasst, von denen nur wenige für konkrete Aufgaben benötigt werden. Oft ist es auch der Fall, dass die restlichen Daten vom Bearbeiter der Aufgabe nicht eingesehen werden dürfen. Dies sind zwei Gründe, warum Views in SQL eingeführt wurden. Mit ihnen ist es weiterhin möglich, Anfrageergebnisse wie einfache Tabellen in weiteren Anfragen zu nutzen.

Durch Views ist es nur eingeschränkt möglich, Rechte an Tabellen zu verwalten. Sinnvoll ist es, diese Rechte explizit an Nutzer verteilen zu können. Dabei kann man allgemein Rechte zur Einführung und Löschung neuer Tabellen oder auch Nutzer und die Benutzung von Tabellen unterscheiden. Diese Unterteilung findet sich bei Datenbanken mit zwei Rollen, dem Datenbank-Administrator und dem Projekt-Administrator, wieder. Die Möglichkeiten dieser Rollen werden in diesem Kapitel vorgestellt.

**Ergänzende Information** Die elektronische Version dieses Kapitels enthält Zusatzmaterial, auf das über folgenden Link zugegriffen werden kann https://doi.org/10.1007/978-3-658-43023-8_11.

## 11.1  Views

In den Kapiteln zu SQL wurde gezeigt, dass man Ergebnisse von Anfragen wie normale Tabellen nutzen kann. Diese Ergebnisse können in die FROM-Zeile übernommen werden und sind z. B. durch Umbenennungen leicht nutzbar.

Das praktische Problem mit diesem Ansatz ist, dass man Anfragen zur Nutzung immer wieder in neue Anfragen hineinkopieren muss. Zwar gibt es Werkzeuge, mit denen man Anfragen verwalten kann, trotzdem wird der Such- und Kopieraufwand schnell recht groß und fehlerträchtig.

Eine Lösungsmöglichkeit für dieses Problem sind *Views* oder *Sichten*, mit denen man dem Ergebnis einer Anfrage einen Namen zuordnen kann. Dieser Name kann dann wie eine Tabelle genutzt werden. In Abb. 11.1 stehen zwei Tabellen mit Grunddaten zu Mitarbeitern und ihren Qualifikationen. Will man häufiger mit der Liste der Mitarbeiternummern (MiNr) arbeiten, die als Javaprogrammierer bekannt sind, kann man die zugehörige Anfrage wie folgt in einen View verwandeln.

```
CREATE VIEW Javaprogrammierer AS
  SELECT Mitarbeiter.MiNr
  FROM Mitarbeiter,Qualifikation
  WHERE Mitarbeiter.MiNr=Qualifikation.MiNr
    AND Qualifikation.Faehigkeit='Java'
```

Die Syntax zur View-Erstellung ist damit auch deutlich, vor der Anfrage steht einfach:

```
CREATE VIEW <View_name> AS
```

Nach der Definition des Views kann Javaprogrammierer wie eine normale Tabelle in Anfragen genutzt werden. Die Anfrage nach dem Durchschnittsgehalt von Javaprogrammierern lautet z. B.:

```
SELECT AVG(Mitarbeiter.Gehalt) Javaschnitt
  FROM Mitarbeiter, Javaprogrammierer
  WHERE Mitarbeiter.MiNr=Javaprogrammierer.MiNr
```

**Abb. 11.1** Beispieltabellen für View-Erklärung

Mitarbeiter

| MiNr | Name | Gehalt |
|------|---------|--------|
| 42 | Georg | 10000 |
| 43 | Jörg | 9000 |
| 44 | Stephan | 1000 |
| 45 | Uwe | 1500 |

Qualifikation

| MiNr | Faehigkeit |
|------|-----------|
| 43 | Cobol |
| 44 | Java |
| 45 | Cobol |
| 45 | Java |

Das Ergebnis ist:

```
JAVASCHNITT
-----------
      1250
```

Views sind wie Tabellen persistent, d. h. nachdem sie einmal definiert wurden, kann man sie auch bei nachfolgenden Verbindungen mit der Datenbank immer wieder nutzen. Will man einen View löschen, wird folgender Befehl genutzt:

```
DROP VIEW <View_Name>
```

Wichtig ist, dass es sich bei Views um rein logische Tabellen handelt, d. h. es wird für den View keine Tabelle in der Datenbank angelegt, stattdessen wird die zur View gehörende Anfrage gespeichert. Das bedeutet auch, dass jedes Mal wenn der View genutzt wird, eine Berechnung der Anfrage stattfindet. Dies ist bei der Geschwindigkeit von Anfragen, die Views nutzen, zu beachten.

Der Vorteil davon, dass Views ein logisches Konstrukt sind, ist, dass man sich um Veränderungen nicht kümmern muss, da der View immer auf den aktuellsten Datenbestand zurückgreift. Dies wird mit folgendem Beispiel deutlich, bei dem zunächst ein neuer Java-Entwickler ergänzt

```
INSERT INTO Qualifikation VALUES(42,'Java')
```

und dann wieder die Frage nach dem Durchschnittsgehalt gestellt wird.

```
SELECT AVG(Mitarbeiter.Gehalt) Javaschnitt
 FROM Mitarbeiter, Javaprogrammierer
 WHERE Mitarbeiter.MiNr=Javaprogrammierer.MiNr
```

Das Ergebnis ist:

```
JAVASCHNITT
-----------
 4166,66667
```

In einigen Datenbank-Managementsystemen ist es möglich, Views zu kennzeichnen, sodass statt der Anfrage das Anfrageergebnis gespeichert wird. Diese Views werden dann auch „materialized Views" genannt. Dies entspricht der Möglichkeit, eine Tabelle zu definieren

```
CREATE TABLE Javakoenner(
 MiNr NUMBER
 )
```

und dann über einen `INSERT`-Befehl zu füllen. Man sieht im folgenden Befehl die Möglichkeit, SQL-Anfragen in `INSERT`-Befehlen zu nutzen.

```
INSERT INTO Javakoenner
 SELECT Mitarbeiter.MiNr
   FROM Mitarbeiter, Qualifikation
   WHERE Mitarbeiter.MiNr=Qualifikation.MiNr
     AND Qualifikation.Faehigkeit='Java'
```

Materialized Views und der vorgestellte Ansatz zur Berechnung einer temporären Tabelle haben den zentralen Nachteil, dass man selbst dafür verantwortlich ist, dass die Inhalte bei Änderungen der in der Anfrage genutzten Tabellen aktualisiert werden. Generell ist von dem Ansatz zur Berechnung von temporären Tabellen dringend abzuraten, da sie eine zentrale Quelle für inkonsistente Datenbanken sind. Dieser Ansatz wird nur in speziellen Systemen genutzt, bei denen die Anfrage sehr viel Rechenzeit benötigt und der Nutzer der temporären Tabelle nicht unbedingt alle Änderungen mitbekommen muss. Grundsätzlich sind diese temporären Tabellen nach ihrer Nutzung sofort zu löschen.

Ein wichtiger Unterschied zwischen Tabellen und Views besteht beim Verhalten gegenüber `INSERT`-Befehlen. Anschaulich wird dies schon beim genannten Beispiel deutlich. Der folgende Befehl

```
INSERT INTO Javaprogrammierer VALUES(43)
```

führt zu einer Ablehnung durch das Datenbank-Managementsystem. Diese kann z. B. wie folgt lauten:

```
Kann keine Spalte, die einer Basistabelle zugeordnet wird, verändern
```

Da es sich bei einem View nur um eine logische Tabelle handelt, müssen `INSERT`-Befehle auf die dem View zu Grunde liegenden Basistabellen zugreifen. Es kann aber viele Gründe geben, warum dieser Zugriff nicht sinnvoll möglich ist:

- Die einzutragenden Werte enthalten keine Angaben zum Primärschlüssel der Basistabelle. Ein Eintrag muss abgelehnt werden.
- Die einzutragenden Werte füllen nicht alle Spalten der Basistabelle. Dies ist dann ein Problem, wenn es eine Bedingung gibt, dass in dieser Spalte keine NULL-Werte stehen dürfen. Generell können Verstöße gegen weitere Constraints zum Problem werden.

- Wenn in dem SELECT-Befehl, der zu dem View gehört, Berechnungen gemacht werden, z. B. mit „SELECT A + B X..." und ein Wert für X eingetragen werden soll, ist nicht erklärbar, wie dieser auf A und B aufgeteilt werden soll.

Aus diesen Gründen sind INSERT-, UPDATE- und DELETE-Befehle für Views, die mindestens zwei Basistabellen haben, nicht zulässig.

Für Views, die sich nur auf eine Tabelle beziehen, sind Aktualisierungen möglich, wenn keines der genannten Probleme auftritt. Ein Beispiel ist der folgende View, der den Namen und die Mitarbeiternummer der Tabelle Mitarbeiter enthält.

```
CREATE VIEW Basisdaten AS
  SELECT Mitarbeiter.MiNr, Mitarbeiter.Name
  FROM Mitarbeiter
```

Dieser View kann zur Änderung der Basistabelle genutzt werden, da der Primärschlüssel im View enthalten ist und auch keine anderen Bedingungen verletzt werden. Diese Möglichkeit wird aber von einigen Datenbank-Managementsystemen, wie Apache Derby, nicht unterstützt.

Die Ausführung der folgenden Befehle

```
DELETE FROM Basisdaten
  WHERE MiNr<44
```

und

```
INSERT INTO Basisdaten VALUES (46,'Erna')
```

führt bei der einfachen Anfrage

```
SELECT * FROM Basisdaten
```

zu folgender Ausgabe:

```
     MINR    NAME
---------    -------
      44     Stephan
      45     Uwe
      46     Erna
```

und bei

```
SELECT * FROM Mitarbeiter
```

zu dem Ergebnis:

```
    MINR  NAME       GEHALT
    ----------  -------  ----------
       44  Stephan      1000
       45  Uwe          1500
       46  Erna
```

Die zuletzt vorgestellten Views, basierend auf einer Basistabelle, haben den Vorteil, dass man Nutzern Rechte zur Änderung dieser „Tabelle" geben kann, ohne Rechte zur Veränderung oder zum Lesen der Ursprungstabelle zu vergeben. Man kann so verhindern, dass das Gehalt für bestimmte Nutzer sichtbar wird, und trotzdem können diese eine Variante der Tabelle Mitarbeiter wie eine normale Tabelle nutzen. Die Möglichkeiten zur Rechtevergabe werden in den folgenden Unterkapiteln vorgestellt.

## 11.2  Rechte für die Datenbank-Administration

Mit einem Rechtesystem ist es möglich, genau anzugeben, wer welche Operation auf der Datenbank, genauer auf einzelnen Objekten der Datenbank, durchführen kann. Dies ist aus verschiedenen Gründen sinnvoll und teilweise notwendig. Oft werden in einem Datenbank-Managementsystem verschiedene Projekte gleichzeitig realisiert. Dabei sollen sich Entwickler auf die Tabellen konzentrieren, die für ihr Projekt relevant sind. Gerade irrtümliche Verknüpfungen zwischen Tabellen unterschiedlicher Projekte oder Veränderungen der Datenbestände müssen vermieden werden.

Wie bei den Views bereits angedeutet, soll oft nicht jeder an alle Informationen herankommen. Dies ist besonders bei der Bearbeitung personenbezogener Daten und den zugehörigen Datenschutzrichtlinien zu beachten.

Bereits in Abb. 1.9 wurden mit den Datenbank-Administratoren und den Datenbank-Entwicklern zwei zentrale Rollen für Datenbankprojekte identifiziert. Die Aufgaben eines Datenbank-Administrators können dabei wie folgt zusammengefasst werden:

1. Einrichtung des Datenbank-Managementsystems und Gewährleistung des laufenden Betriebs.
2. Kontinuierliche Optimierung der Datenbank und Anpassung an neue Situationen. Dazu gehören z. B. die Prüfung, ob genügend Speicherplatz vorhanden ist, die Datenbank noch schnell genug ist und das Ergreifen von Maßnahmen wie der Einbindung neuer Festplatten und des Umzugs der Datenbank auf einen neuen Server.
3. Einrichtung von Projekten in der Datenbank. Häufig wird hierfür auch der Begriff *Domäne* genutzt. Eine Domäne ist eine logische Datenbank, die sich für den Nutzer von außen wie die Datenbank verhält, wobei mehrere Domänen in einer realen Datenbank verwaltet werden können.

4. Die Einrichtung von Nutzern und Vergabe von Rechten.

Gerade für die letzten beiden Aufgaben muss geklärt werden, wer was darf. Typischerweise wird bei der Installation der Datenbank ein Datenbank-Administrator als Rolle eingerichtet. Diese Rolle kann dann die dritte und vierte Aufgabe in Angriff nehmen und die weiteren Rechtevergaben durchführen.

Generell gibt es in SQL zwei Befehle, um Rechte auf der Datenbank zu verwalten. Dabei ist zu beachten, dass man nur Rechte einrichten kann, die man selber besitzt und für die man das Recht hat, diese Rechte weiter zu geben. Die allgemeine Form zur Rechtevergabe durch den Administrator ist

```
GRANT <Recht> TO <User>
```

Dieser Befehl kann durch WITH ADMIN OPTION ergänzt werden, womit dem User das Recht zur Weitergabe des Rechts eingeräumt wird. Typische Rechte sind: CREATE TABLE, DROP TABLE, CREATE VIEW, DROP VIEW.

Der Befehl zur Wegnahme des Rechts ist:

```
REVOKE <Recht> FROM <User>
```

Als <User> kann neben der Angabe eines konkreten, in der Datenbank eingerichteten Nutzers auch PUBLIC stehen, dabei wird das Recht allen eingerichteten Nutzern der Datenbank eingeräumt.

Die meisten Datenbank-Managementsysteme erlauben die Einrichtung von sogenannten *Rollen*, damit nicht jedem Nutzer die Rechte individuell eingeräumt werden müssen. Die Idee ist eine Rolle, z. B. durch

```
CREATE ROLE projektadministrator
```

zu erzeugen. Dieser Rolle werden dann Rechte zugeordnet, z. B.

```
GRANT CREATE TABLE, CREATE VIEW
   TO projektadministrator
```

Man sieht, dass man statt einem Recht auch eine Liste von Rechten angeben kann. Jetzt können Nutzern eine oder mehrere Rollen zugeordnet werden. Die Nutzer haben dann die Rechte dieser Rollen. Ein Beispiel ist

```
GRANT projektadministrator TO Ugur, Herta42
```

Der Datenbank-Administrator richtet die Nutzer für die Datenbank ein und gibt ihnen meist allgemeine Rechte, wie eine Verbindung zur Datenbank aufzubauen. Die Befehle dazu variieren in den Datenbank-Managementsystemen. Ein möglicher Befehl kann wie folgt aussehen:

```
CREATE USER Ugur
 IDENTIFIED BY ottilie01
 QUOTA 5M ON system
```

Dabei wird ein Nutzer mit einem Passwort und einer maximalen Menge von Speicher, die er verbrauchen darf, in der logischen Datenbank mit dem Namen system eingerichtet. Damit die Datenbank genutzt werden kann, muss noch erlaubt werden, dass eine Verbindung zur Datenbank aufgebaut wird. Dies erfolgt z. B. durch

```
GRANT CREATE SESSION TO Ugur
```

Bei großen Projekten übergibt der Datenbank-Administrator meist die Rechte zur Erzeugung, Löschung und Nutzung von Tabellen an einen Projekt-Administrator, der dann die Rechte im Projekt regelt. Dies wird im folgenden Unterkapitel beschrieben. In kleineren Unternehmen oder bei kleinen Projekten ist es häufig der Fall, dass die Rolle des Datenbank- und des Projektadministrators in einer Person vereinigt wird. Damit gibt es dann einen zentralen Ansprechpartner zur Datenbanknutzung.

## 11.3  Rechte für die Projekt-Administration

In Projekten ist es häufig der Fall, dass eine Person, der *Projektadministrator*, für alle Themen zuständig ist, die sich auf die Datenbankobjekte des Projekts beziehen. Dazu kann er Tabellen anlegen, löschen und ändern sowie Rechte zur Bearbeitung der Tabellen vergeben. Grundsätzlich gilt, dass jeder Nutzer nur die Rechte erhält, die er im Projekt benötigt. Dadurch wird gewährleistet, dass irrtümliche Veränderungen an Tabellen, z. B. durch unerfahrene Nutzer, seltener auftreten und dass der Datenschutz gewährleistet ist.

Die Rechte an Tabellen können dabei sehr detailliert vergeben werden.

### Individuell vergebbare Rechte an Tabellen

SELECT: Das Recht, eine Anfrage an die Tabelle zu stellen.

INSERT: Das Recht, Einträge in die Tabelle zu machen. Dabei ist es gegebenenfalls möglich, dieses Recht auf einzelne Spalten zu beschränken.

UPDATE: Das Recht, Einträge in der Tabelle zu verändern. Dabei ist es gegebenenfalls möglich, dieses Recht auf einzelne Spalten zu beschränken.

DELETE: Das Recht, Zeilen aus der Tabelle zu löschen.

Die etwas erweiterten Befehle zur Rechtevergabe und Rücknahme von Rechten sind:

```
GRANT <Recht> ON <Object> TO <User>
REVOKE <Recht> ON <Object> FROM <User>
```

Man kann erlauben, dass Rechte weitergegeben werden können, die Ergänzung ist hier WITH GRANT OPTION. Bei den Rechten kann ALL angegeben werden, womit alle Rechte am Objekt gegeben oder entzogen werden. Objekte können Tabellen und Views oder andere Objekte sein, die die Datenbank zur Verfügung stellt, die in diesem Buch aber nicht besprochen wurden. Die Möglichkeit, Rechte an Rollen zu vergeben, gibt es wie im vorherigen Unterkapitel beschrieben.

Am Anfang der Projektrealisierung wird typischerweise über eine *Rechte-Rollen-Matrix* nachgedacht. In dieser Matrix werden dann die konkreten Rechte einer Rolle festgehalten. Nutzern der Datenbank werden dann die Rechte einer oder mehrerer Rollen zugeordnet. In Abb. 11.2 ist ein Beispiel für solch eine Matrix angegeben. Das Projektmanagement darf sich von der Existenz der Tabellen überzeugen, diese aber nicht verändern. Die Entwickler der jeweiligen Module dürfen einige Tabellen verändern, auf andere, die sie in Anfragen benötigen, nur lesend zugreifen. Das Testteam darf alle Tabellen bearbeiten, um die Funktionsfähigkeit des Systems zu prüfen. Weiterhin wird ein Entwicklungswerkzeug genutzt, das seine Modelle auch in der Datenbank speichert, diese Software benötigt ebenfalls Rechte. Natürlich ist dies nur ein Beispiel für mögliche Rollen und Begründungen, warum welche Rechte zu welchen Rollen gehören.

**Abb. 11.2**
Rechte-Rollen-Matrix

| Tabelle<br>Rolle | Tabelle1 | Tabelle2 | Tabelle3 | Tabelle4 | Tabelle5 |
|---|---|---|---|---|---|
| Projektmanager | S | S | S | S | |
| ModulentwicklungA | A | A | S | | |
| ModulentwicklungB | | S | A | A | |
| Qualitätssicherung | A | A | A | A | |
| WerkzeugX | | | | | A |

S = SELECT (nur lesen)    A = ALL (beliebige Veränderung)

## 11.4    Aufgaben

Versuchen Sie zur Wiederholung folgende Aufgaben aus dem Kopf, d. h. ohne nochmaliges Blättern und Lesen zu bearbeiten.

1. Beschreiben Sie die Einsatzmöglichkeiten von Views.
2. Was ist bei der Arbeit mit Views zu beachten, insbesondere, wenn sie als „normale" Tabellen angesehen werden?
3. Warum ist die Idee, eine Tabelle mithilfe einer Anfrage zu füllen, kritisch?
4. Welche Aufgaben hat ein Datenbank-Administrator?
5. Welche Aufgabe hat ein Projekt-Administrator für die im Projekt genutzte Datenbank?
6. Wozu gibt es Rechte-Systeme?
7. Welche Befehle gibt es zur Vergabe und zum Zurücknehmen von Rechten?
8. Wozu gibt es ein Rollenkonzept?
9. Wozu gibt es Rechte-Rollen-Matrizen, wie werden sie entwickelt?

Gegeben seien die Tabellen aus den Übungen zu Kap. 9.

1. Schreiben Sie einen View in dem der Titel des Films und der Name des Kinos steht, in dem dieser Film läuft.
2. Nutzen Sie den View aus der Aufgabe 1, um auszugeben, in wie vielen Kinos jeder Film läuft.
3. Nutzen Sie den View aus der Aufgabe 1, um zu berechnen, ob alle Säle der Kinos genutzt werden. Die Ausgabe soll aus dem Namen des Kinos und der Anzahl der nicht genutzten Säle bestehen.
4. Kann Ihr View aus der Aufgabe 1 für Einfüge- und Änderungsoperationen genutzt werden?

Überlegen Sie sich ausgehend von der Rechte-Rollen-Matrix in Abb. 11.2 weitere Rollen, die in einem Projekt sinnvoll sein können. Überlegen Sie dabei auch, was für Werkzeuge eventuell in der Entwicklung eingesetzt werden, die ebenfalls die Datenbank nutzen und Rechte benötigen.

# Stored Procedures und Trigger 12

**Zusammenfassung**

Der bisherige Text orientierte sich am SQL-Standard, sodass die vermittelten Kenntnisse fast vollständig auf alle größeren Datenbank-Managementsysteme übertragen werden können. Für die Themen dieses Kapitels gilt zwar auch, dass sie für alle Datenbank-Managementsysteme behandelt werden, diese Behandlung aber meist vom Standard abweicht. Der pragmatische Grund dafür ist, dass die vorgestellten Ideen bereits relativ früh in den Datenbanken großer Hersteller realisiert wurden und der Standard später entwickelt wurde. Um kompatibel mit älteren Lösungen der Nutzer zu bleiben, hat eine vollständige Anpassung an den Standard bei den Herstellern nicht stattgefunden.

Mit Stored Procedures und Trigger kann die Funktionalität von Datenbank-Managementsystemen erweitert werden. Stored Procedures erlauben es, in der Datenbank Berechnungen durchzuführen und die Ergebnisse in anderen Berechnungen, sowie Anfragen zu nutzen. Dabei stehen praktisch alle bisher beschriebenen SQL-Datenbankbefehle zur Verfügung. In Triggern kann man überprüfen, ob Datenbankaktionen, wie das Hinzufügen, Verändern und Löschen erlaubt sind. Dabei kann wieder auf alle Tabellen des Systems zugegriffen werden. In diesem Kapitel werden wesentliche Sprachkonstrukte der zugehörigen Programmiersprache PL/SQL vorgestellt.

**Ergänzende Information** Die elektronische Version dieses Kapitels enthält Zusatzmaterial, auf das über folgenden Link zugegriffen werden kann https://doi.org/10.1007/978-3-658-43023-8_12.

| Gehege | | |
|---|---|---|
| GNr | Gname | Flaeche |
| 1 | Wald | 30 |
| 2 | Feld | 20 |
| 3 | Weide | 15 |

| Tier | | |
|---|---|---|
| GNr | Tname | Gattung |
| 1 | Laber | Baer |
| 1 | Sabber | Baer |
| 2 | Klopfer | Hase |
| 3 | Bunny | Hase |
| 2 | Runny | Hase |
| 2 | Hunny | Hase |
| 2 | Harald | Schaf |
| 3 | Walter | Schaf |
| 3 | Dörthe | Schaf |

| Art | |
|---|---|
| Gattung | MinFlaeche |
| Baer | 8 |
| Hase | 2 |
| Schaf | 5 |

**Abb. 12.1**  Erweiterte Zoo-Tabelle

In diesem und dem folgenden Kapitel wird als Datenbank-Managementsystem Oracle betrachtet. Andere Datenbanken bieten vom Vorgehen und Konzept vergleichbare Ansätze an, die aber teilweise nicht so mächtig sind. Diers trifft für MariaDB zu. In Apache Derby kann statt PL/SQL Java genutzt werden, um die gleiche Funktionalität zu erreichen.

Zunächst steht die Frage im Raum, warum die bisher beschriebenen klassischen relationalen Datenbanken nicht als Lösungen ausreichen. Dabei sind folgende kritische Punkte zu nennen.

- Nutzer der Datenbank müssen immer noch einige Rechte auf den Tabellen haben, was z. B. die Abänderung von Tabellen erschwert und dem Nutzer Detaileinsichten in das System bietet, die er eventuell nicht haben soll.
- Neben der reinen Datenhaltung kann es sinnvoll sein, den Nutzern weitere Funktionalität anzubieten, damit diese nicht von allen Nutzern individuell realisiert werden muss.
- Die Möglichkeiten zur Steuerung der Integrität sind mit den bisher bekannten Hilfsmitteln FOREIGN KEYs und CONSTRAINTs relativ eingeschränkt. Kontrollmechanismen, die mehrere Tabellen berücksichtigen, sind erstrebenswert.

Die ersten beiden Punkte werden durch sogenannte Stored Procedures, der letzte Punkt mit sogenannten Triggern realisiert.

Als Ausgangsbeispiel werden die bereits bekannten Zoo-Tabellen aus Abb. 12.1 genutzt.

## 12.1 Einführung in PL/SQL

PL/SQL ist von seinem Konzept eine klassische prozedurale Programmiersprache, die verwandt mit Sprachen wie Modula 2, Pascal und C ist. Wie in diesen Sprachen auch, stehen Funktionen und Prozeduren, auch als spezielle Funktionen ohne Rückgabeparameter betrachtbar, zur Verfügung.

PL/SQL wird zur Programmierung in der Datenbank benutzt, es handelt sich damit um eine serverseitige Programmierung, wobei der Nutzer als Client typischerweise an einem anderen Rechner Dienste des Servers nutzt. Dies hat als wichtige Konsequenz den Unterschied zwischen PL/SQL und den genannten Programmiersprachen, dass eine Ausgabefunktion nur eingeschränkt Sinn macht, da nicht sichergestellt werden kann, ob und wie eine Ausgabe erfolgt. Statt der Nutzung einer Ausgabefunktion wird dem Client das Ergebnis eines Funktionsaufrufs als Ergebnis übergeben, sodass der Client für die Aufbereitung und eventuelle Ausgabe des Ergebnisses verantwortlich ist. Eine Ausgabe auf dem Server hat meist keinen Nutzen, da nicht immer ein Administrator vor der Datenbank sitzt. Weiterhin interessiert es den Administrator typischerweise nicht, welche Funktionalität vom Nutzer aktuell ausgeführt wird. Da eine Ausgabefunktionalität aber bei der Programmentwicklung hilfreich ist, wird sie hier mit genutzt. Später wird gezeigt, wie man Ergebnisse an den Datenbanknutzer übermitteln kann.

Der grundsätzliche Aufbau einer Prozedur sieht wie folgt aus.

```
CREATE [OR REPLACE]
PROCEDURE <Prozedurname> [(<Parameterliste>)] IS
  <LokaleVariablen>
BEGIN
  <Prozedurrumpf>
END;
```

Die eckigen Klammern deuten Teile an, die weggelassen werden können. Durch das „CREATE OR REPLACE" wird garantiert, dass die Prozedur beim Kompilieren neu angelegt und eine eventuell vorhandene alte Version überschrieben wird. Bei der Parameterliste ist zu beachten, dass bei einer leeren Parameterliste auch die Klammern weggelassen werden. Die folgende Prozedur dient zum Einfügen neuer Tiere in die Tier-Tabelle.

```
CREATE OR REPLACE PROCEDURE NeueArt
  (gattung VARCHAR, minflaeche INTEGER) IS
BEGIN
  INSERT INTO Art VALUES(gattung,minflaeche);
END;
```

Im Prozedurrumpf stehen alle bekannten SQL-Befehle zur Verfügung, dabei sind auch die Steuerungsmöglichkeiten für Transaktionen mit COMMIT und ROLLBACK nutzbar.

Weiterhin sieht man, dass in der Parameterliste keine Dimensionen angegeben werden dürfen, also VARCHAR statt z. B. die detailliertere Angabe VARCHAR(7) genutzt werden muss.

Der Aufruf der Prozedur hängt von der Entwicklungsumgebung ab. Typisch ist für PL/SQL, dass der Befehl

```
EXECUTE NeueArt('Reh',4);
```

ausgeführt werden kann. Bei der Ausführung werden alle vorher eingegebenen Constraints berücksichtigt. Bei einem Verstoß wird die Ausführung abgebrochen und die Datenbank zurück in den Zustand vor der Ausführung gesetzt.

Auf den ersten Blick stellt sich die Frage, warum man einen einfachen INSERT-Befehl in eine PL/SQL-Prozedur stecken soll. Dafür gibt es zwei zentrale, sehr gute Gründe.

1. Für Prozeduren können mit GRANT und REVOKE die Erlaubnis zur Ausführung der Prozeduren gesteuert werden. Dabei reicht es aus, die Rechte an der Ausführung der Prozedur zu haben, damit die Eintragung in die Tabelle Tier geschieht. Es besteht keine Notwendigkeit mehr, dass Datenbanknutzer direkte Rechte an den Tabellen haben, wodurch ein zusätzliches Sicherheitsniveau erreicht wird.
2. Sind alle Tabellen in Prozeduren gekapselt, so kann man für den Nutzer unsichtbar die Struktur der Tabellen ändern, z. B. neue Spalten ergänzen. Es müssen dann nur, was auch aufwendig werden kann, alle Prozeduren angepasst werden, die diese Tabelle nutzen. Nutzer der Datenbank müssen dann aber nicht informiert werden, sodass z. B. die Software beim Client nicht geändert werden muss.

```
CREATE OR REPLACE PROCEDURE Hallo IS
BEGIN
  DBMS_OUTPUT.PUT('Hallo');
  DBMS_OUTPUT.PUT_LINE('Welt');
END;
```

Die Prozedur Hallo zeigt eine minimale PL/SQL-Prozedur, die keine Tabellen nutzt und nur einen Text ausgibt. Diese Ausgabe muss abhängig vom genutzten Werkzeug mit einem Befehl der Form SET SERVEROUTPUT ON meist eingeschaltet werden. Ein

```
EXECUTE Hallo;
```

liefert als Ausgabe

```
Hallo Welt
```

Der Unterschied zwischen PUT und PUT_LINE ist, dass bei PUT_LINE nach der Textausgabe noch ein Zeilenumbruch passiert. Die folgende leicht abgeänderte Form zeigt, dass man Texte und Texte sowie Texte mit Variablen durch | | verknüpfen kann.

```
CREATE OR REPLACE PROCEDURE Hallo2
  (name VARCHAR, alt INTEGER, beruf VARCHAR)
IS
BEGIN
  DBMS_OUTPUT.PUT_LINE(name||'ist '
   ||alt||'Jahre und '||beruf
   ||'von Beruf.');
END;
```

Der Aufruf

```
EXECUTE Hallo2('Urs',23,NULL);
```

mit der Ausgabe

```
Urs ist 23 Jahre und von Beruf.
```

zeigt, dass NULL-Werte bei Ausgaben nicht erscheinen, auch nicht als einfaches Leerzeichen ausgegeben werden.

Wie in anderen Programmiersprachen auch, gibt es Befehle für Alternativen und Schleifen. Dabei zeigt sich, dass Anfänger meist mehr Probleme mit der etwas gewöhnungsbedürftigen Syntax als mit der eigentlichen Programmierung bei einfachen Übungen haben.

Die Alternative sieht allgemein wie folgt aus:

```
IF <Bedingung>
  THEN <Block>
  [ ELSIF <Bedingung> THEN <Block> ]
  ...
  [ ELSIF <Bedingung> THEN <Block> ]
  [ ELSE <Block>]
END IF;
```

Bedingungen müssen nicht in Klammern stehen. Blöcke stehen für einfache Folgen von PL/SQL-Befehlen. Dabei kann ein Block auch mit BEGIN beginnen und mit END enden. Es handelt sich dann um einen lokalen Block, bei dem man am Anfang lokale Variablen deklarieren kann, die nicht außerhalb benutzt werden dürfen. Blöcke dürfen an beliebigen Stellen stehen, an denen auch Anweisungen erlaubt sind.

Die folgende Prozedur führt einige der genannten Varianten vor. Beim konkreten Einsatz würde man auf den lokalen Block hier verzichten, also BEGIN und END einfach streichen. Weiterhin sieht man, dass eine Zuweisung mit dem Zeichen : = erfolgt und wie eine lokale Variable zaehler mit dem Startwert 0 deklariert wird. Bei lokalen Variablen werden die bereits bekannten Datentypen von den Tabellen genutzt, hier werden auch Angaben, wie die maximale Länge eines Textes benötigt. Die Überprüfung auf Null-Werte erfolgt wie bei Anfragen mit dem Vergleich IS NULL.

Das Programm erwartet drei Parameter. Für jeden Parameter, der den Wert NULL hat, wird die Zählvariable zaehler um Eins erhöht. Die Variable name2 wird mit dem Wert der Variablen name initialisiert und. falls name NULL sein sollte, durch „Unbekannt" ersetzt.

```
CREATE OR REPLACE PROCEDURE Hallo3
  (name VARCHAR, alt INTEGER, beruf VARCHAR)
IS
  zaehler INTEGER DEFAULT 0;
  name2 VARCHAR(10) DEFAULT name;
BEGIN
  IF name IS NULL THEN
    BEGIN
      zaehler:=zaehler+1;
      name2:='Unbekannt';
    END;
  END IF;
  DBMS_OUTPUT.PUT(name2);
IF beruf IS NULL AND alt IS NULL
    THEN
      zaehler:=zaehler+2;
      DBMS_OUTPUT.PUT_LINE('.');
    ELSIF alt IS NULL THEN
      zaehler:=zaehler+1;
      DBMS_OUTPUT.PUT_LINE('ist '||beruf||'.');
    ELSIF beruf IS NULL THEN
      zaehler:=zaehler+1;
      DBMS_OUTPUT.PUT_LINE('ist '||alt
                ||'Jahre alt.');
    ELSE
      IF alt<25
        THEN
          DBMS_OUTPUT.PUT_LINE('ist schon '
                ||beruf||'.');
```

```
      ELSE
        DBMS_OUTPUT.PUT_LINE('('||alt
                 ||') ist '||beruf||'.');
      END IF;
    END IF;
    DBMS_OUTPUT.PUT_LINE(zaehler
                 ||'fehlende Angaben');
  END;
```

Wie jedes sonstige Programm auch, müssen PL/SQL-Prozeduren systematisch getestet werden. Dies geschieht hier exemplarisch durch die folgenden Testfälle, die auch die genaue Funktionalität weiter verdeutlichen. Zum professionellen Testen gibt es Entwicklungsumgebungen mit Debug-Möglichkeiten. Ein systematischer Ansatz zur Testerstellung wird im Kapitel über das Testen vorgestellt.

```
EXECUTE Hallo3(NULL,NULL,NULL);
EXECUTE Hallo3('Urs',NULL,NULL);
EXECUTE Hallo3(NULL,23,NULL);
EXECUTE Hallo3(NULL,NULL,'Berater');
EXECUTE Hallo3('Urs',NULL,'Berater');
EXECUTE Hallo3('Urs',23,NULL);
EXECUTE Hallo3(NULL,23,'Berater');
EXECUTE Hallo3('Urs',23,'Berater');
EXECUTE Hallo3('Ute',29,'Beraterin');
```

Die zugehörige Ausgabe lautet:

```
Unbekannt.
3 fehlende Angaben
Urs.
2 fehlende Angaben
Unbekannt ist 23 Jahre alt.
2 fehlende Angaben
Unbekannt ist Berater.
2 fehlende Angaben
Urs ist Berater.
1 fehlende Angaben
Urs ist 23 Jahre alt.
1 fehlende Angaben
Unbekannt ist schon Berater.
1 fehlende Angaben
Urs ist schon Berater.
0 fehlende Angaben
```

```
Ute (29) ist Beraterin.
0 fehlende Angaben
```

Als Schleifen stehen die WHILE-Schleife und die FOR-Schleife mit einer leicht gewöhnungsbedürftigen Syntax zur Verfügung. Die Syntax der WHILE-Scheife lautet wie
folgt.

```
WHILE <Bedingung>
LOOP
 <Block>
END LOOP;
```

Die folgende Prozedur zeigt eine recht einfache Schleifenanwendung, mit der der Text
text anzahl-Mal ausgegeben wird.

```
CREATE OR REPLACE PROCEDURE whileBsp
  (text VARCHAR, anzahl INTEGER)
IS
  zaehler INTEGER DEFAULT 1;
BEGIN
  WHILE zaehler<=anzahl
  LOOP
    DBMS_OUTPUT.PUT_LINE(zaehler||'. '||text);
    zaehler:=zaehler+1;
  END LOOP;
END;
```

Der Aufruf

```
EXECUTE whileBsp('ohne Dich alles doof',4);
```

erzeugt folgende Ausgabe.

```
1. ohne Dich alles doof
2. ohne Dich alles doof
3. ohne Dich alles doof
4. ohne Dich alles doof
```

Die FOR-Schleife hat folgende Syntax

```
FOR <Laufvariable> IN [REVERSE] <Start> .. <Ende>
LOOP
```

```
<Block>
END LOOP;
```

Die Variable <Laufvariable> ist automatisch vom Typ INTEGER und darf nicht vorher deklariert werden. Die Variable läuft die Werte von einschließlich <Start> bis einschließlich <Ende> durch, wobei sie nach jedem Durchlauf um eins erhöht wird. Wird das Schlüsselwort REVERSE genutzt, zählt die Laufvariable rückwärts, zur Terminierung muss dann <Ende> kleiner-gleich <Start> sein.

Die vorherige Prozedur hätte auch wie folgt geschrieben werden können.

```
CREATE OR REPLACE PROCEDURE forBsp
  (text VARCHAR, anzahl INTEGER)
IS
BEGIN
  FOR zaehler IN 1 .. anzahl
  LOOP
    DBMS_OUTPUT.PUT_LINE(zaehler||'. '||text);
  END LOOP;
END;
```

Der Aufruf

```
EXECUTE forBsp('mit Dir alles toll',3);
```

führt zu folgender Ausgabe.

```
1. mit Dir alles toll
2. mit Dir alles toll
3. mit Dir alles toll
```

Vergleichbar zu Pascal und C bietet PL/SQL RECORDS, in C struct genannt, als zusammengesetzte Datentypen an. So wird es u. a. möglich, einzelne Daten zu einem Typen kompakt zusammen zu fassen. Ansätze zur Objektorientierung, die mittlerweile auch in PL/SQL umgesetzt werden können, werden in diesem Buch aus Platzgründen und da sie sich in den Stored Procedure-Ansätzen verschiedener Datenbanken relativ stark unterscheiden, nicht betrachtet.

Die generelle Form der Typ-Deklaration sieht wie folgt aus.

```
TYPE <Typname> IS RECORD(
  <Atributsname1> <Typ1>,
  ...
```

```
<AttributsnameN> <TypN>
);
```

Deklariert man eine Variable r vom Typ Typname, so kann man über die Punktnotation auf die einzelnen Attribute, also r.<AttributnameI> zugreifen. Die folgende Prozedur dient zur Analyse der Semantik von Records, man sieht weiterhin, dass man kurze Kommentare mit -- beginnend einfügen kann. Die Kommentare gehen dann bis zum Zeilenende. Längere Kommentare beginnen mit /* und enden mit */.

```
CREATE OR REPLACE PROCEDURE RecordTest
IS
  TYPE T1 IS RECORD(
    X NUMBER,
    Y NUMBER
  );
  TYPE T2 IS RECORD(
    X NUMBER,
    Y NUMBER
  );
  A T1;
  B T1 DEFAULT A;
  C T2;
BEGIN
  A.x:=1;
  A.y:=2;
  -- DBMS_OUTPUT.PUT_LINE(A); geht nicht
  DBMS_OUTPUT.PUT_LINE('A.x= '||A.x);
  DBMS_OUTPUT.PUT_LINE('A.y= '||A.y);
  DBMS_OUTPUT.PUT_LINE('B.x= '||B.x);
  DBMS_OUTPUT.PUT_LINE('B.y= '||B.y);
  DBMS_OUTPUT.PUT_LINE(B.y); -- leere Zeile
  B.x:=1;
  B.y:=2;
  -- IF A=B ist verboten
  IF A.x=B.x AND A.y=B.y
    THEN DBMS_OUTPUT.PUT_LINE('A gleich B');
    ELSE DBMS_OUTPUT.PUT_LINE('A ungleich B');
  END IF;
  A:=B;
  B.x:=2;
  IF A.x=B.x AND A.y=B.y
    THEN DBMS_OUTPUT.PUT_LINE('A gleich B');
    ELSE DBMS_OUTPUT.PUT_LINE('A ungleich B');
  END IF;
```

```
-- nicht erlaubt C:=A;
END;
```

Die Prozedur wird mit

```
EXECUTE RecordTest;
```

ausgeführt und hat folgende Ausgaben.

```
A.x= 1
A.y= 2
B.x=
B.y=
A gleich B
A ungleich B
```

Man kann daraus ableiten, dass man Record-Variablen nur attributsweise Werte zuweisen kann, dass nicht initialisierte Variablen den Startwert NULL haben, dass auch die Ausgabe nur attributsweise möglich ist und dass bei einer Zuweisung alle Werte kopiert werden, also keine Referenzen zwischen den Attributen aufgebaut werden.

Bisher wurden nur Prozeduren vorgestellt, allerdings lassen sich alle Überlegungen direkt auf Funktionen übertragen. Die allgemeine Syntax sieht wie folgt aus.

```
CREATE [OR REPLACE] FUNCTION <Funktionsname>
  (<Parameterliste>) RETURN <Ergebnistyp> IS
  <LokaleVariablen>
BEGIN
  <Funktionsrumpf>
END;
```

Der Funktionsrumpf wird durch einen RETURN-Befehl, der von einem Wert oder einer Variable vom Typ <Ergebnistyp> gefolgt wird, beendet. Als Beispiel soll folgende einfache Funktion dienen, mit der überprüft wird, wie viele Teiler eine Zahl hat.

```
CREATE OR REPLACE FUNCTION AnzahlTeiler
  (zahl INTEGER)
  RETURN INTEGER IS
  ergebnis INTEGER DEFAULT 0;
BEGIN
  FOR I IN 1..zahl
  LOOP
    if zahl mod i=0
```

```
      THEN
         ergebnis:=ergebnis+1;
      END IF;
    END LOOP;
    RETURN ergebnis;
  END;
```

Dabei steht mod für den Rest bei der ganzzahligen Division, also z. B. 7 mod 3 ergibt
1. Der direkte Aufruf von Funktionen geschieht mit einem Oracle-spezifischen Trick,
mit dem man auch an weitere Systeminformationen gelangen kann. Dazu gibt es eine
Pseudo-Tabelle DUAL, die zwar keinen Inhalt hat, bei deren Nutzung aber die in der
SELECT-Zeile aufgerufene Funktionalität in besonderer Form bearbeitet wird. Der Aufruf
der Funktion sieht wie folgt aus.

```
SELECT AnzahlTeiler(42) FROM DUAL;
```

Die zugehörige Ausgabe lautet wie folgt.

```
ANZAHLTEILER(42)
----------------------
8
```

Genau wie in Pascal oder C können Funktionen und Prozeduren andere Funktionen
und Prozeduren aufrufen, was durch das folgende kleine Beispiel verdeutlicht werden
soll. Man beachte, dass kein Schlüsselwort EXECUTE benutzt werden darf.

```
CREATE OR REPLACE PROCEDURE Primzahl
  (zahl INTEGER)
IS
BEGIN
  IF anzahlTeiler(zahl)=2
    THEN
      DBMS_OUTPUT.PUT_LINE('ist Primzahl');
    ELSE
      DBMS_OUTPUT.PUT_LINE('keine Primzahl');
  END IF;
END;
```

Die Aufrufe

```
EXECUTE Primzahl(42);
EXECUTE Primzahl(43);
```

liefern

```
keine Primzahl
ist Primzahl
```

PL/SQL erlaubt wie z. B. die Programmiersprachen C++ und Java die Behandlung von Ausnahmen, wobei eine engere Verwandtschaft zum C++-Ansatz besteht. Die Ausnahmebehandlung ist gerade für PL/SQL interessant, da sie die Reaktion auf unerwünschte Ereignisse ermöglicht und weiterhin systematisch auf die Ausnahme reagiert werden kann.

Die Möglichkeiten des Exception-Handling, wie die Ausnahmebehandlung üblicherweise genannt wird, soll an einem kleinen Beispiel verdeutlicht werden. Zunächst ist EXCEPTION ein ganz normaler Datentyp, von dem Variablen angelegt werden können. Eine Ausnahme wird durch den Befehl RAISE ausgelöst. Bei einer Ausnahme wird der normale Ablauf des Prozedur- oder Funktionsblocks verlassen und in den eventuell vorhandenen Teil des Blocks zur Ausnahmebehandlung gesprungen. Falls die Ausnahme hier nicht bearbeitet wird, wird die Prozedur oder Funktion verlassen und die Ausnahme zur Behandlung an die aufrufende Prozedur oder Funktion weitergereicht. Falls es auf obersten Ebene keine Ausnahmebehandlung gibt, bricht die gesamte Ausführung mit einer Fehlermeldung ab. Es wird folgende, nicht ganz nette Funktion betrachtet.

```
CREATE OR REPLACE FUNCTION noHeinz(name VARCHAR)
  RETURN VARCHAR
IS
  heinz EXCEPTION;
BEGIN
  IF name='Heinz'
   THEN
     RAISE heinz;
   ELSE
     RETURN name;
  END IF;
END;
```

Die Funktion soll offensichtlich alle Heinz herausfiltern. Weiterhin kann die Funktion nicht auf Ausnahmen reagieren. Dies zeigen die beiden folgenden Aufrufe, wobei wieder deutlich wird, dass die Befehle unabhängig voneinander abgearbeitet werden. Einzelne Fehler führen nicht dazu, dass das gesamte Skript mit den Befehlen nicht ausgeführt wird.

```
SELECT noHeinz('Erwin') FROM DUAL;
SELECT noHeinz('Heinz') FROM DUAL;
```

und die zugehörigen Ergebnisse.

```
NOHEINZ(ERWIN)
-------------------------
Erwin
Error starting at line 2 in command:
SELECT noHeinz('Heinz') FROM DUAL
Error report:
SQL Error: ORA-06510: PL/SQL: Unbehandelte
benutzerdefinierte Exception
ORA-06512: in "KLEUKER.NOHEINZ", Zeile 8
```

Man kann Ausnahmen in einer sogenannten Exception Section fangen, die vor dem
eigentlichen END steht und folgenden Aufbau hat.

```
WHEN <Exceptiontyp1>
  THEN <Block1>
...
[WHEN <ExceptiontypN>
  THEN <BlockN>
WHEN OTHERS
  THEN <BlockM>]
```

Die Exception Section wird von oben nach unten abgearbeitet. Passt die Ausnahme
vom Typ her zu dem Exceptiontyp, dann wird der zugehörige Block ausgeführt und
die Prozedur oder Funktion normal verlassen. Falls kein Exceptiontyp zutrifft, können
mit WHEN OTHERS beliebige Ausnahmen gefangen werden. Auf diese Zeilen wird oft
verzichtet, da man auf eine unklare Ausnahme kaum sinnvoll reagieren kann. Wird
eine Ausnahme insgesamt nicht behandelt, wird sie, wie vorher beschrieben, an die
aufrufende Funktionalität weitergegeben. Bei geschachtelten Aufrufen kann so eventuell
ein aufrufendes Programm auf die Ausnahme reagieren. Reagiert niemand, führt dies zu
einer Fehlermeldung des DBMS, wie im vorherigen Beispiel gezeigt.

Das Verhalten soll mit einem kleinen Beispiel verdeutlicht werden, wobei ein kleiner
Überraschungseffekt eingebaut ist.

```
CREATE OR REPLACE PROCEDURE heinzTest
IS
  heinz EXCEPTION;
BEGIN
  DBMS_OUTPUT.PUT_LINE(noHeinz('Ugur'));
  DBMS_OUTPUT.PUT_LINE(noHeinz('Heinz'));
  DBMS_OUTPUT.PUT_LINE(noHeinz('Erwin'));
```

```
EXCEPTION
  WHEN heinz THEN
    DBMS_OUTPUT.PUT_LINE('Ein Heinz');
  WHEN OTHERS THEN
    DBMS_OUTPUT.PUT_LINE('Wat nu?');
END;
```

Die Ausführung mit

```
EXECUTE heinzTest;
```

führt zu folgender Ausgabe.

```
Ugur
Wat nu?
```

Die Reaktion beim Parameter „Ugur" entspricht den Erwartungen. Da bei „Heinz" eine Ausnahme auftritt, ist es auch klar, dass es keine Ausgabe zu „Erwin" gibt. Überraschend ist aber zunächst, dass die Ausgabe „Wat nu?" und nicht „Ein Heinz" erscheint. Mit etwas Programmiererfahrung lässt sich das Problem leicht lösen. In der Funktion noHeinz wird eine lokale Variable heinz vom Typ Exception deklariert, die innerhalb der Funktion genutzt werden kann. Außerhalb der Funktion ist die lokale Variable aber unbekannt, sodass die Exception in heinzTest nur zufällig den gleichen Namen hat, aber sonst in keiner Beziehung zu dieser Exception steht.

Möchte man diesen Ansatz nutzen, müsste man Ausnahmen global erklären, was hier aber nicht betrachtet werden soll. Globale Ausnahmen werden von PL/SQL aber bereits zur Verfügung gestellt, so kann man z. B. auf die Ausnahme ZERO_DIVIDE reagieren, falls unerlaubt durch 0 geteilt wurde. Statt den Ausnahmemechanismus direkt zu nutzen, stellt PL/SQL einen komfortableren Ansatz zur Verfügung, bei dem ein Oracle-Ansatz vom Entwickler mit benutzt wird. Dazu wird der Befehl

```
RAISE_APPLICATION_ERROR(<Nummer>,<Fehlertext>)
```

genutzt, dabei muss die Nummer zwischen -21.000 und -20.000 liegen, da die anderen Nummern für das System reserviert sind. Das folgende Beispiel zeigt eine Kombination der erwähnten Ausnahmemechanismen.

```
CREATE OR REPLACE PROCEDURE exTest
IS
  I INTEGER DEFAULT 0;
BEGIN
```

```
BEGIN
  I:=I/I;
  DBMS_OUTPUT.PUT_LINE('Nicht Erreicht');
  EXCEPTION
  WHEN ZERO_DIVIDE THEN
    DBMS_OUTPUT.PUT_LINE(''||SQLCODE||'::'
              ||SQLERRM);
END;
DBMS_OUTPUT.PUT_LINE(''||SQLCODE||'::'
          ||SQLERRM);
RAISE_APPLICATION_ERROR(-20101,
          'keine Lust mehr');
EXCEPTION
  WHEN OTHERS THEN
    DBMS_OUTPUT.PUT_LINE(''||SQLCODE||'::'
              ||SQLERRM);
  IF SQLCODE=-20101
    THEN
      DBMS_OUTPUT.PUT_LINE('stimmt nicht');
  END IF;
END;
```

Zunächst wird durch 0 geteilt, sodass eine Systemausnahme auftritt, die in der zum Block gehörenden Exception Section gefangen wird. Das Programm wird dann nach diesem Block fortgesetzt. Man sieht, dass man auf die globalen Systemvariablen SQLCODE und SQLERRM zugreifen kann, um die Nummer und den Text der letzten Fehlermeldung einzusehen. Danach wird der neue Mechanismus genutzt, um eine eigene Ausnahme mit der Nummer -20.101 zu erzeugen, die dann in der zugehörigen Exception Section gefangen wird. Diese Ausnahmen kann man zur Behandlung dann über die Fehlernummer identifizieren und so darauf reagieren. Die zu

```
EXECUTE exTest;
```

gehörige Ausgabe, evtl. in einem speziellen Fenster für Systemmeldungen, sieht wie folgt aus.

```
-1476::ORA-01476: Divisor ist Null
0::ORA-0000: normal, successful completion
-20101::ORA-20101: keine Lust mehr
stimmt nicht
```

Dieser Abschnitt hat nur eine kompakte Einführung in zentrale Sprachelemente von PL/SQL gegeben, die für die folgenden Abschnitte benötigt werden. PL/SQL bietet noch weitere Sprachfeatures, wie die Aufteilung von Prozeduren auf Module und eine spezielle Art um Arrays zu deklarieren. Hierfür sind die in Englisch verfassten und frei zugänglichen Oracle-Handbücher (http://docs.oracle.com/en/database/database.html) als Nachschlagewerke empfehlenswert.

## 12.2  Datenbankanfragen und Cursor in PL/SQL

Im vorherigen Unterkapitel wurde die Programmiersprache PL/SQL vorgestellt, die aus Sicht moderner Programmiersprachen wie Java und C# leicht antiquiert wirkt. Nun soll der Bezug zur Datenbank präzisiert werden. PL/SQL bietet dabei spezielle Sprachkonstrukte, die die saubere Bearbeitung von Datenbanken wesentlich erleichtern kann.

Möchte man in einer Prozedur auf genau einen Wert aus den vorhandenen Tabellen zugreifen, so kann man den erweiterten SELECT-Befehl der Form

```
SELECT <Ausgabe>
INTO <Variable>
FROM ... (übliche Struktur einer SQL-Anfrage)
```

nutzen. Dabei muss die Variable <Variable> vom Typ her zur <Ausgabe> passen. Falls die Anfrage mehr als ein Ergebnis liefert, wird die Ausführung mit einer Ausnahme abgebrochen.

Um einen genau passenden Datentypen für eine Variable zu erhalten, kann man explizit fordern, dass der Datentyp einer Spalte einer Tabelle genutzt wird. Auf diesen Typen kann mit

```
<Tabellenname>.<Spaltenname>%TYPE
```

zugegriffen werden.

Mit der folgenden Prozedur wird der Flächenverbrauch einer Gattung berechnet und ausgegeben.

```
CREATE OR REPLACE PROCEDURE Verbrauch
  (gat Art.Gattung%TYPE)
IS
  ergebnis Art.MinFlaeche%Type;
BEGIN
  SELECT SUM(Art.MinFlaeche)
  INTO ergebnis
  FROM Tier, Art
```

```
WHERE Tier.Gattung=Art.Gattung
  AND Art.Gattung=gat;
DBMS_OUTPUT.PUT_LINE(gat || 'verbraucht '
             ||ergebnis||'.');
END;
```

Die folgenden Aufrufe

```
EXECUTE Verbrauch('Baer');
EXECUTE Verbrauch('Gnu');
```

liefern

```
Baer verbraucht 16.
Gnu verbraucht .
```

Man erkennt, dass Aggregatsfunktionen, die auf keinen Werten arbeiten, da es hier z. B. keine Gnus im Zoo gibt, den Wert NULL und nicht wie eventuell gehofft die Zahl 0 zurückgeben. Dies entspricht aber auch dem Ergebnis der Anfrage, wenn direkt mit

```
SELECT SUM(Art.MinFlaeche)
  FROM Tier, Art
  WHERE Tier.Gattung=Art.Gattung
    AND Art.Gattung='Gnu';
```

nach Gnus gesucht wird. Das Ergebnis ist eine leere Tabelle und nicht der eventuell genauso plausible Wert 0. Würde man das SUM durch COUNT ersetzen, wäre das Ergebnis allerdings die Zahl 0. Wichtig ist die daraus resultierende Schlussfolgerung, dass man am besten vor einer SELECT-INTO-Anfrage prüft, ob ein sinnvolles Ergebnis zu erwarten ist. Alternativ ist bei der Nutzung von Aggregatsfunktionen das Ergebnis im nächsten Schritt auf NULL zu prüfen.

Das folgende Beispiel zeigt die Reaktionen bei der Ausführung von PL/SQL, wenn beim SELECT-INTO nicht ein Wert berechnet werden kann. Dazu wird eine Funktion geschrieben, die zu einer übergebenen Gattung den eindeutigen Namen des Tieres zurückliefern soll. Ist kein Tier oder sind mehrere Tiere dieser Gattung vorhanden, führt die Ausführung zu Problemen. Die Funktion sieht wie folgt aus.

```
CREATE OR REPLACE FUNCTION tiername
  (gat Art.Gattung%Type)
  RETURN Tier.Tname%Type
IS
```

```
  ergebnis Tier.Tname%Type;
BEGIN
  SELECT Tier.Tname
  INTO ergebnis
  FROM Tier
  WHERE Tier.Gattung=gat;
  RETURN ergebnis;
END;
```

Die folgenden Aufrufe

```
SELECT tiername('Gnu') FROM DUAL;
SELECT tiername('Baer') FROM DUAL;
```

führen zu folgenden Ausgaben.

```
TIERNAME(GNU)
------------------------
1 rows selected
Error starting at line 2 in command:
SELECT tiername('Baer') FROM DUAL
Error report:
SQL Error: ORA-01422: Exakter Abruf gibt mehr als
die angeforderte Zeilenzahl zurück
ORA-06512: in "KLEUKER.TIERNAME", Zeile 7
```

Die erste Ausgabe zeigt, dass bei nicht vorhandenen Werten es keine Fehlermeldung gibt, es wird der Wert NULL zurückgegeben, auf den gegebenenfalls geprüft werden muss. Bei zu vielen Werten gibt es eine Fehlermeldung.

Statt nur eine Variable bei der INTO-Zeile anzugeben, kann man hier auch mehrere Variablen angeben, die dann von den Datentypen her genau zu den ausgewählten Ausgabewerten der SELECT-Zeile passen müssen. Die folgende Prozedur gibt die Daten zu einem Tier aus, wobei zunächst geprüft wird, ob der Tiername genau einmal vorhanden ist.

```
CREATE OR REPLACE PROCEDURE tierdaten
  (tiername Tier.Tname%Type)
IS
  zaehler integer;
  gehege Tier.Gnr%Type;
  gat Tier.Gattung%Type;
BEGIN
```

```
SELECT COUNT(*)
INTO zaehler
FROM Tier
WHERE Tier.Tname=tiername;
IF zaehler<>1
  THEN
    DBMS_OUTPUT.PUT_LINE('Name nicht '
                  || 'eindeutig');
  ELSE
    SELECT Tier.Gnr, Tier.Gattung
    INTO gehege, gat
    FROM Tier
    WHERE Tier.Tname=tiername;
    DBMS_OUTPUT.PUT_LINE(tiername||'('||
        gat||') in Gehege '||gehege||'.');
  END IF;
END;
```

Die folgenden Aufrufe

```
EXECUTE tierdaten('Laber');
EXECUTE tierdaten('Horst');
```

liefern

```
Laber (Baer) in Gehege 1.
Name nicht eindeutig
```

Soll eine vollständige Zeile einer Tabelle in einer Ergebnisvariablen festgehalten werden, gibt es eine weitere komfortable Lösung. Durch

```
<Tabellenname>%ROWTYPE
```

ist ein Record-Datentyp definiert, der genau zu einer Zeile der Tabelle passt. Die vorherige Prozedur sollte also wesentlich eleganter wie folgt programmiert werden.

```
CREATE OR REPLACE PROCEDURE tierdaten2
  (tiername Tier.Tname%Type)
IS
  zaehler integer;
  info Tier%ROWTYPE;
BEGIN
```

```
SELECT COUNT(*)
INTO zaehler
FROM Tier
WHERE Tier.Tname=tiername;
IF zaehler<>1
  THEN
    DBMS_OUTPUT.PUT_LINE('Name nicht '
            || 'eindeutig');
  ELSE
    SELECT *
    INTO info
    FROM Tier
    WHERE Tier.Tname=tiername;
    DBMS_OUTPUT.PUT_LINE(tiername||'('
          ||info.Gattung||') in Gehege '
          ||info.Gnr||'.');
  END IF;
END;
```

Ist man nicht nur an einzelnen Tabellenzeilen interessiert, muss man eine Möglichkeit haben, die resultierende Ergebnistabelle abzuarbeiten. Hierzu werden sogenannte Cursor benutzt, die es erlauben, das Ergebnis einer Anfrage schrittweise abzuarbeiten. Es ist nicht möglich, auf alle Zeilen des Ergebnisses gleichzeitig zuzugreifen. Der aktuelle Zugriff ist immer nur auf eine Zeile möglich, wobei man den Cursor anweisen kann, zur nächsten Ergebniszeile zu gehen. Weiterhin kann man überprüfen, ob der Cursor schon alle Ergebnisse durchlaufen hat. Programmiererfahrene Leser sollten eine enge Verwandtschaft von Cursorn zu Iteratoren erkennen, die zur Abarbeitung von Collections wie z. B. Listen genutzt werden.

Cursor werden als spezieller Datentyp für eine konkrete Anfrage wie folgt definiert.

```
CURSOR <Cursorname> [ (Parameterliste)] IS
  <Datenbankanfrage>;
```

Durch die Definition eines Cursors wird die zugehörige Anfrage noch nicht ausgeführt. Dies passiert erst bei der Nutzung des Cursors, die z. B. durch

```
OPEN <Cursorname> [(Argumente)];
```

geschieht. Die Ergebnisse des Cursors können dann zeilenweise eingelesen werden. Zum Einlesen wird eine Variable benötigt, die zum Ergebnis des Cursors passt. Der zugehörige Record-Typ heißt <Cursorname>%ROWTYPE, sodass eine passende Variable durch

```
<Variablenname> <Cursorname>%ROWTYPE;
```

deklariert wird.
Das eigentliche Einlesen einer Ergebniszeile geschieht mit dem Befehl

```
FETCH <Cursorname> INTO <Variablenname>;
```

Danach kann der erhaltene Record wie bereits bekannt bearbeitet werden. Nachdem ein Cursor abgearbeitet wurde, ist er mit

```
CLOSE <Cursorname>;
```

wieder zu schließen. Dies bedeutet für das System, dass die zur Bearbeitung bereit gestellten Systemressourcen anderweitig genutzt werden können. Vergisst man das CLOSE, kann es im System nach wiederholter Nutzung der umgebenden Prozedur zu Speicherengpässen führen, die das System verlangsamen oder die Ausführung verhindern. Datenbank-Managementsysteme stellen typischerweise Werkzeuge zur Überwachung der einzelnen Verbindungen zur Verfügung, so das es Möglichkeiten zur Nachverfolgung gibt, an denen man erkennt, dass Verbindungen nicht geschlossen wurden. Alternativ kann man dies auch an Parametern des jeweiligen Betriebssystems eventuell erkennen.

Zur Cursor-Steuerung stehen die in Abb. 12.2 genannten Befehle zur Verfügung.

Die folgende Prozedur gibt alle zu einer Gattung bekannten Informationen aus.

```
CREATE OR REPLACE PROCEDURE gattungsinfo
  (gat Art.Gattung%Type)
IS
  CURSOR tiere(g Art.Gattung%Type) IS
    SELECT *
    FROM Tier
    WHERE Tier.Gattung=g;
  viech tiere%ROWTYPE;
  anzahl integer;
```

| Befehl | Bedeutung |
|---|---|
| <Cursorname>%ISOPEN | Wurde der Cursor schon geöffnet? |
| <Cursorname>%FOUND | Wurde bei der letzten FETCH-Operation eine neue Zeile gefunden? |
| <Cursorname>%NOTFOUND | Wurde bei der letzten FETCH-Operation keine neue Zeilen gefunden? |
| <Cursorname>%ROWCOUNT | Liefert die Anzahl der bereits gelesenen Zeilen. |

**Abb. 12.2**  Befehle zur Cursor-Steuerung

```
BEGIN
 SELECT COUNT(*)
 INTO anzahl
 FROM Tier
 WHERE Tier.Gattung=gat;
 IF anzahl=0
   THEN
     DBMS_OUTPUT.PUT_LINE('nicht vorhanden');
   ELSE
     DBMS_OUTPUT.PUT_LINE('Es gibt folgende '
              ||anzahl||'Tiere:');
   OPEN tiere(gat);
     FETCH tiere INTO VIECH;
     WHILE tiere%FOUND
       LOOP
         DBMS_OUTPUT.PUT_LINE(tiere%ROWCOUNT
             ||'. '||viech.Tname||'in Gehege '
             ||viech.Gnr||'.');
         FETCH tiere INTO VIECH;
       END LOOP;
     CLOSE tiere;
 END IF;
END;
```

Die folgenden Aufrufe

```
EXECUTE gattungsinfo('Gnu');
EXECUTE gattungsinfo('Hase');
```

liefern

```
nicht vorhanden
Es gibt folgende 4 Tiere:
1. Klopfer in Gehege 2.
2. Bunny in Gehege 3.
3. Runny in Gehege 2.
4. Hunny in Gehege 2.
```

Das Beispiel zeigt den klassischen Weg, wenn ein Cursor innerhalb einer WHILE-Schleife genutzt wird. Vor dem Schleifenanfang wird die erste Zeile gelesen und immer am Anfang der WHILE-Schleife geprüft, ob beim letzten FETCH eine neue Zeile gelesen wurde.

Neben der WHILE-Schleife gibt es auch eine FOR-Schleife zur effizienten Nutzung von Cursorn, die etwas kürzer, aber dafür weniger flexibel ist. Die zugehörige Syntax der Schleife sieht wie folgt aus.

```
FOR <Variable> IN <Cursorname> [(Argumente)]
  LOOP
  <Schleifenrumpf>
  END LOOP;
```

Die <Variable> darf vorher nicht deklariert werden und bekommt automatisch den Typ <Cursorname>%ROWTYPE. Der Cursor wird automatisch am Anfang der Schleife geöffnet und es findet ein FETCH in <Variable> statt. Die Schleife durchläuft genau alle Elemente des Cursors. Am Ende der Schleife wird der Cursor automatisch geschlossen. Die folgende Prozedur ist eine leichte Abwandlung der vorherigen Prozedur, bei der nicht geprüft wird, ob es überhaupt Tiere der Gattung gibt.

```
CREATE OR REPLACE PROCEDURE gattungsinfo2
  (gat Art.Gattung%Type)
IS
  CURSOR tiere(g Art.Gattung%Type) IS
    SELECT *
    FROM Tier
    WHERE Tier.Gattung=gat;
BEGIN
  DBMS_OUTPUT.PUT_LINE('Von '||gat||'gibt es:');
  FOR viech IN tiere(gat)
    LOOP
      DBMS_OUTPUT.PUT_LINE(tiere%ROWCOUNT||'. '
              ||viech.Tname||'in Gehege '
              ||viech.Gnr||'.');
    END LOOP;
END;
```

Die folgenden Aufrufe

```
EXECUTE gattungsinfo2('Gnu');
EXECUTE gattungsinfo2('Hase');
```

liefern

```
Von Gnu gibt es:
Von Hase gibt es:
```

```
1. Klopfer in Gehege 2.
2. Bunny in Gehege 3.
3. Runny in Gehege 2.
4. Hunny in Gehege 2.
```

Cursor können nach dem Schließen erneut geöffnet werden, dabei wird die zugehörige Anfrage erneut ausgeführt. Ein geöffneter Cursor kann nicht ein zweites Mal geöffnet werden. Falls es hierzu eine Notwendigkeit geben sollte, müsste ein zweiter identischer Cursor definiert werden.

Wie bereits erwähnt, können beliebige INSERT, UPDATE und DELETE-Befehle als normale Programmierbefehle in PL/SQL genutzt werden. Es kann aber auch sinnvoll sein, dass man Änderungen direkt an den Stellen durchführen möchte, an denen gerade der Cursor steht. Dies geht natürlich nur, wenn sich der Cursor auf genau eine Tabelle und jedes Ergebnis auf eine Spalte bezieht. In diesem Fall kann man die Definition des Cursors um die Angabe FOR UPDATE ergänzen, sodass man in einem UPDATE-Befehl auf die aktuelle Cursor-Position mit WHERE CURRENT OF <Cursorname> zugreifen kann.

Im Beispiel sollen die Namen der ausgewählten Gattung um den Zusatz des Gattungsnamens ergänzt werden. Die zugehörige Prozedur sieht wie folgt aus.

```
CREATE OR REPLACE PROCEDURE langerName
  (gat Art.Gattung%Type)
IS
 CURSOR wahl(g Art.Gattung%Type) IS
  SELECT *
  FROM Tier
  WHERE Tier.Gattung=g
  FOR UPDATE;
BEGIN
 FOR viech IN wahl(gat)
  LOOP
   UPDATE Tier
    SET Tname=Tname||Gattung
    WHERE CURRENT OF wahl;
  END LOOP;
END;
```

Das Ausführen von

```
EXECUTE langerName('Hase');
SELECT *
 FROM Tier
 WHERE Tier.Gattung='Hase';
```

liefert

```
GNR                     TNAME           GATTUNG
----------------------  ------------    -------
2                       KlopferHase     Hase
3                       BunnyHase       Hase
2                       RunnyHase       Hase
2                       HunnyHase       Hase
```

PL/SQL-Programme laufen in Transaktionen und können diese steuern, erhalten sie z. B. keinen COMMIT-Befehl, kann man die Änderungen mit einem ROLLBACK rückgängig machen, was für den folgenden Abschnitt für die letzte ausgeführte Prozedur angenommen wird.

## 12.3   Trigger

Um die Qualität der Daten zu sichern, stehen bis jetzt nur das saubere Design der Datenbank, der Einsatz von FOREIGN KEYs und die Nutzung von CONSTRAINTS als Hilfsmittel zur Verfügung. Die wesentliche Einschränkung von CONSTRAINTS ist, dass sie nur auf einer Tabelle arbeiten und keinen Bezug zu anderen Tabellen oder zu weiteren in der Tabelle eingetragenen Daten aufbauen können. Diese Einschränkungen werden mit den Triggern fallen gelassen.

Trigger funktionieren dabei nach dem sogenannten Event-Condition-Action Paradigma, was heißt, dass ein Trigger auf ein bestimmtes Ereignis, also Event, wartet, dann prüft, ob eine weitere Bedingung, also Condition, erfüllt ist und dann eine Aktion, also Action, ausführt.

Als Ereignisse stehen alle möglichen Änderungen der Tabellen zur Verfügung, die mit INSERT, UPDATE und DELETE bearbeitet werden. Die Aktionen bestehen grundsätzlich aus PL/SQL-Programmen. Die generelle Form von Triggern sieht wie folgt aus.

```
CREATE [OR REPLACE] TRIGGER <Triggername>
 {BEFORE | AFTER}
{INSERT | DELETE | UPDATE} [OF {Spaltenliste}]
[OR {INSERT | DELETE | UPDATE} [OF {Spaltenliste}]]
...
[OR {INSERT | DELETE | UPDATE} [OF {Spaltenliste}]]
ON <Tabellenname>
[FOR EACH ROW]
[WHEN <Bedingung>]
<PL/SQL-Block>;
```

Dabei stehen in geschweiften Klammern stehende, mit senkrechten Strichen abtrennte Teile für Alternativen, von denen eine gewählt werden muss.

Die gesamten Alternativen werden anhand von Beispielen diskutiert. Eine typische Aufgabe von Triggern ist es, Änderungen in der Datenbank zu protokollieren. Dazu wird jetzt eine einfache Tabelle zur Protokollierung genutzt, die festhält, wer welches Tier in das System eingetragen hat. Zur Feststellung des Ausführenden des INSERT-Befehls wird die Systeminformation USERNAME in der Systemtabelle USER_USERS genutzt. Die Protokolltabelle soll folgende Form haben.

```
CREATE TABLE Zooprotokoll(
  nr INT,
  wann DATE,
  wer VARCHAR(255),
  gehege INTEGER,
  tiername VARCHAR(12),
  PRIMARY KEY(nr)
);
```

Die Nummerierung der Einträge soll automatisch erfolgen. Zu diesem Zweck kann man sogenannte Sequenzzähler in Oracle definieren, ihre Syntax ist wie folgt.

```
CREATE SEQUENCE <Sequenzname>
  INCREMENT BY <inc>
  START WITH <start>;
```

Der Sequenzzähler startet mit dem Wert <start>. Auf den aktuellen Wert des Zählers kann mit

```
<Sequenzzähler>.CURRVAL
```

zugegriffen werden. Mit

```
<Sequenzzähler>.NEXTVAL
```

wird der Wert des Zählers um <inc> erhöht und zurückgegeben. Dabei muss am Anfang zunächst einmal NEXTVAL benutzt werden, damit dann CURRVAL nutzbar wird. Der Wert eines Zählers lässt sich wie folgt direkt abfragen.

```
SELECT <Sequenzzähler>.CURRVAL FROM DUAL;
```

Konkret wird folgender Zähler definiert.

```
CREATE SEQUENCE zoozaehler
  INCREMENT BY 1
  START WITH 1;
```

Die Anfragen

```
SELECT zoozaehler.NEXTVAL FROM DUAL;
SELECT zoozaehler.CURRVAL FROM DUAL;
```

liefern

```
NEXTVAL
----------------------
1
CURRVAL
----------------------
1
```

Die Idee des Protokolltriggers besteht darin, dass bevor ein Eintrag in die Tabelle Tier gemacht wird, ein Eintrag in der Tabelle Zooprotokoll erfolgt. Der Trigger hat dann folgende Form, wobei aus der Systemvariablen SYSDATE das aktuelle Datum gelesen wird.

```
CREATE OR REPLACE TRIGGER neuesTier
BEFORE INSERT
ON TIER
FOR EACH ROW
DECLARE
  datum DATE;
  nutzer USER_USERS.USERNAME%Type;
BEGIN
  SELECT SYSDATE
    INTO datum
    FROM DUAL;
  SELECT USER_USERS.USERNAME
    INTO nutzer
    FROM USER_USERS;
  INSERT INTO Zooprotokoll VALUES
    (zoozaehler.NEXTVAL,datum,nutzer,:NEW.Gnr,
     :NEW.Tname);
END;
```

Werden dann folgende Zeilen ausgeführt

```
INSERT INTO Gehege VALUES(4,'Heide',80);
INSERT INTO Tier VALUES(4,'Sauber','Baer');
INSERT INTO Tier VALUES(4,'Huber','Baer');
SELECT * FROM Zooprotokoll;
```

gibt es das folgende Ergebnis.

```
NR    WANN      WER       GEHEGE     TIERNAME
----- --------- --------- ---------- ------------
1     20.09.23 KLEUKER    4          Sauber
2     20.09.23 KLEUKER    4          Huber
```

Mit BEFORE und AFTER kann gesteuert werden, wann ein Trigger ausgeführt werden soll. Dies geschieht entweder vor der endgültigen Ausführung oder nach der Ausführung des Ereignisses, das den Trigger auslöst. Im Beispiel hätte man genauso gut AFTER nutzen können, da es egal ist, wann der Eintrag erfolgt. Ein BEFORE-Trigger ist grundsätzlich flexibler, da man z. B. mit einer Ausnahme die eigentliche Aktion, hier also das Einfügen, abbrechen kann.

Dieser Trigger reagiert nur auf INSERT-Befehle, durch eine OR-Verknüpfung kann dieser Trigger auch zusätzlich auf DELETE und UPDATE reagieren. Nur bei UPDATE gibt es noch die zusätzlichen Möglichkeiten, mit OF {Spaltenliste} die Reaktion noch weiter nur auf die genannten Spalten zu reduzieren.

Die Angabe FOR EACH ROW gibt an, dass der Trigger für jede Zeile, die betroffen ist, ausgeführt werden soll. Dies ist nur bei Befehlen interessant, die mehrere Zeilen betreffen, was aber bei INSERT durch die Angabe, dass die Ergebnisse einer Anfrage eingetragen werden sollen, auch der Fall sein kann.

Die Angabe von FOR EACH ROW und die Nutzung von BEFORE ermöglicht auch den genauen Zugriff auf die geänderten Werte, dafür gibt es zwei spezielle Variablen: NEW und: OLD, die jeweils vom Typ <Tabellenname>%ROWTYPE sind. Dadurch kann auf die neu eingetragenen Werte und bei UPDATE und DELETE auf die alten Werte der jeweils betroffenen Zeile zugegriffen werden. Nur bei einem BEFORE-Trigger können so auch die neuen Werte noch verändert werden.

Die WHEN-Zeile erlaubt die Angabe einer Bedingung, die zusätzlich zum auslösenden Ereignis geprüft werden soll. Dabei ist die Zeile nur bei Triggern mit FOR EACH ROW erlaubt und bezieht sich auf die aktuell behandelte Zeile. Die veränderten Werte können auch in der WHEN-Bedingung referenziert werden, dabei werden hier allerdings irritierend NEW und OLD statt: NEW und: OLD genutzt. Beim vorgestellten Trigger könnte man z. B. verhindern, dass neue Hasen auch in die Protokolltabelle eingetragen werden. Dazu wird nach FOR EACH ROW die Zeile

```
WHEN (NEW.Gattung<>'Hase')
```

ergänzt. Man beachte die syntaktisch notwendigen Klammern. Die WHEN-Bedingung macht die Ausführung etwas kürzer, da schnell festgestellt werden kann, ob der Trigger ausgeführt werden muss. Prinzipiell kann man die Prüfung der Bedingung auch in den PL/SQL-Teil der Aktion des Triggers einbauen.

Der Bedeutung der Zeile FOR EACH ROW soll jetzt mit einem kleinen Beispiel verdeutlicht werden. Dazu wird zunächst folgende Spieltabelle angelegt.

```
CREATE TABLE Tr(
  X NUMBER,
  Y NUMBER
);
INSERT INTO Tr VALUES (1,3);
INSERT INTO Tr VALUES (1,4);
INSERT INTO Tr VALUES (1,5);
SELECT * FROM Tr;
```

Die Ausgabe lautet wie folgt.

```
X            Y
------------ ----------------------
1            3
1            4
1            5
```

Dann wird ein Trigger angelegt, der sich nur auf die gesamte Tabelle und nicht die einzelnen Zeilen bezieht.

```
CREATE OR REPLACE TRIGGER TrOhneEach
BEFORE UPDATE
ON Tr
BEGIN
  DBMS_OUTPUT.PUT_LINE('TrOhneEach');
END;
```

Dazu kommt ein zweiter sehr ähnlicher Trigger, der sich aber auf jede betroffene Zeile bezieht, weiterhin zeigt er eine Spielerei mit der Veränderung der eingetragenen Werte.

```
CREATE OR REPLACE TRIGGER TrMitEach
BEFORE UPDATE
ON Tr
FOR EACH ROW
BEGIN
```

```
   DBMS_OUTPUT.PUT_LINE('TrMitEach');
    :NEW.X := :NEW.Y;
    :NEW.Y := :OLD.X;
END;
```

Die Ausführung der folgenden Befehle

```
UPDATE TR
  SET Y=Y+1
  WHERE X=1;
SELECT * FROM Tr;
```

ergibt dann folgendes Ergebnis.

```
TrOhneEach
TrMitEach
TrMitEach
TrMitEach
X                Y
------------ ----------------------
4                1
5                1
6                1
```

Man erkennt, dass der TriggerMitEach dreimal, d. h. für jede betroffene Zeile, ausgeführt wurde.

Das folgende Beispiel zeigt einen Trigger, der das Hinzufügen oder Ändern einer Art nur erlaubt, wenn es überhaupt ein Gehege gibt, in das ein solches Tier mit seinem Flächenanspruch eingefügt werden könnte. Dies zeigt die Möglichkeit, in Triggern auf mehrere Tabellen zuzugreifen und eine Aktion gegebenenfalls abzubrechen. Ein Cursor durchläuft jedes Gehege und die darin noch freie Fläche. Dazu wird von der Gesamtfläche des Geheges die Summe der minimal notwendigen Flächen der einzelnen Tiere abgezogen, die mit einer weiteren Anfrage pro Gehege in der Variablen TMP steht. In der Schleife über den Cursor wird der maximal freie Platz in der Variablen maxFreierPlatz festgehalten. Durch andere SQL-Anfragen wäre es durchaus möglich, den Trigger anders zu gestalten. Die Betrachung garantiert, dass auch leere Gehege beachtet werden, selbst wenn es noch keine Tiere gibt. Der Trigger hat folgende Form.

```
CREATE OR REPLACE TRIGGER neueArt
BEFORE INSERT OR UPDATE
ON ART
FOR EACH ROW
```

```
DECLARE
  maxFreierPlatz INTEGER DEFAULT 0;
  TMP INTEGER;
  CURSOR alleGehege IS
    SELECT Gehege.Gnr, Gehege.Flaeche
    FROM Gehege;
BEGIN
  FOR g IN alleGehege
    LOOP
      SELECT SUM(Art.MinFlaeche)
      INTO TMP
      FROM Tier,Art
      WHERE Tier.Gnr=g.GNR
        AND Tier.Gattung=Art.Gattung;
      IF TMP IS NULL
        THEN
          TMP := 0;
      END IF;
      IF maxFreierPlatz < g.Flaeche - TMP
        THEN
          maxFreierPlatz := g.Flaeche - TMP;
      END IF;
    END LOOP;
  IF maxFreierPlatz < :NEW.MinFlaeche
    THEN
      RAISE_APPLICATION_ERROR(-20999,
          :NEW.Gattung || 'passt nirgendwo rein, braucht '
          || :NEW.MinFlaeche || 'gibt nur '|| maxFreierPlatz);
  END IF;
END;
```

Werden folgende Befehle ausgeführt,

```
INSERT INTO ART VALUES('Gnu',12);
INSERT INTO ART VALUES('Elefant',100);
SELECT * FROM Art;
```

führt dies zu folgender Ausgabe.

```
1 rows inserted
Error report:
SQL Error: ORA-20999: Elefant passt nirgendwo rein, braucht 100 gibt nur
64
```

```
ORA-06512: in "KLEUKER.NEUEART", Zeile 19
ORA-04088: Fehler bei der Ausführung von Trigger
'KLEUKER.NEUEART'
GATTUNG  MINFLAECHE
-------  --------------------
Baer     8
Hase     2
Schaf    5
Reh      4
Gnu      12
```

Bisher wurden Trigger direkt für existierende Tabellen definiert. In einer leicht abgewandelten Form ist es aber auch möglich, Trigger für Views zu definieren und sie so für Nutzer als vollständig nutzbare Tabellen erscheinen zu lassen. Dies sind sogenannte INSTEAD OF-Trigger, da sie anstatt dem vermeintlich direkten Zugriff auf den View tätig werden. Die generelle Syntax sieht wie folgt aus, man sieht, dass es keine WHEN-Bedingung geben kann.

```
CREATE [OR REPLACE] TRIGGER <Triggername>
 INSTEAD OF
{INSERT | DELETE | UPDATE} [OF {Spaltenliste}]
ON <Viewname>
[FOR EACH ROW]
<PL/SQL-Block>;
```

Für ein Beispiel wird zunächst ein View konstruiert, der einen vollständigen Überblick über den Zoo liefert.

```
CREATE OR REPLACE VIEW Gesamt AS
  SELECT Tier.TName, Tier.Gattung,
      Art.MinFlaeche, Gehege.GNr, Gehege.GName
  FROM Gehege,Tier,Art
  WHERE Gehege.Gnr=Tier.GNr
    AND Tier.Gattung=Art.Gattung;
```

Dieser View kann nicht verändert werden, da er sich aus mehreren Tabellen zusammensetzt. Mit einem INSTEAD OF-Trigger kann man es aber schaffen, dass INSERT-Befehle für diesen VIEW erlaubt sind. Der Trigger analysiert dabei die neu eingetragenen Werte und insofern Aktualisierungen der Basistabellen notwendig sind, werden diese vorgenommen. Der Trigger sieht wie folgt aus.

```
CREATE OR REPLACE TRIGGER tierInGesamt
```

```
INSTEAD OF INSERT
ON Gesamt
FOR EACH ROW
DECLARE
 zaehler INTEGER;
BEGIN
 SssELECT COUNT(*)
 sINssTO zaehler
 ROM Gehege
 WHERE Gehege.GNr=:NEW.GNr;
 IF zaehler=0 /* dann neues Gehege */
  THEN
    INSERT INTO Gehege VALUES(:NEW.GNr,
                   :NEW.GName,50);
 END IF;
 SELECT COUNT(*)
 INTO zaehler
 FROM Art
 WHERE Art.Gattung=:NEW.Gattung;
 IF zaehler=0 /* dann neue Art */
  THEN
    INSERT INTO Art VALUES(:NEW.Gattung,
                 :NEW.MinFlaeche);
 END IF;
 INSERT INTO Tier VALUES (:NEW.Gnr,:NEW.TName,
                 :NEW.Gattung);
END;
```

Die Ausführung der folgenden Befehle

```
INSERT INTO Gesamt
       VALUES('Ugur','Uhu',5,5,'Halle');
SELECT *
 FROM Gesamt
 WHERE Gesamt.GNr=5;
SELECT * FROM Gehege;
```

führt zu folgender Ausgabe.

| TNAME | GATTUNG | MINFLAECHE | GNR | GNAME |
|-------|---------|------------|-----|-------|
| Ugur  | Uhu     | 5          | 5   | Halle |

```
GNR                     GNAME   FLAECHE
-----------------------  ------  ----------------
1                       Wald    30
2                       Feld    20
3                       Weide   15
4                       Heide   80
5                       Halle   50
```

Um den View vollständig nutzbar zu machen, können auch INSTEAD OF-Trigger für DELETE und UPDATE in ähnlicher Form geschrieben werden.

Werden sehr viele Trigger in einem System genutzt, kann das die Bearbeitungszeit stark negativ beeinflussen, da z. B. ein Trigger mit FOR EACH ROW für jeden Eintrag abgearbeitet werden muss. Bei sehr vielen Triggern kann es ein weiteres Problem geben, da ein Trigger, der z. B. ein INSERT-Statement ausführt, dadurch einen neuen Trigger anstoßen kann. Durch diesen Mechanismus können Ketten von Triggeraufrufen entstehen, die dann schrittweise abgearbeitet werden müssen. Führt ein INSERT-Trigger einer Tabelle B dabei ein INSERT auf einer Tabelle A aus, was dann einen Trigger anstößt, der ein INSERT auf B ausführt, kann es zu Zyklen in der Triggerausführung kommen, was letztendlich zu Endlosschleifen führen könnte. Um dieses Problem zu meiden, werden Tabellen, auf denen gerade ein Trigger läuft, gesperrt und falls bei der weiteren Triggerausführung erneut auf die Tabelle zurückgegriffen wird, wird die gesamte Aktion mit einer Fehlermeldung abgebrochen.

## 12.4 Aufgaben

**Wiederholungsfragen**

Versuchen Sie zur Wiederholung folgende Aufgaben aus dem Kopf, d. h. ohne nochmaliges Blättern und Lesen zu bearbeiten.

1. Wozu gibt es Stored-Procedures?
2. Erklären Sie anschaulich den typischen Aufbau einer Stored Procedure.
3. Warum machen Ausgaben in Stored Procedures nur eingeschränkt Sinn?
4. Wozu dient in Oracle die Tabelle Dual?
5. Erklären Sie die Nutzung des SELECT-Befehls innerhalb einer Stored Procedure. Wozu werden %TYPE und %ROWTYPE genutzt?
6. Erklären Sie die Funktionsweise der Ausnahmebehandlung in PL/SQL.
7. Erklären Sie die Funktionsweise und Nutzungsmöglichkeiten von Cursorn.
8. Erklären Sie, wie Trigger funktionieren.

9. Wozu wird FOR EACH ROW in Triggern genutzt, was hat dies mit der Nutzung von:NEW und:OLD zu tun?
10. Welche Probleme können bei der Trigger-Entwicklung auftreten?
11. Welchen Zusammenhang gibt es zwischen Triggern und Views?

---

**Übungsaufgaben**

Für die folgenden Aufgaben sollen folgende Tabellen genutzt werden.

```
CREATE TABLE Kunde(
  KNR NUMBER(5),
  Vorname VARCHAR(10),
  Name VARCHAR(10) NOT NULL,
  Geschlecht VARCHAR(1),
  Land VARCHAR(3),
  PRIMARY KEY(KNR),
  CONSTRAINT Kunde1
    CHECK(Geschlecht IN ('M','W'))
);
CREATE TABLE Auftrag(
  KNR NUMBER(5),
  Datum DATE,
  Betrag NUMBER(7,2) NOT NULL,
  Mahnungsanzahl NUMBER(1) DEFAULT 0,
  Mahntermin DATE NOT NULL,
  PRIMARY KEY(KNR,Datum),
  CONSTRAINT Auftrag1 CHECK(Mahnungsanzahl<4),
  CONSTRAINT Auftrag2 FOREIGN KEY(KNR)
    REFERENCES Kunde(KNR)
);
CREATE TABLE Eintreiber(
  KNR NUMBER(5),
  Rechnungsdatum DATE,
  Uebergabetermin DATE,
  PRIMARY KEY(KNR,Rechnungsdatum)
);
```

Dabei soll ein Mahntermin in der Tabelle Auftrag den frühesten Termin angeben, zu dem die nächste Mahnung verschickt werden kann.

1. Schreiben Sie eine Prozedur einfuegen(Kundennummer, Vorname, Name, Geschlecht, Land), die einen Wert in die Tabelle Kunde einfügt. Was passiert, wenn

Sie keinen oder einen ungültigen Wert für Geschlecht oder einen bereits vergebenen Schlüssel eingeben?

2. Schreiben Sie eine Prozedur einfuegen2(Vorname, Name, Geschlecht, Land), die einen Wert in die Tabelle Kunde einfügt. Dabei soll die Kundennummer automatisch berechnet werden (versuchen Sie es ohne SEQUENCE), überprüfen Sie vorher, ob es überhaupt schon einen Tabelleneintrag gibt und reagieren Sie wenn nötig.

3. Schreiben Sie eine Prozedur auftragEintragen( Kundennummer,Betrag,Datum) mit der ein neuer Auftrag eingetragen wird. Der erste Mahntermin ist sieben Tage nach dem Verkauf. In Oracle erfolgt die Umwandlung eines VARCHAR vc in ein Datum mit TO_DATE(vc), z. B. TO_DATE('11.01.11'). Bei einer Datumsvariable bedeutet + 7 die Erhöhung um sieben Tage.

4. Schreiben Sie eine Prozedur auftragEintragen2(Name,Geschlecht,Betrag,Datum), mit der ein Auftrag für einen neuen Kunden eingetragen wird, es sind also mehrere Tabellen betroffen. Bedenken Sie, dass Prozeduren auch andere Prozeduren aufrufen können.

5. Schreiben Sie eine Funktion anrede(Kundennummer), die zu einer gegebenen Kundennummer, die "richtige" Anrede für einen Brief ausgibt. Die Anrede ist meist "Sehr geehrte Frau <Name>," oder "Sehr geehrter Herr <Name>,", bei Chinesen wird weiterhin statt <Name> immer <Name> <Vorname> ausgegeben. Falls das Geschlecht nicht bekannt ist, lautet die Anrede "Sehr geehrte/r Kundin/Kunde,".

    Zur Erinnerung: Strings werden in Oracle mit ‖ verbunden.

    Aufrufmöglichkeit für Funktionen:

    SELECT anrede(101) FROM DUAL;

    In PL/SQL gibt es den Datentyp BOOLEAN.

    Sie dürfen selbstgeschriebene Prozeduren und Funktionen in anderen Aufgabenteilen nutzen.

6. Schreiben Sie eine PL/SQL-Prozedur, die mithilfe eines Cursors alle Kundennamen ausgibt.

7. Schreiben Sie eine Prozedur auftragEintragen3(Kundennummer,Betrag,Datum), mit der ein Auftrag für einen Kunden eingetragen wird und zusätzlich mit einer Fehlermeldung (APPLICATION ERROR) abbricht, wenn der Kunde schon vorher drei offene Aufträge hatte. (Ein Auftrag ist offen, solange er in der Tabelle Auftrag steht.)

8. Schreiben Sie einen Trigger, der garantiert, dass für Kunden, für die ein Eintrag in der Tabelle Eintreiber vorliegt, keine Aufträge angenommen werden.

9. Schreiben Sie einen Trigger, der bei dem Eintrag eines Auftrags eine Warnung ausgibt, falls für den Kunden eine Mahnung läuft.

Ergänzen Sie folgende Tabelle:

```
CREATE Table Kundenstatistik(
```

```
KNR NUMBER(5),
Gesamt NUMBER(7,2),
Skonto NUMBER,
PRIMARY KEY(KNR)
);
```

10. Schreiben Sie einen Trigger, der beim Eintrag eines neuen Kunden automatisch einen Eintrag mit der KNR und den Werten 0 und 0 in der Tabelle Kundenstatistik anlegt.
11. Schreiben Sie einen Trigger, der bei jedem neuen Auftrag die Gesamtbestell-summe in Kundenstatistik für den Kunden erhöht und den Skontowert in Prozent berechnet. Der Skonto-Wert ergibt sich aus Gesamtbestellsumme/1000, darf aber 10 nicht überschreiten. Dieser Skontowert soll bereits beim ersten eingehenden Auftrag für den Kunden berücksichtigt werden (nicht für die Gesamtbestellsumme in der Kundenstatistik). Erfolgt z. B. eine erste Bestellung für 2000, dann muss der Kunde nur 1960 zahlen (1960 wird in Auftrag eingetragen, 2000 wird als Gesamtbestellsumme in der Kundenstatistik eingetragen). Der Skontobetrag (hier 40) soll außerdem vom Trigger als Text auf dem Bildschirm ausgegeben werden.

Würde der gleiche Kunde dann eine Bestellung von 3000 machen, wäre seine Gesamtbestellsumme aus der Spalte Gesamt 5000, was einen Skontowert von 5 ergibt. Der Kunde müsste dann nur 3000-(5/100*3000)=2850 bezahlen, was auch in der Tabelle Auftrag so eingetragen wird.

# Einführung in JDBC 13

**Zusammenfassung**

Datenbanken sind meist Grundlage komplexer Software-Systeme, die so ihre Daten verwalten. Bei der Programmierung muss aus der Programmiersprache auf die Datenbank zugegriffen werden. Einen oft verbreiteten Weg in Java stellt die in diesem Kapitel vorgestellte Anbindung mit JDBC dar. JDBC ermöglicht die Ausführung von SQL-Befehlen und die Nutzung der aus den Befehlen resultierenden Ergebnisse. Ideen von JDBC finden sich in anderen Programmiersprachen wieder.

Dieses Kapitel beschreibt schrittweise eine Möglichkeit zum Verbindungsaufbau, zum Stellen von Anfragen und zur weiteren Nutzung der Datenbank. Tiefgreifende Java-Kenntnisse werden nicht benötigt, grundlegende Erfahrungen in objektorientierter Programmierung sollten ausreichen.

Nachdem eine optimale Datenbank entwickelt wurde, wird diese typischerweise von anderer Software genutzt. Ausnahmen stellen Personen dar, die den Datenbestand direkt mit SQL-Anfragen analysieren.

Damit die Applikationssoftware auf die Datenbank zugreifen kann, sind verschiedene Ansätze möglich. Ein Ansatz ist die Einbettung von SQL-Befehlen in die sonst genutzte Programmiersprache. Dabei muss definiert werden, in welchen Variablen der Programmiersprache die Anfrageergebnisse später zugreifbar sind. Der Compiler muss dann die

**Ergänzende Information** Die elektronische Version dieses Kapitels enthält Zusatzmaterial, auf das über folgenden Link zugegriffen werden kann https://doi.org/10.1007/978-3-658-43023-8_13.

Übersetzung der eingebetteten SQL-Befehle unterstützen, wobei meist diese Befehle zuerst übersetzt und dann mit dem restlichen Programm verlinkt werden.

Eine Alternative stellt die Möglichkeit dar, aus der Programmiersprache mit Mitteln der Programmiersprache eine Verbindung zur Datenbank aufzubauen, sodass sich das Programm wie ein „normaler" Datenbanknutzer verhalten kann, also Anfragen stellt, Tabellen ändert und über den Erfolg der Arbeitsschritte informiert wird. Dieser Weg wird in Java mit JDBC betreten. Java hat dazu eine eigene Klassenbibliothek bestehend aus Schnittstellenbeschreibungen, die zur Verwaltung von Datenbankverbindungen konzipiert wurde. Die Umsetzung dieser Konzepte ist allerdings die Aufgabe der Datenbankhersteller, sodass die Unterstützung von JDBC im Detail sehr unterschiedlich aussehen kann. Es gilt aber, dass, wenn eine vorgegebene Funktionalität realisiert wird, diese dann der im Java-Konzept beschriebenen Bedeutung folgt.

Zu JDBC sind schon einige Bücher geschrieben worden. Der Standard wird weiter entwickelt und liegt in der Version 4.3 [@JSR] vor. Dabei wird in neuen Versionen die Funktionalität erweitert, allerdings bleiben die Basiskonzepte erhalten. Genau diese Basiskonzepte, mit denen man von Java aus systematisch mit einer Datenbank arbeiten kann, werden in diesem Kapitel vorgestellt. Bei größeren Projekten, die sich zentral um eine Datenbank gruppieren, sollte weitere Literatur zu JDBC und dessen Umsetzung im jeweils verwendeten Datenbank-Managementsystem mit einbezogen werden.

## 13.1  Verbindungsaufbau

Zunächst muss man sich für die jeweilige Datenbank den passenden JDBC-Treiber besorgen, der üblicherweise von der Datenbank-Herstellerseite verfügbar ist. Der Datenbanktreiber muss geladen werden, was über Reflexion passiert. Beispiele für solche Befehle lauten

```
Class.forName("oracle.jdbc.driver.OracleDriver")
                 .getDeclaredConstructor()
                 .newInstance();
Class.forName("org.mariadb.jdbc.Driver")
                 .getDeclaredConstructor()
                 .newInstance();
Class.forName("org.apache.derby.jdbc.ClientDriver")
                 .getDeclaredConstructor()
                 .newInstance();
```

Zum Verbindungsaufbau werden folgende Informationen benötigt:

- genaue Bezeichnung des Treibers, der sich meist aus den Teilen jdbc:<DBProtokollname>:<Protokollart> zusammensetzt, wobei die <Protokollart> nicht immer angegeben werden muss
- genaue Bezeichnung der Datenbank-Instanz, wobei zu beachten ist, dass in einer Datenbank mehrere logische Datenbankinstanzen mit unterschiedlichen Namen existieren können
- die benutzte Port-Nummer der Datenbank, die Datenbank nutzt diesen Port als Server, um Verbindungen anzunehmen
- Nutzername
- Passwort

Wird eine Oracle-Version auf dem eigenen lokalen Rechner genutzt, so lautet für den Treiber ojdbc11.jar die Bezeichnung jdbc:oracle:thin. Wird die Standardinstallation genutzt, heißt die Datenbank orcl. Oracle nutzt standardmäßig den Port 1521.

Aus diesen Informationen kann der sogenannte Connection-String zusammengesetzt werden. In unserem Beispiel lautet er für Oracle

```
"jdbc:oracle:thin:@//localhost:1521/orcl"
```

Das folgende Beispiel für das Datenbank-Managementsystem MYSQL zeigt, dass am Ende eines Strings Parameter übergeben werden können, die z. B. den Zeichensatz und die Zeitzone betreffen.

```
MySQL: "jdbc:mysql://localhost:3306/db01"
       + "?useUnicode=true"
       + "&useJDBCCompliantTimezoneShift=true"
       + "&useLegacyDatetimeCode=false"
       + "&serverTimezone=Europe/Berlin"
Derby: "jdbc:derby://localhost:1527/db01;create=true"
```

Der mit einem Semikolon abgetrennte Parameter bei Apache Derby garantiert, dass die Datenbabk erzeugt wird, falls sie noch nicht existieren sollte. Nutzername und Passwort können ebenfalls an diesen String als Parameter angehängt werden.

Mit diesem String kann dann eine Verbindung zur Datenbank aufgebaut werden, die vom Typ Connection ist. Der Aufruf mit allen möglichen Parametern lautet

```
Connection con = DriverManager.getConnection(
        "jdbc:oracle:thin:@//localhost:1521/orcl",
        nutzer,passwort);
```

Dieses Objekt stellt die physikalische Verbindung zur Datenbank dar und kann von verschiedenen Objekten genutzt werden. Das Objekt kann auch zu Meta-Informationen, z. B. über den Namen der Datenbank, ihre Version und ihr genaues Verhalten, befragt werden. Das Metaobjekt erhält man wie folgt.

```
DatabaseMetaData dbmd=con.getMetaData();
```

Generell ist es wichtig, dass nicht mehr benötigte Verbindungen geschlossen werden, um Ressourcen zu sparen. Wird das Schließen vergessen, so merkt man dies häufig nicht. Erst wenn mehrere Verbindungen offen bleiben, wird ein System langsamer oder kann nicht mehr genutzt werden, da immer nur eine beschränkte Zahl von Verbindungen zur Verfügung steht. Das Schließen geschieht mit

```
con.close();
```

Jede Datenbankaktion kann scheitern, da z. B. die Verbindung verloren wurde oder eine Aktion nicht ausführbar ist. In diesem Fall werden eine oder mehrere SQLExceptions erzeugt. Für diese Exceptions gibt es eine next()-Methode, um zu eventuell weiteren Exceptions zu kommen. Weiterhin gibt es Möglichkeiten, die Fehlerquelle genauer zu analysieren.

Die bisher vorgestellten Ideen werden jetzt in einer Beispielklasse zusammengefasst, die in diesem Kapitel um weitere Methoden ergänzt wird.

```java
package dbverbindung;
import java.sql.Connection;
import java.sql.DatabaseMetaData;
import java.sql.DriverManager;
import java.sql.SQLException;
public class DBVerbindung {
   private Connection con=null;
   private String dbAdresse="127.0.0.1"; //localhost
   private String dbInstanz="orcl";
   public void verbinden(String nutzer, String passwort){
      try {
       Class.forName("oracle.jdbc.driver.OracleDriver")
          .getDeclaredConstructor()
          .newInstance();
       con=DriverManager
          .getConnection("jdbc:oracle:thin:@" + dbAdresse
             + ":1521:" + dbInstanz, nutzer, passwort);
      } catch (SQLException e) {
       this.ausnahmeAusgeben(e);
```

```java
        } catch (Exception e) {
          System.out.println(e);
        }
    }
    private void ausnahmeAusgeben(SQLException e){
        while (e != null){
          System.err.println("ORACLE Fehlercode: "+e.getErrorCode());
          System.err.println("SQL State: "+e.getSQLState());
          System.err.println(e);
          e = e.getNextException();
        }
    }
    public void verbindungTrennen(){
        if (con == null){
          System.out.println("eh keine Verbindung vorhanden");
          return;
        }
        try {
          con.close();
        } catch (SQLException e) {
          ausnahmeAusgeben(e);
        }
    }
    public void verbindungAnalysieren(){
        if (con==null){
          System.out.println("keine Verbindung vorhanden");
          return;
        }
        try {
          DatabaseMetaData dbmd=con.getMetaData();
          System.out.println("DB-Name: "+ dbmd.getDatabaseProductName()
            +"\nDB-Version: "+dbmd.getDatabaseMajorVersion()
            +"\nDB-Release: "+dbmd.getDriverMinorVersion()
            +"\nTransaktionen erlaubt: "+dbmd.supportsTransactions()
            +"\nbeachtet GroßKlein: "+dbmd.storesMixedCaseIdentifiers()
            +"\nunterstützt UNION: "+dbmd.supportsUnion()
            +"\nmax. Prozedurname: "+dbmd.getMaxProcedureNameLength());
        } catch (SQLException e) {
          ausnahmeAusgeben(e);
        }
    }
    public static void main(String[] s){
        DBVerbindung db=new DBVerbindung();
        db.verbinden("Kleuker", "Kleuker");
        db.verbindungAnalysieren();
```

```
    db.verbindungTrennen();
  }
}
```

Die Methode verbindungAnalysieren() zeigt einen sehr kleinen Ausschnitt aus den
vorhandenen Metadaten, so kann man mit storesMixedCaseIdentifiers() feststellen, ob
bei Tabellen und Spalten Groß- und Kleinschreibung unterschieden wird. Bei einer
erfolgreichen Verbindung zur Datenbank kann die Ausgabe wie folgt aussehen.

```
DB-Name: Oracle               DB-Name: MariaDB
DB-Version: 19                 DB-Version: 11
DB-Release: 2                  DB-Release: 1
Transaktionen erlaubt: true   Transaktionen erlaubt: true
beachtet GroßKlein: false     beachtet Großklein :false
unterstützt UNION: true       unterstuetzt UNION :true
max. Prozedurname: 128        max. Prozedurname: 64
```

Weiterhin erlaubt das Connection-Objekt die Steuerung von Transaktionen. Dies
geschieht durch die Aufrufe

```
con.commit();
con.rollback();
```

Man kann das sogenannte Autocommit mit

```
con.setAutoCommit(true);
```

einschalten oder mit dem Parameterwert false ausschalten. Die Nutzung von Autocommit ist wie nach den Diskussionen über die Transaktionssteuerung bekannt, nur in
begründeten Ausnahmefällen sinnvoll einsetzbar. Trotzdem ist die Standardeinstellung bei
Oracle der Wert true.

## 13.2   Anfragen über JDBC

Um eine Anfrage ausführen zu können, muss man sich zunächst ein Statement-Objekt
von dem Connection-Objekt durch

```
Statement stmt=con.createStatement();
```

holen. Dieses Statement-Objekt kann u. a. zur Ausführung von Anfragen genutzt werden. Der zugehörige Aufruf lautet

```
ResultSet rs=stmt.executeQuery(anfrage);
```

Dabei muss anfrage vom Typ String sein. Dieser String sieht dann genauso aus, wie es bei der Erstellung von SQL-Anfragen diskutiert wurde. Da man Strings mit Stringoperationen flexibel zusammensetzen kann, können hier Anfragen aus Parametern zusammengesetzt werden. Der große Nachteil dieses Ansatzes ist, dass die Korrektheit der Anfrage erst bei der Ausführung des Programms festgestellt werden kann.

Das Ergebnis der Anfrage ist ein Objekt vom Typ ResultSet, das eng verwandt mit den im vorherigen Kapitel vorgestellten Cursorn ist. Wieder kann das Ergebnis zeilenweise durchlaufen und verarbeitet werden.

Zur Analyse der grundsätzlichen Eigenschaften des ResultSets stehen wieder Metadaten zur Verfügung, die man mit

```
ResultSetMetaData rsmd= rs.getMetaData();
```

erhält. Man kann diese Metadaten u. a. danach befragen, aus wie vielen Spalten das Ergebnis besteht, welchen Typ und welchen Namen diese Spalten haben. Es ist standardmäßig nicht vorgesehen, dass man die Anzahl der berechneten Zeilen erhält, was aber auf später vorgestellten Umwegen möglich wird. Dieser Ansatz wird hier erwähnt, um den Lesern die Versuchung zu ersparen, das gesamte Anfrageergebnis in einem Array zu speichern. Dies sollte vermieden werden, da es häufig dazu führt, dass datenbankunerfahrene Entwickler die Funktionalität der Datenbank erneut für diese Arrays implementieren. So werden z. B. alle Tier-Informationen gelesen und dann das Array nach Bären durchsucht, statt dieses sofort in die SQL-Anfrage zu schreiben.

Das ResultSet wird wie ein Iterator durchlaufen, dabei springt das ResultSet mit rs.next() zur nächsten Zeile. Der Aufruf rs.next() muss am Anfang einmal erfolgen, damit die erste Zeile eingelesen wird. Wenn keine Zeile mehr eingelesen wurde, liefert der Aufruf rs.next() den Wert false, ansonsten true zurück.

Um auf die Inhalte der Spalten der aktuellen ResultSet-Zeile zugreifen zu können, stehen verschiedene get-Methoden zur Verfügung. Jede dieser Methoden benötigt als Parameter entweder die Spaltennummer oder den Namen der Spalte. Bei den Spaltennummern ist zu beachten, dass die Nummerierung mit eins und nicht wie der Informatik sonst üblich mit der Zahl null beginnt.

Es stehen für jeden Datenbank-Datentypen zugehörige Java-Typen zur Verfügung, wobei es im Detail, z. B. bei der Wertegenauigkeit, Probleme geben kann. Wird ein nicht ganz passender Datentyp gewählt, findet im ResultSet automatisch eine Konvertierung statt. Zum Datentypen INTEGER der Datenbank gehört z. B. die Klasse java.math.BigDecimal, mit der auch sehr große Zahlen verwaltet werden können.

Auf solchen Spalten ist aber auch der Aufruf `rs.getInt(spalte)` erfolgreich. Als allgemeinste Methode steht `rs.getObject(spalte)` zur Verfügung, wobei man das erhaltene Objekt später konvertieren muss. Eine häufig genutzte Variante ist das Einlesen beliebiger Werte mit `rs.getString(spalte)`, da jedes Objekt in Java durch seine `toString()`-Methode in einen String umwandelbar ist. Dieser String kann dann mit Java-Methoden analysiert werden.

Bei der Analyse der Ergebnisse muss beachtet werden, dass auch NULL-Werte in der Tabelle stehen können. Da z. B. eine getInt()-Methode immer einen int-Wert liefert, kann man nicht erkennen, ob die Zahl Null oder der Datenbankwert NULL gelesen wurde. Dazu kann man nach dem Lesen eines Wertes den Aufruf `rs.wasNull()` nutzen, der genau dann true liefert, wenn bei der letzten Leseaktion ein NULL-Wert gelesen wurde.

Die vorgestellten Ideen werden in der folgenden Methode zusammengefasst, dabei werden die eingelesenen Daten immer als Strings angenommen, da jeder Datentyp in einen String konvertierbar ist.

```
public void anfragen(String anfrage){
  if (con==null){
    System.out.println("keine Verbindung");
    return;
  }
  try {
     Statement stmt=con.createStatement();
     ResultSet rs= stmt.executeQuery(anfrage);
     //Metadaten des Anfrageergebnisses
     ResultSetMetaData rsmd= rs.getMetaData();
     int spalten=rsmd.getColumnCount();
     for(int i=1;i<=spalten;i++) // nicht i=0
       System.out.println(i+". Spaltenname: "
         +rsmd.getColumnName(i)
         +"\n Spaltentyp: "
         +rsmd.getColumnTypeName(i)
         +"\n Javatyp: "
         +rsmd.getColumnClassName(i)+"\n");
    //Ergebnisausgabe
    while(rs.next()){
      for(int i=1;i<=spalten; i++)
        System.out.print(rs.getString(i)+" ");
      System.out.print("\n");
     }
  } catch (SQLException e) {
    ausnahmeAusgeben(e);
  }
}
```

Die folgenden Zeilen im Hauptprogramm

```
String anfrage= """
      SELECT Tier.Tname, Tier.Gattung, Gehege.GNr, Gehege.GName
        FROM Gehege,Tier
        WHERE Gehege.Gnr=Tier.Gnr
         AND Tier.Gattung='Baer'""";
db.anfragen(anfrage);
```

führen zu folgender Ausgabe.

```
1. Spaltenname: TNAME
 Spaltentyp: VARCHAR2
 Javatyp: java.lang.String
2. Spaltenname: GATTUNG
 Spaltentyp: VARCHAR2
 Javatyp: java.lang.String
3. Spaltenname: GNR
 Spaltentyp: NUMBER
 Javatyp: java.math.BigDecimal
4. Spaltenname: GNAME
 Spaltentyp: VARCHAR2
 Javatyp: java.lang.String


Sabber Baer 1 Wald
Laber Baer 1 Wald
Huber Baer 4 Heide
Sauber Baer 4 Heide
```

Falls man z. B. zwischen der SELECT-Zeile und der FROM Zeile das Leerzeichen vergisst, gibt das Programm folgende Fehlermeldung aus.

```
ORACLE Fehlercode: 923
SQL State: 42000
java.sql.SQLException: ORA-00923: Schlüsselwort
FROM nicht an erwarteter Stelle gefunden
```

Neben der vorgestellten Anfragemöglichkeit gibt es weitere Varianten Anfragen zu erstellen, die schneller ausgeführt werden können; dies passiert z. B. mit PreparedStatement-Objekten, wie im Unterkapitel 13.5 beschrieben wird.

## 13.3   Änderungen in Tabellen

Das vorherige Unterkapitel hat gezeigt, wie man Anfragen stellt und die Ergebnisse ausgibt. Unter bestimmten Umständen können ResultSets auch zur Änderung der Daten genutzt werden. Dazu muss man ResultSet-Objekte so konfigurieren, dass sie veränderbar sind, sodass man an der aktuellen Cursor-Position Daten ändern, Zeilen ergänzen und Zeilen löschen kann. Dabei werden alle Konsistenzregeln der Datenbank beachtet und nicht ausführbare Aktionen mit einer SQLException beantwortet.

Damit ein ResultSet veränderbar ist, muss es zunächst möglich sein, aus dem Ergebnis der Anfrage auf die ursprünglichen Tabellen schließen zu können. Dieses Problem ist bereits bei den Änderungsmöglichkeiten für Views diskutiert worden. Konkret bedeutet dies, dass sich die Anfrage nur auf genau eine Tabelle beziehen darf. Weiterhin ist kein „SELECT  *" erlaubt, es müssen alle Spalten genannt werden.

Um dann änderbare Anfrageergebnisse zu erhalten, müssen bei der Erzeugung der Statement-Objekte zwei Parameter bei

```
Statement stmt=con.createStatement(<int>,<int>);
```

übergeben werden. Der erste Parameter gibt an, wie das ResultSet abgearbeitet wird. Es gibt u. a. folgende globale Klassenvariablen für den ersten Parameter.

TYPE_FORWARD_ONLY: ResultSet wird sequenziell durchlaufen
TYPE_SCROLL_INSENSITIVE: es kann beliebig im ResultSet manövriert werden, Änderungen in der Datenbank am ursprünglich berechneten Ergebnis werden nicht bemerkt
TYPE_SCROLL_SENSITIVE: es kann beliebig im ResultSet manövriert werden, Änderungen in der Datenbank am ursprünglich berechneten Ergebnis werden bemerkt

Für den zweiten Parameter gibt es folgende globale Klassenvariablen in ResultSet.

CONCUR_READ_ONLY: es wird nur im ResultSet gelesen
CONCUR_UPDATABLE: ResultSet kann bearbeitet werden

Man beachte, dass nicht unbedingt alle Parameter vom jeweiligen Datenbanktreiber in der jeweiligen JDBC-Realisierung unterstützt werden.

Hat man ein veränderbares ResultSet, stehen update-Methoden zum Ändern der Spaltenwerte zur Verfügung. Dabei müssen immer zwei Parameter angegeben werden, die genaue Spalte und der neue Wert. So verändert rs.updateString("Name", "Heinz"), den Wert in der Spalte „Name" in der aktuellen Position des ResultSets auf den Wert „Heinz". Die String-Methode ist wieder recht flexibel, da so die Umwandlung des Wertes in den passenden Datentyp dem Treiber überlassen wird. Präziser kann

| Methode | Bedeutung |
|---|---|
| boolean next() | geht zum nächsten Datensatz |
| boolean previous() | geht zum vorherigen Datensatz |
| void beforeFirst() | positioniert ResultSet vor dem ersten Ergebnis |
| void afterLast() | positioniert ResultSet nach dem letzten Ergebnis |
| boolean first() | positioniert ResultSet auf das erste Ergebnis |
| boolean last() | positioniert ResultSet auf das letzte Ergebnis |
| boolean absolute(int pos) | positioniert ResultSet bei positivem pos auf die pos-te Ergebniszeile, bei negativem pos auf die pos-te Zeile vom letzten Ergebnis an rückwärts gezählt |
| boolean relative(int pos) | positioniert ResultSet bei positivem pos auf die pos-te folgende Zeile, bei negativem pos wird pos-Zeilen von der aktuellen Position rückwärts gegangen |
| int getRow() | gibt die aktuelle Nummer der Ergebniszeile an |

**Abb. 13.1**  Befehle zur Steuerung im ResultSet

man z. B., mit `rs.updateInt(2,42)` den Wert der zweiten Spalte, die von einem ganzzahligen Typ sein muss, auf 42 abändern.

Zur Übernahme der Änderungen in die Datenbank muss die Methode `rs.updateRow()` genutzt werden. Ob diese Änderung nur das ResultSet oder letztendlich die Datenbank betrifft, hängt von der Autocommit-Einstellung der Datenbank ab. Änderungen können vor einem updateRow() mit dem Methodenaufruf `rs.cancelRowUpdates()` zurückgesetzt werden.

Damit man im ResultSet verschiedene Zeilen direkt ansteuern kann, stehen die in Abb. 13.1 beschriebenen Methoden zur Verfügung, dabei geben Boolesche Ergebniswerte immer an, ob die angesprungene Zeile existiert.

In einem veränderbaren ResultSet kann mit

```
rs.deleteRow()
```

die aktuelle Zeile gelöscht werden. Weiterhin steht eine spezielle zusätzliche virtuelle Zeile zur Verfügung, in der man neue Zeileneinträge konstruieren kann. Diese Zeile wird mit

```
rs.moveToInsertRow()
```

erreicht, in der dann die bereits erwähnten update-Methoden genutzt werden können. Die Zeile wird mit

```
rs.insertRow()
```

in die Datenbank geschrieben. Mit der Methode

```
rs.MoveToCurrentRow()
```

kann man von der zusätzlichen Zeile wieder zurück an die ursprüngliche Position des ResultSets kehren.

Die folgenden Methoden zeigen Beispiele zur Nutzung der vorgestellten Methoden, dabei werden mit der einen Methode alle Gehege um x Einheiten verändert und mit der anderen ein neues Gegehe angelegt. Für diese Methoden sei auch auf das folgende Unterkapitel hingewiesen, da man auch von Java aus direkt UPDATE- und INSERT-Befehle ausführen kann.

```
public void gehegegroesseAendern(int x){
  if (con==null){
    System.out.println("keine Verbindung");
    return;
  }
  try {
    Statement stmt=con.createStatement(
        ResultSet.TYPE_SCROLL_INSENSITIVE,
        ResultSet.CONCUR_UPDATABLE);
    ResultSet rs= stmt.executeQuery("""
            SELECT Gehege.Gnr, Gehege.Flaeche
              FROM Gehege""");
    while(rs.next()){
      rs.updateInt(2,rs.getInt(2)+x);
      rs.updateRow();
    }
  } catch (SQLException e) {
    ausnahmeAusgeben(e);
  }
}
public void gehegeErgaenzen(int nummer,
                String name, int flaeche){
  if (con==null){
    System.out.println("keine Verbindung");
    return;
  }
  try {
    Statement stmt=con.createStatement(
        ResultSet.TYPE_SCROLL_INSENSITIVE,
        ResultSet.CONCUR_UPDATABLE);
    ResultSet rs=stmt.executeQuery(
        "SELECT Gehege.Gnr, Gehege.Flaeche, "
        + "Gehege.GName "
```

```
        + "FROM Gehege");
    rs.moveToInsertRow();
    rs.updateInt("Gnr",nummer);
    rs.updateInt("Flaeche",flaeche);
    rs.updateString("GName",name);
    rs.insertRow();
  } catch (SQLException e) {
    ausnahmeAusgeben(e);
  }
}
```

Die folgenden Aufrufe in der main()-Methode

```
String anfrage2="SELECT * FROM Gehege";
db.anfragen(anfrage2);
db.gehegegroesseAendern(10);
db.gehegeErgaenzen(42,"Wüste",15);
db.anfragen(anfrage2);
```

liefern folgende relevante Ausgaben.

```
1 Wald 30
2 Feld 20
3 Weide 15
4 Heide 80
5 Halle 50
1 Wald 40
2 Feld 30
3 Weide 25
42 Wüste 15
4 Heide 90
5 Halle 60
```

## 13.4  Weitere SQL-Befehle in JDBC

Insofern man die Berechtigung hat, kann man mit Statement-Objekten nicht nur Anfragen
ausführen und ihre Ergebnisse bearbeiten, man kann auch weitere SQL-Befehle ausführen.
Dafür steht für ein Statement-Objekt stmt die Methode

```
stmt.executeUpdate(<Befehl>)
```

zur Verfügung, wobei es sich bei <Befehl> um einen gewöhnlichen SQL-Befehl in der
Form eines Strings handelt. Die folgende Methode zeigt, wie man eine Tabelle anlegen
kann, deren Spaltennamen sich aus dem übergebenen Array ergeben und die alle den Typ
INTEGER haben. Weiterhin wird diese Tabelle mit Zufallszahlen zwischen 0 und 100
gefüllt. Die Anzahl der Zeilen wird als Parameter übergeben.

```
public void neueTabelle(String name,
              String[] spalten, int zeilen){
 if (con==null){
   System.out.println("keine Verbindung");
   return;
 }
 try {
   Statement stmt=con.createStatement();
   StringBuffer sb=
           new StringBuffer("CREATE TABLE ");
   sb.append(name);
   sb.append("(");
   for(int i=0;i<spalten.length-1;i++){
     sb.append(spalten[i]);
     sb.append(" INTEGER,");
   }
   sb.append(spalten[spalten.length-1]);
   sb.append(" INTEGER)");
   System.out.println(sb); // zur Info
   stmt.executeUpdate(sb.toString());
   for(int i=0;i<zeilen;i++){
     StringBuffer in=
           new StringBuffer("INSERT INTO ");
     in.append(name);
     in.append(" VALUES(");
     for(int j=0;j<spalten.length-1;j++){
     in.append((int)(Math.random()*100));
     in.append(",");
     }
     in.append((int)(Math.random()*100));
     in.append(")");
     System.out.println(in); // zur Info
     stmt.executeUpdate(in.toString());
   }
   con.commit();
 } catch (SQLException e) {
   ausnahmeAusgeben(e);
 }
```

```
    }
```

Die folgenden Zeilen in der main()-Methode

```
String spalten[]={"A","B","C","D","E"};
db.neueTabelle("XY",spalten,4);
db.anfragen("SELECT * FROM XY");
```

führen zu folgender Ausgabe.

```
CREATE TABLE XY(A INTEGER,B INTEGER,C INTEGER,D INTEGER,E INTEGER)
INSERT INTO XY VALUES(60,27,43,24,77)
INSERT INTO XY VALUES(27,69,30,34,47)
INSERT INTO XY VALUES(3,55,55,25,35)
INSERT INTO XY VALUES(0,34,55,76,24)
60 27 43 24 77
27 69 30 34 47
3 55 55 25 35
0 34 55 76 24
```

## 13.5  Vorbereitete SQL-Befehle

Bei den bisher ausgeführten SQL-Befehlen ist es immer der Fall, dass der Befehl als String übergeben wird. Dieser Ansatz ist ziemlich flexibel, da dieser String vorher berechnet und damit individuell zusammensetzt werden kann. Neben der Gefahr, dass ein falscher SQL-Befehl übergeben wird, besteht aber auch das Problem, dass der Befehl wieder vollständig neu von der Datenbank bearbeitet werden muss. Hier bietet JDBC eine Optimierungsmöglichkeit einen SQL-Befehl an die Datenbank überreichen, der einzelne Werte offen lässt, die dann zur konkreten Ausführung zu übergeben sind. Dazu werden PreparedStatement-Objekte genutzt. Die Erzeugung eines solchen Befehls sieht wie folgt aus, dabei können die Parameter, die die spätere Änderung des Ergebnisses erlauben, bei prepareStatement auch genutzt werden.

```
PreparedStatement prep=con.prepareStatement( """
        SELECT Tier.Tname
          FROM Tier
           WHERE Tier.Gattung=? AND Tier.Gnr=?""");
```

Es ist ersichtlich, dass ein „normaler" SQL-Befehl genutzt wird und an den Stellen, an denen man Werte ändern möchte, Fragezeichen gesetzt werden. Dadurch, dass die

Datenbank die Grundstruktur des Befehls kennt, kann die Anfrage grundsätzlich vorbere-
itet werden. Dies geht natürlich nur, wenn die Anfragestruktur überhaupt erkennbar ist,
so ist ein String, der nur aus Fragezeichen besteht, theoretisch möglich, lässt aber kaum
sinnvolle Möglichkeiten zur Vorbereitung der Befehlsausführung zu.

Um den Befehl zu nutzen, müssen den Fragezeichen Werte zugeordnet werden. Dazu
werden die Fragezeichen von links nach rechts mit eins beginnend durchnummeriert.
Diese Parameter können dann mit set-Methoden belegt werden, wobei durch die Wahl
der set-Methode deutlich wird, um welchen Typen es sich bei den Parametern handelt.

```
prep.setString(1,"Baer");
prep.setInt(2,3);
```

Prepared Statements werden genau wie andere Befehle ausgeführt, es stehen z. B. die
Methoden executeQuery(), execute() und executeUpdate() zur Verfügung.

Im folgenden Beispiel wird davon ausgegangen, dass es folgende Exemplarvariable
gibt.

```
private PreparedStatement prepared;
```

Die Exemplarvariable wird durch folgende Methode verändert.

```
public void statementVorbereiten(String anfrage){
  if (con==null){
    System.out.println("keine Verbindung");
    return;
  }
  try {
   prepared=con.prepareStatement(anfrage);
  } catch (SQLException e) {
   ausnahmeAusgeben(e);
  }
}
```

Die folgende Methode erlaubt die flexible Nutzung eines vorbereiteten Statements.

```
public void tiereInGehege(String gattung,
                int gehege){
  if (con==null){
   System.out.println("keine Verbindung");
   return;
  }
  try {
```

```
      prepared.setString(1,gattung);
      prepared.setInt(2,gehege);
      ResultSet rs=prepared.executeQuery();
      System.out.print("[ ");
      for(;rs.next();)
        System.out.print(rs.getString(1)+" ");
      System.out.println("]");
    } catch (SQLException e) {
      ausnahmeAusgeben(e);
    }
  }
```

Die folgenden Aufrufe z. B. in der main-Methode

```
db.statementVorbereiten("""
      SELECT Tier.Tname
        FROM Tier
        WHERE Tier.Gattung=? AND Tier.Gnr=?""");
db.tiereInGehege("Schaf",2);
db.tiereInGehege("Schaf",3);
```

liefern dann folgende Ergebnisse.

```
[ Harald ]
[ Walter Dörthe ]
```

## 13.6  PL/SQL mit JDBC nutzen

Stored Procedures und Funktionen können ebenfalls von JDBC ausgenutzt werden. Dabei wird die Idee vom PreparedStatement aufgegriffen und Parameter zur Ein- und Ausgabe mit Fragezeichen in einem String markiert. Zusätzlich muss für diese Parameter der Typ festgelegt werden.

Als Beispiel wird eine Funktion genutzt, die für eine Gattung zählt, wie viele Tiere es davon gibt. Diese Funktion kann auch direkt über JDBC in die Datenbank geschrieben werden. Dies erfolgt beispielhaft mit folgender Methode, wobei es eher ungewöhnlich ist, dieses mit einer Exemplarmethode zu machen. Als Besonderheit weigert sich die Funktion, Hasen zu zählen.

```
public void plSQLFunktionAnlegen(){
    if (con==null){
```

```
    System.out.println("keine Verbindung");
    return;
}
try {
Statement stmt=con.createStatement();
stmt.executeUpdate("""
    CREATE OR REPLACE FUNCTION
                anzahlTiere(g Tier.Gattung%TYPE)
      RETURN INTEGER
      IS
        ergebnis INTEGER;
      BEGIN
        IF g='Hase'
          THEN
            RAISE_APPLICATION_ERROR(-20300,
              'Hasen nicht zählbar');
        END IF;
        SELECT COUNT(*)
          INTO ergebnis
          FROM Tier
          WHERE Tier.Gattung=g;
        RETURN ergebnis;
      END;\n"""
);
} catch (SQLException e) {
  ausnahmeAusgeben(e);
}
}
```

Zum Aufruf der Funktion wird ein CallableStatement-Objekt benötigt. Dabei wird dieses Objekt analog zum PreparedStatement erzeugt, wobei der zu nutzende Aufruf mit prepareCall übergeben wird. Die Einbettung der Nutzung der Funktion ist in folgender Methode beschrieben.

```
public int tiereZaehlen(String gattung){
  int ergebnis=0;
  if (con==null){
    System.out.println("keine Verbindung");
    return 0;
  }
  try {
  CallableStatement stmt=con.prepareCall(
      "{? = call anzahlTiere(?)}");
  stmt.registerOutParameter(1,Types.INTEGER);
```

```
    stmt.setString(2,gattung);
    stmt.execute();
    ergebnis=stmt.getInt(1);
  } catch (SQLException e) {
    if(e.getErrorCode()==20300)
      ergebnis=-1;
    else{
      ausnahmeAusgeben(e);
      ergebnis=Integer.MIN_VALUE;
    }
  }
  return ergebnis;
}
```

Die Methode zeigt, dass der Aufruf vergleichbar zum PreparedStatement erfolgt. Dabei wird hier die Standardschreibweise von JDBC zum Aufruf genutzt. Alternativ hätte man auch folgenden Befehl nutzen können.

```
CallableStatement stmt=con.prepareCall(
        "BEGIN ? := anzahlTiere(?); END;");
```

Bei der Nutzung des Standards sind die geschweiften Klammern und das kleinzuschreibende „call" zu beachten. Werden Stored Procedures aufgerufen, wird die Zuweisung, hier die Zeichen „?: = ", weggelassen.

Für Parameter, die zurückgegeben werden, ist der Typ mit registerOutParameter() anzugeben. Die Typen sind als Konstanten in java.sql.Types festgelegt. Dabei existieren die Werte: ARRAY, BIGINT, BINARY, BIT, BLOB, BOOLEAN, CHAR, CLOB, DATALINK, DATE, DECIMAL, DISTINCT, FLOAT, INTEGER, JAVA_OBJECT, LONGVARBINARY, LONGVARCHAR, NULL, NUMERIC, OTHER, REAL, REF, SMALLINT, STRUCT, TIME, TIMESTAMP, TINYINT, VARBINARY, VARCHAR. Ob diese Typen von der jeweiligen Datenbank unterstützt werden und wie Typen der Datenbank auf diese Typen abgebildet werden, kann leicht variieren. Für datenbankspezifische Typen steht u. a. OTHER zur Verfügung, wobei Objekte dann durch Casten in den passenden Typ umgewandelt werden können. Der Typ REF ermöglicht es, Referenzen zurückzugeben, so können z. B. Referenzen (oder auch Zeiger genannt) auf einen Cursor das Ergebnis einer PL/SQL-Prozedur sein. Man kann dann über Java mit einem ResultSet auf die Ergebnisse des Cursors zugreifen.

In der vorgestellten Methode wird auch eine Möglichkeit gezeigt, wie man systematisch auf Fehlermeldungen der Datenbank reagieren kann. Dazu wird der Fehlercode aus der SQLException herausgelesen und verarbeitet. Man beachte dabei, dass in der PL/SQL-Prozedur der Wert -20.300 genutzt wird, dieser aber als positiver Wert 20.300 in der SQLException steht.

Werden die folgenden Zeilen in einem Hauptprogramm ausgeführt,

```
db.plSQLFunktionAnlegen();
System.out.println("Baeren: "+db.tiereZaehlen("Baer"));
System.out.println("Hasen: "+db.tiereZaehlen("Hase"));
```

so werden folgende Ergebnisse ausgegeben.

```
Baeren: 4
Hasen: -1
```

Mit einem vergleichbaren Ansatz ist es auch möglich, statt einzelner Werte eine Menge von Werten als Ergebnis zuliefern. Dabei wird wieder der Ansatz mit dem Cursor benutzt. Weiterhin muss der Cursor dann als „IN OUT"-Parameter gekennzeichnet werden. Hier wird später ein spezielles Java-Objekt übergeben, das nacch dem Aufruf eine Referenz auf das Ergebnis enthält. Eine Prozedur, die solch einen speziellen Cursor vom Typ SYS_REFCURSOR zurückgibt, ist in folgender Java-Methode enthalten, man erkennt, dass der zugehörige Cursor in der Prozedur nur geöffnet wird.

```
public void plSQLProzedurAnlegen() {
    if (con == null) {
      System.out.println("keine Verbindung");
      return;
    }
    try {
      Statement stmt = con.createStatement();
      stmt.executeUpdate("""
          CREATE OR REPLACE PROCEDURE ALLETIEREEINERGATTUNG(
              g IN Tier.Gattung%TYPE,
              tiercursor IN OUT SYS_REFCURSOR) IS
            BEGIN
              OPEN tiercursor FOR
                SELECT Tier.TNAME, Gehege.GNAME
                  FROM Tier, Gehege
                  WHERE Tier.GNR=Gehege.GNR
                  AND Tier.GATTUNG=g; END;\n""");
    } catch (SQLException e) {
      ausnahmeAusgeben(e);
    }
  }
```

Die Prozedur wird vergleichbar zum Prepared Statement genutzt. Man muss für den Cursor nur definieren, von welchem Typ dieses Ergebnis sein soll. Danach kann man den

Cursor als normales ResultSet über die Methode getObject aus dem Ergebnis herauslesen. Eine mögliche Nutzung der letzten Prozedur kann dann in Java wie folgt aussehen.

```java
public void tiereEinerGattungAnzeigen(String gattung){
  if (con==null){
    System.out.println("keine Verbindung");
    return;
  }
  try {
    System.out.println("Tiere der Gattung "
                       +gattung+":");
    CallableStatement cstmt=con.prepareCall(
        "{CALL AlleTiereEinerGattung(?,?)}");
    cstmt.setString(1,gattung);
    cstmt.registerOutParameter(2,OracleTypes.CURSOR);
    cstmt.execute();
    ResultSet rset=(ResultSet) cstmt.getObject(2);
    while(rset.next())
      System.out.println(rset.getString(1)+" in Gehege "
        +rset.getString(2));
  } catch (SQLException e) {
    ausnahmeAusgeben(e);
  }
}
```

Werden folgende Zeilen im Hauptprogramm ausgeführt,

```java
db.plSQLProzedurAnlegen();
db.tiereEinerGattungAnzeigen("Hase");
db.tiereEinerGattungAnzeigen("Elch");
db.tiereEinerGattungAnzeigen("Baer");
```

so werden folgende Ergebnisse ausgegeben.

```
Tiere der Gattung Hase:
Hunny in Gehege Feld
Runny in Gehege Feld
Klopfer in Gehege Feld
Bunny in Gehege Weide
Tiere der Gattung Elch:
Tiere der Gattung Baer:
Sabber in Gehege Wald
Laber in Gehege Wald
```

```
Huber in Gehege Heide
Sauber in Gehege Heide
```

Abschließend sei angemerkt, dass der resultierende Cursor von Java aus nicht zur Veränderung der Datensätze genutzt werden kann. Dies gilt auch, wenn die Verbindung beschreibbar ist und sich der Cursor nur auf eine Tabelle bezieht. Dies ist allerdings einer der Bereiche, der sich in nachfolgenden JDBC-Realisierungen ändern kann.

## 13.7   Aufgaben

**Wiederholungsfragen**

Versuchen Sie zur Wiederholung folgende Aufgaben aus dem Kopf, d. h. ohne nochmaliges Blättern und Lesen zu bearbeiten.

1. Warum besteht der JDBC-Standard im Wesentlichen aus Interfaces?
2. Wie wird eine Datenbankverbindung mit JDBC aufgebaut?
3. Was versteht man unter Meta-Daten einer Verbindung und eines ResultSets?
4. Welche Aufgaben erfüllt ein Connection-Objekt?
5. Wie kann eine Anfrage ausgeführt und ihr Ergebnis analysiert werden?
6. Warum muss das Exception-Handling bei der Datenbanknutzung immer sauber programmiert werden?
7. Wie kann man mit JDBC Datensätze verändern?
8. Wie kann man mit JDBC beliebige SQL-Befehle ausführen?
9. Wozu sind PreparedStatement-Objekte hilfreich?
10. Welche Probleme entstehen, da fast alle Informationen als Strings an die Datenbank weitergeleitet werden?
11. Wie kann man Stored Procedures und Funktionen von JDBC aus ausführen?

**Übungsaufgaben**

1. Schreiben Sie ein Programm, mit dem sich ein Nutzer an der Datenbank anmelden und dann SQL-Anfragen abschicken kann, die dann beantwortet werden (reiner Textmodus). Etwaige Fehlermeldungen (SQLExceptions) sollen ausgegeben werden. Eine Formatierung der Ausgabe ist nicht notwendig. Ein Beispieldialog sieht wie folgt aus, Eingaben sind umrandet.

```
             Login: kleuker
             Passwort: kleuker
             SELECT-Befehl eingeben [ohne Return] (Ende mit "ende")
             SELECT * FROM Gehehge
             Meldung: ORA-00942: Tabelle oder View nicht vorhanden
             ORACLE Fehlercode: 942
             SQL State: 42000

             SELECT-Befehl eingeben [ohne Return] (Ende mit "ende")
             SELECT * FROM Gehege
             GNr       | Gname    | Flaeche   |
             1         | Wald     | 30        |
             2         | Feld     | 20        |
             3         | Weide    | 15        |
             SELECT-Befehl eingeben [ohne Return] (Ende mit "ende")
             ENDE
```

2. Prüfen Sie genau, wie sich Ihr Programm aus Aufgabe 1 verhält, wenn Sie in Ihrem Programm CREATE TABLE, INSERT, UPDATE, DELETE und DROP TABLE als syntaktisch korrekte Befehle eingeben. Dokumentieren Sie Ihre Beobachtungen.

---

## Literatur

[@JSR]  JDBC API Specification 4.3, https://jcp.org/aboutJava/communityprocess/mrel/jsr221/index3.html

# Testen von Datenbanksystemen 14

**Zusammenfassung**

Bereits in den vorherigen Kapiteln wurde gezeigt, dass man seine umgesetzten Ideen austesten muss. Dies bedeutet zu überprüfen, ob die ursprünglich erstellten Anforderungen in der gewünschten Form umgesetzt wurden. Es ist dabei zu prüfen, ob das gewünschte Verhalten eintritt und zusätzlich, wie sich das System in Randsituationen, z. B. bei leeren Tabellen oder NULL-Werten verhält.

Dieses Kapitel gibt einen kurzen Einblick, wie man systematisch Datenbank-Software testen kann, dabei liegt der Fokus hier auf den Tabellenstrukturen, sowie den in PL/SQL geschriebenen Erweiterungen mit Triggern, Prozeduren und Funktionen.

Die Tests werden mithilfe von JUnit umgesetzt, einem einfachen Test-Framework zur Erstellung modularer und einfach ausführbarer Tests. Grundlage für die Nutzung ist ein JDBC-Treiber, sodass alle Datenbanken, die einen solchen Treiber haben, in der vorgestellten Form getestet werden können.

Generell ist die Qualitätssicherung ein komplexes Thema, das gerade durch die Einsatzmöglichkeiten unterschiedlicher Werkzeuge gerade auch im Open Source Bereich viel an Attraktivität gewonnen hat. Dieses Kapitel kann nur einen knappen Einblick in die dahinterliegenden Konzepte liefern, weitere Details, auch zum Test von Datenbanken, findet man in [Kle19], dem einige Absätze entnommen sind.

---

**Ergänzende Information** Die elektronische Version dieses Kapitels enthält Zusatzmaterial, auf das über folgenden Link zugegriffen werden kann https://doi.org/10.1007/978-3-658-43023-8_14.

## 14.1 Einführung in JUnit

JUnit [@Jun] ist ein einfaches Framework, das zum Testen von Java-Programmen mit in Java geschriebenen Testfällen genutzt werden kann und zwingender Bestandteil der Java-Grundausbildung ist. Vergleichbare Werkzeuge existieren für alle wichtigen Programmiersprachen.

Im Wesentlichen geht es darum, mit klar spezifizierten Testfällen möglichst viele potenziell kritische Situationen zu überprüfen. Dabei muss für jeden Testfall genau festgehalten sein, in welcher Ausgangssituation er ausgeführt wird (engl. arrange), welche Schritte gemacht werden müssen (engl. act) und welche Ergebnisse erwartet werden (engl. assert). Aus den zugehörigen englischen Begriffen wird die Bezeichnung AAA abgeleitet. Für einen Programmtest bedeutet dies, dass eine für alle Testfälle gleiche Situation zu schaffen ist, um eine Forderung nach der Unabhängigkeit der Testfälle untereinander garantieren zu können.

Die Funktionsweise von JUnit wird mithilfe einer Testklasse vorgestellt, die inhaltlich nichts Sinnvolles macht, aber sehr gut zur Erklärung der typischen Funktionalität genutzt werden kann. Die Klasse sieht wie folgt aus.

```java
package start;
import org.junit.jupiter.api.AfterAll;
import org.junit.jupiter.api.AfterEach;
import org.junit.jupiter.api.Assertions;
import org.junit.jupiter.api.BeforeAll;
import org.junit.jupiter.api.BeforeEach;
import org.junit.jupiter.api.Test;

public class Anschauung {
    private int wert;
    private static int klasse;

    @BeforeAll
    public static void setUpBeforeClass()
        throws Exception {
      System.out.println("setUpBeforeClass");
      klasse = 99;
    }

    @AfterAll
    public static void tearDownAfterClass()
        throws Exception {
      System.out.println("tearDownAfterClass");
    }
```

```java
@BeforeEach
public void setUp() throws Exception {
  System.out.println("setUp");
  wert = 42;
  klasse = klasse + 1;
  System.out.println("klasse ist "+klasse);
}


@AfterEach
public void tearDown() throws Exception {
  System.out.println("tearDown");
}


@Test
public void test1() {
  System.out.println("test1");
  wert = wert + 1;
  Assertions.assertTrue(wert == 43
     , "Erwartet 43 gefunden: " + wert);
}


@Test
public void test2() {
  System.out.println("test2");
  wert = wert + 2;
  Assertions.assertTrue(wert == 44);
}


@Test
public void test3() {
  System.out.println("test3");
  wert = wert + 3;
  Assertions.assertTrue(wert == 44
     , "Erwartet 44 gefunden: " + wert);
}


@Test
public void test4() {
  System.out.println("test4");
  try{
    if(42/0 == 0){
    }
    Assertions.fail();
```

```
      } catch(ArithmeticException e){
      } catch(Exception e){
        Assertions.fail();
      }
    }

    @Test
    public void test5() {
      System.out.println("test5");
      throw new IllegalArgumentException();
    }
  }
```

JUnit nutzt ab der Version 4 im Wesentlichen Annotationen um den Aufbau der Tests zu beschreiben, der obige Code wurde mit JUnit 5 umgesetzt. Die Namen der Methoden können anders sein, haben sich aber im Bereich der JUnit-Nutzer über lange Zeit etabliert.

Mit @BeforeAll werden Methoden markiert, die nur einmal vor der Ausführung aller Tests ausgeführt werden sollen. Hiermit kann dann eine einheitliche Basisstruktur geschaffen werden, wie z. B. die Herstellung einer Datenbankverbindung, die dann in einer Klassenvariablen gespeichert wird.

Die Annotation @BeforeEach steht an Methoden, die vor jedem Test ausgeführt werden sollen. Innerhalb dieser Methoden wird dann die genaue Ausgangslage für alle Tests beschrieben. Typisch ist es, dass hier Exemplarvariablen der Testklasse einen konkreten Wert erhalten, wie es im Beispiel mit der Variablen wert der Fall ist. Im Fall einer Datenbank können bestimmte Einträge in der Datenbank vorgenommen werden.

Mit den mit @AfterEach markierten Methoden kann nach jedem Testfall und mit @AfterAll markierten Methoden nach der Ausführung aller Tests aufgeräumt werden. Dies beinhaltet später auch den Abbau der Datenbankverbindung.

Jeder Testfall ist mit @Test annotiert, der Methodenname beginnt üblicherweise mit „test" und wird im Namen durch eine etwas genauere Beschreibung, was getestet werden soll und eventuell welches Ergebnis erwartet wird, ergänzt. In Testmethoden werden die einzelnen Schritte des Tests beschrieben, was einem normalen Java-Programm entspricht.

In jedem Test werden die erreichten Ergebnisse mit Zusicherungen überprüft, wozu die Klasse Assertions einige Klassenmethoden zur Verfügung stellt. Die wichtigste Methode assertTrue wird in test1 vorgestellt, sie hat als Parameter einen Booleschen Ausdruck und einen Text. Genauer wird getestet, dass der Boolesche Ausdruck nach wahr ausgewertet wird. Ist dies nicht der Fall, ist der Testfall gescheitert und wird von JUnit protokolliert. Ein gescheiterter Test wird sofort beendet, weshalb man viele kleine Tests statt lange Tests zur gleichzeitigen Überprüfung vieler Fehlermöglichkeiten schreiben sollte. In test1 und test2 wird korrekt angenommen, dass wert immer den Ausgangswert 42 hat, test2 zeigt auch, dass der Text weglassen kann. Der Text wird nur im Fehlerfall ausgegeben, kann so bei der Fehleranalyse sehr hilfreich und sollte in den Vorgaben für die entwickelnden Personen verpflichtend sein.

Der Testfall test3 ist sehr ähnlich aufgebaut, zeigt aber die Möglichkeit, auch einen falschen Testfall zu schreiben. Der korrekte Wert müsste 45 sein, auf den wird aber nicht geprüft. Dies bedeutet, dass bei gescheiterten Testfällen immer darüber nachzudenken ist, ob es einen Fehler in der getesteten Software gibt, oder ob der Testfall fehlerhaft ist.

Mit test4 wird gezeigt, dass mit JUnit auch systematisch Exceptions analysierbar sind. Im konkreten Fall wird eine ArithmeticException nach 42/0 erwartet. Die Programmzeile nach der Berechnung enthält ein Assertions.fail(), das, wenn ausgeführt, unmittelbar den Test als gescheitert kennzeichnet. Anschaulich steht Assertions.fail() nur an Stellen, die nicht erreicht werden dürfen und könnte auch durch Assertions.assertTrue(false) ersetzt werden. Die catch-Blöcke zeigen, dass bei der gewünschten Exception nichts mehr passiert und für alle anderen Exceptions ein Fehler signalisiert wird. JUNit hat einige vweitere Varianten Exceptions zu testen, das hier vorgestellte Konzept ist aber recht einfach auf andere Testwerkzeuge für andere Programmiersprachen übertragbar.

Der Testfall test5 zeigt nur einen Testfall, in dem eine Exception auftritt, diese aber nicht behandelt wird, was in der Ausführung ebenfalls zu einer Fehlermeldung von JUnit führt.

In der Testklasse wird auch eine Klassenvariable genutzt, die hier nur andeuten soll, dass diese nicht automatisch ihren Wert wieder annimmt. Wäre dies gewünscht, müsste das in der mit @Before markierten Methode berücksichtigt werden. Solche Klassenvariablen sind nicht zum Austausch von Informationen zwischen den Tests nutzbar, da es keine Garantie gibt, in welcher Reihenfolge die Tests ausgeführt werden. Klassenvariablen sollten nur Objekte enthalten, die benutzt, aber nicht verändert werden, also anders als im ersten Beispiel demonstriert.

Abb. 14.1 zeigt das Ergebnis der Ausführung in Eclipse, wobei JUnit in praktisch jede Java-Entwicklungsumgebung integriert ist, zur Not aber auch aus der Kommandozeile aufgerufen werden kann. Generell wird gefordert, dass der dicke Balken immer grün ist, was für keine Fehler steht. Im konkreten Fall ist er rot, da zwei Testfälle scheitern. Genauer tritt im test5 eine unerwartete Exception auf, die in JUnit als „Error" interpretiert wird. In test3 scheitert ein Test, was als „Failure" gerechnet wird. Beim Anklicken des Tests ist unten die zugehörige Fehlermeldung zu sehen. In der Konsolenausgabe ist die Reihenfolge der Methodenausführungen nachvollziehbar, sonst sind Ausgaben in Testmethoden eher unüblich. Eine Reihenfolge der Testausführung wird von JUnit bewusst nicht garantiert, da Tests unabhängig voneinander laufen sollen. Einstellungen zur Ausführungsreihenfolge sind aber möglich.

```
setUpBeforeClass
setUp
klasse ist 100
test4
```

**Abb. 14.1** Ausgabe von JUnit

```
tearDown
setUp
klasse ist 101
test5
tearDown
setUp
klasse ist 102
test1
tearDown
setUp
klasse ist 103
test2
tearDown
setUp
klasse ist 104
test3
tearDown
tearDownAfterClass
```

JUnit bietet noch einige Möglichkeiten, Tests zu gruppieren, sodass nicht immer alle Tests laufen müssen, weiterhin wird auch die Ausführung ähnlicher Tests mit Parametern in der Testmethode unterstützt.

JUnit-Testfälle laufen in großen Projekten oft nachts vollautomatisch ab, sodass am Morgen ein Bericht vorliegt, ob und welche Fehler gefunden wurden, die wird dann als Continuous Integration-Prozess bezeichnet, bei dem täglich der aktuelle Programmcode analysiert wird. Eine Integration mit weiteren Werkzeugen als Teil des Continuous Delopyment zur kurzfristigen Aktualisierung der resultierenden Software ist möglich.

## 14.2  Testen mit DBUnit

Nun soll das Zoo-Beispiel getestet werden, wie es in den Kap. 12 und 13 genutzt wurde. Dazu wird hier eine große Testklasse erstellt und diese schrittweise erklärt. Die Beispiele sollen zu einem intensiven Selbststudium der vielfältigen Testmöglichkeiten, basierend auf den hier gezeigten Grundlagen, anregen.

Bei Datenbanken muss getestet werden, dass das informell gewünschte Verhalten der Datenbank auch umgesetzt wurde. Dies beinhaltet die Prüfung von Primärschlüsseln und allen weiteren Constraints, wie Fremdschlüsseln, eindeutigen Einträgen, Prozeduren, Funktionen und Triggern.

Der Test kann meist mit Werkzeugen zur Datenbankentwicklung durchgeführt werden, wobei man auch hier oft vor der Forderung steht, dass nach einem Test die Ursprungsinhalte der Datenbank wieder hergestellt werden. Mit den bisherigen Kenntnissen über JUnit und JDBC sind die Tests der Datenbank zwar umsetzbar, es ist aber unter anderem häufig notwendig, dass ResultSet-Objekte inhaltlich verglichen werden müssen. An dieser Stelle setzt DBUnit [@DBU] als Ergänzung von JUnit an.

Um DBUnit zu installieren, muss die zugehörige Jar-Datei, hier dbunit-2.4.8.jar, in das Projekt eingebunden werden. Weiterhin werden folgende Frameworks und Bibliotheken zusätzlich benötigt, die getrennt heruntergeladen werden müssen. Zunächst wird das Logging-Framework log4j [@log] mit log4j-1.2.17.jar mit der Verallgemeinerung als Fassade in slf4j-api-1.6.6.jar und slf4j-log4j12–1.6.6 [@slf] genutzt. Weiterhin wird die Collection-Bibliothek von Apache Commons [@Com] commons-collections-3.2.1.jar benötigt. Sollte die hier nicht betrachtete Möglichkeit zum Einlesen von Daten aus Excel-Sheets genutzt werden, wird noch eine Umsetzung von Apache Poi [@Poi] benötigt. Die hier angegebenen Versionsnummern arbeiten zusammen, wahrscheinlich wird dies auch für aktuellere Versionen gelten.

Um log4j sinnvoll nutzen zu können, wird eine Konfigurationsdatei log4j.properties benötigt, die man z. B. direkt in den Source-Ordner src eines Eclipse-Projekts legen kann. Für ein einfaches Logging von Warnungen und Fehlern reichen folgende Einträge aus, wer Details verfolgen möchte, muss WARN z. B. durch DEBUG ersetzen. Die Ausgabe der Meldungen erfolgt auf der Konsole.

```
log4j.rootLogger=WARN, console
log4j.appender.console=org.apache.log4j.ConsoleAppender
log4j.appender.console.layout=org.apache.log4j.PatternLayout
log4j.appender.console.layout.conversionPattern=%5p [%t] (%F:%L) -
%m%n
```

Zum Test von Datenbanken sind oft gewünschte und benötigte Datenbankeinträge bzw. Anfrageergebnisse zu beschreiben. DBUnit unterstützt mehrere Varianten, wie z. B. das Herauslesen von Testdaten aus existierenden Datenbanken. Der hier gezeigte Weg nutzt eine XML-Datei, um Datenbankinhalte zu spezifizieren. Der Aufbau ist recht einfach, dabei werden Tabellennamen als XML-Element-Namen genutzt und jeder Zeileneintrag über Attribute spezifiziert, wobei Attributnamen den Spaltennamen entsprechen. Das Beispiel wird zur Erzeugung der Tabelleninhalte aus Abb. 12.1 genutzt.

```
<?xml version="1.0" encoding="UTF-8"?>
<dataset>
  <Gehege GNr="1" Gname="Wald" Flaeche="30" />
  <Gehege GNr="2" Gname="Feld" Flaeche="20" />
  <Gehege GNr="3" Gname="Weide" Flaeche="15" />
  <Art Gattung="Baer" MinFlaeche="8" />
  <Art Gattung="Hase" MinFlaeche="2" />
  <Art Gattung="Schaf" MinFlaeche="5" />
  <Tier GNr="1" Tname="Laber" Gattung="Baer" />
  <Tier GNr="1" Tname="Sabber" Gattung="Baer" />
  <Tier GNr="2" Tname="Klopfer" Gattung="Hase" />
  <Tier GNr="3" Tname="Bunny" Gattung="Hase" />
  <Tier GNr="2" Tname="Runny" Gattung="Hase" />
  <Tier GNr="2" Tname="Hunny" Gattung="Hase" />
  <Tier GNr="2" Tname="Harald" Gattung="Schaf" />
  <Tier GNr="3" Tname="Walter" Gattung="Schaf" />
  <Tier GNr="3" Tname="Dörthe" Gattung="Schaf" />
</dataset>
```

Falls eine leere Tabelle Tabl zu erstellen ist, wird folgender Eintrag genutzt.

```
<Tabl />
```

Ist ein Datum einzugeben, muss die Form Jahr vierstellig – Monat –Tag, z. B. `Mahntermin = "2024-12-24"`, genutzt werden. Null-Werte werden dadurch angegeben, dass einfach der Spaltenname als Attribut weggelassen wird.

In einem Eclipse-Projekt ist es sinnvoll, die Testdatendateien in einem eigenen Verzeichnis testdaten abzulegen, im Beispiel in einer Datei basisdaten.xml. Der vollständige Projektaufbau kann Abb. 14.2 entnommen werden. Die benötigten Bibliotheken sind im Verzeichnis lib abgelegt.

In der nachfolgenden Testklasse werden anhand konkreter Tests die Einsatzmöglichkeiten von DBUnit exemplarisch gezeigt.

```
package test;
import java.io.File;
import java.io.FileInputStream;
import java.sql.CallableStatement;
```

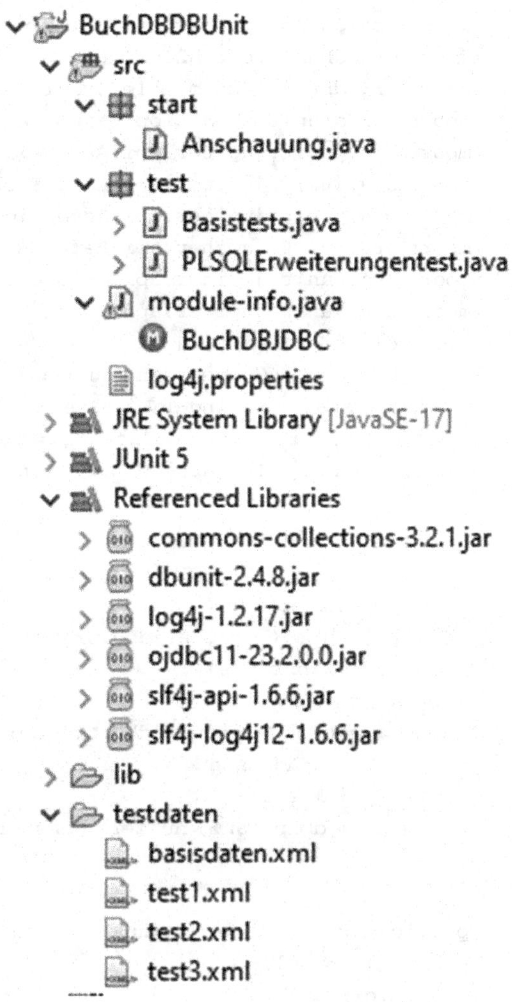

**Abb. 14.2**  Aufbau des
DB-Unit-Projekts in Eclipse

```
∨ 🗃 BuchDBDBUnit
   ∨ 🐣 src
      ∨ ⊞ start
         > 🗊 Anschauung.java
      ∨ ⊞ test
         > 🗊 Basistests.java
         > 🗊 PLSQLErweiterungentest.java
      ∨ 🗊 module-info.java
            Ⓜ BuchDBJDBC
         📄 log4j.properties
   > 📚 JRE System Library [JavaSE-17]
   > 📚 JUnit 5
   ∨ 📚 Referenced Libraries
      > 🫙 commons-collections-3.2.1.jar
      > 🫙 dbunit-2.4.8.jar
      > 🫙 log4j-1.2.17.jar
      > 🫙 ojdbc11-23.2.0.0.jar
      > 🫙 slf4j-api-1.6.6.jar
      > 🫙 slf4j-log4j12-1.6.6.jar
   > 🗁 lib
   ∨ 🗁 testdaten
         🗋 basisdaten.xml
         🗋 test1.xml
         🗋 test2.xml
         🗋 test3.xml
```

```java
import java.sql.Connection;
import java.sql.DriverManager;
import java.sql.SQLException;
import java.sql.Types;
import org.dbunit.Assertion;
import org.dbunit.database.DatabaseConfig;
import org.dbunit.database.DatabaseConnection;
import org.dbunit.database.IDatabaseConnection;
import org.dbunit.dataset.IDataSet;
import org.dbunit.dataset.ITable;
import org.dbunit.dataset.SortedTable;
```

```java
import org.dbunit.dataset.xml.FlatXmlDataSetBuilder;
import org.dbunit.ext.h2.H2DataTypeFactory;
import org.dbunit.ext.oracle.OracleDataTypeFactory;
import org.dbunit.operation.DatabaseOperation;
import org.junit.jupiter.api.AfterAll;
import org.junit.jupiter.api.AfterEach;
import org.junit.jupiter.api.Assertions;
import org.junit.jupiter.api.BeforeAll;
import org.junit.jupiter.api.BeforeEach;
import org.junit.jupiter.api.Test;
public class Basistests {
   private static Connection con = null;
   private static String dbAdresse = "127.0.0.1";
   private static String dbInstanz = "XE";
   private static IDatabaseConnection connDBU;


  private static void verbinden(String nutzer,
                        String passwort)
     throws Exception {
  Class.forName("oracle.jdbc.driver.OracleDriver")
        .newInstance();
  con = DriverManager
        .getConnection("jdbc:oracle:thin:@"
           + dbAdresse
           + ":1521:"
           + dbInstanz, nutzer, passwort);
 }


 public static void verbindungTrennen() throws Exception {
   if (con != null) {
     con.close();
   }
 }


 @BeforeAll
 public static void setUpBeforeClass() throws Exception {
   verbinden("ich", "x");
   connDBU = new DatabaseConnection(con, null
              , true);
 }


 @AfterAll
 public static void tearDownAfterClass() throws Exception {
   verbindungTrennen();
```

```
}
```

Die Datenbankverbindung wird wie im vorherigen Kapitel zu JDBC beschrieben, einmal am Anfang hergestellt und ist eine wichtige Grundlage der Tests. In DBUnit wird dazu das Interface IDatabaseConnection für den Zugriff auf das Datenbanksystem genutzt, wobei es für einzelne DBMS sogar spezielle Implementierungen gibt. Im konkreten Beispiel wird die vorher aufgebaute Verbindung zur gleichen Datenbank genutzt, u. a. um Eigenschaften der Datenbank und der Tabellen abzufragen und Anfrageergebnisse im DBUnit-Format aufzubereiten. Im zweiten Parameter muss das genutzte Schema der Datenbank stehen, das hier keine Rolle spielt.

Da sich Datenbank-Managementsysteme leicht in den Datentypen unterscheiden, bietet DBUnit hier optionale individuelle Ergänzungen an. Für eine Oracle-Datenbank kann z. B. folgende Zeile am Ende der Methode setupBeforeClass ergänzt werden.

```
DatabaseConfig config = connDBU.getConfig();
config.setProperty(
    DatabaseConfig.PROPERTY_DATATYPE_FACTORY
    , new OracleDataTypeFactory());
```

Von der Theorie her wäre es sinnvoll, für jeden Test eine neue Datenbank zu öffnen und diese nach dem Test wieder zu schließen. Da dies aber die Datenbankoperationen sind, die typischerweise sehr viel Zeit verbrauchen, wird meist die Datenbank nur einmal geöffnet und nach allen Tests wieder geschlossen. Dies wird durch die folgende Möglichkeit zur Testvorbereitung sinnvoll.

```
@BeforeEach
public void setUp() throws Exception {
  IDataSet dataSet =
    new FlatXmlDataSetBuilder()
    .build(new FileInputStream(
      ".\\testdaten\\basisdaten.xml"));
  DatabaseOperation.CLEAN_INSERT
        .execute(connDBU, dataSet);
}

@AfterEach
public void tearDown() throws Exception {
}
```

Objekte von Typ IDataSet können in DBUnit beliebige Mengen von Daten aufnehmen, die später sehr einfach verglichen werden können. Im konkreten Fall wird die Datenmenge aus einer XML-Datei eingelesen, die die vorher vorgestellten Basisdaten für die drei Tabellen enthält. Diese Daten können dann auch direkt in die Datenbank geschrieben werden. Durch das zur Konstante CLEAN_INSERT gehörende Objekt ist sichergestellt, dass der Inhalt aller Tabellen gelöscht wird und danach die Daten aus dem IDataSet in die Datenbank übertragen werden. Dabei werden die normalen SQL-INSERT-Befehle erzeugt, sodass die Reihenfolge der Daten sowie ihre Syntax eine wichtige Rolle spielen und das Einfügen gegebenenfalls mit einer Ausnahme abgebrochen wird. Es werden folgende weitere Daten-bankoperationen unterstützt, die durchaus auch in Tests stehen können:

DELETE_ALL: löscht alle Daten in den Tabellen.

DELETE: löscht die übergebenen Daten.

INSERT: fügt die übergebenen Daten in die Tabellen ein.

UPDATE: aktualisiert die vorhandenen Daten mit den übergebenen Daten.

REFRESH: aktualisiert vorhandene Daten, fügt nicht vorhandene Daten hinzu

```
@Test
public void testErfolgreichGehegeEinfuegen()
                throws Exception {
  con.createStatement()
     .execute("""
          INSERT INTO Gehege(GNr, GName, Flaeche)
          VALUES (4, 'Steppe', 40)""");
  IDataSet databaseDataSet =
    connDBU.createDataSet();
  ITable actualTable =
    databaseDataSet.getTable("Gehege");
  IDataSet expectedDataSet =
    new FlatXmlDataSetBuilder()
        .build(new File(
          ".\\testdaten\\test1.xml"));
  ITable expectedTable =
    expectedDataSet.getTable("Gehege");
  Assertion.assertEquals(expectedTable
      , actualTable);
}
```

Mit dem ersten Test wird geprüft, ob ein neuer korrekter Datensatz erfolgreich in die Tabelle Gehege eingetragen werden kann. Dazu wird im ersten Schritt der neue Datensatz in die Tabelle mit dem normalen JDBC-Befehl eingefügt. Im nächsten Schritt wird ein Objekt vom Typ IDataSet erzeugt, das ebenfalls auf der aktuellen Datenbankverbindung basiert. Anschaulich kann man sich vorstellen, dass über die Variable con die bekannten JDBC-Befehle zur Nutzung der Datenbank eingesetzt werden, während alle Variablen, deren Typen mit „I" beginnen, zur Überprüfung mithilfe von DBUnit, z. B. mit Hilfe der

Variabe connDBU, genutzt werden. Die Schnittstelle ITable ist der zweite zentrale Typ, der zur Verwaltung von Datenmengen, hier genauer Tabellen, existiert und der einfach in Vergleichen einsetzbar ist. Im konkreten Fall befindet sich in actualTable der gesamte Inhalt der Tabelle Gehege. Danach wird ein Vergleichsdatensatz aus einer XML-Datei test1.xml gelesen, die folgenden Inhalt hat.

```
<?xml version="1.0" encoding="UTF-8"?>
<dataset>
  <Gehege GNr="1" Gname="Wald" Flaeche="30" />
  <Gehege GNr="2" Gname="Feld" Flaeche="20" />
  <Gehege GNr="3" Gname="Weide" Flaeche="15" />
  <Gehege GNr="4" Gname="Steppe" Flaeche="40" />
</dataset>
```

Es muss nicht immer mit allen eingelesenen Daten gearbeitet werden, so befinden sich in expectedTable alle Datensätze, die sich auf die Klasse Gehege beziehen, was allerdings im konkreten Fall einfach alle Datensätze sind.

Die eigentliche Überprüfung findet mit den Klassenmethoden der Klasse Assertion statt, die vom DBUnit-Framework stammt.

Die Klasse Assertion enthält mehrere Vergleichsmethoden, mit denen Objekte vom Typ IDataSet und ITable jeweils untereinander verglichen werden. Im konkreten Fall wird geprüft, ob die aus der XML-Datei eingelesenen Daten genau der aktuellen Gehege-Tabelle entsprechen.

```
@Test
public void testGehegeMitVorhandenerNummer() {
  try{
    con.createStatement()
      .execute("""
          INSERT INTO Gehege(GNr, GName, Flaeche)
          VALUES (3, 'Steppe', 40)""");
    Assertions.fail();
  } catch (SQLException e){
    String erg = e.getMessage();
    Assertions
      .assertTrue(erg.contains("constraint")
            && erg.contains("violated"));
  } catch (Exception e){
    Assert.fail();
  }
}

@Test
```

```
public void testTierNichtVorhandenerGattung() {
  try{
    con.createStatement()
      .execute("""
          INSERT INTO Tier(GNr, TName, Gattung)
          VALUES (3, 'Nemo', 'Fisch')""");
    Assertions.fail();
  } catch (SQLException e){
    Assertions.assertTrue(e.getErrorCode()== 2291);
  } catch (Exception e){
    Assertions.fail();
  }
}
```

Die zwei vorherigen Tests prüfen Constraints der Datenbank. Bei einer sauberen Umsetzung verstößt der erste INSERT-Befehl gegen den Primärschlüssel, der zweite gegen einen Fremdschlüssel. Die Datenbank antwortet bei einer korrekten Umsetzung der Anforderungen mit einer SQL-Exception, die hier auch jeweils gefordert wird. Detaillierter könnte in der Exception noch der Fehlergrund überprüft werden.

```
private void tabellenvergleich(String tabelle,
    String datei) throws Exception{
  IDataSet databaseDataSet =
      connDBU.createDataSet();
  ITable actualTable =
      databaseDataSet.getTable(tabelle);
  IDataSet expectedDataSet =
      new FlatXmlDataSetBuilder()
          .build(new File(datei));
  ITable expectedTable =
      expectedDataSet.getTable(tabelle);
  Assertion.assertEquals(
      new SortedTable(expectedTable)
      , new SortedTable(actualTable));
}


@Test
public void testProcedureLangerName()
    throws Exception{
  CallableStatement stmt=con.prepareCall(
      "BEGIN langerName('Hase'); END;");
  stmt.execute();
  tabellenvergleich("Tier"
```

```
        , ".\\testdaten\\test2.xml");
    }
```

Mit dem vorherigen Test wird die Anforderung überprüft, dass mit dem Aufruf der
Prozedur langerName von Seite 260, auch wirklich die Gattung hinter dem Namen ergänzt
wird. Die erwarteten Daten in der Tabelle Tier sind in folgender XML-Datei unter dem
Namen test2.xml eingetragen.

```
<?xml version="1.0" encoding="UTF-8"?>
<dataset>
  <Tier GNr="1" Tname="Laber" Gattung="Baer" />
  <Tier GNr="1" Tname="Sabber" Gattung="Baer" />
  <Tier GNr="2" Tname="KlopferHase"
          Gattung="Hase"/>
  <Tier GNr="3" Tname="BunnyHase" Gattung="Hase" />
  <Tier GNr="2" Tname="RunnyHase" Gattung="Hase" />
  <Tier GNr="2" Tname="HunnyHase" Gattung="Hase" />
  <Tier GNr="2" Tname="Harald" Gattung="Schaf" />
  <Tier GNr="3" Tname="Walter" Gattung="Schaf" />
  <Tier GNr="3" Tname="Dörthe" Gattung="Schaf" />
</dataset>
```

Bei den eingelesenen Daten fällt auf, dass sie eine andere Reihenfolge als die
ursprünglichen Daten haben. Stellt man mit SQL z. B. über ORDER BY keine beson-
deren Anforderungen an die Reihenfolge der Daten, ist dies unproblematisch. SQL nutzt
einen mengenbasierten Ansatz, was bedeutet, dass die Reihenfolge der Zeilen irrelevant
ist und nicht der Reihenfolge der Eingabe entsprechen muss. DBUnit unterstützt diesen
Mengenansatz in den Assertion-Methoden nicht direkt. Bei Prüfungen hingegen müssen
die Daten auch in ihrer Reihenfolge übereinstimmen. DBUnit unterstützt diese Idee aber
mit der Klasse SortedTable, die die übergebenen Einträge lexikographisch als Strings
betrachtet, sortiert. Da die gleiche Sortierung auf beide Datenmengen angewandt wird,
sind dann wieder die Methoden der Klasse Assertion anwendbar. Dieser Vergleich wurde
in die private Methode tabellenvergleich ausgelagert.

```
    private int anzahlTiere(String gattung)
        throws SQLException{
      CallableStatement stmt=con.prepareCall(
            "{? = call anzahlTiere(?)}");
        stmt.registerOutParameter(1
            ,Types.INTEGER);
        stmt.setString(2,gattung);
        stmt.execute();
```

```
        return stmt.getInt(1);
}


@Test
public void testFunctionAnzahlTiere()
      throws Exception{
  Assertions.assertTrue(this.anzahlTiere("Baer") == 2);
  Assertions.assertTrue(this.anzahlTiere("Schaf") == 3);
  Assertions.assertTrue(this.anzahlTiere("Gnu") == 0);
  try {
    anzahlTiere("Hase");
  } catch (SQLException e){
    Assertions.assertTrue(e.getErrorCode()
                  == 20300);
  } catch (Exception e){
    Assertions.fail();
  }
}
```

Die Hilfsmethode anzahlTiere dient dazu, die PL/SQL-Funktion anzahlTiere zum Zählen der vorhandenen Tiere aufzurufen. Der nachfolgende Test überprüft für verschiedene Gattungen die Ergebnisse. Wird konsequent der Forderung gefolgt, dass Tests möglichst wenig Zusicherungen enthalten sollen, die sich alle nur auf die vorherige Aktion beziehen, ist dieser Testfall unsauber und müsste in vier Testfälle aufgeteilt werden. Das Beispiel wurde hier gewählt, um zu verdeutlichen, dass die Überprüfung für „Gnu" nicht mehr stattfindet, wenn die Prüfung für „Schaf" gescheitert ist. Wären die Tests getrennt, wüsste man nicht nur, dass der Test für „Schaf" scheitert, sondern auch, wie das Testergebnis für „Gnu" aussieht.

Da Hasen nach Aufgabenstellung nicht zählbar sind, wird hier zum Abschluss auf eine erwartete Exception mit der vorher vergebenen Fehlernummer geprüft.

```
@Test
public void testTriggerNeueArtOk()
      throws Exception{
  con.createStatement()
    .execute("""
        INSERT INTO Art(Gattung, MinFlaeche)
          VALUES ('Gnu',14)""");
  tabellenvergleich("Art"
      , ".\\testdaten\\test3.xml");
}
```

Der vorherige Test prüft, ob das Eintragen einer neuen Art in Ordnung ist. Nach dem auf Seite **Fehler! Textmarke nicht definiert.** entwickelten Trigger ist dies für die gegebene Situation der Fall, sodass man das folgende in test3.xml beschriebene Ergebnis erwartet. Der Test prüft den maximal erlaubten Grenzwert, der zum Einfügen genutzt werden kann.

```
<?xml version="1.0" encoding="UTF-8"?>
<dataset>
  <Art Gattung="Baer" MinFlaeche="8" />
  <Art Gattung="Hase" MinFlaeche="2" />
  <Art Gattung="Schaf" MinFlaeche="5" />
  <Art Gattung="Gnu" MinFlaeche="14" />
</dataset>
```

```
@Test
public void testTriggerNeueArtNichtOk()
      throws Exception{
  try{
    con.createStatement()
       .execute("""
          INSERT INTO Art(Gattung, MinFlaeche)
          VALUES ('Elefant',15)""");
    Assertions.fail();
  } catch (SQLException e){
    Assertions.assertTrue(e.getErrorCode() ==
                20999);
  } catch (Exception e){
    Assertions.fail();
  }
}
}
```

Der letzte Test testet die andere Grenze des Triggers aus, da es keine freie Fläche mit 15 Einheiten gibt. Wieder wird die Exception genau geprüft und dabei die vereinbarte Nummer des Fehlers genutzt.

## 14.3   Grundregeln beim Testen mit Datenbanken

Oftmals sind Datenbanken zentrale Grundlage von komplexer Software, sodass eine Fehlfunktion der Datenbank immensen geschäftlichen Schaden anrichten kann. Ein Beispiel sind Versandhäuser, die ihre Kataloge und alle Geschäftsbeziehungen in ihren

Datenbanken pflegen. Damit ist jede Änderung an dieser möglichst ausfallsicher, redundant auf mindestens zwei Servern laufenden Datenbank, als extrem kritisch einzuordnen.

Daraus folgt die erste zentrale Regel, dass Tests niemals am laufenden System, also dem Produktivsystem, ausgeführt werden dürfen. Selbst das Einspielen von Testdaten für Dummy-Nutzer oder Kunden kann zu teilweise gravierenden Problemen führen, wenn die zugehörigen Zugangsdaten in falsche Hände fallen. Weiterhin könnten Testdaten reale Auswertungen verfälschen.

Für Entwickler folgt unmittelbar, dass es für die Entwicklungsumgebung eine eigene Datenbank geben sollte, wobei bei sehr großen Systemen oftmals nicht alle Tabellen benötigt werden. In diesem Fall ist die Äquivalenzklassenmethode oftmals ein guter Ansatz, um zusammen mit der Grenzwertanalyse sinnvolle Testdaten zu erhalten. Man versucht dabei für jeden typischen Fall nur einen Datensatz in der Datenbank zu haben, um den Testaufwand zu reduzieren.

Im nächsten Schritt ist bei der Integration mehrerer Software-Komponenten eine Testdatenbank sinnvoll, auf die bereits das integrierte System zugreifen kann. Dabei stellt sich die zentrale Frage, wie man immer eine eindeutige Ausgangslage für die Tests herstellt. Hier ist es oftmals der Fall, dass nicht die gesamte Datenbank immer wieder neu aufgesetzt werden muss, da durch gewisse Konventionen die Reproduzierbarkeit einer Ausgangssituation garantiert werden kann. Dies ist z. B. dadurch erreichbar, dass vereinbart wird, dass gewisse Daten nicht verändert werden dürfen und so zum gemeinsamen Testen zur Verfügung stehen. Weiterhin kann vereinbart werden, dass jeder Tester nur Daten mit bestimmten Eigenschaften, z. B. mit einer Mitarbeiternummer zwischen 3000 und 4000 beliebig bearbeiten darf. Generell ist es beim Testen, wie generell bei der Nutzung von Datenbanken immer sinnvoll, zwischenzeitlich Backups zu erzeugen, die dann als „Reset-Möglichkeit" wieder neu eingespielt werden können.

Für große Integrations- und Systemtests steht man vor der Herausforderung, eine Datenbank mit allen Vertretern der Äquivalenzklassen nutzen zu können, die weiterhin möglichst realistisch die im Betrieb genutzte Datenbank abbildet. Hier ist es oft der Fall, dass die manuelle Erzeugung von Testdaten enorm aufwendig werden kann und man gerade bei sehr großen, schon lange laufenden Datenbanken, nach alternativen Lösungen suchen muss.

Ein in der Praxis häufiger vertretener Ansatz ist es, einfach eine Kopie der realen Datenbank zu nutzen. Der zentrale Vorteil des Ansatzes ist es, dass man genau betrachten kann, wie sich die neu entwickelte Software in der Realität verhält. Fachlich ist der Ansatz nur eingeschränkt nutzbar, wenn die neue Software-Funktionalität auch zu neuen Tabellen oder Spalten in Tabellen führt, die dann zumindest mit sinnvollen Testdaten aufgefüllt werden müssen.

Häufig kann eine Kopie der realen Daten nicht genutzt werden, da dies gegen den Datenschutz verstößt, da personenbezogene Daten Teil der Datenbank sind. In diesem Fall ist das Vorgehen grundsätzlich mit dem Datenschutzbeauftragten des Unternehmens zu klären. Wenn die Entwicklung der Software nicht im gleichen Unternehmen wie die Nutzung der Software stattfindet, ist die Weitergabe persönlicher Daten grundsätzlich nicht machbar. Weiterhin kann die Weitergabe realer Daten auch beinhalten, dass Geschäftsgeheimnisse z. B. über genutzte Geschäftsmodelle sichtbar werden, was in der Regel ebenfalls verhindert werden muss.

Ein teilweise genutzter Ansatz ist die Auswahl einer Teilmenge der Datensätze, die dann aber mit allen ihren Abhängigkeiten extrahiert werden müssen, bei denen Daten zusätzlich anonymisiert werden. Diese Anonymisierung ist wieder mit dem Datenschutz zu prüfen, da z. B. eine einfache Ersetzung eines Namens nicht ausreicht, solange die Adresse nicht mitgeändert wird. Generell reichen oft wenige Eigenschaften aus, um Menschen eindeutig zu identifizieren; diese Möglichkeit ist für die Testdaten zu verhindern.

Eine Anonymisierung durch die zusätzliche Änderung der Adresse kann dann aber zu neuen Problemen führen, wenn z. B. Versicherungstarife von Adressbereichen abhängen, sodass zumindest realistische Adressen bei der Anonymisierung genutzt werden müssen.

Durch die Anonymisierung kann es also passieren, dass ein Datensatz von einer in eine andere Äquivalenzklasse wandert, was die Qualität der Testdaten verringert. Auf der anderen Seite ist es oft der Fall, dass ein Datensatz für genau eine Kombi-nation von Äquivalenzklassen steht, sodass hier wieder das Datenschutzargument eine Verhinderung dieser Testdaten erfordert. Ein konkretes Beispiel ist, dass bei ähnlichen Daten oft geprüft wird, ob diese nicht z. B. durch ein Netzwerkproblem oder einfach doppelt entstanden sind. Beim Anlegen neuer Kunden ist dann z. B. der Geburtstag und der Geburtsort Teil dieser Doublettenprüfung. Enthalten dann die aus realen Daten abgeleiteten Testdaten den Fall, dass acht Personen mit gleichem Geburtstag und Geburtsort eingetragen werden sollen, kann unmittelbar auf eine Achtlingsgeburt geschlossen werden, die nur sehr selten stattfinden und deren zugehörige Personen schnell identifizierbar sind.

Eine sinnvolle Variante, um zu möglichst realistischen Daten zu kommen, die nicht gegen den Datenschutz verstoßen, ist die Generierung von Testdaten unter Berücksichtigung realer Daten. Damit dabei sinnvolle Daten generiert werden, kann man teilweise auf Auszüge von realen Daten zugreifen und weiterhin Generatoren nutzen, die z. B. auch noch Wahrscheinlichkeiten für Häufigkeiten von Daten und Datenkombinationen berücksichtigen. Ein solcher Generator ist z. B. das Programm Benerator [@Ben].

## 14.4 Aufgaben

**Wiederholungsfragen**

1. Wie werden Testfälle in JUnit spezifiziert?
2. Welche Annotationen spielen in JUnit welche Rolle?
3. Was sind Zusicherungen, wie kann man mit ihnen Exceptions überprüfen?

4. Warum sind viele kurze Tests sinnvoller als wenige lange Tests?
5. Was versteht man unter Continous Integration?
6. Wie kann man mithilfe von DBUnit Ergebnisse von Datenbankaktionen überprüfen?
7. Was ist beim Entwickler-, Integrations- und Systemtest zu beachten?
8. Wie kann man zu sinnvollen Testdaten kommen, welche Probleme kann es geben?

---

**Übungsaufgabe**

1. Schreiben Sie systematische Tests für Teile Ihrer Lösungen zu den Aufgaben aus Kap. 12. Dabei müssen positive Fälle mit den erwarteten Ergebnissen und negative Fälle mit den erwarteten Fehlern überprüft werden.
   a) Testen Sie alle Schlüssel und Randbedingungen der Tabelle Auftrag.
   b) Testen Sie die Prozedur einfuegen2, beachten Sie, dass Ihr Ergebnis davon abhängt, ob der Trigger SkontoBerechnen aktiv ist oder nicht.
   c) Testen Sie Ihre Prozedur auftragEintragen2.
   d) Testen Sie Ihre Funktion anrede.
   e) Testen Sie Ihren Trigger, der Aufträge verhindert, wenn der Kunde in der Tabelle Eintreiber eingetragen ist.
   f) Testen Sie Ihren Trigger zur Skontoberechnung

---

# Literatur

[@Ben]  Databene Benerator, http://databene.org/databene-benerator/
[@Com]  Apache Commons Collections, http://commons.apache.org/collections/
[@DBU]  About DbUnit, http://www.dbunit.org/
[@Jun]  JUnit, https://junit.org/junit5/
[@log]  Apache Logging Services Project – Apache log4j 2, http://logging.apache.org/log4j/
[@Poi]  Apache POI – the Java API for Microsoft Documents, http://poi.apache.org/
[@slf]  Simple Logging Facade for Java (SLF4J), http://www.slf4j.org/
[Kle19]  S. Kleuker, Qualitätssicherung durch Softwaretests, 2. Auflage, Springer Vieweg, Wiesbaden, 2019

# Objekt-relationales Mapping 15

**Zusammenfassung**

Neben der vorgestellten Möglichkeit, in Programmiersprachen auf Daten einer Datenbank zuzugreifen, ist es genauso wichtig, Daten in die Datenbank effizient direkt zu schreiben und wieder zu lesen. Generell wurde mit JDBC dazu eine Möglichkeit gezeigt, allerdings ist diese in der Alltagsnutzung für objektorientierte Programmiersprachen recht aufwendig. Es muss individuell für jedes Klassenmodell festgelegt werden, welche Tabellen wie zu nutzen sind. Dabei ist auch festzulegen, wie mit Vererbung umgegangen werden muss. Statt diese Schritte individuell durchzuführen, bieten alle großen Programmiersprachen sogenannte Objekt-relationale-Mapper (OR-Mapper) zur Abbildung von Objekten auf Tabellen als Frameworks an. Dieses Kapitel gibt eine Einführung in die Nutzung und zeigt einige Klippen auf. Es wird deutlich, dass OR-Mapper die automatische Erstellung von Tabellen aus Klassen ermöglichen und die generelle Datenbanknutzung wesentlich vereinfachen. Es wird aber genauso deutlich, warum das bisher in diesem Buch gesammelte Wissen benötigt wird, um sinnvoll mit OR-Mappern zu arbeiten.

Die Entwicklung von Datenbanken schreitet kontinuierlich voran, angebunden an die sie nutzende Technologie. Dabei stellt sich seit den 1990er Jahren die Frage, ob der relationale Ansatz basierend auf meist größeren Mengen an Tabellen immer sinnvoll ist. Mit dem Aufkommen der kommerziellen Nutzung der objektorientierten Programmierung wurden objektorientierte Datenbanken populär, da sie das Persistieren und Suchen von Objekten erleichterten. Dieser Vorteil wurde allerdings durch eine schwächere Performance gegenüber relationalen Datenbanken wieder zunichte

**Ergänzende Information** Die elektronische Version dieses Kapitels enthält Zusatzmaterial, auf das über folgenden Link zugegriffen werden kann https://doi.org/10.1007/978-3-658-43023-8_15

gemacht. Generell lässt sich feststellen, dass relationale Datenbanken sich kontinuierlich durchgesetzt haben und in fast allen großen Projekten eingesetzt werden. Trotzdem
bleibt die Frage spannend, ob andere Ansätze für spezielle Aufgaben nicht doch besser
geeignet sind. Dabei bezieht sich „besser" insbesondere auf die Performance sowie die
einfachere und damit fehlerfreiere Entwicklung.

## 15.1    Klassen direkt in Tabellen umsetzen

Die Klassenmodellierung ist sehr eng verwandt mit der ER-Modellierung. Genauer besteht
ein wesentlicher Teil der Fachmodellierung daraus sich klar zu machen, welche Basis-
Entitäten zur Umsetzung der Funktionalitäten benötigt zu werden. Erst wenn diese mit
ihren Abhängigkeiten sinnvoll modelliert sind, kann die SWE modelliert und erstellt
werden, die auf den gefundenen Entitätstypen aufbaut. In klassischen, aus verschiedenen Gründen vereinzelt auch neuen Projekten, beginnt dann die Software-Entwicklung
mit dem Aufbau einer Datenbank, wie er bisher im Buch beschrieben wurde. Dies ist
garantiert bei neuer Software und oft bei ergänzter Software nicht notwendig, da aus
den gefundenen Klassen automatisch das passende Datenbank-Modell mithilfe eines OR-
Mappers abgeleitet werden kann. Dabei fließt das bisher gefundene Datenbank-Wissen
in die Erstellung hochwertiger Klassen ein, die dann mit passenden Tabellen in der
Datenbank umgesetzt werden.

Für jede große Programmiersprache gibt es ein oder mehrere prominente OR-Mapper,
die aus Programmcode Datenbank-Tabellen generieren. Für Java basieren diese häufig auf
einem gemeinsamen hier betrachteten Standard JPA, wobei es mehrere Umsetzungen gibt,
die oft individuelle Erweiterungen anbieten, die es bei anderen Herstellern nicht gibt. Da
mit JPA aber die Umsetzung generell immer möglich ist, liegt der Fokus in diesem Buch
auf dieser Basisspezifikation. Zur Umsetzung können z. B. EclipseLink [@Ecl], Hibernate [@Hib] oder Apache OpenJPA [@AOJ] genutzt werden. In diesem Buch wird die
Referenzimplementierung EclipseLink genutzt. Formal sei angemerkt, dass JPA bis zur
Version 2.1 als Java Persistence API übersetzt wurde. Da Oracle den Begriff Java weiter vermarkten wollte und die kommerzielle Nutzung der Java Virtual Machine (JVM)
kostenpflichtig für kommerzielle Nutzungen gemacht hat, dabei gleichzeitig sich von der
Entwicklung der Java Enterprise Edition (JEE) trennen wollte, hat es einige Verwerfun-
gen im Java-Umfeld gegeben. Die für das Buch wichtigste Änderung ist, dass JPA jetzt
Jakarta Persistence API heißt, wodurch im Code auch alle Teile von Paktenamen mit java
in jakarta in der Version 3 von JPA umbenannt wurden. Da es weiterhin freie JVM gibt,
spricht aus der Sicht kommerzieller Unternehmen und lernender Personen nichts gegen
die Java und JPA-Nutzung. Der zum Zeitpunkt des Buches aktuelle Standard ist die Version 3.1 [@Jak], die aber nicht wesentlich von der lange gültigen Version 2.1 [@JPA]
abweicht, nur einige kleine funktionale Erweiterungen bietet. Für beide Versionen des

Standards gilt, dass sie für ein formales Dokument sehr gut lesbar geschrieben sind und sich als Nachschlagewerk eignen.

Beim Vergleich der Modellierung einfacher Klassen und von Entitätstypen fallen mehrere Gemeinsamkeiten auf. Die Klasse definiert die Struktur von Objekten mithilfe von Objektvariablen (auch Instanzvariablen oder Attribute genannt), wie eine Tabelle mit ihren Spalten die Eigenschaften einzelner Entitätstypen definiert.Objekte müssen häufig eindeutig identifiziert werden, wozu gerne Id-Variablen vom Typ int oder long genutzt werden, was bei Entitätstypen den Primärschlüsseln entspricht. Diese Ideen können direkt übertragen werden, um zu einer Klasse eine zugehörige Tabelle zu definieren. Das veranschaulicht das folgende einführende Beispiel.

```java
package entity;
import java.util.Objects;
import jakarta.persistence.Entity;
import jakarta.persistence.Id;

@Entity
public class Person {

    @Id
    private int id;
    private String name;

    public Person() {
    }

    public Person(int id, String name) {
        this.id = id;
        this.name = name;
    }

    public int getId() {
        return id;
    }

    public void setId(int id) {
        this.id = id;
    }

    public String getName() {
        return name;
    }
}
```

```java
    public void setName(String name) {
      this.name = name;
    }

  @Override
  public int hashCode() {
    return Objects.hash(id);
  }

  @Override
  public boolean equals(Object obj) {
    if (this == obj)
      return true;
    if (obj == null)
      return false;
    if (getClass() != obj.getClass())
      return false;
    Person other = (Person) obj;
    return id == other.id;
  }

  @Override
  public String toString() {
    return "Person [id=" + id + ", name=" + name + "]";
  }
}
```

Generell sind alle Entitätsklassen, die als Entitätstypen in der Datenbank abgebildet werden sollen, mit der Annotation @Entity markiert. Weiterhin muss es einen mit @Id annotierten Primärschlüssel geben, der neben den elementaren Java-Typen, wie int und long, deren Wrapper-Klassen, wie Integer und Long, auch Typen wie String, java.util.UUID, java.util.Date, java.sql.Date, java.math.BigDecimal und java.math.BigInteger, haben kann.

Entitätsklassen müssen einen parameterlosen Konstruktor und eine mit @Id annotierte Objektvariable haben. Es sind beliebige weitere Konstruktoren möglich. Sinnvoll sind meist get- und set-Methoden, die unter anderem das Testen vereinfachen, hashCode und Equals zum Vergleich und eine toString-Methode zur Ausgabe des Objektinhalts haben. Diese Methoden werden in den folgenden Beispielen immer aus Platzgründen weggelassen, existieren aber immer.

Auffällig ist im Beispiel, dass für den Objektvergleich nur die Variable id genutzt wird. Dies ist bei JPA nicht zwingend gefordert, ist aber in den meisten Fällen sinnvoll. Der Primärschlüssel wird als eindeutiger Objekt-Identifikator angesehen. Dies kann

Probleme machen, wenn der Schlüsselwert durch die Datenbank vergeben und dann ein neues Objekt außerhalb der Datenbank erzeugt wird, das damit trotz übereinstimmender Werte in den Objektvariablen nicht gleich sein kann. Wird eine Gleichheit auf Basis anderer Objektvariablen benötigt, kann dies über eine neue zusätzliche Methode realisiert werden, die z. B. von einem selbst zu erstellenden speziellen Interface definiert wird.

Um für die Klasse Person eine Datenbank zu nutzen, muss die Verbindung zur Datenbank spezifiziert werden. Dies erfolgt in JPA mit einer Konfigurationsdatei persistence.xml, die in einem Projektunterordner META-INF liegen muss. Diese Datei enthält eine große Menge von Konfigurationsmöglichkeiten, die wichtigsten stehen im folgenden Beispiel.

```xml
<?xml version="1.0" encoding="UTF-8"?>
<persistence xmlns="https://jakarta.ee/xml/ns/persistence"
   xmlns:xsi="http://www.w3.org/2001/XMLSchema-instance"
   xsi:schemaLocation="https://jakarta.ee/xml/ns/persistence
     https://jakarta.ee/xml/ns/persistence/persistence_3_0.xsd"
   version="3.0">
 <persistence-unit name="JPABeispielPU"
     transaction-type="RESOURCE_LOCAL">
  <provider>
   org.eclipse.persistence.jpa.PersistenceProvider
  </provider>
  <exclude-unlisted-classes>false</exclude-unlisted-classes>
  <properties>
   <property name="jakarta.persistence.jdbc.url"
    value="jdbc:derby://localhost:1527/Bsp;create=true" />
   <property name="jakarta.persistence.jdbc.driver"
    value="org.apache.derby.jdbc.ClientDriver" />
   <property name="jakarta.persistence.jdbc.password"
    value= "kleuker" />
   <property name="jakarta.persistence.jdbc.user"
    value="kleuker" />
   <property name=
    "jakarta..persistence.schema-generation.database.action"
    value="drop-and-create" />
  </properties>
 </persistence-unit>
</persistence>
```

Der Name der persistence-unit ist ein frei wählbarer String, mit transaction-type wird definiert, wer die Datenbanknutzung kontrolliert, was im konkreten Fall die Software ist, die hier erstellt wird. Alternativ kann bei Web-Applikationen die Steuerung über Container eines Application Servers erfolgen. Dann wird konkret angegeben, welche

JPA-Realisierung genutzt wird. Durch das false für exclude-unlisted-classes wird gefordert, dass die JPA-Umsetzung erkennen soll, welche Klassen zu persistieren sind, was durch die Annotation @Entity deutlich wird. Die Angaben zur jakarta.persistence sind aus dem Kapitel „13.1 Verbindungsaufbau" bekannt. Es muss die Verbindung, die zur Umsetzung von JDBC genutzte Klasse des Datenbank-Herstellers, der Nutzername und das zugehörige Passwort angegeben werden. Im Beispiel steht der String für eine Apache Derby-Datenbank. Weiterhin ist festzulegen, wie mit existierenden Tabellen umgegangen werden soll. Im Beispiel werden mit drop-and-create alle Tabellen gelöscht und neu angelegt, was für erste Experimente sinnvoll ist. Natürlich gibt es hier auch Einstellungen, die Tabellenstrukturen nicht verändern oder nur mit ALTER TABLE ergänzen. Statt die Tabellen zu generieren, kann auch der Name einer SQL-Skriptdatei zur Nutzung angegeben werden.

Vergleichbar zu den JDBC-Klassen Connection für den Verbindungsaufbau und Statement zur Bearbeitung von Tabellen stehen in JPA die Klassen EntityManager-Factory und EntityManager zur Verfügung. Wieder sollte eine EntityManagerFactory wegen des Zeitaufwands für die Datenbankverbindung selten, meist nur einmal und EntityManager-Objekte nach Bedarf erzeugt werden. Es ist sinnvoll den Verbindungsaufbau zur Datenbank und die Datenbanknutzung in einer oder mehreren Verwaltungsklassen zusammenzufassen. Eine solche Beispielklasse kann wie folgt aussehen. Einige Methoden sind zur Veranschaulichung von Möglichkeiten detaillierter ausprogrammiert als sie typischerweise in realen Projekten vorkommen werden.

```
public class DBController {
  private EntityManagerFactory emf;
  private EntityManager em;
  public DBController(boolean neu) {
    Map<String,String> properties = new HashMap<>();
    properties.put(PersistenceUnitProperties.TRANSACTION_TYPE,
      PersistenceUnitTransactionType.RESOURCE_LOCAL.name());
    properties.put(PersistenceUnitProperties.DDL_GENERATION_MODE,
      PersistenceUnitProperties.DDL_BOTH_GENERATION);
    if (neu) {
      properties.put(PersistenceUnitProperties.DDL_GENERATION
        , PersistenceUnitProperties.DROP_AND_CREATE);
    } else {
      properties.put(PersistenceUnitProperties.DDL_GENERATION
        , PersistenceUnitProperties.CREATE_OR_EXTEND);
    }
    this.emf = Persistence
      .createEntityManagerFactory("JPABeispielPU", properties);
    this.em = this.emf.createEntityManager();
  }
```

Der Konstruktor zeigt am Ende, wie die Verbindungsdaten aus der XML-Datei verwendet werden. Zentral zu beachten ist, dass der genutzte Name, hier „JPABeispiel-PU", richtig geschrieben ist. Bei der Nutzung der Factory-Methode kann optional eine Properties-Datei übergeben werden, die weitere Einstellungen zur Verbindung enthält, die die Einstellungen aus der persistence.xml bei doppelten Angaben überschreiben. Im Beispiel wird die Erzeugung von SQL-Dateien für die benötigten Tabellen eingeschaltet, wobei die Erzeugung der Tabellen automatisch bei der JPA-Nutzung erfolgt. Über die Boolesche Variable neu wird unterschieden, ob immer neue und damit leere Tabellen erzeugt werden sollen oder ob nur Tabellen und Änderungen daran, wenn notwendig, mit CREATE_OR_EXTEND durchgeführt werden.

```java
public void schliessen() {
  if (this.em != null && this.em.isOpen()) {
    this.em.close();
  }
  if (this.emf != null && this.emf.isOpen()) {
    this.emf.close();
  }
}
```

Damit alle Datenbankaktionen abgeschlossen werden, ist die Verbindung, wenn noch offen, systematisch zu schließen.

```java
public <Typ> Typ suche(Class<Typ> cl, Object id){
  return this.em.find(cl, id);
}
```

Diese generische Methode sucht ein Objekt vom Typ, der mit der Variablen cl übergeben wird und den Primärschlüssel id hat. Da Java elementare Typen automatisch in Objekte umwandelt ist so ein Aufruf mit dbc.suche(Person.class,42) problemlos möglich. Sollte das Objekt nicht existieren, ist das Ergebnis null.

```java
public void anzeigen(String... typen) {
  for (int i = 0; i < typen.length; i++) {
    String anfrage = "SELECT o FROM " + typen[i] + " o";
    Query query = this.em.createQuery(anfrage);
    Collection<?> erg = query.getResultList();
    System.out.println("*****************\n"+typen[i]);
    for (Iterator<?> it = erg.iterator(); it.hasNext();) {
      System.out.println(it.next());
    }
  }
}
```

```
        }
```

Die Methode anzeigen() gibt einen ersten Ausblick auf die Möglichkeiten Anfragen in JPA, in der JPA-eigenen Anfragesprache JPA Query Language, kurz JPA QL, zu stellen, die eine große Verwandtschaft mit SQL hat. Der Methode werden beliebig viele Strings übergeben, die Namen von Klassen entsprechen, die in der Datenbank gespeichert sind. Für jeden String wird eine Anfrage gebaut, die alle zum Klassennamen passenden Objekte in einer Collection sammelt und diese dann untereinander, unter Nutzung der jeweiligen toString()-Methode ausgibt. Da in den Anfragen Objekte behandelt werden, steht neben dem Klassen- also Tabellennamen, ein frei wählbarer Variablenname, hier „o", mit dem auf individuelle Objekte zugegriffen werden kann. Soll das gesamte Objekt im Ergebnis stehen, wird einfach „SELECT o" genutzt.

```
    @SuppressWarnings("unchecked")
    public <Typ> Collection<Typ> alle(Class<Typ> cl){
        String anfrage = "SELECT o FROM "
                         + cl.getSimpleName() + " o";
        Query query = this.em.createQuery(anfrage);
        return query.getResultList();
    }
```

Die Methode alle() funktioniert sehr ähnlich zur Methode anzeigen(), da fast die gleiche JPA QL-Anfrage genutzt wird, um zu einem als Parameter übergebenen Typen die Liste aller dazu vorhandenen Objekte zurückzugeben.

```
    public void speichern(Object obj, boolean transaktion) {
        if (transaktion) {
            this.em.getTransaction().begin();
            this.em.persist(obj);
            this.em.getTransaction().commit();
        } else {
            this.em.persist(obj);
        }
    }
```

Die Methode speichern() ermöglicht es ein Objekt in der Datenbank zu speichern. Die Methode zeigt, dass dies generell in einer Transaktion erfolgen muss. Wenn die Transaktion pro Objekt genutzt werden soll, ist die Methode mit dem Parameter true aufzurufen. Sollen mehrere Aktionen zu einer Transaktion zusammengefasst werden, ist der Parameter-Wert false zu nutzen und alle einzelnen Schritte in eine Transaktion einzubetten. Spätestens an dieser Stelle wird deutlich, dass das bisher im Buch aufgebaute Datenbankwissen elementare Grundvoraussetzung für eine sinnvolle JPA-Nutzung ist.

Sollte bei der Befehlsausführung ein Fehler auftreten, da z. B. ein Constraint verletzt wird, wirft die Methode commit() eine Exception. Anders als bei JDBC muss diese Exception nicht explizit in der Methodensignatur angegeben werden, die Konzepte zur Behandlung, also die lokale Bearbeitung oder das Weitergeben, bleiben identisch erhalten.

```
public <Typ> Typ aktualisieren(Typ obj, boolean transaktion) {
  Typ ergebnis = null;
  if (transaktion) {
    this.em.getTransaction().begin();
    ergebnis = this.em.merge(obj);
    this.em.getTransaction().commit();
  } else {
    ergebnis = this.em.merge(obj);
  }
  return ergebnis;
}
```

Wird ein Objekt aus der Datenbank gelesen und dann Eigenschaften des Objekts geändert, werden diese Änderungen mit der Methode merge() an die Datenbank übertragen. Das aktualisierte Objekt ist das Ergebnis der Methode und kann vom übergebenen Objekt abweichen. In Programmen steht deshalb oft das gleiche Objekt auf der linken und rechten Seite der Zuweisung, z. B. obj = dbc.aktualisieren(obj, true).

```
public void loeschen(Object obj, boolean transaktion) {
  if (transaktion) {
    this.em.getTransaction().begin();
    this.em.remove(obj);
    this.em.getTransaction().commit();
  } else {
    this.em.remove(obj);
  }
}
```

Mit der Methode loeschen() wird durch einen Aufruf von remove() das Objekt aus der Datenbank gelöscht.

```
public void commit() {
  this.em.getTransaction().commit();
}
```

```
public void rollback() {
  this.em.getTransaction().rollback();
```

```
    }

  public void begin() {
    this.em.getTransaction().begin();
  }
}
```

Die vorherigen Methoden sind dazu nutzbar die Transaktionssteuerung über mehrere Methodenaufrufe zu verteilen, die Methoden entsprechen dabei genau den bekannten SQL-Befehlen BEGIN, ROLLBACK und COMMIT.

Eine erste einfache JPA-Nutzung kann wie folgt aussehen.

```
  public static void main(String[] args) {
    DBController dbc = new DBController(true);
    Person p1 = new Person(42,"Jan");
    dbc.speichern(p1,false);
    dbc.anzeigen("Person");
    dbc.begin();
    dbc.commit();
    dbc.anzeigen("Person");
    dbc.schliessen();
  }
```

Die Programmausführung liefert folgende Ausgabe.

```
*****************
Person
*****************
Person
Person [id=42, name=Jan]
```

Nach dem Verbindungsaufbau wird das Objekt p1 in der Datenbank gespeichert, wobei es allerdings keine umgebende Transaktion gibt. Die erste Ausgabe zeigt deutlich, dass das Objekt nicht in der Datenbank angekommen ist. Das Entity-Manager-Objekt verwaltet allerdings das neue Objekt. Wird dann eine Transaktion gestartet und beendet, werden alle dem Entity-Manager-Objekt bekannten Datenbankveränderungen ausgeführt, sodass sich danach das Objekt in der Datenbank befindet.

Natürlich hätten alternativ auch eine Transaktion gestartet, das Objekt gespeichert und die Transaktion beendet werden können. Das erste Beispiel wurde aber bewusst so gewählt, um die Mächtigkeit eines Entity-Manager-Objekts anzudeuten, die im folgenden Unterkapitel genauer betrachtet wird.

## 15.2 Objektverwaltung mit dem EntityManager

Abb. 15.1 verdeutlicht das generelle Konzept eines EntityManager-Objekts. Jedes Objekt bietet eine lokale Sicht, genauer den Persistence Context, auf die Datenbank. Der Persistence-Context verwaltet alle Objekte auf die der Entity-Manager Zugriff bekommt. Der Zugriff erfolgt durch das Lesen von Objekten aus der Datenbank, die dann im Persistence Context vorliegen und die Erzeugung von Objekten, die durch die Methode persist() in den Persistence Context gelangen. Der Persistence Context ist damit ein lokaler Cache, in dem Objekte zuerst gesucht werden. Durch die Transaktionssteuerung, also commit(), findet eine Übertragung zur Datenbank statt. Soll für ein Objekt nicht im Persistence Context sondern direkt in der Datenbank nach der aktuellen Version eines Objekt gesucht werden, steht die Methode refresh() zur Verfügung.

Der vorherige Absatz macht deutlich, dass das Konzept des Persistence Context durchaus nicht trivial ist und bei der JPA-Nutzung bekannt sein muss. Die Motivation ist u. a. eine klare Performance-Steigerung, da die Aufrufe der Datenbank reduziert werden müssen. Das nachfolgende Beispiel zeigt, dass eine unsaubere Nutzung von EntityManager-Objekten durchaus zu Problemen mit der Datenbank führen kann, was auch generell mit JDBC möglich ist. Werden klare Regeln verfolgt, wie möglichst die Nutzung eines einzelnen EntityManager-Objekts bzw. die Sicherstellung, dass sich ein Objekt nicht in mehreren Persistence Contexts befindet, ist die im vorherigen Unterkapitel gezeigte intuitive Nutzbarkeit problemlos auf komplexe Objekte übertragbar.

Das nachfolgende Beispiel wird auch dazu genutzt, Möglichkeiten zu zeigen, weitere Eigenschaften von Entitätsklassen festzulegen. Die neue Klasse Person sieht wie folgt aus.

```
@Entity
@Table(name = "Person")
public class Person {

    public enum Gruppe {A, B, C};
    @Id
    private int id;
```

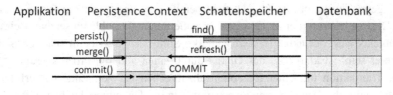

**Abb. 15.1** Einordnung des Persistence Contexts

```
@Column(name = "vorname", length = 6, updatable = false
    , nullable = false, unique = true)
private String name;

@Version
private int version;
private Adresse adresse = new Adresse("XStr. 42", "YStadt");
private List<Adresse> vorher;

@Enumerated(EnumType.STRING)
private Gruppe gruppe = Gruppe.C;

public Person() {
  this.vorher = new ArrayList<>();
}

public Person(int id, String name) {
  this();
  this.id = id;
  this.name = name;
}
```

Die Standardeinstellungen von JPA können mit einer sehr großen Menge von Annotationen und deren Attributen verändert werden, das Beispiel zeigt nur einen kleinen
Ausschnitt. Mit der Annotation @Table wird der Name der verwendeten Tabelle angegeben, der in dieser Form später auch in Anfragen statt des Klassennamens zu nutzen
ist. Mit der Annotation @Column werden die genauen Eigenschaften des Attributs, also
der Spalte, festgelegt. Dies beinhaltet den Namen, bei Strings z. B. die maximale Länge,
Eigenschaften ob die Spalte aktualisiert und einen Null-Wert enthalten kann sowie ob der
Spaltenwert eindeutig sein soll. Generell ist zu beachten, dass es für solche Constraints
in Projekten wenn möglich nur eine Quelle gibt, was bei neuen Tabellen der Java-Code
ist und bei der Nutzung alter existierender Tabellen diese Tabellen sind.

Bei Transaktionen ist festzulegen, wie die Transaktionssteuerung zu erfolgen hat. Ein
sehr oft erfolgreicher Ansatz ist das Optimistische Sperren, bei dem erst beim Speicher-
vorgang geprüft wird, ob das Objekt nicht bereits von einem anderen Prozess verändert
wurde. Dies ist leicht mit einer @Version annotierten int-Variable umsetzbar. Beim Lesen
eines Objekts wird der aktuelle Wert gemerkt. Sollte der Wert beim späteren Schreiben
ein anderer sein, ist klar, dass das Objekt durch einen anderen Prozess geändert wurde
und die Transaktion mit einer Exception abzubrechen ist. Am Ende des erfolgreichen
Speicherns wird der Wert der Versions-Variable in der Datenbank hochgezählt.

Bei der Klasse Adresse handelt es sich um eine gewöhnliche Java-Klasse die unüblich,
aber möglich, nicht mit @Entity gekennzeichnet ist. In diesem Fall wird eine Spalte

vom Typ BLOB angelegt und der serialisierte Byte-Code des Objekts in die Datenbank eingetragen. Formal entspricht dies einem bewusst gewählten Verstoß gegen die erste Normalform, dass jeder Wert eine eigene Spalte bekommt. Dieser Ansatz kann genutzt werden, wenn garantiert ist, dass kein anderes Objekt Zugriff auf dieses Adress-Objekt haben soll. Üblicher ist es Adresse mit @Entity zu markieren, sodass eine Verknüpfung von zwei Tabelleneinträgen entsteht, was im folgenden Unterkapitel behandelt wird. Das Beispiel zeigt mit der Objektvariable vorher, dass ganze Listen in einem BLOB-Eintrag gespeichert werden können.

Werte von Aufzählungen werden direkt in eine Spalte eingetragen, dabei kann entweder die Ordnungszahl der Aufzählungselemente beginnend mit dem Wert 1 mit der Konstanten ORDINAL oder der Name des Aufzählungswerts mit der gezeigten Konstanten STRING, eingetragen werden.

Das zugehörige Hauptprogramm sieht wie folgt aus, Ausgabe und Kommentare stehen bei diesem längeren Programm mit dem Programmcode gemischt.

```
public static void main(String[] args) {
  DBController dbc = new DBController(true);
  Person p1 = new Person(42,"Oleg");
  Person p2 = new Person(43,"Alexandra");
  dbc.speichern(p1, false);
  try {
    dbc.speichern(p2, false);
  } catch (Exception se) {
    System.out.println("Exception1");
  }
  dbc.begin();
  try {
    dbc.commit();
  }catch (RollbackException se) {
    System.out.println("Exception2:"
        + se.getCause().getMessage());
  }
```

Es werden zwei Person-Objekte angelegt und versucht diese zu speichern. Der Name des Objekts p2 ist dabei zu lang. Das Programmstück führt zu folgender Ausgabe.

```
Query:  InsertObjectQuery(Person  [id=43,  name=Alexandra,  version=1,
adresse=Adresse    [strasse=XStr.    42,    stadt=YStadt],    vorher=[],
gruppe=C])
Exception2:
Internal Exception: java.sql.SQLDataException: Beim Versuch, VARCHAR
'Alexandra'auf die Länge 6 zu kürzen, wurde ein Truncation-Fehler fest-
gestellt.
```

Bei der Objekterzeugung findet keine Constraint-Prüfung statt. Diese erfolgt erst beim Schreiben in die Datenbank. Die Transaktion wird mit einer RollbackException abgebrochen. Die eigentliche Exception ist mit getCause() erreichbar und zeigt die Fehlermeldung der Datenbank.

```
dbc.speichern(p1,false);
dbc.begin();
dbc.commit();
dbc.anzeigen("Person");
p1.setName("Louis");
dbc.begin();
dbc.commit();
dbc.anzeigen("Person");
System.out.println("X1: " + dbc.suche(Person.class, 42));
DBController dbc2 = new DBController(false);
dbc2.speichern(new Person(44,"Anna"), false);
System.out.println("X2: " + dbc2.suche(Person.class, 42));
dbc2.schliessen();
dbc.refresh(p1);
System.out.println("X3: " + dbc.suche(Person.class, 42));
```

Die zugehörige Ausgabe lautet:

```
Person
Person [id=42, name=Oleg, version=1, adresse=Adresse [strasse=XStr. 42,
stadt=YStadt], vorher=[], gruppe=C]
*****************
Person
Person [id=42, name=Louis, version=1, adresse=Adresse [strasse=XStr.
42, stadt=YStadt], vorher=[], gruppe=C]
X1:    Person    [id=42,    name=Louis,    version=1,    adresse=Adresse
[strasse=XStr. 42, stadt=YStadt], vorher=[], gruppe=C]
X2:    Person    [id=42,    name=Louis,    version=1,    adresse=Adresse
[strasse=XStr. 42, stadt=YStadt], vorher=[], gruppe=C]
X3: Person [id=42, name=Oleg, version=1, adresse=Adresse [strasse=XStr.
42, stadt=YStadt], vorher=[], gruppe=C]
```

Objekt p1 wird erfolgreich in die Datenbank eingetragen und danach ausgegeben. Danach wird der Name von p1 geändert, was nach @Column-Constraint nicht erlaubt ist. Bei der dann folgenden Ausgabe wird das veränderte Objekt aber ausgegeben. Die nachfolgende Suche nach dem geänderten Objekt zeigt ebenfalls, dass das Objekt im Persistence Context, hier genauer im Schattenspeicher, geändert wurde, was sogar das Ergebnis eines neuen EntityManager-Objekts ist, das mit dbc2 erstellt wird. Erst mit der

Methode refresh() wird das existierende Objekt aus der realen Datenbank gelesen und es wird deutlich, dass in dieser die Änderung nicht stattgefunden hat.

Als Zwischenergebnis ist festzuhalten, dass die Konsistenz der Datenbank nie in Gefahr war, lokal allerdings mit falschen Daten gearbeitet werden könnte. Spielen die genannten Constraint-Prüfungen im Projekt eine zentrale Rolle, ist es meist der beste Ansatz keine JPA-Constraints und stattdessen ein Validierungs-Framework wie Hibernate-Validator [@HiV] zu nutzen. Mit so einem Validator können für Objektvariablen und ganze Objekte Regeln spezifiziert werden, die dann vom Validator überprüft werden. Solche Validatoren sind dann mit JPA kombinierbar und werden direkt in der persistence.xml mit angegeben und bei Transaktionen genutzt. Die eigentliche JPA-Spezifikation fordert leider nur, dass keine illegalen Einträge in der Datenbank stattfinden, das Werfen von Exceptions ist bei einigen Attributen optional.

```
dbc.speichern(new Person(43,"Zoe"), false);
p1.setGruppe(Gruppe.B);
dbc.begin();
dbc.commit();
dbc.anzeigen("Person");
p1.getVorher().add(p1.getAdresse());
p1.setAdresse(null);
dbc.aktualisieren(p1, true);
try {
  dbc.speichern(new Person(44,"Zoe"), true);
}catch (RollbackException se) {
  System.out.println("Exception3:"
     + se.getCause().getMessage());
}
dbc.anzeigen("Person");
dbc.schliessen();
}
```

Die zugehörige Ausgabe lautet:

```
Person
Person [id=42, name=Oleg, version=2, adresse=Adresse [strasse=XStr. 42,
stadt=YStadt], vorher=[], gruppe=B]
Person [id=43, name=Zoe, version=1, adresse=Adresse [strasse=XStr. 42,
stadt=YStadt], vorher=[], gruppe=C]
[EL  Warning]:  2023-05-10  17:37:58.749--UnitOfWork(2083217543)-
-Exception [EclipseLink-4002] (Eclipse Persistence Services -
4.0.1.v202302220959): org.eclipse.persistence.exceptions.DatabaseException
```

```
Internal Exception: org.apache.derby.shared.common.error.DerbySQLIntegrityC
Die Anweisung wurde abgebrochen, weil sie in einer für 'PERSON'definier-
ten Vorgabe für einen eindeutigen oder Primärschlüssel-Constraint
bzw.     für     einen     von     'SQL0000000002-2c44c05e-0188-0614-6902-
00003f1258e0'identifizierten     und     eindeutigen     Index     zu     einem
duplizierten Schlüsselwert geführt hätte.
Error Code: 20000
Call: INSERT INTO Person (ID, ADRESSE, GRUPPE, vorname, VERSION, VORHER)
VALUES (?, ?, ?, ?, ?, ?)
        bind => [6 parameters bound]
Query:    InsertObjectQuery(Person    [id=44,    name=Zoe,    version=1,
adresse=Adresse    [strasse=XStr.    42,    stadt=YStadt],    vorher=[],
gruppe=C])
Exception3:
Internal Exception: org.apache.derby.shared.common.error.DerbySQLIntegrityC
Die Anweisung wurde abgebrochen, weil sie in einer für 'PERSON'definier-
ten Vorgabe für einen eindeutigen oder Primärschlüssel-Constraint
bzw.     für     einen     von     'SQL0000000002-2c44c05e-0188-0614-6902-
00003f1258e0'identifizierten     und     eindeutigen     Index     zu     einem
duplizierten Schlüsselwert geführt hätte.
Error Code: 20000
Call: INSERT INTO Person (ID, ADRESSE, GRUPPE, vorname, VERSION, VORHER)
VALUES (?, ?, ?, ?, ?, ?)
        bind => [6 parameters bound]
Query:    InsertObjectQuery(Person    [id=44,    name=Zoe,    version=1,
adresse=Adresse    [strasse=XStr.    42,    stadt=YStadt],    vorher=[],
gruppe=C])
*****************
Person
Person [id=42, name=Oleg, version=3, adresse=null, vorher=[Adresse
[strasse=XStr. 42, stadt=YStadt]], gruppe=B]
Person [id=43, name=Zoe, version=1, adresse=Adresse [strasse=XStr. 42,
stadt=YStadt], vorher=[], gruppe=C]
```

Es wird eine weitere Person eingetragen und die Gruppen-Eigenschaft von p1 verändert. Nach dem Ausführen einer Transaktion stehen die Daten in der Datenbank. Danach
wird die Adresse von p1 in vorher eingetragen und danach auf null gesetzt. Die Änderungen werden ebenfalls in einer Transaktion in die Datenbank geschrieben. Danach wird
versucht eine Person mit einem schon existierenden Namen in die Datenbank einzutragen, was nach @Column-Constraint nicht möglich ist. Wieder, wie fast immer, wird der
Änderungsversuch beim COMMIT abgebrochen. Die Fehlermeldung zeigt ebenfalls, dass
die Constraints mit in die Erstellung der Tabellen eingearbeitet werden, was z. B. durch
Ausgabe der generierten SQL-Befehle zur Tabellenerzeugung erkannt werden kann. Die
abschließende Ausgabe zeigt den erwarteten Zustand der Datenbank.

## 15.3    Umsetzung von Assoziationen

Klassen haben Assoziationen zu anderen Klassen, genauer haben Objekte Referenzen auf andere Objekte, was grob der Verknüpfung von Entitätstypen über Fremdschlüssel und Koppeltabellen entspricht, allerdings hier genauer betrachtet werden muss.

Abb. 15.2 zeigt ein einfaches Klassendiagramm, das erste typische Arten von Beziehungen zwischen Klassen spezifiziert. Im Beispiel gibt es Projekte, denen ein Team von mitarbeitenden Personen zugeordnet wird, wobei jede Person in mehreren Projekten tätig sein kann, also eine MC-NC-Beziehung. Weiterhin wird jedem Projekt maximal eine Person mit anwendungsfachlichem Wissen (expertise) zugeordnet, die aber selbst für mehrere Projekte tätig sein kann, also eine C-NC-Beziehung. Weiterhin kann eine Person für die Koordination eines Projekts verantwortlich sein, darf aber selbst maximal ein Projekt betreuen, also ein C-C Beziehung. Die letzte Beziehung ist bidirektional, deshalb sind keine Pfeilspitzen angegeben. Bei den beiden anderen unidirektionalen Beziehungen steht auch eine Multiplizität auf der anderen Seite im Klassendiagramm, die oft weggelassen werden, da sie sich, außer als speziell zu prüfende Randbedingung, nicht im finalen Programmcode wiederfinden. Bei der Nennung der Beziehungsarten fällt auf, dass immer ein „C" genannt, da Prüfungen auf genau ein Objekt oder mindestens ein Objekt nicht direkt durch Vorgaben in JPA zu prüfen sind. Hierfür müssen die Constraints z. B. in einer Validierung wieder explizit ausprogrammiert werden.

Die Umsetzung der Klasse Person sieht wie folgt aus:

```
@Entity
@Table(name = "Person")
public class Person {

    @Id
    private int id;
    private String name;

    @OneToOne(mappedBy = "koordination")
    private Projekt betreut;

    @Version
```

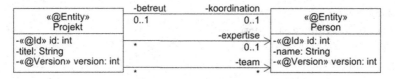

**Abb. 15.2**  Beispielbeziehungen zweier Klassen

```
private int version;

public Person() {
}

public Person(int id, String name, Projekt betreut) {
  this();
  this.id = id;
  this.name = name;
  this.betreut = betreut;
}
```

Neu ist die Umsetzung der Relation mit einer anderen Entitätsklasse, die über die Annotation @OneToOne angegeben wird, die formal die eine Seite der C-C-Beziehung umsetzt. Um bei bidirektionalen Beziehungen sicherzustellen, dass das zugeordnete Objekt verknüpft wird, gibt das Attribut mappedby den Namen der zugehörigen Objektvariable in der Klasse Projekt an. Da C-C-Beziehungen symmetrisch sind, hätte eine solche Angabe auch in der Klasse Projekt mit einer Referenz auf die Objektvariable betreut von Person stehen können. Die Seite kann frei gewählt werden, die Angabe darf aber nur auf einer Seite erfolgen.

Die Klasse Projekt wird wie folgt umgesetzt.

```
@Entity
public class Projekt {

  @Id
  @GeneratedValue(strategy = GenerationType.AUTO)
  private int id;
  private String titel;

  @OneToOne
  private Person koordination;

  @ManyToOne
  private Person expertise;

  @ManyToMany
  private List<Person> team;

  @Version
  private int version;
```

```
public Projekt() {
  this.team = new ArrayList<>();
}


public Projekt(String titel, Person koordination
    , Person expertise) {
  this();
  this.titel = titel;
  this.koordination = koordination;
  this.expertise = expertise;
}


public void hinzu(Person... pers) {
  for(Person p: pers) {
    this.team.add(p);
  }
}
```

Unabhängig vom Thema Relationen zeigt die Klasse Projekt eine Möglichkeit Primärschlüssel einfach von der JPA-Realisierung generieren zu lassen. Im Beispiel wird die Generierung vollständig JPA überlassen, durch die Angabe anderer Strategien ist es aber möglich selbst Generatoren zu nutzen oder auf vorhandene Listen in der Datenbank zuzugreifen.

Die @OneToOne-Relation wird wie auf der anderen Seite umgesetzt. Da im späteren Programm für die Objektvariable expertise nur die eine Richtung zur Klasse Person direkt nutzbar sein soll, wird diese mit einer @ManyToOne-Annotation umgesetzt. Die Umsetzung erfolgt dann, wie zu erwarten ist, als einfacher Fremdschlüsseleintrag in der zur Klasse Projekt gehörenden Tabelle. JPA unterstützt alle Collection- und Map-Klassen bei der Abbildung auf die Datenbank. Im Beispiel steht das Projekt-Team in einer Liste, die mit @ManyToMany annotiert ist. Zur Umsetzung wird eine Koppeltabelle mit zwei Fremdschlüsseleinträgen genutzt, die zusammen den Primärschlüssel ergeben.

Das nachfolgende Beispielprogramm zeigt einer Nutzung der gezeigten Klassen.

```
public static void main(String[] args) {
  Person[] allePersonen = {new Person(42, "Ute", null)
      ,new Person(43, "Maha", null)
      ,new Person(44, "Ana", null)
      ,new Person(45, "Ali", null)
      ,new Person(46, "Ulf", null)
      ,new Person(47, "Leila", null)
  };
  Projekt[] alleProjekte = {
```

```
      new Projekt("GUI", allePersonen[0], null)
       , new Projekt("DB", allePersonen[1], null)};
   for(int i = 0; i < alleProjekte.length; i++) {
    allePersonen[i].setBetreut(alleProjekte[i]);
    alleProjekte[i].setExpertise(allePersonen[2]);
    for(int j = 0; j < 2; j++) {
      alleProjekte[i].hinzu(allePersonen[i +j + 3]);
    }
   }
  dbc.begin();
  for (Person p: allePersonen) {
   dbc.speichern(p, false);
  }
  for (Projekt p: alleProjekte) {
   dbc.speichern(p, false);
  }
  dbc.commit();
  dbc.anzeigen("Person", "Projekt");
  try {
   dbc.loeschen(allePersonen[5], true);
  } catch (RollbackException se) {
   System.out.println("Ausnahme:"
      + se.getCause().getMessage());
  }
  // notwendig, da Persistence Context nach ROLLBACK leer
  allePersonen[5] = dbc.aktualisieren(allePersonen[5], false);
  alleProjekte[1] = dbc.aktualisieren(alleProjekte[1], false);
  alleProjekte[1].getTeam().remove(allePersonen[5]);
  dbc.loeschen(allePersonen[5], false);
  dbc.begin();
  dbc.commit();
  dbc.anzeigen("Person", "Projekt");
  dbc.schliessen();
 }
```

Das Beispielprogramm legt zunächst einige Objekte an, die dann persistiert werden.
Die zugehörige erste Ausgabe zeigt die vorhandenen Person- und Projekt-Objekte.

```
*****************
Person
Person [id=45, name=Ali, betreut=null, version=1]
Person [id=42, name=Ute, betreut=1, version=1]
Person [id=44, name=Ana, betreut=null, version=1]
Person [id=43, name=Maha, betreut=2, version=1]
```

```
Person [id=46, name=Ulf, betreut=null, version=1]
Person [id=47, name=Leila, betreut=null, version=1]
******************
Projekt
Projekt [id=2, titel=DB, koordination=Person [id=43, name=Maha,
betreut=2,   version=1],   expertise=Person   [id=44,   name=Ana,
betreut=null, version=1], team=[Person [id=46, name=Ulf, betreut=null,
version=1], Person [id=47, name=Leila, betreut=null, version=1]],
version=1]
Projekt [id=1, titel=GUI, koordination=Person [id=42, name=Ute,
betreut=1,   version=1],   expertise=Person   [id=44,   name=Ana,
betreut=null, version=1], team=[Person [id=45, name=Ali, betreut=null,
version=1], Person [id=46, name=Ulf, betreut=null, version=1]],
version=1]
```

Danach wird versucht den letzten Person-Eintrag zu löschen, was misslingen muss, da
diese Person im zweiten Projekt tätig ist. Beim Löschen von Objekten gelten einfach die
Regeln der Datenbank, gibt es eine Fremdschlüsselbeziehung, müsste diese erst gelöscht
werden, bevor das Löschen des Objekts möglich ist. Im nachfolgenden Beispiel wird
gezeigt, dass die gezeigten Möglichkeiten der Löschfortsetzung auch auf JPA übertragbar
sind. Die Ausgaben zum Fehler sehen wie folgt aus.

```
Ausnahme:
Internal Exception: org.apache.derby.shared.common.error.DerbySQLIntegrityConstr
DELETE in Tabelle 'PERSON'hat für Schlüssel (47) den Fremdschlüssel-
Constraint  'PROJEKTPERSONTAMID'verletzt.  Die  Anweisung  wurde
zurückgesetzt.
```

Im nächsten Schritt werden die erwähnten Löschschritte schrittweise ausgeführt. Wichtig ist dabei, dass an der kommentierten Stelle nach dem Abbruch einer Transaktion mit
einer Exception sich kein Objekt mehr im Persistence Context, also unter JPA-Verwaltung
befindet. Eine Möglichkeit Objekte dem Persistence Context zuzuordnen ist die Aktualisierung über die refresh()-Methode des EntityManager-Objekts, sodass dann das Löschen
problemlos stattfindet. Die abschließende Ausgabe zeigt dies.

```
******************
Person
Person [id=45, name=Ali, betreut=null, version=1]
Person [id=42, name=Ute, betreut=1, version=1]
Person [id=44, name=Ana, betreut=null, version=1]
Person [id=43, name=Maha, betreut=2, version=1]
Person [id=46, name=Ulf, betreut=null, version=1]
******************
```

```
Projekt
Projekt  [id=2,   titel=DB,   koordination=Person   [id=43,   name=Maha,
betreut=2,    version=1],    expertise=Person    [id=44,    name=Ana,
betreut=null,    version=1],    team={[Person    [id=46,    name=Ulf,
betreut=null, version=1]]}, version=2]
Projekt  [id=1,  titel=GUI,  koordination=Person  [id=42,  name=Ute,
betreut=1,    version=1],    expertise=Person    [id=44,    name=Ana,
betreut=null, version=1], team={IndirectList:  not  instantiated},
version=1]
```

Im nächsten Schritt wird das vorherige Beispiel erweitert und leicht modifiziert, um einige weitere Möglichkeiten der Umsetzung von Relationen in JPA zu zeigen. Das zugehörige Klassendiagramm in Abb. 15.3 zeigt, dass eine Sammlung von Projekten zu einer Abteilung gehören, weiterhin gibt es für eine Abteilung eine chronologische Sammlung von Notizen. Die bidirektionale Beziehung zwischen Projekt und Person wird in der UML äquivalenten Darstellung durch zwei einzelne gerichtete Relationen dargestellt, schlicht um Platz zu sparen.

Die Klasse Notiz sieht wie folgt aus.

```
import java.util.Date;
@Entity
public class Notiz {
    private static SimpleDateFormat DATE_FORMAT
                = new SimpleDateFormat ("dd-MM-yyyy");


    @Id
    @Temporal(TemporalType.DATE)


    private Date datum;
```

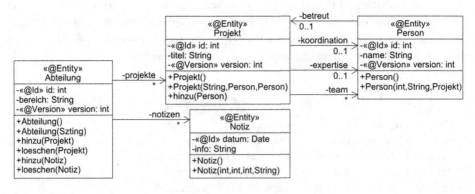

**Abb. 15.3** Klassendiagramm zur Relationsanalyse

```
private String info;

public Notiz() {}

public Notiz(int jahr, int monat, int tag, String info) {
  this.datum = new Date(jahr, monat, tag);
  this.info = info;
}
```

Die Klasse Notiz zeigt, wie mit Datums-Informationen und Zeitstempeln umgegangen wird. Dabei sind die Datums-Klassen java.util.Date und java.sql.Date nutzbar. Objekte dieser Klasse enthalten neben Tag, Monat und Jahr auch Angaben über Stunden, Minuten und Milli- oder Nanosekunden. Oftmals werden nicht alle Informationen eines solchen Zeitstempels benötigt, was durch die das Attribut der Annotation @Temporal festgelegt werden kann. Mit DATE spielen nur Tag, Monat und Jahr eine Rolle, mit TIME Stunde, Minute und Sekunde, mit TIMESTAMP die Nanosekunden. Die genaue Umsetzung des Datums in den Tabellen ist der JPA-Realisierung überlassen und kann von der verwendeten Datenbank abhängen. Zu beachten ist, dass in der in der Klasse Notiz verwendeten Datumsversion die Monatszählung bei 0 beginnt.

Die nachfolgende Klasse Abteilung zeigt weitere Annotationsmöglichkeiten, dabei wird an mehreren Stellen gezeigt, wie die Default-Werte überschrieben werden können, was hier nicht notwendig wäre.

```
@Entity
public class Abteilung {

  @Id
  @GeneratedValue(strategy = GenerationType.AUTO)

  private int id;
  private String bereich;

  @OneToMany
  @JoinTable(name = "ProjekteInAbteilung"
    ,joinColumns = @JoinColumn(name = "Abteilung"
        ,referencedColumnName = "ID")
    ,inverseJoinColumns = @JoinColumn(name = "Projekt"
        ,referencedColumnName = "ID"))
  private List<Projekt> projekte = new ArrayList<>();

  @OneToMany(cascade = {CascadeType.ALL})
  @OrderColumn(name="Ord")
```

```
private List<Notiz> notizen = new ArrayList<>();
@Version
private int version;

public Abteilung() {
  this.projekte = new ArrayList<>();
}

public Abteilung(String bereich) {
  this();
  this.bereich = bereich;
}

public void hinzu(Projekt... projekte) {
  for(Projekt p:projekte) {
    this.projekte.add(p);
  }
}

public void loeschen(Projekt... projekte) {
  for(Projekt p:projekte) {
    this.projekte.remove(p);
  }
}

public void hinzu(Notiz... notizen) {
  for(Notiz p:notizen) {
    this.notizen.add(p);
  }
}

public void loeschen(Notiz... notizen) {
  for(Notiz p:notizen) {
    this.notizen.remove(p);
  }
}
```

Die Annotation der Objektvariablen projekte zeigt Möglichkeiten die Namen der Koppeltabelle und der einzelnen Spalten für die beiden Fremdschlüssel umzubenennen. Bei den Namen für diese Spalten muss die Verbindung zur jeweiligen Objektvariable, genauer zu dem Namen der dazugehörenden Spalte über referencedColumnName aufgebaut werden.

Die Annotationen der Objektvariable notizen zeigen zunächst, dass es neben @One-ToOne, @ManyToOne und @ManyToMany auch die vierte erwartete Annotation @One-ToMany gibt, die für C-NC-Beziehungen steht und bei der wieder die typischen Collection-Arten annotierbar sind. Alle vier vorher genannten Annotationen haben mehrere Attribute mit denen das genaue Verhalten weiter spezifiziert werden kann. Zum Attribut cascade kann ein Array von Werten angegeben werden, wie sich die Relation bei Veränderungen verhalten soll. Die wichtigsten Aufzählungswerte sind DETACH, MERGE, PERSIST, REFRESH und REMOVE mit denen die jeweilige Aktion auf die verbundenen Objekte übertragen wird. Diese Ideen wie „ON DELETE CASCADE" sind von der Erstellung von Tabellen mit SQL bekannt. Genau wie dort, müssen aber die gesamten Konsistenzregeln berücksichtigt werden. So können z. B. in Projekten auch mit der Annotation DELETE nicht Personen final gelöscht werden, da sie noch in Beziehung mit anderen Teams stehen können. Sollen alle Aktionen auf die referenzierten Objekte fortgesetzt werden, ist die im Programm angegebene Konstante ALL zu nutzen.

Mit dem hier nicht genutzten Attribut orphanRemoval wird festgelegt, dass beim Löschen des Objekts auch alle abhängigen Objekte mit gelöscht werden, wenn sie von keinem anderen Objekt referenziert werden. Beim Default-Wert false werden die verknüpfenden Einträge in der Koppeltabelle gelöscht, die dann „verwaisten" (engl. orphan für Waise) Objekte bleiben aber dann in der zur Klasse gehörenden Tabelle stehen.

Tabellen in SQL sind mengenbasiert, dies bedeutet, dass es für Einträge keine natürliche Reihenfolge gibt. Dies kann dazu führen, dass Objekte in einer anderen Reihenfolge ausgegeben werden, als in der sie eingegeben wurden. Das kann sogar bei Listen passieren, wie es bei der letzten Ausgabe der Projekte der Fall war, bei der das Projekt mit der id 2 vor dem Projekt mit der id 1 ausgegeben wurde. Soll die Reihenfolge innerhalb der Liste erhalten bleiben, ist mit der Annotation @OrderColumn der Name einer zusätzlichen Spalte anzugeben, die durch die Angabe eines Zahlenwertes die ursprüngliche Reihenfolge wiederherstellt. Intern wird ein ORDER BY auf dieser Spalte bei Ausgaben ausgeführt.

Das folgende Programm zeigt eine Beispielnutzung der gezeigten Klassen, bei Abteilungen werden nur die Nummern der zugeordneten Projekte ausgegeben.

```
public static void main(String[] args) {
    Person[] allePersonen = {new Person(42, "Ute", null)
        ,new Person(43, "Maha", null)
        ,new Person(44, "Ana", null)
        ,new Person(45, "Ali", null)
        ,new Person(46, "Ulf", null)
        ,new Person(47, "Leila", null)
    };
    Projekt[] alleProjekte = {
        new Projekt("GUI", allePersonen[0], null)
        , new Projekt("DB", allePersonen[1], null)};
```

```
for(int i = 0; i < alleProjekte.length; i++) {
 allePersonen[i].setBetreut(alleProjekte[i]);
 alleProjekte[i].setExpertise(allePersonen[2]);
 for(int j = 0; j < 2; j++) {
  alleProjekte[i].hinzu(allePersonen[i +j + 3]);
 }
}
Abteilung ab = new Abteilung("Entwicklung");
ab.hinzu(alleProjekte);
ab.hinzu(new Notiz(124, 1, 29, "arbeiten"));
ab.hinzu(new Notiz(124, 1, 30, "frei"));
dbc.begin();
for (Person p: allePersonen) {
 dbc.speichern(p, false);
}
for (Projekt p: alleProjekte) {
 dbc.speichern(p, false);
}
dbc.speichern(ab, false);
dbc.commit();
dbc.anzeigen("Abteilung", "Notiz");
ab.loeschen(alleProjekte[1]);
dbc.aktualisieren(alleProjekte[1], true);
dbc.anzeigen("Person", "Projekt", "Abteilung", "Notiz");
dbc.loeschen(ab, true);
dbc.anzeigen("Projekt", "Abteilung", "Notiz");
```

Die aus dem vorherigen Beispiel vor der dortigen Datenlöschung bekannte Situation wird um einen Abteilungseintrag mit zwei Notizen erweitert, was der nachfolgende erste Teil der Ausgabe zeigt.

```
*****************
Abteilung
Abteilung  [id=3,  bereich=Entwicklung,  projekte=[1,  2],  noti-
zen=[Notiz [datum=29-02-2024, info=arbeiten], Notiz [datum=01-03-2024,
info=frei]], version=1]
*****************
Notiz
Notiz [datum=01-03-2024, info=frei]
Notiz [datum=29-02-2024, info=arbeiten]
```

Nebenbei zeigt die Ausgabe, dass ein Datumswert 30.2 automatisch sinnvoll umgewandelt wird. Die Reihenfolge der Notizen in der Abteilung entspricht der aus der Eingabe, was bei der Ausgabe aller Notizen nicht der Fall ist.

Danach wird die Abteilung gelöscht. Das ist möglich, da es ein übergeordnetes Objekt ist, das nicht in anderen Objekten referenziert wird. Das Ergebnis zeigt, dass die Abteilung und damit auch alle Notizen gelöscht wurden. Die Projekte und Mitarbeiter sind weiter vorhanden.

```
****************
Abteilung
****************
Notiz
```

Abb. 15.4 zeigt die erzeugten Tabellen, dabei ist bei jeder Spalte zusätzlich der verwendete SQL-Typ angegeben. Die gezeigten Daten entsprechen dem Zustand vor der Löschung der Abteilung. Auffällig ist, dass die @OneToMany-Beziehung mithilfe einer Koppeltabelle umgesetzt wird. Dies ist der Fall, da es im Klassenmodell ohne zusätzliche Validierung keine Garantie gibt, dass diese Zuordnung auf der One-Seite auch wirklich so eingehalten wird.

Bisher wurden nur sehr elementare Anfragemöglichkeiten für einzelne Objektsammlungen und Objekte mit gegebenem Primärschlüssel gezeigt. Anhand des vorherigen Beispiels, allerdings vor der Löschung der Abteilung, wird ein Einblick in diese verschiedenen JPA QL-Anfragemöglichkeiten gegeben. Um sich die Ergebnisse der Anfragen anzusehen wird folgende Methode in der Klasse DBController ergänzt. Dies ist eine generisch gehaltene Methode für unterschiedliche Ergebnistypen. Da in Projekten die Ergebnistypen meist genau bekannt sind, würden dort präzisere Anfrageversionen genutzt.

```java
public Collection<?> anfrage(String ql) {
  Collection<?> erg = null;
  try {
    Query query = em.createQuery(ql);
    erg = query.getResultList();
    for (Iterator<?> it = erg.iterator(); it.hasNext();) {
      System.out.println(it.next());
    }
  } catch (Exception e) {
    System.out.println("Anfrage gescheitert: "
        + e.getMessage());
  }
  return erg;
}
```

Die übergebene Anfrage wird zur Erzeugung eines Query-Objekts genutzt. Die Anfrage wird durchgeführt und als Besonderheit alle Ergebnisse ausgegeben. Die erhaltene Ergebnis-Collection ist dann die Rückgabe der Methode.

ABTEILUNG

| ID      | BEREICH      | VERSION |
|---------|--------------|---------|
| INTEGER | VARCHAR(255) | INTEGER |
| 3       | Entwicklung  | 1       |

PERSON

| ID      | BEREICH      | VERSION |
|---------|--------------|---------|
| INTEGER | VARCHAR(255) | INTEGER |
| 45      | Ali          | 1       |
| 46      | Ulf          | 1       |
| 43      | Maha         | 1       |
| 47      | Leila        | 1       |
| 44      | Ana          | 1       |
| 42      | Ute          | 1       |

NOTIZ

| DATUM      | INFO         |
|------------|--------------|
| DATE       | VARCHAR(255) |
| 2024-03-01 | frei         |
| 2024-02-29 | arbeiten     |

Projekt

| ID      | TITEL        | VERSION | EXPERTISE_ID | KOORDINATION_ID |
|---------|--------------|---------|--------------|-----------------|
| INTEGER | VARCHAR(255) | INTEGER | INTEGER      | INTEGER         |
| 1       | GUI          | 1       | 44           | 42              |
| 2       | DB           | 1       | 44           | 43              |

ABTEILUNG_NOTIZ

| ABTEILUNG_ID | NOTIZEN_DATUM | ORD     |
|--------------|---------------|---------|
| INTEGER      | DATE          | INTEGER |
| 3            | 2024-03-01    | 1       |
| 3            | 2024-02-29    | 0       |

PROJEKTEINABTEILUNG

| ABTEILUNG | PROJEKT |
|-----------|---------|
| INTEGER   | INTEGER |
| 3         | 1       |
| 3         | 2       |

PROJEKT_PERSON

| PROJEKT_ID | TEAM_ID |
|------------|---------|
| INTEGER    | INTEGER |
| 1          | 45      |
| 1          | 46      |
| 2          | 46      |
| 2          | 47      |

**Abb. 15.4**  Übersicht über Tabellen und Tabelleninhalte

Das vorherige Programm mit der Erzeugung einer Abteilung wird jetzt um die nachfolgenden Zeilen ergänzt, deren Ausgaben hier mit dem eigentlichen Programm vermischt werden.

```
System.out.println("-1--------------------");
dbc.anfrage("SELECT a FROM Abteilung a");
```

Die Anfrage 1 zeigt den typischen Zugriff auf eine Klassentabelle in der FROM-Zeile über den Klassen-, genauer den dort gewählten Tabellennamen. Ähnlich wie bei ForEach-Schleifen wird jedem Objekt ein temporärer Variablenname, hier a zugeordnet, der dann in der nachfolgende Ausgabe genutzt wird.

```
-1--------------------
Abteilung  [id=3,  bereich=Entwicklung,  projekte=[1,  2],  noti-
zen=[Notiz [datum=29-02-2024, info=arbeiten], Notiz [datum=01-03-2024,
info=frei]], version=1]
```

```
System.out.println("-2--------------------");
dbc.anfrage("SELECT a.bereich FROM Abteilung a");
```

Über den temporären Variablennamen kann mit der Punkt-Notation auf die Objektvariablen zugegriffen werden. Der Typ des Ergebnisses wird bei der Auswahl genau einer Spalte an den Typen dieser Spalte angepasst. Das Ergebnis sieht wie folgt aus.

```
-2--------------------
Entwicklung
```

```
System.out.println("-3--------------------");
dbc.anfrage("SELECT a.projekte.titel FROM Abteilung a");
```

Über die Punktnotation kann zwar jede Objektvariable erreicht werden, deren referenzierten Objekte sind aber nicht erreichbar, was das Ergebnis von Anfrage 3 zeigt.

```
-3--------------------
Anfrage gescheitert: An exception occurred while creating a query in
EntityManager:
Exception Description: Problem compiling [SELECT a.projekte.titel FROM
Abteilung a].
[7, 23] The state field path 'a.projekte.titel'cannot be resolved to a
valid type.
```

```
System.out.println("-4--------------------");
```

```
Collection<?> c = dbc.
  anfrage("SELECT a.id, a.bereich FROM Abteilung a");
for(Object o:c) {
  System.out.println(Arrays.asList((Object[]) o));
}
```

Werden mehrere Objekte oder Objektvariablen mit SELECT ausgewählt, ist das Ergebnis ein zweidimensionales Object-Array. Die erste Dimension gibt dabei die Anzahl der Ergebniszeilen an und die zweite die Anzahl der in der SELECT-Zeile ausgewählten Attribute. Im Programm wird nach der Anfrage über den resultierenden Objekt-Array iteriert und der zu jeder Zeile gehörende Object-Array als Liste ausgegeben. Die erste nachfolgende Ausgabezeile der Anfrage 4 ist eine typische toString()-Ausgabe eines Arrays.

```
-4--------------------
[Ljava.lang.Object;@470a696f
[3, Entwicklung]
```

```
System.out.println("-5--------------------");
dbc.anfrage("""
    SELECT pr.titel
      FROM Abteilung a JOIN a.projekte pr
    """);
```

Um auf die zu einem Objekt gehörende Collection von Objekten zuzugreifen, wird der JOIN-Operator genutzt. Auf jedes Element dieser untergeordneten Liste wird wieder mit einer temporären Variable, hier pr zugegriffen. Die Anfrage 5 berechnet die Namen aller in den Abteilungen durchgeführten Projekte.

```
-5--------------------
GUI
DB
```

```
System.out.println("-6--------------------");
dbc.anfrage("""
    SELECT pe.name
      FROM Abteilung a JOIN·a.projekte pr
              JOIN pr.team pe
    """);
```

Vergleichbar zur vorherigen Anfrage kann mit einem weiteren JOIN auf die den Projekten zugeordneten Personen zugegriffen werden. Das Ergebnis der Anfrage 6 zeigt, dass, wie bei SQL-Anfragen üblich, doppelte Ergebnisse bei der Frage nach Personen, die Teams zugeordnet sind, auftreten können.

```
-6--------------------
Ali
Ulf
Ulf
Leila
```

```java
System.out.println("-7--------------------");
dbc.anfrage("""
    SELECT DISTINCT pe.name
      FROM Abteilung a JOIN a.projekte pr JOIN pr.team pe
     WHERE pe.id != 45
    """);
```

Anfrage 7 zeigt die wieder sehr ähnlich zu SQL-Anfragen nutzbare WHERE-Bedingung mit der passende Ergebnisse herausgefiltert werden. Im Beispiel besteht kein Interesse an der Person mit der Id 45, weiterhin ist der aus SQL-Anfragen bekannte DISTINCT-Operator nutzbar, der wieder doppelte Ergebniszeilen eliminiert.

```
-7--------------------
Leila
Ulf
```

```java
System.out.println("-8--------------------");
dbc.anfrage("""
    SELECT pe.name
      FROM Abteilung a, a.projekte pr, pr.team pe
     WHERE pe.id != 45
    """);
```

Neben dem JOIN-Operator kann der ebenfalls aus SQL-Anfragen bekannte Komma-Operator genutzt werden, der wieder das Kreuzprodukt der zu den Klassen gehörenden Tabellen berechnet. Dadurch, dass durch die Punkt-Notation auf die jeweils zugehörigen Ergebnisse zugegriffen wird, unterscheidet sich das Ergebnis der Anfrage 8 von der vorherigen Anfrage nur durch das fehlende DISTINCT.

```
-8--------------------
Ulf
Ulf
Leila
```

```
System.out.println("-9-----------------------");
dbc.anfrage("""
    SELECT pe.name
      FROM Abteilung a, Projekt pr, Person pe
      WHERE pe.id != 45
    """);
```

Es können die Tabellen der zugehörigen Klassen mit dem Komma-Operator völlig getrennt von den Objektverknüpfungen miteinander ins Kreuzprodukt gesetzt werden. Mit diesem Ansatz werden die existierenden Verknüpfungen zwischen den Objekten ignoriert und sind bei Bedarf in der WHERE-Zeile zu ergänzen. Im Ergebnis der Anfrage 9 werden doppelte Ergebnisse wieder erlaubt und alle „gewünschten" Person ausgegeben. Die Ergebnisse sind doppelt, da es zwei Projekte gibt. Die Anzahl der Ergebnisse ergibt sich aus 1 (Anzahl Abteilungen) * 2 (Anzahl Projekte) * 5 (relevante Personen) = 10.

```
-9--------------------
Ulf
Ulf
Maha
Maha
Leila
Leila
Ana
Ana
Ute
Ute
```

```
System.out.println("-10--------------------");
c= dbc.anfrage("""
    SELECT pe.name, COUNT(pe.name)
      FROM Projekt pr JOIN pr.team pe
      GROUP BY pe.name
    """);
for(Object o:c) {
  System.out.println(Arrays.asList((Object[]) o));
}
```

Anfrage 10 zeigt, dass der ebenfalls aus SQL bekannte GROUP-Operator mit der gleichen Idee auch in JPA eingesetzt werden kann. Die Anfrage berechnet pro Person in wie vielen Projekten sie im Team ist.

```
-10--------------------
[Ljava.lang.Object;@1cd201a8
```

```
[Ljava.lang.Object;@7db82169
[Ljava.lang.Object;@1992eaf4
[Ali, 1]
[Leila, 1]
[Ulf, 2]
```

```
    System.out.println("-11--------------------");
    c= dbc.anfrage("""
        SELECT pr.titel, COUNT(pe.name)
          FROM Abteilung a JOIN a.projekte pr JOIN pr.team pe
          WHERE pe.id != 45
          GROUP BY pr.titel
          HAVING COUNT(pe.name) > 1
          """);
    for(Object o:c) {
      System.out.println(Arrays.asList((Object[]) o));
    }
```

Anfrage 11 zeigt, dass auch HAVING in der gewohnten Form zur Auswahl von Gruppen nutzbar ist. Im Beispiel wird in den Abteilungen nach Projekten gesucht, in denen mehr als eine Person im Team ist, die nicht die Id 45 hat.

```
-11--------------------
[Ljava.lang.Object;@7a48e6e2
[DB, 2]
```

JPA-Anfragen werden typischerweise in @NamedQueries-Annotationen verwaltet, wie der folgende ergänzte Anfang der Klasse Person zeigt.

```
@NamedQueries({
  @NamedQuery(name="Person.primaryKey"
      ,query="SELECT p FROM Person p WHERE p.id= :id"),
  @NamedQuery(name="Person.projektanzahl"
      ,query="""
      SELECT COUNT(pe.name)
        FROM Projekt pr JOIN pr.team pe
        WHERE pe.name=:name""")
})
@Entity
@Table(name = "Person")
public class Person { /*...*/
```

Die Annotation @NamedQueries enthält eine Sammlung von @NamedQuery-Annotationen, die jeweils eine JPA-Anfrage enthalten. Jede Anfrage muss einen eindeutigen Namen bekommen. Innerhalb der Anfrage können eingeleitet mit einem Doppelpunkt parameter stehen, die später über eine Methode setParameter() mit dem Namen des Parameters als String und dem zugeordneten Wert gesetzt werden. Durch die Einbettung der Anfragen in Annotationen können diese von der JPA-Realisierung bereits analysiert werden, wodurch frühzeitig während der Übersetzungszeit z. B. Tippfehler gefunden werden. Es ist sinnvoll die @NamedQueries der Klasse zuzuordnen deren Objekte oder wesentliche Bestandteile im Ergebnis vorkommen. Die Nutzung der Anfragen ist dann an beliebigen Stellen über das Entity-Manager-Objekt möglich. Die folgenden Methoden stehen z. B. in der Klasse DBController.

```
public Person personMitId(int id) {
  return (Person) this.em
     .createNamedQuery("Person.primaryKey")
     .setParameter("id", id)
     .getSingleResult();
}
public int anzahlProjekteVon(String name) {
  return ((Long)this.em
     .createNamedQuery("Person.projektanzahl")
     .setParameter("name", name)
     .getSingleResult()).intValue();
}
```

Die Nutzung im Hauptprogramm sieht z. B. wie folgt aus.

```
System.out.println("-12-------------------");
System.out.println(dbc.personMitId(45));
System.out.println(dbc.anzahlProjekteVon("Ulf"));
```

Es wird folgende Ausgabe erzeugt.

```
-12-------------------
Person [id=45, name=Ali, betreut=null, version=1]
2
```

## 15.4  Lazy Loading

Die JPA-Realisierungen enthalten einiges an Datenbank-Wissen und können so die Datenbanknutzung deutlich effizienter machen. An einzelnen Stellen wird aber die Unterstützung durch den Entwickler benötigt. Generell ist es wichtig, möglichst wenig, möglichst präzise Anfragen an die Datenbank zu formulieren, um den Zeitaufwand für die Datenbanknutzung zu minimieren. Wie bei JDBC erwähnt, ist es ungeschickt große Mengen von Daten zu laden ohne dass dies für das nutzende Programm wirklich notwendig ist. Bei Objekten ist eine wichtige Frage was alles vom Objekt geladen werden muss. Referenziert ein Objekt z. B. eine Liste mit 10.000 Elementen, stellt sich die Frage, ob diese Liste wirklich immer vollständig geladen werden muss. Ist dies nicht der Fall, dies sollte unabhängig von der Nutzung von JPA oder JDBC möglichst nicht der Fall sein, kann bei Annotationen von Multiplizitäten das Attribut fetch auf FetchType.LAZY gesetzt werden. Dies bedeutet, dass das referenzierte Objekt erst geladen wird, wenn ein Zugriff darauf stattfindet. Die Alternative ist der FetchType.EAGER, mit dem die zugehörigen Objekte direkt für das Objekt mitgeladen werden.

Dies wird mit dem folgenden Minimalbeispiel verdeutlicht. Abb. 15.5 zeigt dazu ein Klassendiagramm, Objekte der Klasse B haben eine Sammlung von A-Objekten und Objekte der Klasse C haben eine Sammlung von B-Objekten.

```
@Entity
public class A {
  @Id
  private int id;
  private String name;
  @Version
  private int version;

  public A() {
  }
```

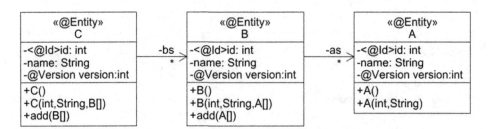

**Abb. 15.5**  Beispiel für Lazy-Loading

```java
  public A(int id, String n) {
   this.id = id;
   this.name = n;
  }
 }


@Entity
public class B {
  @Id
  private int id;
  private String name;
  @Version
  private int version;
  @OneToMany(fetch = FetchType.LAZY)
  private List<A> as;

  public B() {
   this.as = new ArrayList<>();
  }

  public B(int id, String n, A... a) {
   this();
   this.id = id;
   this.addA(a);
   this.name = n;
  }

  public void addA(A... aa) {
   for(A a:aa) {
    this.as.add(a);
   }
  }
 }


@Entity
public class C {
  @Id
  private int id;
  private String name;
  @Version
  private int version;

  @OneToMany(fetch = FetchType.LAZY)
```

```
  private List<B> bs;

  public C() {
    this.bs = new ArrayList<>();
  }

  public C(int id, String n, B... bs) {
    this();
    this.id = id;
    this.addB(bs);
    this.name = n;
  }


  public void addB(B... aa) {
    for(B a:aa) {
      this.bs.add(a);
    }
  }
}
```

In der Klasse DBController wird folgendes ergänzt.

```
public void datenAnlegenABC() {
  this.em.getTransaction().begin();
  for (int i = 0; i < 4; i++) {
    A a = new A(i + 1, "X"+i);
    em.persist(a);
  }
  em.getTransaction().commit();
  List<B> bs = new ArrayList<>();
  em.getTransaction().begin();
  for (int i = 0; i < 2; i++) {
    B b = new B(i + 1, "Y"+i);
    for (int j = 0; j < 2; j++) {
      A tmp = em.find(A.class, i * 2 + j + 1);
      b.addA(tmp);
      System.out.println(b);
    }
    em.persist(b);
    bs.add(b);
  }
  em.getTransaction().commit();
  em.getTransaction().begin();
```

```
C c = new C(1, "Z", bs.get(0), bs.get(1));
em.persist(c);
em.getTransaction().commit();
}
```

Die Methode datenAnlegenABC() legt vier A-Objekte und danach zwei B-Objekte an, denen jeweils zwei A-Objekte zugeordnet werden. Abschließend entsteht ein C-Objekt dem die beiden B-Objekte zugeordnet werden.

```
public static void main(String[] args) {
    DBController dbc = new DBController(true);
    dbc.datenAnlegenABC();
    dbc.schliessen();
    dbc = new DBController(false);
    C c = dbc.suche(C.class, 1);
    System.out.println(c + "\n" + c.getBs().getClass());
    B b = c.getBs().get(0);
    System.out.println(c);
    b.getAs().get(0);
    System.out.println(c);
    dbc.schliessen();
```

Die zugehörige Ausgabe lautet:

```
C [id=1, name=Z, version=1, bs={IndirectList: not instantiated}]
class org.eclipse.persistence.indirection.IndirectList
C [id=1, name=Z, version=1, bs={[B [id=1, name=Y0, version=1,
as={IndirectList: not instantiated}], B [id=2, name=Y1, version=1,
as={IndirectList: not instantiated}]]}]
C [id=1, name=Z, version=1, bs={[B [id=1, name=Y0, version=1, as={[A
[id=1, name=X0, version=1], A [id=2, name=X1, version=1]]}], B [id=2,
name=Y1, version=1, as={IndirectList: not instantiated}]]}]
```

Im Hauptprogramm werden zunächst die Daten angelegt und dann ein neuer Entity-Manager mit einem dann leeren Persistence Context erstellt. Danach wird das C-Objekt geladen und ausgegeben. Die Ausgabe zeigt, dass statt der zugeordneten B-Objekte ein Objekt der Klasse IndirectList angezeigt wird. Diese Klasse ist eine Kapselung der eigentlichen ArrayList und kann einer Variable vom Typ ArrayList zugewiesen werden. Sollte dann ein Zugriff auf die eigentliche Liste erfolgen, sorgt die IndirectList dafür, dass diese nachträglich aus der Datenbank geladen wird. Dies zeigt die zweite Ausgabe, bei der beide B-Objekte angezeigt werden, wobei die Listen mit den A-Objekten noch nicht geladen sind. Im nächsten Schritt wird auf eine dieser A-Objekt-Listen zugegriffen. Bei der dritten

Ausgabe des C-Objekts ist ersichtlich, dass die eine A-Liste nachgeladen wurde, was für die andere A-Liste nicht der Fall ist.

Das Mini-Beispiel deutet an, dass FetchType.LAZY gerade bei großen Sammlungen deutlich zum Performance-Gewinn beitragen kann und so in der Neuentwicklung der Standard sein sollte. Werden existierende Datenbanken und andere Alt-Software genutzt, ist zu prüfen, ob die klare Unterscheidung zwischen Objekten im Persistence Context und Objekten außerhalb immer eingehalten wird. Das ist zwar immer das Ziel, kann aber in der Realität sehr komplex werden und zu Fehlern führen, wenn genutzte Objekte nicht sofort geladen werden, was häufiger den Übergang zu EAGER erfordert.

LAZY ist die Standardeinstellung bei @OneToMany- und @ManyToMany-Relationen. Wird dieser im obigen Beispiel auf EAGER gesetzt, sieht die Ausgabe für das C-Objekt immer gleich wie folgt aus, alle Details sind sofort vorhanden.

```
C [id=1, name=Z, version=1, bs=[B [id=1, name=Y0, version=1, as=[A [id=1,
name=X0, version=1], A [id=2, name=X1, version=1]]], B [id=2, name=Y1,
version=1, as=[A [id=3, name=X2, version=1], A [id=4, name=X3, ver-
sion=1]]]]]
```

## 15.5 Vererbung

Aus reiner Datenbanksicht handelt es sich bei einer Vererbung um eine Erweiterung eines Entitätstypen um zusätzliche Eigenschaften, die nur bei Teilen der Entitäten zutreffen. Aus Sicht der Objektorientierung ist Vererbung zentrales Hilfsmittel des wichtigsten Erfolgsfaktors, der dynamischen Polymorphie. Mit der dynamischen Polymorphie werden Objekte verschiedener Klassen zur Laufzeit austauschbar. Zum Hintergrund sei erwähnt, dass das genaue Fundament vollständig abstrakte Klassen, in Java Interfaces genannt, sind.

Soll eine Vererbungsstruktur in Tabellen umgesetzt werden, gibt es drei sinnvolle Ansätze, von denen einer abhängig von weiteren Randbedingungen ausgewählt werden muss. Die Ansätze werden an dem kleinen Beispiel aus Abb. 15.6 als Ausschnitt einer Lagerhaltung einer Spedition erklärt. In dem Lager gibt es Basis-Elemente, die keine besondere Größe und keine besondere Randbedingungen haben. Weiterhin gibt es Lebensmittel, für die das Verfallsdatum beachtet werden muss und spezielle Individualprodukte, deren Volumen zu beachten ist. Der relevante Ausschnitt der Basis-Klasse sieht wie folgt aus.

```
@Entity
@Inheritance(strategy=InheritanceType.SINGLE_TABLE)
// @Inheritance(strategy=InheritanceType.JOINED)
```

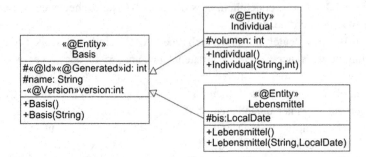

**Abb. 15.6**  Beispiel zur Umsetzung von Vererbung

```
// @Inheritance(strategy=InheritanceType.TABLE_PER_CLASS)
public class Basis {

  @Id
  @GeneratedValue(strategy = GenerationType.AUTO)
  protected int id;
  protected String name;

  @Version
  private int version;

  public Basis() {
  }

  public Basis(String n) {
    this.name = n;
  }
  // get, set, toString, equals, hashcode
}
```

In der Klasse DBController wird folgende Methode zur Objekterzeugung ergänzt.

```
public void datenAnlegenVererbung() {
  this.em.getTransaction().begin();
  Basis b = new Basis("Schraubenzieher");
  this.em.persist(b);
  Individual i = new Individual("Schaukel", 2300);
  this.em.persist(i);
  Lebensmittel l = new Lebensmittel("Butter"
                , LocalDate.of(2024, 2, 26));
```

```
    this.em.persist(l);
    this.em.getTransaction().commit();
}
```

Eine Beispielnutzung sieht wie folgt aus.

```
public static void main(String[] args) {
    DBController dbc = new DBController(true);
    dbc.datenAnlegenVererbung();
    for(Basis ba: dbc.alle(Basis.class)) {
      System.out.println(ba);
    }
    for(Lebensmittel ba: dbc.alle(Lebensmittel.class)) {
      System.out.println(ba);
    }
    dbc.schliessen();
}
```

Das Beispielprogramm zeigt eine Nutzung der Vererbungshierarchie. Unabhängig von der gewählten Umsetzungsstrategie wird immer folgende Ausgabe mit einem Gesamtüberblick gefolgt von einer einer Einzelausgabe generiert. Dies macht auch deutlich, dass bei der Nutzung der Klassen in der Software-Entwicklung nicht über die Übersetzungsstrategie nachgedacht werden muss, da immer die zur Klasse passenden Objekte berechnet werden. Die Strategieauswahl spielt für die Performance eine Rolle.

```
Basis [id=1, name=Schraubenzieher, version=1]
Individual [volumen=2300, id=2, name=Schaukel]
Lebensmittel [bis=2024-02-26, id=3, name=Butter]
Lebensmittel [bis=2024-02-26, id=3, name=Butter]
```

Abb. 15.7 zeigt die Ergebnisse der drei Möglichkeiten zur Umsetzung in der Vererbung in Tabellen, die über die Annotation @Inheritance festgelegt werden. Der erste Ansatz ist alles in eine Tabelle einzutragen. Jede Objektvariable einer Klasse aus dem Vererbungsbaum wird zu einem Attribut der Tabelle. Sollten Objekte diese Attribute nicht haben, werden NULL-Werte eingesetzt. Damit die genaue Klasse eines Objekts bekannt ist, gibt es eine zusätzliche Spalte mit dem änderbaren Standardnamen DTYPE, die diese Klasseninformation enthält. So ist es z. B. möglich, dass nur Objekte einer bestimmten Klasse der Vererbungshierarchie aus der Datenbank gelesen werden. Die Art der Umsetzung der Vererbung in Tabellen wird durch das Attribut strategy festgelegt. Der hier diskutierte Ansatz gehört zur Konstanten SINGLE_TABLE. Sollte keine Annotation bei der Vererbung angegeben werden, ist das die Default-Einstellung, da dies der meist verwendete Ansatz ist.

Basis

| ID | DTYPE | NAME | VERSION | VOLUMEN | BIS |
|---|---|---|---|---|---|
| 1 | Basis | Schraubenzieher | 1 | | |
| 2 | Individual | Schaukel | 1 | 2300 | |
| 3 | Lebensmittel | Butter | 1 | | 2024-02-26 |

Basis

| ID | DTYPE | NAME | VERSION |
|---|---|---|---|
| 1 | Basis | Schraubenzieher | 1 |
| 2 | Individual | Schaukel | 1 |
| 3 | Lebensmittel | Butter | 1 |

Individual

| ID | VOLUMEN |
|---|---|
| 2 | 2300 |

Lebensmittel

| ID | BIS |
|---|---|
| 3 | 2024-02-26 |

Basis

| ID | NAME | VERSION |
|---|---|---|
| 1 | Schraubenzieher | 1 |

Individual

| ID | NAME | VERSION | VOLUMEN |
|---|---|---|---|
| 2 | Schaukel | 1 | 2300 |

Lebensmittel

| ID | NAME | VERSION | BIS |
|---|---|---|---|
| 3 | Butter | 1 | 2024-02-26 |

**Abb. 15.7** Umsetzungsmöglichkeiten von Vererbung

Nachteile sind die mögliche Größe der Tabelle und die hohe Anzahl von NULL-Werten, die trotzdem den Speicherplatz eines nicht NULL-Wertes benötigen.

Der zweite Ansatz gehört zur Konstanten JOINED und ist die Interpretation der Vererbung als klassische N:1-Beziehung. Für jedes Objekt der Vererbungshierarchie gibt es ein Basis-Objekt mit den gemeinsamen Werten und einem Primärschlüssel. Weiterhin gibt es für jede Klasse eine eigene Tabelle mit den Individualwerten, deren Primärschlüssel gleichzeitig ein Fremdschlüssel mit Bezug zur Basis-Tabelle ist. In dieser Übersetzung gibt es keine überflüssigen NULL-Werte, was z. B. bei sehr komplexen Inhalten in einer erbenden Klasse ein Vorteil ist. Sollen allerdings häufiger Berechnungen über alle Elemente der Vererbungshierarchie gemacht werden, ist die Umsetzung recht aufwendig, da alle Tabellen miteinander verknüpft werden müssen.

Beim dritten Ansatz wird jede Klasse der Vererbungshierarchie als vollständig getrennter Entitätstyp betrachtet, die zugehörige Konstante ist TABLE_PER_CLASS. Jeder Eintrag in einer Tabelle steht für ein vollständiges Objekt, so gibt es eine Tabelle für die Basis-Klasse in der ausschließlich Objekte stehen, die zu dieser Klasse gehören. Sollte es sich bei der Basisklasse um eine abstrakte Klasse handeln, von der keine Objekte erzeugt werden können, ist diese Tabelle leer. Die gemeinsamen Objektvariablen werden in jeder Tabelle wiederholt. Es wird allerdings darauf geachtet, dass die Primärschlüssel jedes Objektes unterschiedlich sind. Werden die Objekte solcher Klassen immer getrennt im Programm genutzt, ist die Umsetzung sehr effizient, da immer jeweils nur eine Tabelle bearbeitet werden muss. Werden aber häufig Übersichten über alle Objekte der Vererbungshierarchie benötigt, wird dieser Ansatz ineffizient.

## 15.6   Fallstudie: Umgang mit existierenden Datenbanken

Bisher wurde gezeigt, dass der Übergang von einer objektorientierten Modellierung zu einem Datenbank-Modell für ein neues Projekt relativ einfach sehr systematisch erfolgt. Dies bedeutet für neue Projekte, dass die Tabellenerstellung immer durch den OR-Mapper erfolgen sollte. Ergebnisse sind natürlich weiterhin kritisch zu prüfen, da so auch Unsauberkeiten im objektorientierten Modell gefunden werden können.

Durch die Möglichkeit Tabellen- und Attributnamen über Annotationen zu ändern, wird es generell ermöglicht, existierende Datenbanken mit einem OR-Mapper zu integrieren. Dies wird nicht trivial, wenn es um die in der Datenbank vorgegebenen Verknüpfungen mit Fremdschlüsselbeziehungen geht. Wird ein OR-Mapper in einem neuen Projekt genutzt, muss darüber nicht intensiv nachgedacht werden, da Fremdschlüsselbeziehungen und Koppeltabellen automatisch generiert werden. Dies ist bei existierenden Datenbanksystemen anders, da es hier komplexere Strukturen vom Fremdschlüssel geben kann, wie es im vorher benutzten Zoo-Beispiel der Fall ist.

Abb. 15.8 zeigt das bisherige ER-Modell und die zugehörigen Tabellen. Dabei können zu den Entitätstypen Art und Gehege einfach passende Klassen konstruiert werden.

```
@Entity()
@Table(name = "Art")
public class Art {
  @Id
  @Column(name = "Gattung", length = 7) //diskutabel
  private String gattung;
```

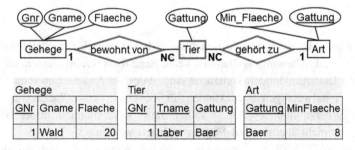

**Abb. 15.8**   ER-Diagramm des Zoos und abgeleitete Tabellen mit Beispieleinträgen

```
@Column(name = "MinFlaeche")
private int minflaeche;

public Art() { }

public Art(String gattung, int minflaeche) {
  this.gattung = gattung;
  this.minflaeche = minflaeche;
  }
}

@Entity()
@Table(name = "Gehege")
public class Gehege {
  @Id
  @Column(name = "GNr")
  private int gnr;

  @Column(name = "GName", length = 6)
  private String gname;

  @Column(name = "Flaeche")
  private int flaeche;

  public Gehege() { }

  public Gehege(int gnr, String gname, int flaeche) {
    this.gnr = gnr;
    this.gname = gname;
    this.flaeche = flaeche;
  }
}
```

Bei der Klasse Art wird exemplarisch gezeigt, dass weitere Eigenschaften der Attribute spezifizierbar sind. Allerdings sollten hier keine Regeln aufgeführt werden, die bereits im existierenden Datenbankmodell vorhanden sind, da es bei Änderungen schnell zu Inkonsistenzen oder aufwendigen Suchaktionen für die Quelle einer Randbedingung führen kann. Bei neu einzuführenden Regeln sollten diese, wenn möglich, in der existierenden Datenbank und nicht über den OR-Mapper realisiert werden.

Der Enitätstyp Tier hat einen zusammengesetzten Schlüssel, der sich aus zwei Fremdschlüsseln zusammensetzt. Für die Umsetzung von zusammengesetzten Schlüsseln gibt es in JPA zwei eng verwandte Ansätze, die auch bei der Erstellung neuer Projekte genutzt werden können, wobei meist die Ergänzung einer eindeutigen Id als Primärschlüssel vorzuziehen ist. Beide Ansätze zur Nutzung von Fremdschlüsseln benötigen eine Hilfsklasse, in der die Beziehung festgehalten wird. Diese Klasse muss einen parameterlosen Konstruktor sowie hashCode- und equals-Methoden haben.

Beim ersten Ansatz wird der Primärschlüssel in einer einfachen Java-Klasse ohne weitere Annotationen festgehalten. Der wesentliche Aufbau sieht hier wie folgt aus.

```
public class TierId {
  private String tname;
  private int gnr;

  public TierId() { }
  public TierId(String tname, int gnr) {
    this.tname = tname;
    this.gnr = gnr;
  }
}
```

Diese Klasse wird über eine Annotation @IdClass genutzt.

```
@Entity()
@Table(name = "Tier")
@IdClass(value = TierId.class)
public class Tier {
  @Id
  @Column(name = "Tname", nullable = false)
  private String tname;

  @Id
  @Column(name = "GNr", nullable = false)
  private int gnr;

  @ManyToOne
  @JoinColumn(name = "Gattung", nullable = false)
  private Art gattung;

  public Tier() {
  }

  public Tier(Art gattung, String tname, Gehege gehege) {
    this.gattung = gattung;
    this.tname = tname;
```

```
      this.gnr = gehege.getGnr();
  }
```

Die Objektvariablen aus der Klasse TierID müssen unter dem gleichen Namen in der Klasse Tier mit der Annotation @Id angegeben werden. Weitere Objektvariablen sind wie üblich anzugeben.

Im alternativen Ansatz werden die Annotation @Embeddable kombiniert mit @EmbeddedId genutzt. Die Verknüpfungsklasse sieht dann wie folgt aus, die Attribute bei den Annotationen zeigen Möglichkeiten auf.

```
@Embeddable
public class TierId {
  @Column(name = "Tname", nullable = false)
  private String tname;

  @Column(name = "GNr", updatable = false)
  private int gnr;

  public TierId() { }

  public TierId(String tname, int gnr) {
    this.tname = tname;
    this.gnr = gnr;
  }
}
```

Die zugehörige Tierklasse sieht wie folgt aus.

```
@Entity()
@Table(name = "Tier")
public class Tier {
  @EmbeddedId
  private TierId tierId;

  @ManyToOne
  @JoinColumn(name = "Gattung", nullable = false)
  private Art gattung;

  public Tier() { }

  public Tier(Art gattung, String tname, Gehege gehege) {
    this.gattung = gattung;
```

```
    this.tierId = new TierId(tname, gehege.getGnr());
}
```

Beide vorgestellte Ansätze sind eng verwandt und können oft, wie im aktuellen Beispiel gegeneinander ausgetauscht werden. Kleine Unterschiede sind bei der Nutzung in
Anfragen zu beachten. Sollen z. B. die Namen aller Tiere im Gehege Feld ausgegeben
werden sehen die Anfragen wie in den folgenden Methoden eingebettet aus.

```
public void namenInGehegeAusgebenIdClass(String gehege) {
  String anfrage = """
    SELECT t.tname
    FROM Tier t, Gehege g
    WHERE t.gnr = g.gnr
      AND g.gname = \"""" + gehege + "\"";
  Query query = this.em.createQuery(anfrage);
  @SuppressWarnings("unchecked")
  Collection<String> erg = query.getResultList();
  System.out.println(erg);
}
public void namenInGehegeAusgebenEmbedded(String gehege) {
  String anfrage = """
    SELECT t.tierId.tname
    FROM Tier t, Gehege g
    WHERE t.tierId.gnr = g.gnr
      AND g.gname = \"""" + gehege + "\"";
  Query query = this.em.createQuery(anfrage);
  @SuppressWarnings("unchecked")
  Collection<String> erg = query.getResultList();
  System.out.println(erg);
}
```

Beide Anfragen liefern bei den Beispieldaten als Ergebnis die folgende Ausgabe.

```
[Harald, Hunny, Klopfer, Runny]
```

Aus rein objektorientierter Sicht sind beide Lösungen unbefriedigend. Bei der Erstellung eines neuen Tier-Objekts wird ein Gehege-Objekt übergeben, was dann aber nicht
über eine einfache get-Methode abgefragt werden kann. Das Ergebnis ist aktuell nur
eine Zahl statt der objektorientiert geforderten Objektreferenz. Generell ist dieses Problem auf dieser Zugriffsschicht zu lösen, sodass es bei Nutzungen der Klasse Tier in
anderen Software-Paketen keine Rolle mehr spielt. Hier öffnet sich das Tor zum Thema
Software-Architektur, da dazu ein generelles Konzept zum Umgang mit Datenbanken

und Objekten benötigt wird. Von den verschiedensten Lösungsmöglichkeiten wird hier ein Ansatz skizziert, der oft in der Praxis genutzt wird.

Ein Basisthema der Software-Architektur ist der Umgang mit Objekten, wer darf sie erstellen und wer darf sie verändern. In einem ungeordneten Ansatz kann jede Klasse Objekte anderer Klassen erstellen und deren Objektvariablen verändern. Dieser Ansatz hat zwei zentrale Nachteile. Der Ansatz ist schwer wartbar, wenn z. B. eine Entitätsklasse angepasst werden soll. Es müssen aufwendig alle Stellen im Code gefunden werden, die Objekte dieser Klasse nutzen und deshalb eventuell geändert werden müssen. Der zweite Nachteil ist die Sicherheit. Wenn jede im Programm verfügbare Objektreferenz zur Änderung der Werte der Objektvariablen genutzt werden kann, sind Änderungen an kritischen Daten, wie Namen und Konteninformationen durch jedwede neu hinzukommende Software möglich. Zur Lösung des Problems darf es jeweils nur eine Controller-Klasse geben, die Objekte eines Entitätstyps erstellen darf. Weiterhin werden von dieser Klasse niemals Referenzen an andere Klassen übergeben, immer nur Kopien, die die Primärschlüsselinformation enthalten. Sollen dann Änderungen erfolgen, werden diese zusammen mit der Primärschlüsselinformation an den Controller übergeben. Statt Objekt-Kopien gibt es oft zu Entitätsklassen sogenannte Data Transfer Objekte (DTO) die alle relevanten Informationen zum Objekt, aber nicht das Objekt selbst enthalten. DTO-Objekte können dabei auch irrelevante Informationen weglassen und neue Informationen hinzufügen. Dieser Ansatz wird in Abb. 15.9 unter Nutzung der @EmbeddedId und im folgenden Code vorgestellt.

Zu jeder Entitätsklasse wird eine DTO-Klasse angelegt, die alle für die Nutzung relevanten Informationen enthält. Im Beispiel ist bei der TierDTO-Klasse zu erkennen, dass es einen Namen und Assoziationen zu einem Gehege und einer Art gibt. Als Besonderheit enthalten GehegeDTO-Objekte zusätzlich eine Information frei, in der die noch freie Fläche steht. Diese hängt von der Ursprungsfläche und der durch die zugeordneten Tiere verbrauchten Fläche ab. Die Berechnung benötigt einen Zugriff auf mehrere Entitätstypen, der Ansatz ist, diese Berechnung bei der Erstellung eines GehegeDTO-Objekts direkt zu berechnen. Für das Beispiel wird einfach angenommen, dass diese Information für Planungen sehr wichtig ist und sonst sehr häufig abgefragt wird. DTO-Klassen müssen z. B. für eine Performance-Steigerung nicht genau eine Kopie der Objektvariablen der Entitäts-Klassse enthalten.

Die DTO-Klassen sind klassische POJOs (Plain Old Java Objects) mit Default-Konstruktor und get- sowie set-Methoden für die Objektvariablen. Es gibt keine Referenz auf das eigentliche Entitäts-Objekt, das aber über die Schlüsselinformationen berechnet werden kann. Exemplarisch wird hier der Anfang der Klasse TierDTO gezeigt.

```
public class TierDTO {
  private String tname;
  private GehegeDTO gehege;
  private ArtDTO gattung;
```

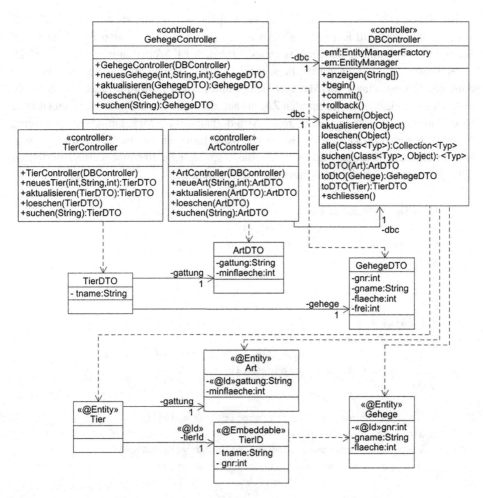

**Abb. 15.9** Klassendiagramm des Zoos zur JPA-Nutzung

```
public TierDTO() { }
public TierDTO(ArtDTO gattung, String tname, GehegeDTO gehege) {
  this.gattung = gattung;
  this.tname = tname;
  this.gehege = gehege;
  }
}
```

Ist es bei späteren Bearbeitungen relevant die ursprünglichen Werte der Objektvariablen zu kennen, können diese in zusätzlichen Objektvariablen stehen, für die nur
get-Methoden existieren.

Die Klasse DBController hat die gleiche Aufgabe wie vorher, sie managt den Zugriff auf die Datenbank. Im Klassendiagramm zeigen die gestrichelten nutzt-Pfeile, dass eine Erzeugung und Nutzung der Entitäts-Objekte möglich ist. Weiterhin wird hier festgelegt, ob es mehrere Verbindungen bzw. Persistence Contexts geben darf. Die übliche Entscheidung ist, dass nur eine EntityManagerFactory und nur ein Entity-Manager-Objekt geben soll, um einen einheitlichen zentralen Zugriff auf alle in Bearbeitung befindlichen Objekte zu garantieren. Die Klasse DBController wird deshalb oft als Singelon-Klasse umgesetzt, sodass es nur ein Objekt dieser Klasse geben kann. Eine Variante ist die relevanten Variablen in Klassenobjekte auszulagern. Um die ursprüngliche Implementierung nutzen zu können, kann der Anfang der Klasse wie folgt aussehen.

```java
public class DBController {
  protected EntityManagerFactory emf;
  protected EntityManager em;
  private static boolean init;
  private static EntityManagerFactory emfstatic;
  private static EntityManager emstatic;
  public DBController() {
    if (!init) {
      emfstatic = Persistence
                .createEntityManagerFactory("JPAZooPU");
      emstatic = emfstatic.createEntityManager();
      init = true;
    }
    if (emfstatic == null || !emfstatic.isOpen()) {
      emfstatic = Persistence
                .createEntityManagerFactory("JPAZooPU");
      emstatic = emfstatic.createEntityManager();
    }
    if(emstatic == null || !emstatic.isOpen()) {
      emstatic = emfstatic.createEntityManager();
    }
    this.emf = emfstatic;
    this.em = emstatic;
  }
```

Der DBController wird allerdings jetzt zu einer Hilfsklasse, die von den eigentlichen Kontrollern zum Zugriff auf die Datenbank genutzt wird. Dies wird dadurch deutlich, dass Methoden wie suchen(.) nicht mehr public sichtbar sind. Im Beispiel werden sie package protected, was einfach bedeutet, dass nur Objekt aus dem gleichen Paket auf diese Methoden zugreifen können. Im Programmcode wird das erreicht, indem in Java und hier ebenfalls im Klassendiagramm keine Sichtbarkeit angegeben wird.

```
<Typ> Typ suche(Class<Typ> cl, Object id){
  return (Typ) this.em.find(cl, id);
}
```

Diese Methode liefert die eigentlichen Entitäts-Objekte aus der Datenbank, auf die kein anderes Objekt zugreifen können soll. Deshalb gibt es zusätzlich Methoden die Objekte der Datenbank in DTO-Objekte umzuwandeln. Diese Methoden könnten auch in den DTO-Klassen stehen, da aber ein direkter Datenbankzugriff benötigt wird, sind sie hier im DBController realisiert. Die interessanteste Methode für das Gehege sieht wie folgt aus und zeigt eine Möglichkeit die noch freie Fläche zu berechnen.

```
GehegeDTO toDTO(Gehege gehege) {
  if (gehege == null) {
    return null;
  }
  int verbraucht = 0;
  String anfrage = """
      SELECT t
      FROM Tier t
      WHERE t.tierId.gnr ="""" + gehege.getGnr();
  Query query = this.em.createQuery(anfrage);
  @SuppressWarnings("unchecked")
  Collection<Tier> erg = query.getResultList();
  for(Tier t:erg) {
    verbraucht += t.getGattung().getMinflaeche();
  }
  return new GehegeDTO(gehege.getGnr(), gehege.getGname()
    , gehege.getFlaeche(), gehege.getFlaeche() - verbraucht);
}
```

Um sicherzustellen, dass die ursprüngliche Datenbankstruktur nicht umgebaut, eventuell aber erweitert wird bietet sich in der persistence.xml folgende Einstellung an.

```
<property name="eclipselink.ddl-generation"
              value="create-or-extend-tables" />
```

Die Nutzung des DBController erfolgt in den Controller-Klassen die im Beispiel pro Entitätstyp existieren. Die Klassen koordinieren über die Nutzung von DTO-Objekten den eigentlichen Zugriff auf den DBController und damit die Datenbank. Statt Controller wird für solche Klassen sehr oft der Begriff des Data Access Objekts (DAO) genutzt und auch im Klassennamen verankert. Die Klassen stellen alle benötigten Methoden zur

Bearbeitung von Entitäten zur Verfügung und haben so oft einen sehr ähnlichen Aufbau.
Exemplarisch wird dies für die Klasse TierController gezeigt.

```java
public class TierController {
  private DBController dbc;
  public TierController(DBController dbc) {
    this.dbc = dbc;
  }
  public TierDTO neuesTier(ArtDTO gattung, String tname
                     , GehegeDTO gehege) {
    Gehege gehegetmp = this.dbc
                     .suche(Gehege.class, gehege.getGnr());
    Art art = this.dbc.suche(Art.class, gattung.getGattung());
    Tier tier = new Tier(art, tname, gehegetmp);
    this.dbc.speichern(tier, true);
    return this.dbc.toDTO(tier);
  }
  public TierDTO aktualisieren(TierDTO tier) {
    Tier orig = this.dbc.suche(Tier.class
        , new TierId(tier.getKeyname(), tier.getKeygehege()));
    if (orig == null) {
      return null;
    }
    orig.getTierId().setTname(tier.getTname());
    orig.getTierId().setGnr(tier.getGehege().getGnr());
    this.dbc.aktualisieren(orig, true);
    TierDTO tmp = this.dbc.toDTO(orig);
    return tmp;
  }
  public List<TierDTO> alle(){
    List<TierDTO> erg = new ArrayList<>();
    for(Tier g: this.dbc.alle(Tier.class)) {
      erg.add(this.dbc.toDTO(g));
    }
    return erg;
  }
  public void loeschen(TierDTO tier) {
    Tier orig = this.dbc.suche(Tier.class
        , new TierId(tier.getTname(), tier.getGehege().getGnr()));
    this.dbc.loeschen(orig, true);
  }
  public TierDTO suchen(String name, int gehege) {
    return this.dbc.toDTO(this.dbc.suche(Tier.class
        , new TierId(name, gehege)));
```

```
    }
  }
```

Die Idee der DAO-Klassen ist generell auch ohne DTO-Klassen mit direktem Zugriff auf die Datenbank nutzbar.

Jedem Entitätstypen-Controller wird ein Objekt vom Typ DBController übergeben, um den Zugriff auf die Datenbank zu erhalten. Statt der direkten Erstellung eines neuen Tier-Objekts gibt es eine Methode, die die passenden Parameter enthält, das neue Tierobjekt erzeugt und in die Datenbank speichert und die DTO-Version als Ergebnis liefert. Im Klassendiagramm zeigen die gestrichelten nutzt-Pfeile, dass die Entitätstypen-Controller zentral die DTO-Objekte nutzen.

Mit der Methode aktualisieren könnten Veränderungen an Entitäten in der Datenbank vorgenommen werden. Die gewünschten Änderungen werden am DTO-Objekt vorgenommen, dieses übergeben und die Werte aus diesem Objekt in das Entitäts-Objekt und damit die Datenbank übernommen. An dieser Stelle muss die Hilfs-Id-Klasse TierId, wie auch in den nachfolgenden Methoden zum Zugriff genutzt werden.

```java
public static void main(String[] args) {
    DBController dbc = new DBController();
    ArtController ac = new ArtController(dbc);
    TierController tc = new TierController(dbc);
    GehegeController gc = new GehegeController(dbc);
    ArtDTO a1 = ac.neueArt("Nager", 1);
    System.out.println(a1);
    GehegeDTO g1 = gc.neuesGehege(42, "Keller", 5);
    System.out.println(g1);
    TierDTO t1 = tc.neuesTier(a1, "Ratti", g1);
    System.out.println(t1);
    a1.setMinflaeche(3);
    a1 = ac.aktualisieren(a1);
    g1.setGname("Kammer");
    g1 = gc.aktualisieren(g1);
    t1 = tc.aktualisieren(t1);
    System.out.println(a1 + "\n" + g1 + "\n" + t1);
    tc.loeschen(t1);
    gc.loeschen(g1);
    ac.loeschen(a1);
    dbc.schliessen();
}
```

Die main-Methode zeigt eine beispielhafte Nutzung des Ansatzes. Zunächst wird das DBController-Objekt erzeugt und dann den fachlichen Controller-Klassen übergeben, wozu auch gerne der Begriff injiziert benutzt wird. Danach wird jeweils eine neue Art, ein neues Gehege und ein Tier erstellt, das zur neuen Art gehört und in das neue Gehege gesetzt wird. Danach werden der Flächenanspruch der Art und der Name des Geheges verändert und die aktuellen DTO-Objekte ausgegeben. Die nachfolgende Ausgabe zeigt, dass sich die DTO-Objekte durch die Controller-Nutzung wie „normale" Objekte mit Objektreferenzen verhalten.

```
ArtDTO [gattung=Nager, minflaeche=1]
GehegeDTO [gnr=42, gname=Keller, flaeche=5, frei=5]
TierDTO [tname=Ratti, gehege=GehegeDTO [gnr=42, gname=Keller, flae-
che=5, frei=4], gattung=ArtDTO [gattung=Nager, minflaeche=1]]
ArtDTO [gattung=Nager, minflaeche=3]
GehegeDTO [gnr=42, gname=Kammer, flaeche=5, frei=2]
TierDTO [tname=Ratti, gehege=GehegeDTO [gnr=42, gname=Kammer, flae-
che=5, frei=2], gattung=ArtDTO [gattung=Nager, minflaeche=3]]
```

Der vorgestellte Ansatz ist leicht auf Web-Applikationen übertragbar. Es werden Klassen, wie REST-Controller benötigt, die die Anfragen so bearbeiten, dass die hier vorgestellten Entitäts-Controller genutzt werden können. DTO-Objekte werden zum Transport üblicherweise in JSON-Objekte (JavaScript Object Notation) oder XML-Objekte verwandelt.

Web-Applikationen laufen oft in vom Web-Server zur Verfügung gestellten Containern. Diese managen wesentliche Teile des Datenbankzugriffs, indem sie zuständig für die Erstellung eines Objekts für den Datenbankzugriff wie der Klasse DBController sind. Dieses Objekt steht dann allen anderen Objekten, also auch den Entitäts-Controllern zur Verfügung. Statt einer Übergabe im Konstruktor, wird das Objekt direkt in eine passende mit @Inject annotierte Objektvariable geschrieben. In der persistence.xml wird weiterhin festgelegt, dass der Container den Datenbankzugriff managt.

```
<persistence-unit name="ContainerPU" transaction-type="JTA">
```

## 15.7    Aufgaben

### Wiederholungsfragen

1. Wie werden Testfälle in JUnit spezifiziert?
2. Welche Annotationen spielen in JUnit welche Rolle?
3. Was sind Zusicherungen, wie kann man mit ihnen Exceptions überprüfen?
4. Warum sind viele kurze Tests sinnvoller als wenige lange Tests?
5. Was versteht man unter Continous Integration?

6. Wie kann man mithilfe von DBUnit Ergebnisse von Datenbankaktionen überprüfen?
7. Was ist beim Entwickler-, Integrations- und Systemtest zu beachten?
8. Wie kann man zu sinnvollen Testdaten kommen, welche Probleme kann es geben?

---

**Übungsaufgabe**

1. Schreiben Sie JUnit-Tests, die die Bedeutung einiger Parameter der JPA-Annotation @Column für Exemplarvariablen verdeutlichen, insofern ihre Werte einmal true und einmal false sind. Die Annotation bietet u. a. die zu untersuchenden Parameter nullable, updatable und unique, z. B.

```
@Column(name="Leitung", nullable=false)
private String name;
```

Überprüfen Sie für jeden Parameter einzeln in einem JUnit-Test, ob er sich wie erwartet bei den Werten true und false verhält. Legen Sie dazu eine Entitätsklasse an, in der alle sechs Möglichkeiten für die Booleschen Parameter für unterschiedliche Exemplarvariablen vorkommen. Probieren Sie erfolgreiche und erfolglose Versuche. Führen Sie dabei jeden Test mithilfe eines neuen EntityManager-Objekts durch und garantieren Sie, dass die Objektänderungen auch in die Datenbank mit commit() geschrieben werden. Formulieren Sie Ihre Tests möglichst präzise, dabei sollten sie RollbackExceptions erhalten, wenn das Persistieren fehlschlägt.

2. Schreiben Sie eine Entity-Klasse Studierend, bestehend aus Matrikelnummer und Namen, wobei die Matrikelnummer der Schlüssel ist und nicht generiert sein soll. Schreiben Sie ein Programm, mit dem neue Studierende eingegeben, die Namen existierender Studierender geändert (im ersten Schritt suchen und nur nach dem neuen Namen fragen, wenn ein Objekt gefunden wurde) und eine Übersicht über alle Studierende ausgeben kann. Persistieren Sie alle Objekte mithilfe von JPA.
   Ein Beispieldialog sieht wie folgt aus.

```
0 Beenden
1 neuer Studi
2 Studi bearbeiten
3 alle Studis zeigen:
1
Matrikelnummer: 42
Name: Ute
0 Beenden
1 neuer Studi
2 Studi bearbeiten
3 alle Studis zeigen:
1
Matrikelnummer: 43
```

```
Name: Dirk
0 Beenden
1 neuer Studi
2 Studi bearbeiten
3 alle Studis zeigen:
3
Studierend{mat=42, name=Ute}
Studierend{mat=43, name=Dirk}
0 Beenden
1 neuer Studi
2 Studi bearbeiten
3 alle Studis zeigen:
2
Matrikelnummer: 42
Name: Ulla
0 Beenden
1 neuer Studi
2 Studi bearbeiten
3 alle Studis zeigen:
3
Studierend{mat=42, name=Ulla}
Studierend{mat=43, name=Dirk}
0 Beenden
1 neuer Studi
2 Studi bearbeiten
3 alle Studis zeigen:
0
```

Lassen Sie ihr Programm zweimal parallel laufen. Was passiert, wenn man in beiden Programmen zuerst sich alle Objekte anzeigen lässt und dann abwechselnd die gleiche studierende Person bearbeiten will?

Fügen Sie in Ihrer Entity-Klasse ein zusätzliches Attribut @Version private int version ein. Führen Sie das vorherige Experiment erneut durch.

## Literatur

[@AOJ]  Apache OpenJPA, https://openjpa.apache.org/
 [@Ecl]  EclipseLink, https://www.eclipse.org/eclipselink/
[@Hib]  Hibernate, https://hibernate.org/orm/
[@Hiv]  The Bean Validation Reference Implementation – Hibernate Validator, https://hibernate. org/validator/

[@Jak]  Jakarta Persistence, https://projects.eclipse.org/projects/ee4j.jpa

[@JPA]  JSR 338: Java$^{TM}$ Persistence API, Version 2.2, Oracle, https://download.oracle.com/otn-pub/jcp/persistence-2_2-mrel-spec/JavaPersistence.pdf

# NoSQL mit MongoDB und Java

**16**

**Zusammenfassung**

Die Entwicklung von Datenbanken schreitet kontinuierlich voran, angebunden an die sie nutzende Technologie. Dabei stellt sich seit den 1990er Jahren die Frage, ob der relationale Ansatz basierend auf meist größeren Mengen an Tabellen immer sinnvoll ist. Mit dem Aufkommen der kommerziellen Nutzung der objektorientierten Programmierung wurden objektorientierte Datenbanken populär, da sie das Persistieren und Suchen von Objekten erleichterten. Dieser Vorteil wurde allerdings durch eine schwächere Performance gegenüber relationalen Datenbanken wieder zunichte gemacht. Generell lässt sich feststellen, dass relationale Datenbanken sich kontinuierlich durchgesetzt haben und in fast allen großen Projekten eingesetzt werden. Trotzdem bleibt die Frage spannend, ob andere Ansätze für spezielle Aufgaben nicht doch besser geeignet sind. Dabei bezieht sich „besser" insbesondere auf die Performance sowie die einfachere und damit fehlerfreiere Nutzung während der Entwicklung.

Die Ansätze werden im Gebiet NoSQL-Datenbanken zusammengefasst und beinhalten sehr unterschiedliche Lösungsstrategien, die erfolgreich für große Spezialaufgaben eingesetzt werden. Dieses Kapitel stellt die Gründe für NoSQL-Datenbanken und die wichtigsten Ansätze zunächst vor, um dann einen prominenten Vertreter mit der MongoDB genauer zu betrachten. Dabei steht nicht der gesamte Entwicklungsprozess im Vordergrund, sondern die Integration in eine die Datenbank nutzende Umgebung. Es wird gezeigt, wie der Zugriff von Java aus aussieht und welche Analogien bei der Nutzung zu relationalen Datenbanken auftreten.

---

**Ergänzende Information** Die elektronische Version dieses Kapitels enthält Zusatzmaterial, auf das über folgenden Link zugegriffen werden kann https://doi.org/10.1007/978-3-658-43023-8_16.

S. Kleuker, *Grundkurs Datenbankentwicklung*,
https://doi.org/10.1007/978-3-658-43023-8_16

## 16.1   Was ist und warum NoSQL

Relationale Datenbanken nutzen Tabellen, um Daten typischerweise in der dritten Normalform zu speichern. Komplexe Daten wie Rechnungen setzen sich dann aus mehreren
Tabelleneinträgen in verschiedenen Tabellen zusammen, die über Fremdschlüssel miteinander verknüpft sind. Soll dann eine konkrete Rechnung angezeigt werden, wird eine
SQL-Anfrage auf der Datenbank ausgeführt. Diese Anfrage kann sich leicht auf mehrere
Tabellen beziehen, die im einfachsten Fall in der FROM-Zeile der Anfrage stehen. Sind
diese Tabellen sehr groß, bedeutet dies, dass eine extrem große Menge an Daten durchsucht werden muss, da das kartesische Produkt der Tabellen betrachtet wird. Sind dies
z. B. drei Tabellen mit jeweils tausend Einträgen, ergibt das Produkt der Tabellen theoretisch eine riesige Tabelle mit 1000 * 1000 * 1000, also einer Milliarde Einträgen. Da
die Algorithmen in der Datenbank z. B. durch die Index-Nutzung extrem optimiert sind
und es durch geschicktere Formulierung der Anfrage möglich ist, die zu untersuchenden
Datenmengen zu reduzieren, ist die Tabellenverknüpfung kein Argument, warum man auf
eine relationale Datenbank verzichten muss. Durch die trotzdem notwendige Laufzeit und
den benötigten Speicher stellt sich aber die Frage nach Alternativen.

Die Bereitstellung solcher Alternativen ist das Ziel der NoSQL-Ansätze. Dabei ist
es allerdings schwer, selbst den Begriff NoSQL eindeutig zu erklären. Ursprünglich ist
der Name als Hashtag entstanden, um über eine Konferenz über Datenbanktechnologien
zu diskutieren, die Alternativen zum relationalen Ansatz im Mittelpunkt hatte. Damit ist
eine Interpretation als „No SQL", also „kein SQL", valide. Dabei steht SQL hier für
den hinter der Berechnung stehenden Algorithmus zur Verknüpfung von Daten. NoSQL-
Datenbanken beschreiben damit Alternativen zu relationalen Datenbanken.

In der Praxis wird NoSQL als „Not only SQL", also „nicht nur SQL" interpretiert.
Gerade aus den laufenden Erfahrungen mit NoSQL-Datenbanken hat sich gezeigt, dass
sie hervorragend bestimmte Teilaufgaben übernehmen können, wenn dann aber weitere
Funktionalität gefordert wird, werden auch ihre Ansätze langsam bzw. schwer nutzbar.
Aus diesen Überlegungen entstehen hybride Ansätze, bei denen verschiedene Daten-
banktypen miteinander verknüpft werden. Allgemeine Aufgabenstellungen, bei denen die
Nutzung der Datenbank sich schnell z. B. von vielen Einfüge-Operationen in viele Such-
Operationen ändert, werden mit einem relationalen System abgedeckt, Spezialaufgaben
dann mit einem NoSQL-System. Wichtig ist bei solchen Ansätzen, dass die nutzende
Software für die Integrität und gegebenenfalls die Transaktionssteuerung zuständig ist.
Schlüsselwerte der relationalen Datenbank können meist auch Schlüsselwerte der NoSQL-
Datenbank und umgekehrt sein. Die Verknüpfung muss von der nutzenden Software
beachtet werden, da die Datenbank-Managementsysteme hierfür typischerweise nicht die
Verwaltung übernehmen.

NoSQL-Ansätze leisten weiterhin wichtige Beiträge zum Fortschritt der Datenbanktechnologien, da z. B. Hersteller relationaler Datenbanken überlegen, wie sie diese

Ansätze in ihre Datenbank integrieren können. So unterstützen die meisten großen kommerziellen Datenbanksysteme die Verwaltung von XML-Dokumenten, die hierarchisch als Baum aufgebaut und mit einfachen Tabellen nur schwer zu verwalten sind. Weiterhin entstehen auch neue Datenbanksysteme, die mehrere Ansätze aus dem NoSQL-Bereich verknüpfen und so Vorteile aus mehreren Bereichen anbieten. Diese Systeme werden Multi-Modell-Datenbanken genannt.

Bisher wurde NoSQL nur als Alternative zu relationalen Datenbanken dargestellt, da dies die einzig wirkliche Eigenschaft ist, die die zugehörigen Datenbanksysteme vereinigt. Man kann aber versuchen, NoSQL weiter nach den Ansätzen zu klassifizieren, die sie zentral unterstützen. Da diese Ansätze durchaus kombinierbar sind, sind die folgenden Kategorien nicht als vollständig disjunkt zu betrachten.

*Dokumentenorientierte Datenbanken* stellen Dokumente in den Mittelpunkt der Bearbeitung. Dabei ist ein Dokument eine Zusammenfassung häufig gemeinsam benutzter Informationen und muss damit nicht einem physikalischen Dokument entsprechen. Ein Beispiel kann eine Rechnung sein, die Informationen über den Empfänger, den Ersteller, das Datum und die zu bezahlenden Produkte und Dienstleistungen enthält. In einer Abrechnungssoftware werden solche Rechnungen angezeigt, editiert und zu einem späteren Zeitpunkt die eingegangene Zahlung vermerkt. Insgesamt wird meist die gesamte Rechnung und nicht Teile davon betrachtet, sodass ein relationales System dazu immer mehrere Tabellen bearbeiten müsste. Dadurch, dass Rechnungen typischerweise eindeutig durch ihre Rechnungsnummer identifizierbar sind, liefert eine dokumentenorientierten Datenbank unmittelbar das zur Rechnungsnummer gehörende gesamte Dokument. Natürlich unterstützen dokumentenorientierte Datenbanken auch Aufgaben, die mehrere Dokumente betreffen, wenn z. B. nach der Anzahl der verkauften Produkte in einem bestimmten Zeitintervall gefragt wird.

Typischerweise sind dokumentenorientierte Datenbanken, wie viele andere NoSQL-Datenbanken, schemafrei. Dies bedeutet, dass es anders als bei Tabellen keine vorgegebene Struktur gibt, die alle Dokumente einhalten müssen. Damit spielen auch Normalformen keine Rolle. Dieser Ansatz hat den großen Vorteil, dass neue Informationen einfach in Dokumenten ergänzt werden können, ohne dass eine Bearbeitung aller Dokumente notwendig ist. Natürlich wird für eine systematische Bearbeitung eine gewisse Struktur der Dokumente benötigt, allerdings gibt es keine verpflichtenden Einträge. Solche Erweiterungen sind auch in relationalen Datenbanken möglich, führen aber entweder zu neuen Spalten in Tabellen, wobei dann jede Zeile einen Wert, oft NULL, erhält, oder es werden neue Tabellen erstellt, die dann eine Verknüpfung über einen Fremdschlüssel zum zu erweiternden Datensatz herstellen.

*Key-Value-Datenbanken* stellen die von Map- bzw. Dictionary-Datentypen bekannte Zuordnung zwischen einem Schlüsselwert und einem zugeordneten Datensatz in den Mittelpunkt. Diese Datensätze können dabei sehr heterogen sein und müssen keine Gemeinsamkeiten haben, sind damit schemafrei. Konkretes Beispiel kann ein Repository sein, bei dem über Namen auf konkrete Werte zugegriffen wird. Dabei wird z. B. einem

String „driverClass" der Klassenname zum Aufbau einer Verbindung und „name" der Name des anzumeldenden Nutzers zugeordnet. Generell ist die Vorstellung einer zweispaltigen Tabelle in der links ein eindeutiger Schlüssel und rechts ein beliebig zugeordnetes Objekt beliebigen Typs eingetragen ist, sinnvoll.

Der bei den dokumentenorientierten Datenbanken erwähnte Schlüssel macht deutlich, dass es sich dabei auch um eine bestimmte Form einer Key-Value-Datenbank handelt, die aber an den „Value" den Anspruch erhebt, ein logisch geschlossenes Dokument zu sein.

*Graphdatenbanken* stellen die Verknüpfung zwischen den gespeicherten Objekten in den Mittelpunkt und sind optimiert für die Nutzung gängiger Graph-Algorithmen. Werden z. B. Fahrpläne in klassischen relationalen Datenbanken gespeichert, ist die Aufgabe „Finde den kürzesten Weg von Haltestelle A zur Haltestelle B" nur sehr aufwendig zu lösen. Mit dem rein relationalen Ansatz ist nur einfach zu berechnen, ob es einen direkten Weg, einen Weg mit einer Zwischenstation, mit zwei Zwischenstationen etc. gibt. Dazu wird eine Tabelle mit den Einträgen „Von" und „Nach" mehrfach in die FROM-Zeile einer SQL-Anfrage eingetragen. Da die FROM-Zeile aber eine feste Anzahl an Tabellen enthält, ist eine Berechnung eines Weges unbekannter Länge so nicht möglich. Die Aufgabe wird durch eine Erweiterung der SQL-Sprache oder den Einsatz von PL/SQL zwar lösbar, trotzdem kann die Rechenzeit erheblich sein. Durch eine explizite Unterstützung von Graphen in einer Graphendatenbank ist die Rechenzeit deutlich reduzierbar.

Neben der Unterstützung der Graphbearbeitung gibt es keine festen Regeln, wie die einzelnen zu verknüpfenden Knoten auszusehen haben. Diese können wieder schemafrei eine beliebige Struktur aufweisen.

*Objektorientierte Datenbanken* wurden in der Einleitung des Kapitels genannt und gehören zum NoSQL-Thema, da sich ihre Anfragesprachen auf die Struktur von Objekten orientieren und diese auch bei der Speicherung besonders berücksichtigen. Dies zeigt sich beim Umgang mit Sammlungen und ihre einzelnen Elemente, auf die sehr einfach zugegriffen werden kann. Fast immer werden allerdings die im vorherigen Kapitel vorgestellten objekt-relationalen Mapper genutzt.

*Spaltenorientierte Datenbanken* unterscheiden sich von klassischen Systemen in der Art, wie die Daten verwaltet werden. Typischerweise werden die Zeilen einer Tabelle nacheinander abgespeichert, womit Zeilen recht schnell zu finden und auch zu editieren sind. Bei einer Spaltenorientierung werden die Daten spaltenweise abgespeichert. Da der Typ einer Spalte und damit auch sein maximaler Speicherbedarf bekannt ist, kann so Speicher gespart werden. Weiterhin ist der Zugriff auf einzelne Spalten mit ihren Inhalten wesentlich schneller möglich. Die Zuordnung zu NoSQL kann diskutiert werden, da SQL als Anfragesprache nutzbar ist und dann Anfragen, die sich auf eine Spalte beziehen, wie „SELECT AVG(Mitarbeiter.Gehalt) FROM Mitarbeiter", sehr effizient ausführbar sind. Generell wird aber nicht gefordert, dass die einzelnen Elemente einer Spalte elementare Daten sein müssen, oft werden hier wieder komplexe Strukturen wie Tabellen unterstützt.

## 16.2 Einführung in MongoDB

MongoDB [@Mon] ist eine dokumentenbasierte Datenbank, deren Name sich von „humongous data", also „riesigen Datenmengen" ableitet. Die Dokumente werden im BSON-Format [@BSO] abgespeichert. Dabei steht BSON für „Binary JSON". Dies bedeutet, dass sich die Dokumente eigentlich im JSON-Format befinden, das in seinem ursprünglichen Format auf ASCII-basiert und damit auch für Menschen lesbar ist, die Dokumente zur effizienten Speicherung aber im Binär-Format serialisiert sind. Durch das Binär-Format können weitere Daten gespeichert werden, die in der direkten JSON-Form nicht möglich sind.

JSON [@JSO] steht für JavaScript Object Notation und ist eine kompakte menschen- und maschinenlesbare Form zur Beschreibung zusammenhängender Daten. Die Notation wird in der Sprache JavaScript eingesetzt, wird aber mittlerweile von allen wichtigen Programmiersprachen mit Bibliotheken unterstützt. JSON hat gegenüber XML den Vorteil etwas kompakter zu sein, es werden weniger Bytes zur Repräsentation der gleichen Information benötigt.

```
{ "name": "Tony Stark",
  "alter": 42,
  "firma": { "name": "Stark Industries",
        "ort": "New York, N.Y" 
  },
  "freunde": ["Steve Rogers", "Bruce Banner"]
}
```

Abb. 16.1 zeigt ein typisches JSON-Dokument mit seinen vollständigen Darstellungsmöglichkeiten. Das eigentliche Dokument wird durch geschweifte Klammern zusammengefasst. Inhalte werden als Key-Value-Pärchen beschrieben, dabei steht der Key, auch Attribut genannt, in Anführungsstrichen vor einem Doppelpunkt. Der zugehörige Wert des Attributs folgt nach dem Doppelpunkt. JSON-Objekte sind wie JavaScript typenlos, d. h. als Wert kann ein beliebiger Typ stehen, der nur die Syntaxregeln von JSON einhalten muss. Im Beispiel wird zunächst ein String und beim zweiten Attribut eine Zahl als Wert genutzt. Das dritte Attribut zeigt, dass als Wert auch wieder ein JSON-Objekt stehen kann. Insgesamt ergibt sich damit eine beliebig tiefe Verschachtelungsmöglichkeit von JSON-Objekten. Der Wert des vierten Attributs zeigt die letzte Möglichkeit, dass ein Array von Werten in eckigen Klammern steht. Die Elemente des Arrays können dabei wieder beliebige Werte, also auch JSON-Objekte sein.

Da in dieser Einführung der Fokus auf Konzepten liegt, werden im folgenden Text nur JSON-Objekte betrachtet und die Möglichkeiten, mit Binärtypen und speziellen BSON-Datentypen zu arbeiten, außer Acht gelassen. Präziser müsste im folgenden Text über BSON-Dokumente argumentiert werden.

**Abb. 16.1**  Beispiel für
JSON-Objekt

```
{ "name": "Tony Stark",
  "alter": 42,
  "firma": { "name": "Stark Industries",
             "ort": "New York, N.Y"
  },
  "freunde":["Steve Rogers", "Bruce Banner"]
}
```

MongoDB stellt als zentrale Datenstruktur Sammlungen oder Collections von JSON-Dokumenten zur Verfügung. Dabei können sich beliebige Dokumente in einer Sammlung befinden. Die Sammlungen sind damit schemafrei. Für eine effiziente Bearbeitung ist es natürlich sinnvoll, Dokumente einer ähnlichen Struktur zu nutzen, die die gleichen Attributsnamen und für die zugehörigen Werte vergleichbare Typen haben. Ein Programm, das die MongoDB nutzt, kann mit mehreren Collections arbeiten. Dabei ist der Zugriff auf ein Dokument automatisch transaktional, wird dies für mehrere Dokumente benötigt, ist dies durch die nutzende Software zu realisieren.

MongoDB fügt jedem neu hinzugefügten Dokument automatisch ein neues Attribut _id hinzu, das als Wert einen String aus 24 Hexadezimal-Zeichen enthält, der durch seine Zusammensetzung u. a. aus der aktuellen Zeit und einem Identifikator des Computers auch über Rechnergrenzen hinweg eindeutig sein soll. Soll dieser Ansatz nicht genutzt werden, muss jedes hinzugefügte Dokument vor dem Hinzufügen ein Attribut _id enthalten. Der Typ des zugehörigen Wertes ist dabei egal. Die bearbeitende Person ist dann dafür verantwortlich, dass eindeutige _id-Werte vergeben werden. Ist dies nicht der Fall, wird das Dokument nicht hinzugefügt und eine Fehlermeldung ausgegeben.

Zur effizienten Bearbeitung der Dokumente wird auf dem Attribut _id automatisch ein Index erstellt, der den schnellen Zugriff sichert. Bei der Entwicklung besteht die Möglichkeit, für einzelne Attribute oder Attributkombinationen weitere Indexe zu erstellen.

Die systematische Entwicklung einer MongoDB-Datenbank mit ihrer Verwaltungssoftware, z. B. um Rechte und Rollen oder verteilte Datenbanksysteme zu realisieren, sprengt den Rahmen dieses Kapitels. Hierzu sei auf [PMH 15], [Ban16], [Bie20] verwiesen. Genauer wird hier die Einbindung einer MongoDB-Datenbank in die umgebende Software betrachtet, dazu wird hier der MongoDB JavaDriver genutzt. Neben der Integration in JavaScript wird auch direkt eine Integration in C, C++, C#, Perl, PHP, Python, Ruby und Scala angeboten.

Zur Erstellung von JSON-Dokumenten bietet die Bibliothek MongoDB JavaDriver die Klasse Document an, mit der wie folgt ein JSON-Dokument angelegt werden kann.

```java
import java.util.Arrays;
import java.util.List;
import org.bson.Document;
public class EinstiegBson {
  public static void main(String[] a) {
```

```
Document person = new Document("name", "Tony Stark")
    .append("alter", 42)
    .append("firma",
        new Document("name", "Stark Industries")
        .append("ort", "New York, N. Y.")
    )
    .append("freunde", Arrays.asList(
            "Steve Rogers"
          , "Bruce Banner")
    );
System.out.println("Object: " + person.toJson());
System.out.println(person.get("firma"));
System.out.println(person.get("firma.ort"));
System.out.println(person.get("firma"
                    , Document.class).getString("name"));
System.out.println(person.get("freunde", List.class).get(0));
}
}
```

Das Programm liefert folgende Ausgabe.

```
Object: { "name" : "Tony Stark", "alter" : 42, "firma" : { "name" : "Stark
Industries", "ort" : "New York, N. Y." }, "freunde" : ["Steve Rogers",
"Bruce Banner"] }
Document{{name=Stark Industries, ort=New York, N. Y.}}
null
Stark Industries
Steve Rogers
```

Der baumartig verschachtelte Aufbau eines JSON-Dokuments lässt sich direkt bei der Konstruktion umsetzen: durch Method Chaining bzw. Fluent Programming, bei dem eine Methode das bearbeitete Objekt wieder als Ergebnis liefert, besteht die Möglichkeit, durch Aneinanderkettung der Methodenaufrufe das JSON-Objekt direkt mit einem Befehl aufzubauen.

Für Objekte des Typs Document gibt es Zugriffsoperationen, bei denen jeweils das Attribut anzugeben ist. Wird als zweiter Parameter das Class-Objekt eines Typs übergeben, ist das Ergebnis automatisch von diesem Typ, sodass eine Cast-Operation zur Umwandlung unnötig wird. Weiterhin werden Methoden der Art getInteger oder getBoolean unterstützt, bei denen der erwartete Ergebnistyp bereits im Methodennamen steht. Die gezeigten Ausgaben zeigen auch, dass der in JavaScript übliche direkte Zugriff auf Objektvariablen bei geschachtelten Objekten über die Punktnotation in dieser Form nicht unterstützt wird. Falls ein Attribut nicht existiert, ist das Ergebnis null.

Da die Relevanz von JSON in den letzten Jahren enorm gestiegen ist, gibt es in fast jeder Programmiersprache mehrere JSON-Bibliotheken, die teilweise weit nach der Entstehung der MongoDB entstanden sind. Aus diesem Grund wird auch der Java-Standard JSR 353 „Java API for JSON Processing" [JSR13] nicht berücksichtigt.

In objektorientierten Programmen müssen natürlicherweise oft Objekte abgespeichert werden, deshalb stehen ebenfalls einige Bibliotheken zur Verfügung, die die Umwandlung von Objekten nach JavaScript und wieder zurück deutlich vereinfachen. So eine Wandlung ist meist relativ einfach selbst programmierbar. Als Beispiel dient eine Klasse Pruefung, die die Matrikelnummer, den Namen des Fachs und die Note enthält. Diese Klasse wird in den folgenden Beispielen genutzt. Sie ist dabei kein optimales Beispiel, den Dokumentenbegriff zu vertiefen, da es sich hierbei eher um Verknüpfungsinformationen handelt, die z. B. in einem Array von Prüfungsinformationen eines Studierenden stehen könnten. Das Beispiel ist in seiner Kompaktheit aber sehr gut geeignet, die verschiedenen Datenbankoperationen im folgenden Unterkapitel genauer zu erläutern.

```
import org.bson.Document;
public class Pruefung {
  private int _id;
  private int mat;
  private String fach;
  private double note;

  public Pruefung(){}

  public Pruefung(int _id, int mat, String fach, double note) {
    this._id = _id;
    this.mat = mat;
    this.fach = fach;
    this.note = note;
  }

  public int get_id() {
    return _id;
  }

  public void set_id(int _id) {
    this._id = _id;
  }

  public int getMat() {
    return mat;
  }
```

```java
  public void setMat(int mat) {
    this.mat = mat;
  }

  public String getFach() {
    return fach;
  }

  public void setFach(String fach) {
    this.fach = fach;
  }

  public double getNote() {
    return note;
  }

  public void setNote(double note) {
    this.note = note;
  }

  public Document asDocument() {
    Document erg = new Document()
        .append("_id", this._id)
        .append("mat", this.mat)
        .append("fach", this.fach)
        .append("note", this.note);
    return erg;
  }

  public static Pruefung asPruefung(Document doc) {
    return new Pruefung(doc.getInteger("_id")
            , doc.getInteger("mat")
            , doc.getString("fach")
            , doc.getDouble("note"));
  }

  @Override
  public String toString() {
    return "Pruefung{" + "_id=" + _id + ", mat=" + mat + "
                , fach=" + fach + ", note=" + note + '}';
  }
}
```

Die Klasse stellt ein klassisches POJO, also Plain Old Java Object dar, die einen Konstruktor ohne Parameter sowie get- und set-Methoden für jede Exemplarvariable enthält. Die in größeren Projekten benötigten Methoden equals und hashCode sind verkürzend weggelassen. Zusätzlich gibt es zwei Umwandlungsmethoden, die direkt ein Document-Objekt erzeugen, bzw. aus diesem ein Pruefungs-Objekt auslesen. Sollte das Document-Objekt weitere Attribute enthalten, werden diese bei der Wandlung ignoriert. Dies ist der meist gewählte Ansatz, dass ein Teil des verwendeten Schemas vorgegeben, Erweiterungen aber schemafrei sind. Eine Beispielnutzung kann wie folgt aussehen.

```
public static void main(String[] a) {
   Pruefung p1 = new Pruefung(100, 42, "DB", 1.3);
   Document d1 = p1.asDocument();
   System.out.println(d1.toJson());
   d1.append("schrift", "Sauklaue");
   System.out.println(d1.toJson());
   double note = d1.getDouble("note");
   System.out.println(note);
   System.out.println(Pruefung.asPruefung(d1));
}
```

Das Programm liefert folgende Ausgabe.

```
{ "_id" : 100, "mat" : 42, "fach" : "DB", "note" : 1.3 }
{ "_id" : 100, "mat" : 42, "fach" : "DB", "note" : 1.3, "schrift" : "Sau-
klaue" }
1.3
Pruefung{_id=100, mat=42, fach=DB, note=1.3}
```

Das Beispielprogramm zeigt, dass weitere Attribute mit Werten einem Dokument problemlos hinzugefügt werden können.

Abb. 16.2 zeigt den Projektaufbau in Eclipse, der in anderen Umgebungen fast identisch aussieht. Wichtig ist, dass die drei Bibliotheken bson.jar, mongodb-driver.jar und mongodb-driver-core.jar in der aktuellen Version in das Projekt eingebunden werden, die über die Web-Seiten von MongoDB erhältlich sind. Die Klassen Verbindung und Main werden im nächsten Kapitel vorgestellt.

## 16.3    Nutzung von MongoDB mit Java

Im Folgenden wird der JavaDriver genutzt, um Objekte der vorher vorgestellten Klasse Pruefung zu verwalten und Anfragen auf den Datensätzen durchzuführen. Es wird davon ausgegangen, dass eine Instanz von MongoDB auf dem Rechner läuft. Die Installation

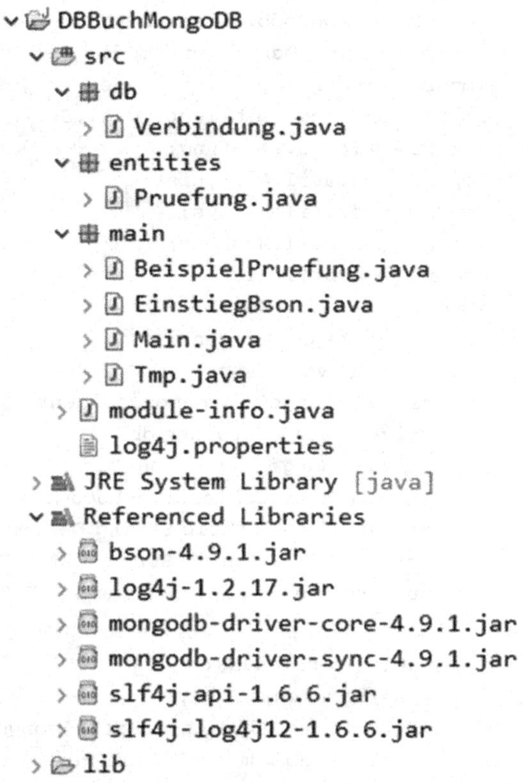

**Abb. 16.2** Projektaufbau zur
Nutzung von MongoDB

```
∨ 🗁 DBBuchMongoDB
  ∨ 🗂 src
    ∨ ⊞ db
      › 🗍 Verbindung.java
    ∨ ⊞ entities
      › 🗍 Pruefung.java
    ∨ ⊞ main
      › 🗍 BeispielPruefung.java
      › 🗍 EinstiegBson.java
      › 🗍 Main.java
      › 🗍 Tmp.java
    › 🗍 module-info.java
      🗎 log4j.properties
  › 📚 JRE System Library [java]
  ∨ 📚 Referenced Libraries
    › 📦 bson-4.9.1.jar
    › 📦 log4j-1.2.17.jar
    › 📦 mongodb-driver-core-4.9.1.jar
    › 📦 mongodb-driver-sync-4.9.1.jar
    › 📦 slf4j-api-1.6.6.jar
    › 📦 slf4j-log4j12-1.6.6.jar
  › 🗁 lib
```

ist ausführlich auf den Web-Seiten von MongoDB beschrieben. Generell gilt: Wird eine
Datenbank oder eine dort enthaltene Sammlung über ihren Namen angesprochen und
existiert diese noch nicht, wird sie angelegt. Der Ansatz ist sehr flexibel, birgt aber
die Gefahr von flüchtigen Tippfehlern, da der Name nicht geprüft wird. Hier werden
Strategien benötigt, diese Fehlerquelle zu reduzieren. Der erste Ansatz ist es, alle String-
variablen in Property-Dateien oder Konstanten zu verwalten, die dann zwingend genutzt
werden. Die bereits vorgestellten Ideen zum Testen sind natürlich ebenfalls, allerdings
ohne DBUnit-Unterstützung, relevant.

```java
import com.mongodb.client.AggregateIterable;
import com.mongodb.client.FindIterable;
import com.mongodb.client.MapReduceIterable;
import com.mongodb.client.MongoClient;
import com.mongodb.client.MongoClients;
import com.mongodb.client.MongoCollection;
import com.mongodb.client.MongoCursor;
import com.mongodb.client.MongoDatabase;
```

```
import com.mongodb.client.MongoIterable;
import com.mongodb.client.model.Filters;
import com.mongodb.client.model.Projections;
import com.mongodb.client.model.Sorts;
import entities.Pruefung;
import java.util.ArrayList;
import java.util.Arrays;
import java.util.HashSet;
import java.util.List;
import java.util.Set;
import org.bson.Document;
public class Verbindung {
    private MongoClient mongoClient;
    private MongoDatabase db;
    private MongoCollection<Document> coll;
    private MongoCollection<Document> counter;
    private final static String DATENBANK = "db01";
    private final static String ZAEHLER = "zaehler";
    private final static String SAMMLUNG = "pruefungen";

    public Verbindung() {
        this.mongoClient
          = MongoClients.create("mongodb://localhost:27017");
        this.db = mongoClient.getDatabase(DATENBANK);
        this.coll = db.getCollection(SAMMLUNG);
        this.counter = db.getCollection(ZAEHLER);
        if (this.counter.countDocuments() == 0) {
          this.counter.insertOne(new Document("wert", 10));
          this.beispieldaten();
        }
    }
}
```

Der Verbindungs-String erwartet eine Verbindungsmöglichkeit am Port 27017, danach wird die Datenbankverbindung aufgebaut. In der Variablen coll wird die Zugriffsmöglichkeit zur zentralen Sammlung „pruefungen" festgehalten. Weiterhin erfolgt der Zugriff auf eine zweite Sammlung. Dies veranschaulicht, dass mit mehreren Sammlungen gearbeitet werden kann. Die zweite Sammlung zeigt eine Möglichkeit zur Erzeugung eines Zählers. Mit der Methode count() kann einfach die Anzahl der enthaltenen Dokumente abgefragt werden. Ist noch kein Dokument enthalten, wird ein neues Dokument mit der bekannten Klasse Document angelegt und mit der Methode insertOne() hinzugefügt. Der Name der Methode suggeriert bereits, dass mit insertMany() eine Liste von Dokumenten hinzugefügt werden kann.

```
public void schliessen() {
   this.mongoClient.close();
}
```

Generell bei der Arbeit mit Datenbanken ist es sehr wichtig, alle genutzten Verbindungen wieder zu schließen, da sonst ein schleichendes Speicherleck entsteht, was erst nach einiger Zeit z. B. mit Verbindungsproblemen sichtbar wird.

```
public void allesLoeschen() {
   this.coll.drop();
   this.counter.drop();
}
```

Sammlungen können mit der Methode drop() vollständig gelöscht werden. Diese Methode kann auch beim Aufbau von Tests sehr hilfreich sein.

```
private void beispieldaten() {
   Pruefung[] pr = {new Pruefung(this.gibID(), 100, "DB", 1.0),
      new Pruefung(this.gibID(), 101, "DB", 3.0),
      new Pruefung(this.gibID(), 102, "DB", 5.0),
      new Pruefung(this.gibID(), 100, "Prog1", 2.3),
      new Pruefung(this.gibID(), 101, "Prog1", 3.7),
      new Pruefung(this.gibID(), 100, "Prog2", 1.7),
      new Pruefung(this.gibID(), 102, "Prog2", 2.0)
   };
   for (Pruefung p : pr) {
      this.hinzu(p);
   }
}
```

```
public void hinzu(Pruefung p) {
   this.coll.insertOne(p.asDocument());
}
```

Die vorherigen Methoden spielen eine Sammlung von Beispieldaten in die Datenbank ein, die bereits bekannte Methode insertOne() wird wieder genutzt.

Zur Visualisierung und Bearbeitung von Datenbankinhalten steht generell eine Vielzahl von Werkzeugen zur Verfügung. Für MongoDB bietet sich MongoDB Compass an, das von den Web-Seiten von MongoDB erhältlich ist. Abb. 16.3 zeigt einen Ausschnitt nachdem die Beispieldaten eingespielt wurden. Es wurde eine Datenbank db01 erstellt, die aktuell zwei Sammlungen enthält, einmal für den eingerichteten Id-Zähler und dann

**Abb. 16.3**  Visualisierung des Datenbankinhalts

für die angelegten Prüfungen. Das recht mächtige Werkzeug bietet u. a. direkt die Möglichkeiten Anfragen in JavaScript zu formulieren und die zugehörigen Programme zu
verwalten.

```
public int gibID() {
    Document doc = this.counter.find().first();
    int wert = (Integer) doc.get("wert");
    doc.put("wert", wert + 1);
    this.counter.replaceOne(Filters.eq("_id"
                            , doc.get("_id")), doc);
    return wert;
}
```

Die Methode gibID() dient dazu, den Wert aus dem einen Dokument der Sammlung
„zaehler" auszulesen und zurückzugeben. Dazwischen wird der Wert um eins erhöht. Die
zentrale Methode zur Analyse von Sammlungen ist die Methode find(), die sehr unterschiedliche Parameter übergeben bekommen kann. Ohne Parameter wird eine Sammlung
aller Dokumente zurückgegeben. Mit der Methode first() wird davon das erste Dokument
berechnet. Falls die Sammlung leer ist, ist das Ergebnis null, was hier noch überprüft werden könnte. Mit der Methode put() können Werte von Attributen in Dokumenten geändert
werden. Mit der Methode replaceOne() soll ein Dokument gegen ein anderes ausgetauscht
werden. Dazu wird als erstes Argument ein Auswahlkriterium und als zweites das neue

Dokument angegeben. Auswahlkriterien werden auch Filter genannt und über Klassenmethoden der Klasse Filters erzeugt, die dazu ein zentrales Hilfsmittel ist. Die Methode
eq erhält als ersten Parameter einen Attributsnamen und als zweiten einen Wert, der im
untersuchten Dokument übereinstimmen muss. Insgesamt werden alle Dokumente der
Sammlung durchsucht und das erste Dokument, das eine Übereinstimmung hat, gegen
das Neue ausgetauscht. Im konkreten Fall ist dies immer genau ein Dokument, das durch
ein Aktualisiertes ersetzt wird.

```java
public void ausgeben(MongoIterable<Document> it) {
  MongoCursor<Document> cur = it.iterator();
  while (cur.hasNext()) {
    System.out.println(cur.next().toJson());
  }
  cur.close();
}
```

Ergebnisse der find()-Methode sind vom Typ FindIterable<Document>, der das Interface MongoIterable<> verfeinert. Die Ergebnisse von Anfragen stehen nicht direkt,
sondern über einen Iterator zur Verfügung, der in der üblichen Form genutzt wird. Mit
hasNext() wird geprüft, ob noch ein Dokument folgt, das mit next() ausgelesen werden
kann, wobei der Iterator danach direkt ein Dokument weitergesetzt wird.

```java
public List<Pruefung> alsListe(MongoIterable<Document> it) {
  List<Pruefung> erg = new ArrayList<>();
  MongoCursor<Document> cur = it.iterator();
  while (cur.hasNext()) {
    erg.add(Pruefung.asPruefung(cur.next()));
  }
  cur.close();
  return erg;
}
```

Wird eine Datenbankzugriffsklasse geschrieben, werden dem Nutzer keine Klassen
von MongoDB direkt angeboten, was in diesem Kapitel zur Veranschaulichung allerdings
gemacht wird. Typischerweise liefert eine Zugriffsmethode wie alsListe() Objekte vom
Typ Pruefung.

```java
public FindIterable<Document> alle() {
  return this.coll.find();
}
```

Der Methode alle() kapselt den Zugriff auf die Methode find() und liefert ein Ergebnis, das mit der Methode ausgeben() angezeigt werden kann.

Die bisher gezeigten Methoden werden in der nachfolgenden main-Methode exemplarisch genutzt, wobei dieses Programm schrittweise in diesem Unterkapitel erweitert wird.

```java
public static void main(String[] a) {
    Verbindung v = new Verbindung();
    v.ausgeben(v.alle());
```

Das Programmfragment liefert die folgende Ausgabe.

```
{ "_id" : 10, "mat" : 100, "fach" : "DB", "note" : 1.0 }
{ "_id" : 11, "mat" : 101, "fach" : "DB", "note" : 3.0 }
{ "_id" : 12, "mat" : 102, "fach" : "DB", "note" : 5.0 }
{ "_id" : 13, "mat" : 100, "fach" : "Prog1", "note" : 2.3 }
{ "_id" : 14, "mat" : 101, "fach" : "Prog1", "note" : 3.7 }
{ "_id" : 15, "mat" : 100, "fach" : "Prog2", "note" : 1.7 }
{ "_id" : 16, "mat" : 102, "fach" : "Prog2", "note" : 2.0 }
```

Die folgende Methode zeigt den Einsatz eines einfachen Filters.

```java
public FindIterable<Document> pruefungenVon(int mat) {
    return this.coll.find(Filters.eq("mat", mat));
}
```

Mit der Methode pruefungenVon() werden alle Prüfungen eines Studierenden mit der Matrikelnummer mat berechnet. Die bereits erwähnte Klasse Filters wählt dabei die Dokumente aus, deren Attribut „mat" in dem übergebenen Wert übereinstimmt. Der Aufruf im Hauptprogramm sieht wie folgt aus.

```java
v.ausgeben(v.pruefungenVon(101));
```

Die Zeile liefert die folgende Ausgabe.

```
{ "_id" : 11, "mat" : 101, "fach" : "DB", "note" : 3.0 }
{ "_id" : 14, "mat" : 101, "fach" : "Prog1", "note" : 3.7 }
```

Die folgenden Methoden zeigen Möglichkeiten zur Kombination von Filtern.

```java
public boolean hatPruefungIn(int mat, String fach) {
```

```
   return this.coll.find(Filters
      .and(Filters.eq("mat", mat), Filters.eq("fach", fach)))
      .first() != null;
}


public Double gibNoteVonZu(int mat, String fach) {
  if (!hatPruefungIn(mat, fach)) {
    return null;
  }
  return this.coll.find(Filters
      .and(Filters.eq("mat", mat), Filters.eq("fach", fach)))
      .first()
      .getDouble("note");
}
```

Mit der Methode hatPruefungIn() wird die Frage beantwortet, ob ein Prüfungsergebnis in einem bestimmten Fach für einen Studierenden vorliegt. Filter können dabei kombiniert werden, was z. B. durch die Methoden and(), or() und not() möglich ist. Mit first() wird das erste Dokument einer Sammlung berechnet, liegt dieses nicht vor, ist das Ergebnis null, was im konkreten Fall bedeutet, dass noch keine Prüfung vorliegt.

Das Ergebnis von first() ist sonst ein Objekt vom Typ Document, das mit den bereits bekannten Methoden bearbeitet werden kann. Im konkreten Fall wird die Note eines Studierenden berechnet. Kritisch betrachtet bedeutet dies auch, dass beim Einfügen einer Note beachtet werden muss, dass kein Prüfungsergebnis des Studierenden für das konkrete Fach vorliegt. Der Aufruf im Hauptprogramm sieht wie folgt aus.

```
System.out.println("100 DB: " + v.hatPruefungIn(100, "DB"));
System.out.println("100 QS: " + v.hatPruefungIn(100, "QS"));
System.out.println("100 DB: " + v.gibNoteVonZu(100, "DB"));
System.out.println("100 QS: " + v.gibNoteVonZu(100, "QS"));
```

Die Zeilen liefern die folgende Ausgabe.

```
100 DB: true
100 QS: false
100 DB: 1.0
100 QS: null
```

Insgesamt ist die Hilfsklasse Filters ein sehr mächtiges Instrument zur Auswahl von Dokumenten. Abb. 16.4 zeigt einen Ausschnitt der zur Verfügung stehenden Methoden mit ihren Einsatzmöglichkeiten in der Erklärung. Die Ergebnisse der Filter sind jeweils vom Typ Bson, sodass sie einfach kombinierbar sind.

| and(Bson... filters): erzeugt einen Filter, der die Konjunktion der übergebenen Filter darstellt |
| --- |
| elemMatch(String fieldName, Bson filter): erzeugt einen Filter, der nach Dokumenten sucht, die ein Attribut mit Namen fieldname haben, deren Wert den Typ Array hat, von dem ein Element den übergebenen Filter erfüllt |
| eq(String fieldName, TItem value): erzeugt einen Filter, der alle Dokumente liefert, die ein Attribut mit Namen „fieldName" und dem Wert „value" haben |
| exists(String fieldName): erzeugt einen Filter, der alle Dokumente liefert, die ein Attribut mit Namen „fieldName" haben |
| gt(String fieldName, TItem value): erzeugt einen Filter, der alle Dokumente liefert, die ein Attribut mit Namen „fieldName" haben, deren Wert größer als „value" ist |
| gte(String fieldName, TItem value): erzeugt einen Filter, der alle Dokumente liefert, die ein Attribut mit Namen „fieldName" haben, deren Wert größer oder gleich dem Wert „value" ist |
| not(Bson filter): erzeugt einen Filter, der alle Dokumente liefert, die nicht den Filter „filter" erfüllen |
| or(Bson... filters): erzeugt einen Filter, der die Disjunktion der übergebenen Filter darstellt |
| regex(String fieldName, Pattern pattern): erzeugt einen Filter, der alle Dokumente liefert, die ein Attribut mit Namen „fieldName" haben, deren Wert den regulären Ausdruck „pattern" erfüllt |
| size(String fieldName, int size): erzeugt einen Filter, der alle Dokumente liefert, die ein Attribut mit Namen „fieldName" haben, deren Wert ein Array der Größe „size" ist |
| text(String search): erzeugt einen Filter, der alle Dokumente liefert, die irgendwo den Text „search" enthalten |

**Abb. 16.4** Ausschnitt aus möglichen Filter-Methoden

```
public FindIterable<Document> pruefungenZwischen(
                    double note1, double note2) {
   return this.coll.find(Filters
       .and(Filters.gte("note", note1)
         , Filters.lte("note", note2)));
}
```

Die Methode pruefungenZwischen gibt alle Prüfungen zurück, die zwischen den übergebenen Noten liegen, einschließlich dieser Grenzen. Die Methode lte() steht dabei für kleiner-gleich (less than or equal). Der Aufruf im Hauptprogramm sieht wie folgt aus.

```
v.ausgeben(v.pruefungenZwischen(1.0, 1.7));
```

Die Zeile liefert die folgende Ausgabe.

```
{ "_id" : 10, "mat" : 100, "fach" : "DB", "note" : 1.0 }
{ "_id" : 15, "mat" : 100, "fach" : "Prog2", "note" : 1.7 }
```

Die folgende Methode zeigt die Möglichkeit ein Dokument zu ersetzen, was im Spezialfall auch zur Aktualisierung genutzt werden kann.

```
public void neueNote(int mat, String fach, double note) {
    Document doc = this.coll.find(Filters
        .and(Filters.eq("mat", mat), Filters.eq("fach", fach)))
        .first();
    if (doc != null) {
        doc.put("note", note);
        this.coll.replaceOne(Filters.eq("_id"
                                    , doc.get("_id")), doc);
    }
}
```

Mit der Methode neueNote() wird die Note einer existierenden Prüfung eines Studierenden in einem konkreten Fach geändert. Bei der Ersetzungsmethode replaceOne() werden die bekannten Filter eingesetzt. Sollte noch keine Prüfung vorliegen, wird die Änderung ignoriert. Der Aufruf im Hauptprogramm sieht wie folgt aus.

```
v.neueNote(101, "DB", 3.3);
v.neueNote(101, "QS", 1.3);
v.ausgeben(v.pruefungenVon(101));
```

Die Zeilen liefern die folgende Ausgabe.

```
{ "_id" : 11, "mat" : 101, "fach" : "DB", "note" : 3.3 }
{ "_id" : 14, "mat" : 101, "fach" : "Prog1", "note" : 3.7 }
```

Die folgende Methode zeigt eine der Sortiermöglichkeiten für Sammlungen.

```
public FindIterable<Document> sortierteNoten(String fach) {
    return this.coll.find(Filters.eq("fach", fach))
                            .sort(Sorts.ascending("note"));
}
```

Verwandt zum SQL-Anfragenfragment ORDER BY gibt es für Sammlungen die Methode sort(), der ein Sortierkriterium übergeben werden kann. Diese Kriterien werden mit der Hilfsklasse Sorts vergleichbar zu Filters erstellt. Dabei ist Sorts nicht so mächtig, angegeben werden können die Sortierrichtung und die zu sortierenden Attribute. Im konkreten Fall sind die Prüfungen für das übergebene Fach aufsteigend der Note das Ergebnis. Der Aufruf im Hauptprogramm sieht wie folgt aus.

```
v.ausgeben(v.sortierteNoten("DB"));
```

Die Zeile liefert die folgende Ausgabe.

```
{ "_id" : 10, "mat" : 100, "fach" : "DB", "note" : 1.0 }
{ "_id" : 11, "mat" : 101, "fach" : "DB", "note" : 3.3 }
{ "_id" : 12, "mat" : 102, "fach" : "DB", "note" : 5.0 }
```

Die folgende Methode zeigt die Möglichkeit, einzelne Attribute auszuwählen.

```
public FindIterable<Document> bestandeneFaecherVon(int mat) {
  return this.coll.find(Filters
     .and(Filters.eq("mat", mat), Filters.lte("note", 4.00)))
     .projection(Projections.fields(
             Projections.excludeId()
             , Projections.exclude("mat", "note"))));
}
```

Bisher wurden vollständige Dokumente zurückgegeben. Alternativ kann sich die Ausgabe auch auf einzelne Attribute beziehen, sodass Dokumente nur mit diesen Attributen das Ergebnis bilden. Natürlich können vollständige Dokumente das Ergebnis sein, die dann im umgebenden Programm analysiert werden. Aber auch für MongoDB gilt, wie bei fast allen Datenbanken, dass aus Gründen der Performance die Datenbank die Berechnungen durchführen soll, die sie einfach berechnen kann. Dies ist z. B. auch aus Sicherheitsgründen relevant, wenn nur Teilinformationen für alle nutzbar sein sollen. Zur Erstellung der Projektion gibt es wieder eine Hilfsklasse Projections. Sollen mehrere Projektionsregeln angewandt werden, sind diese mit der Methode field() zu kombinieren. Im Beispiel soll nur der Name des Faches im Ergebnis stehen, wozu die _ id mit der Methode excludeID() und die anderen Attribute als Parameter von exclude() ausgeschlossen werden. Der Aufruf im Hauptprogramm sieht wie folgt aus.

```
v.ausgeben(v.bestandeneFaecherVon(102));
```

Die Zeile liefert die folgende Ausgabe.

```
{ "fach" : "Prog2" }
```

Die folgende Methode zeigt eine Möglichkeit, Berechnungen über eine ausgewählte Menge von Dokumenten durchzuführen.

```
public AggregateIterable<Document> schnittProFach() {
  return this.coll.aggregate( Arrays.asList(
      new Document("$group", new Document("_id", "$fach")
          .append("schnitt", new Document("$avg", "$note"))
          .append("anzahl", new Document("$sum", 1))
          .append("beste", new Document("$min", "$note")))));
}
```

Vergleichbar zu der Auswahl, dem Sortieren und der Projektion gibt es auch eine Variante von GROUP BY, mit der Aggregate, also Zusammenfassungen von Dokumenten, analysiert werden können. In der hier betrachteten Variante sind die Gruppierungs- und Auswertungsmöglichkeiten noch nicht auf Hilfsklassen wie Filters umgestellt worden. Es wird eine ältere, an JavaScript angelehnte Variante genutzt, bei der Befehle und Auswahlkriterien eigene Dokumente sind. In diesen Dokumenten stehen Befehle oder Parameter, die jeweils mit einem Dollar-Zeichen $ beginnen. Befehle stehen dabei als Attribute, Parameter als Werte in den Dokumenten.

Die Bearbeitung ist flexibel gestaltet, sodass eine Menge von Befehlen nacheinander in einer sogenannten Pipeline abgearbeitet wird, die in einer Liste von Befehlen stehen. Im konkreten Fall ist dies nur ein Befehl, der sich in der mit Arrays.asList() konstruierten Liste befindet. Die Methode berechnet den Schnitt, die Summe und die Anzahl der Prüfungen pro Fach. Dazu steht als Befehl $group und im Parameter ein zweites Dokument, dessen _id das zu nutzende Attribut mit vorgestelltem Dollar-Zeichen enthält. Dem Dokument werden die gewünschten Ausgaben mit einem Namen und der durchzuführenden Berechnung angehängt. Die Berechnungen selbst sind wieder Befehle, die mit $avg den Durchschnitt, mit $sum die Summe und mit $min dem kleinsten Wert berechnen. Als Wert wird der zu betrachtende Parameter übergeben. Bei $sum wird angegeben, was pro Dokument summiert werden soll, durch den Wert Eins wird damit die Anzahl der zugehörigen Dokumente berechnet. Der Aufruf im Hauptprogramm sieht wie folgt aus.

```
v.ausgeben(v.bestandeneFaecherVon(102));
```

Die Zeile liefert die folgende Ausgabe, dabei wird das Gruppierungsargument zur _id des Ergebnisdokuments.

```
{ "_id" : "Prog2", "schnitt" : 1.85, "anzahl" : 2,"beste" : 1.7 }
{ "_id" : "Prog1", "schnitt" : 3.0, "anzahl" : 2, "beste" : 2.3 }
```

```
{ "_id" : "DB", "schnitt" : 3.1, "anzahl" : 3, "beste" : 1.0 }
```

Die folgende Methode zeigt die Möglichkeit, vor einer Gruppierung bestimmte
Dokumente auszuwählen.

```
public AggregateIterable<Document> schnittProStudi() {
   return this.coll.aggregate(Arrays.asList(
      new Document("$match",
              new Document("note", new Document("$lte", 4.0)))
      , new Document("$group", new Document("_id", "$mat")
       .append("schnitt", new Document("$avg", "$note"))
      .append("anzahl", new Document("$sum", 1))
        .append("schwächste", new Document("$max", "$note")))));
   }
```

Mit der Methode schnittProStudi() werden die Durchschnittsnote eines jeden Studierenden zusammen mit der Anzahl der Prüfungen und deren schwächste Note ausgegeben.
Da dabei nur bestandene Prüfungen mit einer Note 4.0 oder besser berücksichtigt werden sollen, werden zunächst in der Pipeline alle Dokumente mit bestandenen Prüfungen
ausgewählt. Dies erfolgt durch den Befehl $match, der in seinem Wert ein Dokument mit
dem Attribut und dem Auswahlkriterium erhält. Zum Zeitpunkt der Bucherstellung kann
in der Pipeline leider die Klasse Filters noch nicht angewandt werden. Der Aufruf im
Hauptprogramm sieht wie folgt aus.

```
v.ausgeben(v.schnittProStudi());
```

Die Zeile liefert die folgende Ausgabe, dabei wird das Gruppierungsargument wieder
zur _id des Ergebnisdokuments.

```
{ "_id" : 102, "schnitt" : 2.0, "anzahl" : 1,"schwächste" : 2.0 }
{ "_id" : 101, "schnitt" : 3.5, "anzahl" : 2,"schwächste" : 3.7 }
{ "_id" : 100, "schnitt" : 1.6666666666666667, "anzahl" : 3, "schwächste"
: 2.3 }
```

Die folgende Methode zeigt eine Möglichkeit, bestimmte Gruppen auszuwählen.

```
public AggregateIterable<Document> schnittProGutemStudi() {
   return this.coll.aggregate(Arrays.asList(
      new Document("$match"
          , new Document("note", new Document("$lte", 4.0)))
      , new Document("$group", new Document("_id", "$mat")
        .append("schnitt", new Document("$avg", "$note"))
```

```
                    .append("anzahl", new Document("$sum", 1))
                    .append("beste", new Document("$min", "$note")))
               , new Document("$match"
                    , new Document("schnitt", new Document("$lte", 2.0))))));
          }
```

Die Methode schnittProGutemStudi() gibt nur die Studierenden mit einer Durchschnittsnote von mindestens 2.0 aus. Der Aufbau der Methode entspricht der vorhergehenden, allerdings wurde die Befehlspipeline um einen weiteren Befehl ergänzt. Dieser
Befehlt filtert aus den berechneten Dokumenten die aus, die das gewünschte Kriterium erfüllen. Dadurch, dass dieser Filter nach der Gruppierung steht, ist seine Wirkung
vergleichbar mit der von HAVING bei GROUP BY-Befehlen in SQL. Der Aufruf im
Hauptprogramm sieht wie folgt aus.

```
     v.ausgeben(v.schnittProGutemStudi());
```

Die Zeile liefert die folgende Ausgabe.

```
{ "_id" : 102, "schnitt" : 2.0, "anzahl" : 1, "schwächste" : 2.0 }
{ "_id" : 100, "schnitt" : 1.6666666666666667, "anzahl" : 3, "schwächste"
  : 2.3 }
```

In verschiedenen Varianten von NoSQL-Datenbanken spielt bei der Aggregation von
Daten der Map-Reduce-Ansatz eine besondere Rolle. Der Ansatz ist eng verwandt mit
GROUP BY zusammen mit HAVING und der vorher vorgestellten Variante mit der
Bearbeitungs-Pipeline. Map-Reduce ist dabei flexibler, da in den Berechnungen beliebige
programmiersprachliche Konstrukte der jeweiligen Datenbanksprache einfließen kön-
nen. Im Fall von MongoDB ist das JavaScript, was jetzt an einem minimalen Beispiel
gezeigt werden soll, das kein besonderes Verständnis von JavaScript verlangt und mit
JavaScript-Kenntnissen noch vereinfachbar wäre.
Da die Verarbeitung von JavaScript langsamer als die direkte Ausführung von Java-
Methodfen ist, rät MongoDB, wenn möglich dies über die gezeigten Methoden und
weiteren Methoden des Aggregation Framework zu regeln. Da unabhängig davon das
Map-Reduce-Konzept wichtig ist, wird Umsetzung hier diskutiert.
Konkret soll die Summe der bisher in einem Fach erreichten Noten berechnet wer-
den, was natürlich, wie die meisten Forderungen der Realität, auch mit dem vorher
vorgestellten Ansatz lösbar wäre.

```
public MapReduceIterable<Document> notensummen() {
    String javascriptMap = ""
        function map 1(){
```

```
            emit(this.fach, this.note);
        } """;
    String javascriptReduce = """
        function red1(key, value){
            var erg = 0.0;
            for (var i=0; i<value.length; i++){
            erg = erg + value[i];
        }
        return erg;
    } """;
    return this.coll.mapReduce(javascriptMap, javascriptReduce);
}
```

Der Map-Reduce-Ansatz besteht aus zwei Funktionen, die nacheinander angewandt werden. Ergebnis der Map-Funktion sind Paare aus einem Attributwert und den zugeordneten Elementen. Der erste Parameter entspricht dabei einem Gruppierungsattribut, der zweite einer Sammlung von diesem Attribut zugeordneten Werten.

MongoDB enthält zur Umsetzung die emit()-Funktion, die als ersten Parameter den zur Gruppierung genutzten Wert und als zweiten Parameter den diesem Wert zugeordneten Wert aus dem jeweiligen Dokument zurückgibt. Im konkreten Fall wäre das Ergebnis zunächst pro Dokument das Fach und die zugehörige Note. Danach wird dann pro Fach zusammengefasst und die Sammlung der zugehörigen Noten gebildet. Ein Zwischenergebnis wäre der Wert „DB", dem die Sammlung [1.0, 3.3, 5.0] zugeordnet wird. Insgesamt liefert Map für jedes Fach eine solche Zuordnung, die damit aus einem Schlüsselwert, also key, und einer zugeordneten Sammlung, hier value genannt, bestehen.

Der Reduce-Algorithmus erhält jedes dieser key-value-Pärchen übergeben und berechnet aus den Parametern das zum key gehörende Ergebnis. In einem einfachen Fall wird dabei die übergebene Sammlung bearbeitet und daraus eine Summe oder ein Durchschnitt berechnet, wie es bei GROUP BY ebenfalls sein kann. Da hier ein JavaScript-Programm steht, sind natürlich flexiblere Berechnungen möglich, wie „berücksichtige nur jeden zweiten Wert der Sammlung".

Im konkreten Fall wird die Sammlung durchlaufen und die Summe der enthaltenen Elemente gebildet. In JavaScript sind alle Sammlungen Arrays, deren Länge in der Eigenschaft length steht und auf deren einzelne Elemente über die aus Sprachen wie C und Java bekannte Notation mit einem Index in eckigen Klammern zugegriffen werden kann. Der Rückgabewert ist dann das zum key gehörende Ergebnis.

Bei MongoDB ist zu beachten, dass der Typ des Endergebnisses der Berechnung zum Typen der Elemente der Liste passen sollte, die dem key-Wert nach dem Map-Schritt zugeordnet werden. Dies ist hier der Fall, da das Endergebnis vom Typ Double ist und jedem Fach eine Liste von Noten vom Typ Double zugeordnet wird. Dies ist deshalb bei MongoDB so bemerkenswert, da bei einer einelementigen Liste der Reduce-Schritt nicht durchgeführt wird, das eine Element ist das sofortige Ergebnis. Andere Systeme sind an dieser Stelle flexibler.

Der Aufruf im Hauptprogramm sieht wie folgt aus.

```
v.ausgeben(v.notensummen());
```

Die Zeile liefert die folgende Ausgabe.

```
{ "_id" : "DB", "value" : 9.3 }
{ "_id" : "Prog1", "value" : 6.0 }
{ "_id" : "Prog2", "value" : 3.7 }
```

Nicht alle Aufgaben lassen sich durch eine Anfrage lösen, sodass Berechnungen auch in Java notwendig werden können. Dabei ist der geschachtelte Mehrfachzugriff auf eine Sammlung erlaubt. Als Beispiel sollen alle Fächer berechnet werden, in denen ein Studierender noch eine erfolgreiche Prüfung ablegen muss. Für das Beispiel wird angenommen, dass die Menge der zu prüfenden Fächer aus allen Prüfungen berechnet werden muss. Es soll z. B. durch eine Übernahme älterer Daten garantiert sein, dass es für jedes Fach eine Prüfung gibt, wobei diese nicht bestanden sein muss. Der Aufruf im Hauptprogramm sieht wie folgt aus, dabei können alle vier der nachfolgenden Varianten genutzt werden.

```
System.out.println(v.fehlendeFaecher1(100));
System.out.println(v.fehlendeFaecher1(102));
System.out.println(v.fehlendeFaecher1(103));
```

Die Zeilen liefern die folgende Ausgabe.

```
[]
[Prog1, DB]
[Prog2, Prog1, DB]
```

Folgende drei Varianten sind nutzbar, weitere aber möglich.

```
public Set<String> fehlendeFaecher1(int mat){
  Set<String> erg = new HashSet<>();
  for(Document d: this.coll.find()){
    if (this.coll.find(Filters.and(Filters.eq("mat", mat)
              , Filters.lte("note", 4.0)
              , Filters.eq("fach", d.getString("fach"))))
          .first() == null){
      erg.add(d.getString("fach"));
```

```java
      }
    }
    return erg;
  }


  public Set<String> fehlendeFaecher2(int mat){
    Set<String> erg = new HashSet<>();
    for(Document d: this.coll.find()){
      erg.add(d.getString("fach"));
    }
    for (Document d: this.coll.find(Filters
            .and( Filters.eq("mat", mat)
                     , Filters.lte("note", 4.0)))){
        erg.remove(d.getString("fach"));
    }
    return erg;
  }


  public Set<String> fehlendeFaecher3(int mat) {
    Set<String> erg = new HashSet<>();
    String javascriptMap = """
        function(){
            emit(this.fach, new Array(-1,this.note));
            emit(this.fach, new Array(this.mat,this.note));
        } """;
    String javascriptReduce = """
        function(key, value){
        print('3- '+ key + ': '+ value);
        for (var i=0; i<value.length; i++){
          if (value[i][0] == %s && value[i][1] <= 4.0) {
            return 1;
          }
        }
        return 0;
      } """;
    for(Document d: this.coll.mapReduce(javascriptMap
                     , String.format(javascriptReduce, mat))){
      if (d.getDouble("value") == 0.0){
        erg.add(d.getString("_id"))
      }
    }
    return erg;
  }
```

```java
public Set<String> fehlendeFaecher4(int mat) {
  Set<String> erg = new HashSet<>();
  String javascriptMap = """
          function(){
          if (this.note <= 4.0 && this.mat == %s ") {
            emit(this.fach, 1);
            } else {
            emit(this.fach, 0);
            }
          } """;
  String javascriptReduce = """
          function(key, value){
            print(key + ': '+ value);
            for (var i=0; i<value.length; i++){
              if (value[i] == 1) {
                return 1;
              }
            }
            return 0;
          } """;
  for(Document d: this.coll.mapReduce(
          String.format(javascriptMap, mat), javascriptReduce)){
    if (d.getDouble("value") == 0.0){
      erg.add(d.getString("_id"));
    }
  }
  return erg;
}
```

Im ersten Ansatz in fehlendeFaecher1() werden alle Prüfungen durchgegangen und für das jeweilige Fach geprüft, oder der Studierende eine Prüfung abgelegt hat. Ist dies nicht der Fall, wird das Fach zum Ergebnis hinzugefügt. Es sind zwei ineinander geschachtelte Schleifen erkennbar, wobei die innere Schleife auch durch einen Aufruf der vorher vorgestellten Methode gibNoteVonZu() ersetzbar ist, was keine Performance-Änderung bedeuten würde.

Beim zweiten Ansatz in fehlendeFaecher2() werden in einem ersten Durchlauf alle Fächer berechnet. Dann wird in einem zweiten Durchlauf nach allen bestandenen Prüfungen des Studierenden gesucht und das zugehörige Fach aus der Menge der Fächer gelöscht. Es bleiben so die Fächer übrig, in denen noch keine bestandene Prüfung existiert.

Der dritte Ansatz nutzt Map-Reduce, dabei werden zunächst jedem Fach eine Sammlung von Zweierpaaren aus Matrikelnummer und Note der im Fach absolvierten Prüfungen zugeordnet. Da es sich bei diesem Paar nicht um den Ergebnistyp handelt, muss verhindert werden, dass es ein Fach mit nur einem Paar gibt. Der hier angewandte Trick ist, immer

zwei Paare in das Ergebnis zu schreiben, sodass garantiert die Reduce-Function ausgeführt wird. Dies ist möglich, da emit() durchaus mehrfach in einer Funktion ausgeführt
werden kann.

Im Reduce-Schritt wird die Sammlung der Prüfungen pro Fach durchlaufen und nach
einer bestandenen Prüfung des Studierenden gesucht. Wird diese gefunden, wird dem
Fach als Ergebnis der Wert 1 und sonst der Wert 0 zugeordnet. Im zweiten Schritt
wird das Ergebnis durchlaufen und jedes Fach zum Endergebnis hinzugefügt, dem der
Wert 0 zugeordnet wurde. Der JavaScript-Code zeigt, dass auch anonyme Funktionen
nutzbar sind, weiterhin erzeugt der print-Befehl Ausgaben auf der Datenbank-Konsole,
die wie folgt für jeden der drei Aufrufe aussehen, die eigentliche Ausgabe steht nach
„conn16", für jede Prüfung gibt es dabei eine zweite Prüfung mit gleicher Note und
Dummy-Matrikelnummer -1.

```
{"t":{"$date":"2023-06-19T17:53:44.484+02:00"},"s":"I",      "c":"-",
"id":20162,  "ctx":"conn114","msg":"{jsPrint}","attr":{"jsPrint":"3-
Prog1: 101,3.7,-1,3.7,100,2.3,-1,2.3"},"tags":["plainShellOutput"]}
{"t":{"$date":"2023-06-19T17:53:44.485+02:00"},"s":"I",      "c":"-",
"id":20162,  "ctx":"conn114","msg":"{jsPrint}","attr":{"jsPrint":"3-
Prog2: 102,2,-1,2,100,1.7,-1,1.7"},"tags":["plainShellOutput"]}
{"t":{"$date":"2023-06-19T17:53:44.487+02:00"},"s":"I",      "c":"-",
"id":20162,  "ctx":"conn114","msg":"{jsPrint}","attr":{"jsPrint":"3-
DB: 102,5,-1,5,101,3.3,-1,3.3,100,1,-1,1"},"tags":["plainShellOutput"]}
```

Die letzte Variante greift die vorherige Idee auf, kommt aber ohne den Verdopplungs-
trick aus. Deshalb muss sichergestellt werden, dass emit() bei nur einer Prüfung das
gewünschte Ergebnis liefert. Die Map-Funktion gibt zu jedem Fach alle Prüfungen als
0 zurück, wenn es keine passende Prüfung ist und ansonsten eine 1. Im Reduce-Schritt
wird dann gesucht, ob dem Fach eine 1 zugeordnet wurde. Die Zwischenausgabe für die
drei Methodenaufrufe, sieht wie folgt aus.

```
{"t":{"$date":"2023-06-19T17:53:44.576+02:00"},"s":"I",   "c":"-",
"id":20162,  "ctx":"conn114","msg":"{jsPrint}","attr":{"jsPrint":"4-
DB: 0,0,1"},"tags":["plainShellOutput"]}
{"t":{"$date":"2023-06-19T17:53:44.577+02:00"},"s":"I",   "c":"-",
"id":20162,  "ctx":"conn114","msg":"{jsPrint}","attr":{"jsPrint":"4-
Prog1: 0,1"},"tags":["plainShellOutput"]}
{"t":{"$date":"2023-06-19T17:53:44.578+02:00"},"s":"I",   "c":"-",
"id":20162,  "ctx":"conn114","msg":"{jsPrint}","attr":{"jsPrint":"4-
Prog2: 0,1"},"tags":["plainShellOutput"]}
{"t":{"$date":"2023-06-19T17:53:44.605+02:00"},"s":"I",   "c":"-",
"id":20162,  "ctx":"conn114","msg":"{jsPrint}","attr":{"jsPrint":"4-
Prog1: 0,0"},"tags":["plainShellOutput"]}
```

```
{"t":{"$date":"2023-06-19T17:53:44.607+02:00"},"s":"I",    "c":"-",
"id":20162,   "ctx":"conn114","msg":"{jsPrint}","attr":{"jsPrint":"4-
Prog2: 1,0"},"tags":["plainShellOutput"]}
{"t":{"$date":"2023-06-19T17:53:44.608+02:00"},"s":"I",    "c":"-",
"id":20162,   "ctx":"conn114","msg":"{jsPrint}","attr":{"jsPrint":"4-
DB: 0,0,0"},"tags":["plainShellOutput"]}
{"t":{"$date":"2023-06-19T17:53:44.637+02:00"},"s":"I",    "c":"-",
"id":20162,   "ctx":"conn114","msg":"{jsPrint}","attr":{"jsPrint":"4-
Prog1: 0,0"},"tags":["plainShellOutput"]}
{"t":{"$date":"2023-06-19T17:53:44.638+02:00"},"s":"I",    "c":"-",
"id":20162,   "ctx":"conn114","msg":"{jsPrint}","attr":{"jsPrint":"4-
Prog2: 0,0"},"tags":["plainShellOutput"]}
{"t":{"$date":"2023-06-19T17:53:44.639+02:00"},"s":"I",    "c":"-",
"id":20162,   "ctx":"conn114","msg":"{jsPrint}","attr":{"jsPrint":"4-
DB: 0,0,0"},"tags":["plainShellOutput"]}
```

Die folgende Methode zeigt eine Möglichkeit zum Löschen von Dokumenten

```
public void loescheStudi(int mat) {
  this.coll.deleteMany(Filters.eq("mat", mat));
}
```

Zum Löschen von Dokumenten stehen die Methoden deleteOne() und deleteMany() zur Verfügung, wobei die zu löschenden Dokumente wieder über Filter bestimmt werden. Der Aufruf im Hauptprogramm sieht wie folgt aus.

```
v.loescheStudi(100);
v.loescheStudi(103);
v.ausgeben(v.alle());
```

Die Zeilen liefern die folgende Ausgabe.

```
{ "_id" : 11, "mat" : 101, "fach" : "DB", "note" : 3.3 }
{ "_id" : 12, "mat" : 102, "fach" : "DB", "note" : 5.0 }
{ "_id" : 14, "mat" : 101, "fach" : "Prog1", "note" : 3.7 }
{ "_id" : 16, "mat" : 102, "fach" : "Prog2", "note" : 2.0 }
```

Die gezeigten Beispiele geben einen Einblick in die Nutzungsmöglichkeiten von MongoDB wobei es wesentlich mehr Funktionalität u. a. zur Erstellung von Indexen, Rechteverwaltung und Verteilung von Datenbanken gibt.

## 16.4    Aufgaben

1. Welche Nachteile können bei der Nutzung von relationalen Datenbanken auftreten?
2. Wie kann der Begriff „NoSQL" interpretiert werden?
3. Welche Arten von NoSQL-Datenbanken kann man unterscheiden?
4. Was versteht man unter Schemafreiheit, warum kann sie sinnvoll sein?
5. Wie sehen typische Dokumente im JSON-Format aus?
6. Wie kann objekt-orientierte Entwicklung mit JSON verknüpft werden?
7. Wie werden Datenbankinstanzen und Sammlungen in MongoDB angelegt?
8. Wie sind typische Anfragen in MongoDB aufgebaut?
9. Wozu werden Klassen wie Filters, Sorts und Projections genutzt?
10. Welche vergleichbaren Ansätze zu den SQL-Anfragefragmenten WHERE, ORDER BY, GROUP BY und HAVING gibt es in MongoDB?
11. Wie funktioniert der Map-Reduce-Ansatz?

Gegeben seien die folgenden JSON-Objekte, mit denen die Art und der prozentuale Anteil der Mitarbeit von Mitarbeitern in Projekten beschrieben sind. Schreiben Sie Java-Methoden, die folgende Aufgaben lösen, die genaue Struktur ist nicht vorgegeben, eine Orientierung an der Struktur aus diesem Kapitel ist sinnvoll.

```
{ "_id" : 10, "projekt" : "DB", "mitarbeiter" : "Oleg", "aufgabe" :
"Prog", "anteil" : 60 }
{ "_id" : 11, "projekt" : "DB", "mitarbeiter" : "Oleg", "aufgabe" :
"Design", "anteil" : 20 }
{ "_id" : 12, "projekt" : "DB", "mitarbeiter" : "Ute", "aufgabe" :
"Prog", "anteil" : 30 }
{ "_id" : 13, "projekt" : "DB", "mitarbeiter" : "Amy", "aufgabe" :
"Analyse", "anteil" : 20 }
{ "_id" : 14, "projekt" : "GUI", "mitarbeiter" : "Ute", "aufgabe" :
"Prog", "anteil" : 30 }
{ "_id" : 15, "projekt" : "GUI", "mitarbeiter" : "Amy", "aufgabe" :
"Analyse", "anteil" : 80 }
{ "_id" : 16, "projekt" : "GUI", "mitarbeiter" : "Ben", "aufgabe" :
"Use", "anteil" : 100 }
{ "_id" : 17, "projekt" : "BU", "mitarbeiter" : "Oleg", "aufgabe" :
"Analyse", "anteil" : 40 }
```

```
{ "_id" : 18, "projekt" : "BU", "mitarbeiter" : "Ute", "aufgabe" :
"Prog", "anteil" : 30 }
{ "_id" : 19, "projekt" : "BU", "mitarbeiter" : "Yuri", "aufgabe" :
"Prog", "anteil" : 100 }
```

1. Schreiben Sie eine Methode, mit der Mitarbeit-Objekte in die Datenbank geschrieben werden.
2. Schreiben Sie eine Methode, mit der alle Dokumente ausgegeben werden.
3. Schreiben Sie eine Methode, die für ein Projekt alle zugehörigen Mitarbeiten ausgibt.
4. Schreiben Sie eine Methode, die für einen Mitarbeiternamen die zugehörigen Mitarbeiten ausgibt.
5. Schreiben Sie eine Methode, die alle Mitarbeiternamen von Mitarbeitern ausgibt, die die Aufgabe „Prog" haben und über 50 % in dem jeweiligen Projekt beteiligt sind.
6. Schreiben Sie eine Methode, die pro Projekt ausgibt, wie viele Mitarbeiter an dem Projekt mit welcher Arbeit (Summe der Anteile) arbeiten.
7. Schreiben Sie eine Methode, die alle Mitarbeiternamen von Mitarbeitern ausgibt, deren Summe der Arbeitsanteile über 100 % liegt.
8. Schreiben Sie eine Methode, die alle Mitarbeiternamen von Mitarbeitern ausgibt, die in mehr als einem Projekt arbeiten.
9. Schreiben Sie eine Methode, die alle Mitarbeiternamen von Mitarbeitern ausgibt, die an mehr als einer Aufgabe arbeiten.
10. Schreiben Sie eine Methode, die alle Mitarbeiternamen von Mitarbeitern ausgibt, die an keiner Aufgabe „Prog" arbeiten. Falls JavaScript genutzt wird, ist zu beachten, dass Strings in einfachen Hochkommas, z. B. 'Prog', stehen.
11. Schreiben Sie eine Methode, die alle Paare von Mitarbeiternamen ausgibt, die in keinem Projekt zusammenarbeiten. Die Klasse javafx.util.Pair kann hilfreich sein.

## Literatur

[@BSO] [@BSO] BSON – Binary JSON, https://bsonspec.org/

[@JSO] [@JSO]JSON, https://json.org/

[@Mon] [@Mon]MongoDB, https://www.mongodb.com/

[Ban16] [Ban16]K. Banker, MongoDB in Action, 3. Auflage, Manning, Shelter Island (USA), 2016 Änderung: soll nicht unterstrichen sein.

[Bie20] [Bie20]D. Bierer, Learn MongoDB 4.x, Packt Publishing, Birmingham, 2020

[JSR13] [JSR13] JSR 353: JavaTM API for JSON Processing (23.5.2013), https://jcp.org/en/jsr/detail?id=353, 2013

[PMH15]  [PMH15]E. Plugge, P. Membrey, T. Hawkins, The Definitive Guide to MongoDB, 3.
          Auflage, Apress, New York (USA), 2015

# Zusammenfassung und Ausblick 17

In diesem Buch wurde der klassische Weg der Datenbankentwicklung beschrieben. Es wurde gezeigt, dass die Anforderungen, welche Daten betrachtet werden müssen, im intensiven Dialog mit den Nutzern des resultierenden Systems ermittelt werden. Das erhaltene Modell kann automatisch in Tabellenstrukturen übersetzt werden, wobei für die resultierenden Tabellen geprüft werden muss, dass sie gewisse Qualitätseigenschaften haben. Diese Eigenschaften wurden in Normalformen formalisiert. Nachdem die Tabellen und Daten in die Datenbank eingetragen wurden, können die enthaltenen Informationen in Anfragen verknüpft werden. Ein detailliertes Verständnis von der Erstellung von SQL-Anfragen ist die Grundlage einer effektiven Datenbanknutzung. Bei der Nutzung ist weiterhin zu beachten, dass ein Datenbank-Managementsystem die komplexen Probleme, die auftreten können, wenn mehrere Nutzer gleichzeitig die Datenbank nutzen, zum großen Teil selber lösen kann, aber beim Nutzer hierfür trotzdem ein Grundverständnis vorhanden sein muss. Zusätzlich wurde für die resultierenden Systeme gezeigt, dass es sinnvoll ist, ein Rechtemanagement aufzusetzen und die Datenbank vor illegalen oder nur irrtümlichen Aktionen zu schützen. Abschließend wurde gezeigt, wie die Funktionalität eines Datenbanksystems erweitert werden kann. Dazu besteht innerhalb des Systems die Möglichkeit mit Stored Procedures und Triggern, sowie außerhalb des Systems von beliebigen Programmiersprachen, als Beispiel Java, auf die Datenbank zuzugreifen und z. B. eine graphische Oberfläche zu ergänzen. Generell kann objektorientierte Software durch Objekt-relationale-Mapper intuitiv Datenbanken nutzen. Die entstehende Software kann mit den üblichen Testmöglichkeiten, ergänzt um datenbankspezifische Erweiterungen getestet werden.

Das in diesem Buch vermittelte Wissen reicht aus, um erfolgreich in großen Datenbankprojekten mitzuarbeiten und praktisch Erlerntes mit der Theorie zu verknüpfen.

© Der/die Autor(en), exklusiv lizenziert an Springer Fachmedien Wiesbaden GmbH, ein Teil von Springer Nature 2024
S. Kleuker, *Grundkurs Datenbankentwicklung*,
https://doi.org/10.1007/978-3-658-43023-8_17

Trotzdem handelt es sich bei diesem Buch nur um einen Grundkurs, in dem Grundlagen gelegt werden, da in großen Projekten nicht nur über eine Datenbankentwicklung, sondern auch über das Zusammenspiel mit einem zu entwickelnden Software-System nachgedacht werden muss.

Abhängig von der Situation, ob eine gegebene Datenbank in eine Software eingebettet werden muss oder eine neue Datenbank parallel zur Software entwickelt wird, gibt es hierzu viele weiterführende Ansätze. Soll auf eine existierende Datenbank zugegriffen werden, gibt es für jede bekanntere Programmiersprache Möglichkeiten, auf die Datenbank zuzugreifen. Bei diesem Zugriff spielt es meist eine besondere Rolle, möglichst präzise SQL-Anfragen zu stellen, die sofort die gewünschte Lösung berechnen. Eine Verarbeitung ungenauer Anfrageergebnisse kann die Rechenzeit der Software, die die Datenbank nutzt, wesentlich erhöhen.

Wird eine Datenbank zusammen mit neuer Software entwickelt, gibt es noch mehr Lösungsansätze, die zum Start eines Projektes evaluiert werden sollten. Eine Möglichkeit besteht darin, die Datenbank fast getrennt von der restlichen Software zu entwickeln und dann den im vorigen Absatz erwähnten Ansatz zur Nutzung der Datenbank in der Software zu wählen. In den meisten Projekten wird aber eine möglichst gleichzeitige Entwicklung der Datenbank und der umgebenden Software angestrebt. Hier gibt es abhängig von der verwendeten Programmiersprache und weiteren Randbedingungen Ansätze, bei denen die Datenbank „nebenbei" entwickelt wird. Dies ist dann möglich, wenn bei der Software-Entwicklung eine sorgfältige Datenmodellierung durchgeführt wurde und ein mächtiges Framework die Verwaltung der Daten übernimmt. JEE [@JEE], Spring [@Spr] und Dot.Net [@Net] sind Beispiele für solche Frameworks.

Datenbanken in der Cloud, bei Microservices, in Docker-Images oder virtuellen Maschinen basieren auf den gleichen, im Buch vorgestellten Konzepten. Sie unterscheiden sich leicht in der Art der Erreichbarkeit. Wesentliche Unterschiede bestehen bei fortgeschrittenen Konzepten, wie der Verteilung einer Datenbank auf viele Server, der Performance-Steuerung und der Datensicherung. Viele Themen, die neugierig auf ein vertieftes Datenbank-Studium machen sollten.

Die letzten Absätze sollen nur andeuten, dass es sich beim Thema Datenbanken um ein spannendes Thema handelt, dessen Fundamente in diesem Buch vorgestellt wurden, das sich aber mit neuen Technologien wie auch XML-Datenbanken, Data Warehousing für den Business Intelligence-Bereich, Data Mining, Data Stream Management, künstliche Intelligenz und verteilte Datenbanken immer weiter entwickelt.

Abschließend steht trotzdem eine zentrale Warnung: Sind Sie beim Lesen hier angekommen, haben sie ein detailliertes Wissen über die Entwicklung und funktionale Nutzung von Datenbanken erworben und können in zugehörigen Projekten erfolgreich mitarbeiten. Aber dieses Buch geht nicht detailliert auf die Themen Datenbankadministration, Datenbank- bzw. IT-Sicherheit, Verwaltung von hohen Zugriffszahlen, Installation und Datensicherung ein. Dies ist für Lernprojekte überhaupt kein Problem. Sollte man aber den gleichen Ansatz in kommerziellen Projekten nutzen „die Datenbank bringt man schon zum laufen" ergeben sich schnell viele Probleme bei einem oder mehreren der genannten Themen. Ein klassisches Beispiel ist die Installation einer Datenbank, die direkt über das Internet erreichbar ist und bei der nicht alle Passwörter der automatisch angelegten Nutzer mit Administrationsrechten sicher geändert wurden.

## Literatur

[@JEE] Jakarta EE, https://jakarta.ee/
[@Net] .NET Framework, https://learn.microsoft.com/de-de/dotnet/framework/get-started/ove rview
[@Spr] Spring, https://spring.io/

# Stichwortverzeichnis

Printed in the United States
by Baker & Taylor Publisher Services